变电站（换流站）建筑防火设计研究

吕文娟 姬 军 主 编

刘晓圣 侯 东 王宗存 副主编

内 容 提 要

为帮助电网建设的从业者们能更好地解决换流站、变电站防火设计及工程消防设计审查方面的问题，本书针对工程中常出现的防火设计概念不清、对规范理解性偏差、错误应用等现象，通过案例剖析，强调电网建设中防火设计的重要性，以及依规设计的必要性。

本书共七章，分别为概述、变电站（换流站）防火设计原则与要求、建筑防火设计相关误区解读、换流站建筑防火设计案例分析、变电站建筑防火设计案例分析、换流变压器阀侧套管洞口封堵系统研究、建筑材料性能的合理应用。

本书阐明以“防”为主的设计精髓，帮助从业者正确理解规范、准确应用规范。本书适用于从事换流站、变电站等电网建设的工程管理、设计、消防施工图审查、监理、施工等人员、高等院校建筑设计相关专业的师生，可作为从业者防火设计的技术参考书。

图书在版编目（CIP）数据

变电站（换流站）建筑防火设计研究 / 吕文娟，姬军主编；刘晓圣，侯东，王宗存副主编. -- 北京：中国电力出版社，2025. 3. -- ISBN 978-7-5198-9145-9

Ⅰ. TM63

中国国家版本馆 CIP 数据核字第 2024YK2841 号

出版发行：中国电力出版社
地　　址：北京市东城区北京站西街 19 号（邮政编码 100005）
网　　址：http://www.cepp.sgcc.com.cn
责任编辑：赵　杨（010-63412287）
责任校对：黄　蓓　马　宁
装帧设计：郝晓燕
责任印制：石　雷

印　　刷：三河市航远印刷有限公司
版　　次：2025 年 3 月第一版
印　　次：2025 年 3 月北京第一次印刷
开　　本：710 毫米×1000 毫米　16 开本
印　　张：21.5
字　　数：360 千字
定　　价：120.00 元

编 委 会

编 写 组

主　编　吕文娟　姬　军

副主编　刘晓圣　侯　东　王宗存

参编人员

周海峰　张肖峰　岳云峰　石　骁

张　露　赵　阳　刘　庆　孟天畅

刘文亮　蔡昱炜　许　倩　胡乐生

吴　畏　孟令健　刘凯锋　张陈博凡

范子逸　范　申　陈　乐　陈正时

姚　嘉　孔令洁　王丽丽　张　喆

周旭东　刘　鑫　宋　斌　徐　晴

王幼军　陆梦雪　杨宝山　缪建军

刘彦东　范建英　陈　杰　唐　云

王　寅　汪　伟

序　　言

火灾是一种极具破坏性的灾害，不仅会造成人员伤亡和财产损失，还会对电力系统的正常运行造成严重影响。变电站（换流站）作为电力系统的重要组成部分，承担着电能转换、传输和分配的关键任务。因此变电站（换流站）的防火安全对电力系统的安全运行具有重要作用。

为了确保变电站（换流站）的安全运行和防止火灾事故的发生，变电站（换流站）建筑防火设计需要综合考虑多方面因素。本书首先介绍了变电站（换流站）建筑的特点和功能。其次，紧密结合典型实际工程案例，将相关规范中的重点条文进行对比分析。最后，通过对火灾事故的分析，深入阐述在设计时应注意的具体技术问题。

本书内容涉及诸多法规、规范、标准，以及典型工程案例分析，有助于变电站（换流站）工程建设技术和管理人员全面、系统、正确、快速了解变电站（换流站）防火设计和日常管理。

希望本书能够在变电站（换流站）建筑防火设计方面为广大读者提供有益的指导和帮助，促进电力系统的安全稳定运行，为社会发展和人民生活提供更可靠的电力保障。

李引擎

2024 年 6 月

前　言

为帮助电网建设从业者更好解决换流站、变电站建筑防火设计及建筑工程消防设计审查方面的问题，本书针对变电站（换流站）工程中常出现的防火设计概念不清、规范理解存在偏差和错误应用等现象，通过案例剖析，强调电网建设中建筑防火设计的重要性，以及依规设计的必要性，本书共七章，分别为概述、变电站（换流站）防火设计原则与要求、建筑防火设计相关误区解读、换流站建筑防火设计案例分析、变电站建筑防火设计案例分析、换流变压器阀侧套管洞口封堵系统研究、建筑材料性能的合理应用。

本书阐明以“防”为主的精髓，帮助从业者正确理解规范、准确应用规范。本书可供从事变电站（换流站）等电网建设的工程管理、设计、消防施工图审查、监理、施工等人员，以及高等院校建筑设计相关专业的师生参考使用，也可作为防火设计从业者的自学和技术参考书。

本书的核心是强调依规设计的必要性，内容直观、易懂、图文并茂，希望能帮助从业者答疑解惑。特别感谢中国建筑科学研究院建筑防火研究所李引擎所长为本书赋序；感谢中国建筑科学研究院建筑防火研究所仝玉主任为本书提供的技术支持；感谢应急管理部天津消防研究所王宗存专家对本书的指导、校审。主编吕文娟从事电网工程建筑设计工作已25年有余，作为主要技术专家参与了多项火灾真型试验技术研究和诸多电网变电工程的设计、评审及规程编制工作。电力变电工程从过去不重视消防设计审查发展到现在已是必审的特殊消防设计审查内容，目前一些业主、设计、审查人员还不适应，总是抱着侥幸的心理认为变电站火灾是小概率事件，能躲则躲，能不设防就不设防。不同于过去不重视消防设计审查的是，现在要实行五方责任主体质量终身制，这就要求从业者必须对自己负责、对工程负责、对国家负责，所以，“以防为主、从严设计、依规设计”才是保护自己及国家利益的解决方法。主编将经历的、看到的、想到的关于换流站、变电站建筑防火设计相关问题通过本书分享给读者，希望能够对行业人士有所帮助。由于作者水平有限，书中疏漏之处在所难免，敬请读者批评指正，真诚希望广大读者多提宝贵意见。

吕文娟

2024 年 6 月

目　录

第一章

概　　述

第一节　变电站（换流站）发展历程

一、换流站技术的发展

20 世纪末，国家电网公司通过技术引进，建成±500kV 三峡直流输电工程，成为当时建设规模最大、技术水平最高、单个换流变压器容量最大、运行经济指标最优的高压直流换流站。三峡直流输电工程的投运，使华中与华东联网规模进一步加强，缓解了华东电网用电紧张的状况，并为华中、华东两网之间的余缺调剂、事故支援、备用共享创造了条件。三峡至广东直流输电工程，使华中电网与南方电网互联，使全国“西电东送、南北互供”的联网格局基本形成，并大大提高了电网的稳定水平和电能质量。从此，直流输电工程奠定了全国联网格局，为之后的±800kV 特高压建设打下了坚实的基础。

在±500kV 三峡超高压直流输电工程的基础上，我国自主研发、自主设计和自主建设了向家坝—上海±800kV 特高压直流输电示范工程（简称向—上工程），成为世界上电压等级最高、输送容量最大、送电距离最远、技术水平最先进的直流输电工程。在我国能源领域取得的世界级创新成果，代表了当时世界高压直流输电技术的最高水平。向—上示范工程于 2010 年 7 月 8 日投入运行，额定直流电压±800kV，额定直流电流 4000A，换流容量为 6400MW。特高压输电技术有效提高输送距离、输送容量、减少输电损耗、降低输电成本，实现更大范围的资源优化配置，对国内设备制造业有明显的带动作用。

为响应国家“西电东送”的发展战略，向—上示范工程建成之后，特高压±800kV 输电工程开始全面大力发展，随后建设了±800kV 锦平—苏南、哈密—郑州、溪洛渡—浙江、灵州—绍兴、上海庙—山东、酒泉—湖南、晋北—南京、锡盟—泰州、扎鲁特—青州等多项特高压直流输电工程。在此基础上，国家电网有限公司总结经验、自主创新研发建设了目前世界上电压等级最高的±1100kV 昌吉—古泉特高压直流输电工程，形成纵横交织的输变电骨干网络，全面拉动国内经济的发展。

2019 年建成的±1100kV 昌吉—古泉特高压直流输电工程，是目前世界上电压等级最高，输送容量最大、送电距离最远、技术水平最先进的特高压直流输电工程。中国直流输电发展从技术引进、到技术输出，再到国际上树立了中国特高压这一品牌。

随着经济的快速发展，电力需求也在快速增长，特高压输电不但能满足电能大容量、远距离、高效率、低耗损、低成本输送的基本要求，还可有效解决500kV 超高压电网存在的输电能力低、安全稳定性差、经济效益欠佳的问题。所以特高压电网的建设已成为我国电力发展的必然趋势。

特高压作为一个重点领域，具有产业链长、带动力强、经济社会效益显著等优势，为未来几年的经济建设注入强劲的活力。长远来看，在整个中国的产业升级中，特高压是至关重要的一环。特高压在拉动企业复工复产，保就业、稳增长方面已发挥了不可替代的作用。

目前，正在建设的特高压直流工程在以往工程基础上，总结经验、吸取教训、提升优化，以满足生产工艺安全运行为前提，充分体现人性化设计理念，采用简约工业化设计风格进行标准化设计，使特高压技术更加成熟从而达到完美。

直流输电工程适合长距离输送且电压损耗小，换流站是直流输电的基础，换流站比变电站占地面积大、建设规模大、结构型式多且复杂、建筑物数量也多。换流站主要生产建筑是换流区建筑物，一般包含：两极阀厅或两极高低端阀厅、控制楼或主辅控制楼，有时还会有户内直流场、阀冷设备间、泡沫消防泵站等辅助建筑物。图 1－1 是常规布置的±800kV 换流站，图 1－2

是常规布置的±1100kV 换流站。附录 A（换流站工程图例）是目前国内换流站具有代表性的工程鸟瞰图及效果图，以便读者对换流站有个直观初步的认识和了解。

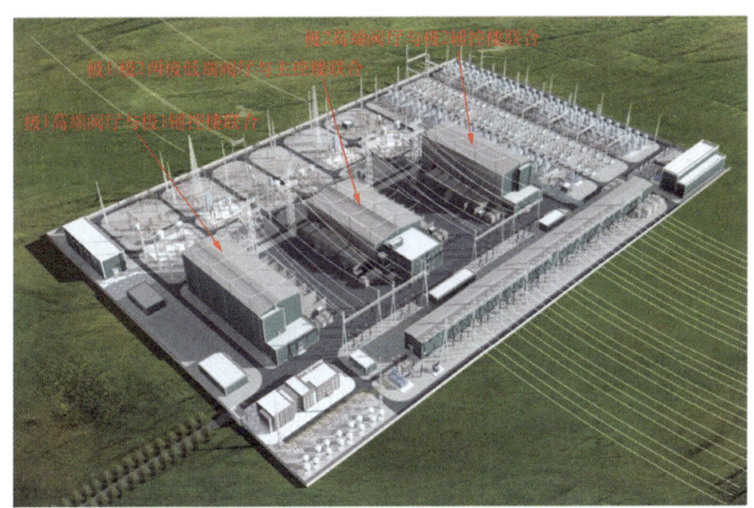

图 1-1 常规布置的±800kV 换流站

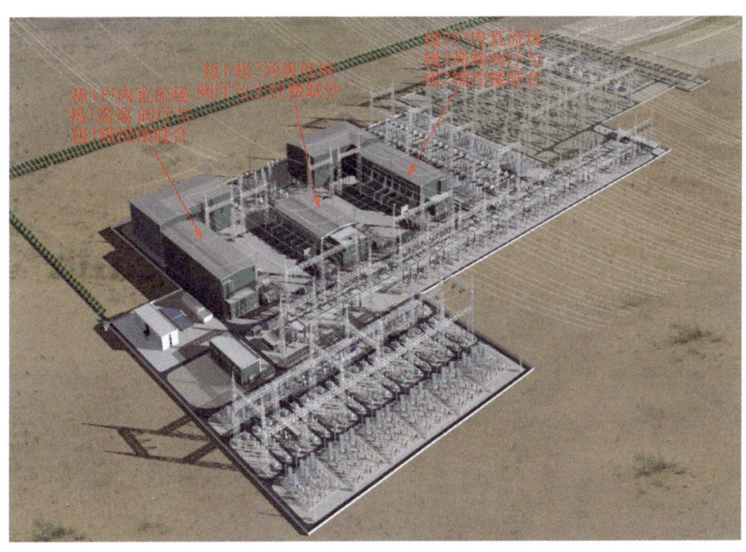

图 1-2 常规布置的±1100kV 换流站

二、变电站技术的发展

（一）750kV 输变电示范工程

我国首个 750kV 输变电示范工程，包括 750kV 青海官亭变电站及甘肃省兰州东变电站，两站均地处西北地区，自然环境恶劣，具有海拔高、风沙大、时有沙尘暴袭击、温差大、紫外线强、冬季冻土层厚、湿陷性黄土等不利条件。2005 年 9 月 26 日，我国首个 750kV 输变电示范工程的建成投运，充分显示我国输变电建设管理达到先进水平。当时这是我国第一次自主设计、自主建设、自主设备制造、自主调试、自主运行管理的具有世界领先水平的输变电工程。该示范工程技术起点高，新设备、新材料、新工艺、新技术应用多，而且工程的建设管理在继承传统的基础上大胆创新，并取得了丰硕的成果。在世界相同电压等级的输变电工程中，这项工程海拔最高，建设难度大，管理难度更大。750kV 输变电示范工程的建设通过积累经验，制定了一系列标准和规范，填补了我国 500kV 以上电压等级超高压输变电技术和标准方面的空白，为后面 1000kV 特高压输变电工程建设提供宝贵的经验。

我国首个 750kV 输变电示范工程之后，西北大力发展 750kV 电网，将潜在的地区能源资源优势转变为现实的经济优势，把黄河上游水电和西北地区的火电打捆外送，推进“西电东送”北通道的建设，带动西北电力和地区经济的大发展。

（二）1000kV 特高压交流试验示范工程

2009 年 1 月 6 日，国家电网公司建成投运了 1000kV 特高压交流试验示范工程，实现了具有里程碑的创新与突破。这是世界上目前商业化运营、电压等级最高的输变电工程，验证了特高压输电的技术可行性、设备可靠性、运行安全性、环境友好性，为特高压输电技术在世界范围内更广泛地应用积累了难得的经验。1000kV 特高压交流试验示范工程包含晋东南、南阳、荆门三座变电站，连接了华北、华中两大区域电网，是中国南北方向的一条重要能源输送通道，国家电网从事着引领未来的电网建设事业。

1000kV 特高压交流试验示范工程成功应用和发展特高压交流输电技术，形成了完整的技术体系。第一次使特高压交流输电投入了商业运营。特高压交流输电系统标准电压被采纳为国际标准，为设备研制和工程设计奠定基础。目前，国内已建成 1000kV 多座特高压交流变电站。

（三）数字化变电站

近年来，随着数字化技术的不断进步和 IEC 61850 标准在国内的推广应用，基于 IEC 61850 的数字化变电站成为国内新建变电站的标准，而传统的变电站也将逐步更新并被取代。数字化变电站具有全站信息数字化、通信平台网络化、信息共享标准化、高级应用互动化等重要特征。无人值班变电站的测量监视与控制操作都由调度中心进行遥测遥控，变电站内不设值班人员。

（四）户内变电站

通常户内变电站一般是指主变压器或高压侧电气设备装设于建筑物内的变电站，因此整座户内变电站的火灾危险性高，一般火灾危险性为丙类，采用二级耐火等级的建筑。

户内变电站其建筑物可独立建设，也可与其他建（构）筑物结合建设。户内变电站要求占用土地资源少，对环境影响小。随着社会的进步，人们对生存环境及生活质量有了更高的要求，户外变压器的噪声及户外设备对城市景观的影响成为突出有待解决的问题，因此近年来城市户内变电站在建筑外观造型的工业化设计方面要求也越来越高。

随着低能耗 BIPV 建筑的应用，户内变电站建筑设计除满足功能要求外，还要解决节能、防火、防水、密封及可再生能源的利用等诸多问题。

目前城市户内变电站，多采用综合自动化、无人值班的建筑型式。城市户内变电站相对民用建筑、普通工业建筑而言对防火设计、消防安全有更高的要求，也不同于常规变电站。由于城市户内变电站工艺布置与常规变电站不同，因此特别是全户内配电装置楼对防火设计、消防设施的要求也越来越高。

（五）地下变电站

地下变电站包括全地下变电站和半地下变电站两种不同的建设形式。由于地下变电站不仅土建工程投资远远高于地上户内变电站，且设计及施工难度较大，施工质量要求较严格，运行维护、设备检修条件不如地上变电站方便，因此，在目前国情条件下不宜大量建设。地下变电站只是在城市中由于城市规划及占地等原因使地上变电站无法建设时才采用的特殊变电站建设形式。除在城市绿地或运动场、停车场等地面设施下独立建造外，地下变电站通常与大型城市综合体联合建设，因此变电站必须与综合建筑联合设计、同期施工。地下变电站对于防火、通风、排烟、疏散等要求很高，地下变压器室还应解决防爆、设备吊装等问题，合理布置防火分区及安全出口。因此，地下变电站是特殊形式的变电站。

图 1－3 是某特高压 1000kV 变电站主控通信楼效果图，图 1－4 是西藏某 500kV 变电站效果图，图 1－5 是 220kV 户内变电站效果图。国内具有代表性的变电站工程鸟瞰图及效果图见附录 B（变电站工程图例）。

图 1－3　某特高压 1000kV 变电站主控通信楼效果图

图 1－4　西藏某 500kV 变电站效果图

图 1－5 220kV 户内变电站效果图（城市户内变电站）

相对常规变电站，换流站包含的建筑物更多，建筑体量也更大，换流区联合建筑物结构形式更为复杂，这给换流站带来更大的火灾隐患。因此，换流站比常规变电站防火设计的难度大、涉及的内容多且专业性宽泛。尤其在空调新风系统、防排烟系统、火灾报警、消防灭火设施、消防救援等方面；另外换流站还须设有企业消防站，配备专业的消防救援人员及大型消防车。

地下变电站通常与大型城市综合体联合建设，故地下变电站必须与综合建筑联合设计、同期施工。这对防火、通风、排烟、疏散等要求很高，此外地下变压器室还应解决防爆、设备吊装等诸多问题。

换流站建筑为地上建筑物，换流变压器在地上室外布置，虽然工艺布置的火灾隐患大，但是地上建筑的通风、防排烟、灭火、疏散相对地下变电站会容易解决。由于地下变电站常与综合建筑联合设计、同期施工，将会增加通风、防排烟、消防、防爆、疏散、防水等相关专业的设计及施工难度。

第二节 变电站（换流站）防火设计现状

一、变电站（换流站）防火设计现状

（1）对于变电站（换流站）的防火设计，除了执行 GB 50016—2014《建筑设计防火规范（2018 年版）》外，GB 50229—2019《火力发电厂与变电站设计防火标准》中关于换流站防火设计的相关内容极少，特别是换流站中较复杂且

火灾隐患大的联合建筑物，存在一些设计上的争议问题。而 GB/T 50789—2022《±800kV 直流换流站设计规范》以及 GB/T 51200—2016《高压直流换流站设计规范》中对建筑物防火设计内容也不够全面且内容滞后。

（2）换流站工程在防火设计方面存在强制性条文规定或重要条文不执行的问题，十几年来重要的防火部位以及构造做法一成不变，仍在沿用 GB 50016—2006 原有做法，这与目前 GB 50016—2014 及 GB 55037—2022《建筑防火通用规范》有不匹配、不满足的情况。

（3）长期以来消防机构对电网工程没有进行消防设计审查。很多工程已运行多年了还没有进行消防设计审查，甚至运行了十几年的工程目前才补消防设计审查手续。虽然特高压技术领先世界，但如果消防安全不重视或不到位，一旦发生火灾事故，就会因“木桶效应”让短板毁掉特高压已有的成果，这将会给国家造成重大的经济损失和负面影响。

（4）在防火、消防设计理念上不应将经济性放在首要位置，而应按“预防为主、防消结合”的方针来防止火灾蔓延，将“防”的设计理念贯穿到工程建设中，应将“防”放在首位，在“防”的前提下选择经济性的方案实施。变电站（换流站）建设过程中不能因为经济性原因来降低火灾危险性类别，也不能因为经济性原因不执行规范，甚至增加几个防火门就能解决的问题也认为是增加造价。经济性是要考虑，但不能为节省几樘门而不满足规范，相对阀厅设备而言，这几樘门的造价是微乎其微，但是却能满足规范要求还能起到防火分隔作用。另外，也不能因为工期紧的原因来降低防火墙的结构安全性和稳定性要求，建设的目的是要保障安全生产和安全运行，切勿因为防火设计上的瑕疵或不满足要求形成短板对电网建设造成重大损失。

二、法律法规及消防审查相关政策要求

自 2018 年以来，国家出台了很多政策，使得新形势下的防火设计向着有规可依的方向发展，其中典型法律法规及相关政策要求如下：

（1）2019 年 4 月 23 日颁布新版《中华人民共和国建筑法》及《中华人民共和国消防法》。

（2）2018 年 3 月住建部印发关于《住房和城乡建设部工程质量安全监管司 2018 年工作要点》的通知（建质综函〔2018〕15 号）。通知明确提出：“强化

建设单位首责：严格落实各方主体责任，强化建设单位首要责任，全面落实质量终身责任制”。

（3）中华人民共和国住房和城乡建设部于2020年4月1日颁布的《建设工程消防设计审查验收管理暂行规定》从2020年6月1日起生效。为做好建设工程消防设计审查验收工作，住房和城乡建设部制定了《建设工程消防设计审查验收工作细则》和《建设工程消防设计审查、消防验收、备案和抽查文书式样》。电力是特殊行业，电力工程建设必须进行消防设计审查及验收或消防验收备案及抽查。因此，新政策、新形势下的防火设计必须执行国家规定。

（4）中华人民共和国住房和城乡建设部颁发的GB 55037—2022自2023年6月1日起实施。该规范为强制性工程建设规范，全部条文必须严格执行。强制性工程建设规范具有强制约束力，是保障人民生命财产安全、人身健康、工程安全、生态环境安全、公众权益和公众利益，以及促进能源资源节约利用、满足经济社会管理等方面的控制性底线要求，在工程建设项目的勘察、设计、施工、验收、维修、养护、拆除等建设活动全过程中必须严格执行。对于现行工程建设标准（包括强制性标准和推荐性标准）中有关规定与强制性工程建设规范的规定不一致的，以强制性工程建设规范的规定为准。

第二章

变电站（换流站）防火设计原则与要求

第一节 变电站（换流站）防火设计原则

防火设计的方针是“预防为主，防消结合”，“防”是防火设计的关键与核心。一旦发生火灾，从建筑防火的角度首要是防火灾蔓延。防火灾蔓延需要根据规范的要求来进行设防。

一、概念性设计

防火设计是概念性设计，规范不可能包罗万象，“防”是核心原则，要领会规范的编制精神，要将“防”的概念渗透到建筑个体设计中。

建筑物的防火设计总体要求如下：

（1）对于不同的建筑物：一般依据建筑物各自的火灾危险性类别、耐火等级、建筑层数，来满足建筑物之间的防火间距要求。若受场地条件限制，相邻建筑之间需要毗邻布置时，则应按规范要求采取设置防火墙等措施来达到等效的阻隔火灾蔓延的效果。注意区别单座联合建筑与两座建筑物毗邻设置的不同，这是困惑很多设计师的防火设计问题。

（2）对于同一建筑：同一建筑不同的防火分区之间应设置防火墙进行防火分隔。

（3）同一建筑的同一防火分区内：同一防火分区内火灾危险性大或者性质重要的部位等房间隔墙有特殊耐火极限规定的房间，需要用相应耐火极限的防火隔墙分隔来防止火灾蔓延。

防火墙、防火隔墙的设计要求如下：

（1）防火墙：依据 GB 50016—2014 第 2.1.12 条规定“防火墙是防止火灾蔓延至相邻建筑或相邻水平防火分区且耐火极限不低于 3.00h 的不燃性墙体”。

（2）防火隔墙：依据 GB 50016—2014 的第 2.1.11 条规定“防火隔墙是建筑内防止火灾蔓延至相邻区域且耐火极限不低于规定要求的不燃性墙体”。

上述两条都要求在建筑物内防止火灾蔓延至相邻区域，因此防火墙、防火隔墙的核心问题是阻止火灾蔓延，而不仅仅只是耐火极限的时间要求，防火墙、防火隔墙结构的完整性要求才是火灾不蔓延的关键。

（3）依据 GB 50016—2014 第 6.2.4 条规定“建筑内的防火隔墙应从楼地面基层隔断至梁、楼板或屋面板的底面基层”（强制性条文）。

（4）依据 GB 50016—2014 第 6.1.7 条规定“防火墙的构造应能在防火墙任意一侧的屋架、梁、楼板等受到火灾的影响而破坏时，不会导致防火墙倒塌”（强制性条文）。

（5）依据 GB 50016—2014 第 6.1.1 条规定“防火墙应直接设置在建筑的基础或框架、梁等承重结构上，框架、梁等承重结构的耐火极限不应低于防火墙的耐火极限”（强制性条文）。

防火墙不倒塌是要求防火墙应保证自身结构的稳定性，也是对防火墙结构完整性的要求。发生火灾时如果防火墙倒塌火灾就会向相邻区域蔓延，因此防火墙、防火隔墙自身应满足完整性、隔热性要求，二者缺一不可。

现场复合与工厂复合金属岩棉夹心板是电网工程中常用的两种轻质防火墙，而 GB 50016—2014 已取消轻质防火墙。图集中工厂复合的墙体耐火极限虽然能达到 3.00~4.00h，但是这与工程中现场复核的构造有很大区别且墙体高度也有所限制，因此墙体整体的完整性难以保证。真正的防火墙既要满足墙体构造的完整性也要满足隔热性要求，二者缺一不可，不是仅满足 3.00h 耐火极限的任何墙体都能当作防火墙使用。防火设计是概念性设计，应领会规范的设防精神。

GB 50016—2006 允许使用轻质防火墙，而 GB 50016—2014 已取消了轻质防火墙。该调整主要考虑到轻质防火隔墙作为防火墙，虽然板材本身能达到相应的耐火等级，但拼装后墙体完整性的耐火性能受到限制。例如本书编制依据的标准及规范是已经失效的 GB 50016—2006、GB 50045—1995《高层民用建筑设计防火规范》（2005 版）、CECS 154—2003《建筑防火封堵应用技术规程》

等。随着 GB 50016—2014 的出台，GB 50016—2006 也已作废，允许使用的轻质防火墙也已取消使用。但目前很多输变电工程依然还把轻质防火墙或轻质防火隔墙作为装配式墙体在广泛应用，不能因为推广装配式建筑而忽略了建筑防火、防水、抗震性能，应综合全面来考虑。

综上所述，轻质防火墙不具备结构完整性要求，不能作为防火墙使用。

二、以防为主，从严设防

（1）依据 GB 50229—2019《火力发电厂与变电站设计防火标准》第 11.1.2 条规定：“同一建筑物或建筑物的任一防火分区布置有不同火灾危险性的房间时，建筑物或防火分区内的火灾危险性类别应按火灾危险性较大的部分确定，当火灾危险性较大的房间占本层或本防火分区建筑面积的比例小于 5%，且发生火灾事故时不足以蔓延至其他部位或火灾危险性较大的部分采取了有效的防火措施时，可按火灾危险性较小的部分确定”。这条规定，通过限定火灾危险性大的部位的面积以及采取防火措施等做法对该类场所进行重点防护，充分体现以防为主，从严设防的设计理念。

（2）对于 GB 50016—2014 中许多重要房间的隔墙耐火极限不低于 2.00h、楼板耐火极限不低于 1.50h 的规定，都高于规范表 3.2.1 中的二级耐火等级房间的隔墙耐火极限 0.50h、楼板耐火极限 1.00h 的规定；又如，表 3.2.1 中对一、二级耐火等级建筑内的楼梯间、前室等供人员疏散的重点部位，规定墙的耐火极限均不低于 2.00h，也高于一、二级耐火等级房间隔墙相应的耐火极限 0.75h 和 0.50h。再如第 3.3.5 条：“办公室、休息室设置在丙类厂房内时，应采用耐火极限不低于 2.50h 的防火隔墙和 1.00h 的楼板与其他部位分隔”，对于火灾危险性大的场所已体现了以防为主、从严设计的原则。

这些都说明对于重要部位、火灾危险性大的场所应从防火设计的精髓去理解设防要求，规范也不可能把各种情况罗列齐全，只能将具有代表性、普遍性、通用性的问题规范化，因此 GB 50016—2014 作为“母规”，给建筑防火设计提供了设防的精髓和基本原则。

（3）依据 GB 50222—2017《建筑内部装修设计防火规范》第 4.0.8 条规定“无窗房间内部装修材料的燃烧性能等级除 A 级外，应在表 5.1.1、表 5.2.1、表

5.3.1、表 6.0.1 和表 6.0.5 规定的基础上提高一级”。

这条为强制性条文，根据“无窗房间”发生火灾时的特点：

1）火灾初期阶段不易被发现，当发现起火时，火势往往已经较大。

2）室内的烟雾和毒气不能及时排出。

3）消防救援人员进行火情侦察和施救比较困难。

因此，对于无窗房间室内装修的要求规范，规定强制性提高一级；这也符合以防为主，从严设防的设计理念。

三、依规设计

在运换流站及在建换流站都也存在不执行相关规范的现象，甚至一些强制性条文也未执行，理由是无法执行、不好执行、工期紧、造价会高等原因。

（1）对于辅控楼、阀厅与户内直流场联合建筑物，其火灾危险性类别的确定，在运行的换流站及在建设的换流站都存在未执行规范现象：

1）GB 50229—2019《火力发电厂与变电站设计防火标准》第 11.1.2 条未执行。

2）GB 50016—2014 的第 3.1.2 条未执行。

3）GB/T 50789—2012《±800kV 直流换流站设计规范（2022 年版）》第 8.2.25 条规定“当户内直流场内布置有单台设备充油量 60kg 及以上的含油电气设备时，应设置防止火灾蔓延的阻火隔墙，局部梁、柱、屋盖和墙体等建筑构件的燃烧性能和耐火极限应符合现行 GB 50016—2014 的有关规定”未执行。

由于辅控楼、阀厅与户内直流场联合建筑物，其火灾危险性类别存在丁类和丙类，按上述 1）、2）条规定，联合建筑物的火灾危险性类别应按火灾危险性较大的部分确定，因此联合建筑物就应该是丙类火灾危险性类别。但是，长期以来上述 3 条规范都未执行，而是均按火灾危险性较低的丁类火灾危险性来进行设计。除±500kV 政平换流站之外，在运行的换流站及在建设的换流站联合建筑物，一直采用丁类火灾危险性进行设防并按惯例沿用到目前，这种现象与以往消防审查只重视民用建筑消防审查，而对工业建筑的审查较松懈有关。自 2018 年国家落实五方责任主体质量终身责任制，2020 年开始实行特殊工程消防审查与验收规定以来，在业内才有所重视。甚至一些变电站（换流站）目前才补消防设计审查手续。

（2）对于未执行规范的问题，一些观点认为无法执行或不好执行就不执行，解决不执行某条规范的方法是可以通过专家论证来解决设计依据的问题。请专家论证国家有规定的范围和程序，应在竣工验收阶段书面提出未执行规范的理由，而且未执行规范的理由是否充分、是否不低于现行国家工程建设消防技术标准要求的同等消防安全水平，方案是否可行都有要求。因此，要在思想上重视防火设计的重要性，认识“防”的必要性，切勿因为没经历过火灾事故就认为不会发生火灾，而擅自决定不设防或低于规范设防标准。防火设计不应将经济性放在首位，应首先按规范要求去执行规范，然后再进行经济性比较，选择更经济的设防方案。

（3）一些强制性条文也未执行。

1）阀厅与主辅控制楼之间防火分区的防火墙、防火隔墙、上存在门、窗、洞口都空着的问题，没有做任何封堵是不符合 GB 50016—2014 的第 6.1.5 条“防火墙上不应开设门、窗、洞口，确需开设时，应设置不可开启或火灾时能自动关闭的甲级防火门、窗”。这是强制性条文的规定。

2）防火设计应以防为主，从严设防，强制性条文必须执行。不能因为经济性原因降低火灾危险性类别，也不能因为经济性原因不执行规范，更不能因为工期紧的原因选择轻质防火隔墙来充当防火墙，从而降低防火墙的结构安全性和稳定性要求。甚至增加几个防火门就能满足规范要求也认为是增加造价。经济性是要考虑，但不能为节省几个樘门而不满足规范要求，相对阀厅设备而言，这几个门的造价是微乎其微，但是却能满足规范要求还能起到防火分隔保护作用。

第二节　变电站（换流站）防火设计要求

一、木桶效应理论

木桶效应讲的是一只水桶能装多少水取决于它最短的那块木板。一只木桶若盛满水，组成木桶的每块木板都必须一样平齐且无破损，如果这只桶的所有木板中有一块不齐或者某块木板下面有破洞，这只桶就无法盛满水。一只木桶能盛多少水，并不取决于最长的那块木板，而是取决于最短的那块木板，也可称为短板效应。

特高压技术领先世界这是有目共睹不争的事实，自主研发、自主创新、自主生产的特高压核心技术是领先世界的长板技术，而变压器设备的防火保护、发生事故后的防火技术措施等一些相关技术则是设计工作中被轻视或需深入研究的短板问题，特别是防火设计中薄弱点的设防不容忽视，对于特高压整体技术来说存在优劣不齐的差异，而劣势部分往往会影响整体水平。因此，领先世界的特高压技术中，应及时加强设备与建筑物的防火设计，弥补一些被忽略或轻视的短板问题，防止火灾的发生与蔓延。

二、薄弱点防火封堵措施

（一）缝隙、贯穿孔口等部位防火封堵

（1）建筑中薄弱点的密封构造措施是防火设计要加强的短板之处，在设计施工图中这些部位应有详图做法，切勿遗漏。依据 GB/T 51410—2020《建筑防火封堵应用技术标准》第 1.0.1 条规定“为防止火焰和烟气通过建筑缝隙和贯穿孔口在建筑内蔓延，保证建筑防火、防烟分隔的完整性与有效性，保障人身安全，减少火灾损失，制定本标准”。

（2）依据 GB/T 51410—2020 第 3.0.6 条规定“当采用防火密封胶时，应配合矿物棉等背衬材料使用，防火密封胶的填塞深度不应小于 15mm，长度应为建筑缝隙或环形间隙的全长，建筑缝隙或环形间隙的内部应采用矿物棉等背衬材料完全填塞。当建筑缝隙或环形间隙的宽度大于或等于 50mm 时，防火密封胶的填塞深度不应小于 25mm”。

（3）依据 GB/T 51410—2020 第 3.0.7 条规定“当采用防火密封漆时，其涂覆厚度不宜小于 3mm，干厚度不应小于 2mm，长度应为建筑缝隙的全长，宽度应大于建筑缝隙的宽度，并应在建筑缝隙的内部用矿物棉等背衬材料完全填塞。防火密封漆的搭接宽度不应小于 20mm”。实际工程中常出现无防火背衬材料的现象。

（二）建筑幕墙的层间封堵

依据 GB/T 51410—2020 第 4.0.3 条规定“建筑幕墙的层间封堵应符合下列规定：

1. 幕墙与建筑窗槛墙之间的空腔应在建筑缝隙上、下沿处分别采用矿物棉

等背衬材料填塞且填塞高度均不应小于 20mm；在矿物棉等背衬材料的上面应覆盖具有弹性的防火封堵材料，在矿物棉下面应设置承托板。

2. 幕墙与防火墙或防火隔墙之间的空腔应采用矿物棉等背衬材料填塞，填塞厚度不应小于防火墙或防火隔墙的厚度，两侧的背衬材料的表面均应覆盖具有弹性的防火封堵材料。

3. 承托板应采用钢质承托板，且承托板的厚度不应小于 1.5mm。承托板与幕墙、建筑外墙之间及承托板之间的缝隙，应采用具有弹性的防火封堵材料封堵。

4. 防火封堵的构造应具有自承重和适应缝隙变形的性能。”

例如，阀厅、户内直流场钢结构金属幕墙中的空腔自下而上 20～40m 高，墙内空腔没有设置防火分隔措施。又如，综合楼玻璃幕墙跨层之间的防火封堵应体现封堵背衬材料的材质、厚度；弹性的防火封堵材料填塞深度、承托板的厚度规格等要求。

对于建筑物光伏幕墙的应用，除了满足层间防火封堵的设计要求，还应对其发电系统进行防火联动控制，既要实现节能减碳的目标，也要考虑防火设计的安全性能要求。

（三）建筑外墙空腔的层间防火封堵

依据 GB/T 51410—2020 第 4.0.4 条规定“建筑外墙外保温系统与基层墙体、装饰层之间空腔的层间防火封堵应符合下列规定：

（1）应在与楼板水平的位置采用矿物棉等背衬材料完全填塞，且背衬材料的填塞高度不应小于 20mm；

（2）在矿物棉等背衬材料的上面应覆盖具有弹性的防火封堵材料；

（3）防火封堵的构造应具有自承重和适应缝隙变形的性能”。

（四）变形缝封堵

变形缝是薄弱点，烟雾会通过变形缝蔓延，要有“防”的措施。

GB 50016—2014 里没有要求变形缝处必须设置单、双道防火墙来进行防火分隔，也没有提出房间不能跨越变形缝，但强调了火灾会通过变形缝蔓延，变形缝容易使火灾沿水平及竖向蔓延的隐患。

（1）依据 GB 50016—2014 在第 6.5.1 条的第 5 款规定“防火门设置在建筑

变形缝附近时，防火门应设置在楼层较多一侧，并应保证防火门开启时门扇不跨越变形缝”。目的是保证分区间的相对独立，以防止火焰通过变形缝蔓延而造成严重后果。说明变形缝处分区设计很重要，因此对于重要房间或火灾隐患大的房间应避免变形缝穿越。例如，一些工程的变形缝设置在主控室内，且主控室内还布置消防控制中心，如此重要的房间让变形缝穿越，一旦发生火灾会自下而上引起竖向火灾蔓延。再者，这个主控室布置在顶层，变形缝穿越主控室，一旦漏雨主控室内的贵重设备就会受损，就会影响正常运行，必将造成重大的经济损失。

（2）依据 GB/T 51410—2020 第 4.0.5 条规定“沉降缝、伸缩缝、抗震缝等建筑变形缝在防火分隔部位的防火封堵应符合下列规定：

1）应采用矿物棉等背衬材料填塞；

2）背衬材料的填塞厚度不应小于 20mm，背衬材料的下部应设置钢质承托板，承托板的厚度不应小于 1.5mm；

3）承托板之间、承托板与主体结构之间的缝隙，应采用具有弹性的防火封堵材料填塞；

4）在背衬材料的外面应覆盖具有弹性的防火封堵材料”。

（五）管道井、电缆竖井防火封堵

（1）依据 GB/T 51410—2020 第 5.2.6 条规定“管道井、管沟、管窿防火分隔处的封堵应采用矿物棉等背衬材料填塞并覆盖有机防火封堵材料；或采用防火封堵板材封堵，并在管道与防火封堵板材之间的缝隙填塞有机防火封堵材料”。

（2）依据 GB/T 51410—2020 第 5.3.6 条规定“电缆井的每层水平防火分隔处应采用无机或膨胀性的防火封堵材料封堵；或采用矿物棉等背衬材料填塞并覆盖膨胀性的防火封堵材料；或采用防火封堵板材封堵，在电缆与防火封堵板材之间的缝隙填塞膨胀性防火封堵材料”。

（六）封闭电缆槽盒贯穿孔口的防火封堵

依据 GB/T 51410—2020 第 5.3.5 条第 3 款规定“封闭电缆槽盒贯穿孔口的防火封堵应符合下列规定：在贯穿部位的电缆槽盒内应采用膨胀性的防火封堵材料封堵”。

（七）防火门、防火窗以及防火卷帘缝隙封堵

依据 GB/T 51410—2020 第 5.4.3 条规定“防火门、防火窗以及防火卷帘的导轨、箱体等与建筑结构或构件之间的缝隙，应采用具有弹性的防火封堵材料封堵；或采用矿物棉等背衬材料填塞并覆盖具有弹性的防火封堵材料；或采用防火封堵板材、阻火模块封堵，缝隙应采用具有弹性的防火封堵材料封堵”。

第三节　重要区域防火设置要求

对于火灾隐患大的房间、重要的房间、疏散设施、竖向管井等也要进行防火分隔保护措施。例如：疏散走道、楼梯间及前室、电梯井、竖井、电缆层、空调设备间、配电室、控制室、明火厨房、地下室、消防控制室、重要的设备房间等，都要根据规范要求来进行楼板、墙体、屋面部位的防火分隔设计。如某些输变电工程控制楼的疏散走道铺设架空防静电活动地板，无法满足疏散走道防火完整性要求，一旦发生火灾疏散走道很不安全，烟、火会在走道中蔓延。

变形缝也是火灾容易蔓延的部位，必须设置变形缝的部位也可以用施工措施来解决防火蔓延的问题。总之，防火设计“防”是核心原则，要领会规范的精神，要将“防”的概念渗透到建筑构造细节上，切勿因小细节的失误而酿成重大悲剧，细节决定成败，短板影响全局。

一、重要房间或区域墙体、楼板、屋面板防火设置要求

（1）依据 GB 50016—2014 表 3.2.1 规定“楼梯间、前室的墙耐火极限不低于 2.00h，疏散走道耐火极限不低于 1.00h”。

（2）依据 GB 50016—2014 第 3.2.10 条规定“一、二级耐火等级单层厂房（仓库）的柱，其耐火极限分别不应低于 2.50h 和 2.00h”。

（3）依据 GB 50016—2014 第 3.2.15 条规定“一、二级耐火等级厂房（仓库）的上人平屋顶，其屋面板的耐火极限分别不应低于 1.50h 和 1.00h”（强制性条文）。

（4）依据 GB 50016—2014 第 3.3.5 条规定“办公室、休息室设置在丙类厂

房内时，应采用耐火极限不低于 2.50h 的防火隔墙和 1.00h 的楼板与其他部位分隔”（强制性条文）。

（5）依据 GB 50016—2014 第 5.3.2 条规定“建筑内设置中庭时，其防火分区的建筑面积应按上、下层相连通的建筑面积叠加计算；当叠加计算后的建筑面积大于本规范第 5.3.1 条的规定时，应符合下列规定：

1）与周围连通空间应进行防火分隔；

2）采用防火隔墙时，其耐火极限不应低于 1.00h；

3）采用防火玻璃墙时，其耐火隔热性和耐火完整性不应低于 1.00h，采用耐火完整性不低于 1.00h 的非隔热性防火玻璃墙时，应设置自动喷水灭火系统进行保护；

4）采用防火卷帘时，其耐火极限不应低于 3.00h，并应符本规范第 6.5.3 条的规定；与中庭相连通的门、窗，应采用火灾时能自行关闭的甲级防火门、窗”（强制性条文）。

（6）依据DL/T 5496—2015《220kV～500kV户内变电站设计规程》第6.2.18条规定“变压器户内布置时应满足下列规定：

1. 每间变压器室的疏散出口不应少于 2 个，且必须有 1 个疏散出口直通室外；

2. 变压器室的疏散门应向疏散方向开启，不得开向相邻的变压器室或其他室内房间、走廊；当散热器与主变压器本体分开布置时，变压器室第二个疏散门可开向对应的散热器室，且该门应采用甲级防火门；

3. 变压器四周所有隔墙均应为耐火极限不低于 3.00h 的防火墙”。

（7）依据 GB 50016—2014 第 6.2.7 条规定“附设在建筑物内的消防控制室、通风空调机房、变配电室、灭火设备室，应采用耐火极限不低于 2.00h 的防火隔墙和 1.50h 的楼板与其他部位分隔。

设置在丁、戊类厂房内的通风机房，应采用耐火极限不低于 1.00h 的防火隔墙和 0.50h 的楼板与其他部位分隔”。

（8）依据 GB 50016—2014 第 6.2.9 条第 2 款规定“电缆井、管道井、排烟道、排气道、垃圾道等竖向井道，应分别独立设置。井壁的耐火极限不应低于 1.00h，井壁上的检查门应采用丙级防火门”。

（9）依据 GB 50016—2014 第 6.4.4 条规定“……除住宅建筑套内的自用楼梯外，地下或半地下建筑（室）的疏散楼梯间，应符合下列规定：

……

2. 应在首层采用耐火极限不低于 2.00h 的防火隔墙与其他部位分隔并应直通室外，确需在隔墙上开门时，应采用乙级防火门。

3. 建筑的地下或半地下部分与地上部分不应共用楼梯间，确需共用楼梯间时，应在首层采用耐火极限不低于 2.00h 的防火隔墙和乙级防火门将地下或半地下部分与地上部分的连通部位完全分隔，并应设置明显的标志”（强制性条文）。

（10）GB 50229—2019 第 11.2.8 条规定“地下变电站、地上变电站的地下室、半地下室安全出口数量不应少于 2 个。地下室与地上层不应共用楼梯间，当必须共用楼梯间时，应在地上首层采用耐火极限不低于 2.00h 不燃烧体隔墙和乙级防火门将地下或半地下部分与地上部分的连通部分完全隔开，并应有明显标志”（强制性条文）。

（11）依据 GB/T 50789—2012 第 8.2.17 条第 2 款规定“控制保护设备室、交流配电室、直流屏室、交流不停电电源室、电气蓄电池室、通信机房、通信蓄电池室、阀冷却设备间、空调设备间、换流变压器接口屏室等设备用房和楼梯间的墙体耐火极限不应低于 2.00h，楼板耐火极限不应低于 1.50h，各设备用房的门应采用向疏散方向开启的”。

（12）除执行 GB 55037—2022、GB 50016—2014、GB 50229—2019、GB/T 51410—2020、GB 50222—2017、GB 51251—2017《建筑防烟排烟系统技术标准》等相关内容外，还应执行相关专项规范内容。例如，GB 50067—2014《汽车库、修车库、停车场设计防火规范》、JGJ 36—2016《宿舍建筑设计规范》。还应在施工图说明中增加消防章节，说明防火设置部位及达到的耐火极限等内容。

二、重要部位的装修规定

（1）依据 GB 50222—2017 第 4.0.4 条规定“地上建筑的水平疏散走道和安全出口的门厅，其顶棚应采用 A 级装修材料；其他部位应采用不低于 B1 级装修材料；地下民用建筑的疏散走道和安全出口的门厅，其顶棚、墙面、地面 A 级装修材料”（强制性条文）。

（2）依据 GB 50222—2017 第 4.0.5 条规定“疏散楼梯间、前室的顶棚、墙面、地面均采用 A 级装修材料”（强制性条文）。

（3）依据 GB 50222—2017 第 4.0.6 条规定“建筑物内设有上下相联通的中

庭、走马廊、开敞楼梯间、自动扶梯时，其联通部位的顶棚、墙面应采用 A 级装修材料，其他部位应采用不低于 B1 级装修材料”（强制性条文）。

（4）依据 GB 50222—2017 第 4.0.8 条规定“无窗房间内部装修材料的燃烧性能等级除 A 级外，应在表 5.1.1、表 5.2.1、表 5.3.1 和表 6.0.1、表 6.0.5 规定的基础上提高一级”（强制性条文）。

（5）依据 GB 50222—2017 第 4.0.9 条规定“消防水泵房、机械加压送风排烟机房、固定灭火系统钢瓶间、配电室、变压器室、发电机房、储油间、通风和空调机房等其内部所有装修材料均应采用 A 级装修材料”（强制性条文）。

（6）依据 GB 50222—2017 第 4.0.10 条规定“消防控制室等重要房间，其顶棚和墙面应采用 A 级装修材料，地面及其他装修应采用不低于 B1 级装修材料”（强制性条文）。

（7）依据 GB 50222—2017 第 4.0.11 条规定“建筑物内的厨房，其顶棚、墙面、地面均应采用 A 级装修材料”（强制性条文）。

（8）依据 GB 50222—2017 第 4.0.12 条规定“经常有明火器具的餐厅，科研试验室，其装修材料的燃烧性能等级除 A 级外，应在表 5.1.1、表 5.2.1、表 5.3.1 和表 6.0.1、表 6.0.5 规定的基础上提高一级”（强制性条文）。

（9）依据 GB 50222—2017 第 6.0.3 条规定“当厂房的地面为架空地板时，其地面应采用不低于 B1 级的装修材料”。

（10）依据 GB 50222—2017 第 6.0.4 条规定“附设在工业建筑内的办公、研发、餐厅等辅助用房，当采用现行 GB 50016—2014《建筑设计防火规范》规定的防火分隔和疏散设施时，其内部装修材料的燃烧性能等级可按民用建筑的规定执行”。

（11）依据 GB 50229—2019 第 11.2.3 条规定“控制室顶棚和墙面应采用 A 级装修材料，控制室其他部位应采用不低于 B1 级的装修材料”。

（12）依据 GB/T 50789—2012 第 8.2.17 条第 4 款规定“主控制室、控制保护设备室、交流配电室、直流屏室、交流不停电电源室、电气蓄电池室、通信机房、通信蓄电池室、阀冷却设备间、空调设备间等设备用房和楼梯间的楼地面、内墙面、顶棚及其他部位均应采用 A 级不燃性装修材料；安全工器具间、二次备品及工作间、交接班室、会议室、办公室、资料室、门厅、走道的内墙面、顶棚应采用 A 级不燃性装修材料，楼地面及其他部位应采用不低于 B1 级的难燃性装修材料”。

三、主控楼单独建造更安全

（1）某±800kV换流站、某±1100kV换流站阀厅是“一”字形布置方案，每极高、低端阀厅各配套相应的辅控楼，而主控楼则脱离阀厅，单独建造独立的建筑物。鉴于主控楼的重要性，将全站的运行控制系统、消防控制系统独立出来，这样当阀厅发生火灾时也不会殃及主控楼，确保主控楼单独建造的安全。

（2）常规±800kV换流站两极低端阀厅“背靠背”布置与主控楼联合，若两极低端阀厅中任何一极的低端阀厅发生火灾将会殃及主控楼，从而影响全站的消防控制系统和生产运行监控。

（3）主控楼在换流站具有很重要的作用，是防火设计的重点保护部分，主控室及消防控制室是全站的运行及消防控制中心，消防控制室是建筑消防设施管理系统的“心脏”，也是换流站日常消防工作管理的中枢核心，发生火灾也是灭火、救援的应急指挥中心。因此，主控楼单独建造可避免阀厅及其他房间的火灾蔓延。

依据GB 25506—2010《消防控制室通用技术要求》的第4.2.1条消防控制室管理应符合下列要求“实行每日24h专人值班制度，每班不应少于2人，值班人员应持有消防控制室操作职业资格证书”。

（4）消防控制室布置规定：一般消防控制中心布置在底层或地下一层，也可单独布置。消防控制不应设置在电磁场干扰较强及其他可能影响消防控制设备正常工作的房间附近，且疏散门应直通室外或安全出口。

阀厅、主控楼电磁场干扰较强，虽然设计了屏蔽措施，但是主控楼单独建造会更安全。

第三章 建筑防火设计相关误区解读

第一节 “宜”的认识

依据《工程项目建设标准编写规定》及 GB 50016—2014 的规范用词说明中第 1 条第 3 款：“宜”表示允许稍有选择，在条件许可时首先应这样做的。正面词采用“宜”，反面词采用“不宜”。“宜”的选择有条件限制，适用于以下情形：

（1）在条件许可时首先应执行。

（2）规范用词说明中“宜”是：稍有选择的意思，在条件许可时首先应这样做的。“宜”不是建议，规范是没有建议的。“宜”是允许给特殊情况开口的规定。工程设计应用中一些设计师常认为“宜就是可执行也可不执行”，对规范中的“宜”常常视而不见。以下是对规范中“宜”的解读以及建筑术语的解释。

1. 建筑楼梯间“宜”的解读

（1）GB 50016—2014 的第 5.5.3 条规定“建筑的楼梯间宜通至屋面，通向屋面的门或窗应向外开启”。其条文解释：“将建筑的疏散楼梯通至屋顶，可使人员多一条疏散路径，有利于人员及时避难和逃生。因此，有条件时，如屋面为平屋面或具有连通相邻两楼梯间的屋面通道，均要尽量将楼梯间通至屋面。楼梯间通屋面的门要易于开启，同时门也要向外开启，以利于人员的安全疏散”。

对于换流站中属于民用建筑的综合楼来说，新建工程设计是有条件将楼梯间出屋面设计，建筑楼梯间要通至屋面。而对于换流站的主（辅）控楼，因为是工业建筑，规范没有提出楼梯间出屋面的设计要求。通常为便于运行检修，可以设置 1 部楼梯间出屋面。

（2）建筑术语的解释。

1）依据 GB/T 50504—2009《民用建筑设计术语标准》第 2.2.5 条规定“工业建筑：以工业性生产为主要使用功能的建筑”。因此，换流站、变电站中的控制楼为工业建筑。

2）依据 GB/T 50504—2009 第 2.2.2 条规定“民用建筑是供人们居住和进行各种公共活动的建筑的总称”。换流站综合楼通常是集居住、餐厅、会议、办公、活动等公共场所为一体的综合性民用建筑，由住宿区与非住宿区两大功能组成。因此，应按民用建筑进行防火设计，同时还应兼顾 JGJ 36—2016 中的防火设计内容。因此，综合楼应为民用建筑。

2. 消防控制室“宜”的解读

（1）依据 GB 50016—2014 第 8.1.7 条第 2 款规定“消防控制室设置要求：附设在建筑物内的消防控制室宜设置在建筑内首层或地下一层，并宜布置在靠外墙部位”。且第 4 款：“疏散门应直通室外或安全出口”，说明在条件许可时首先应这样做的。目前换流站主控楼消防控制室设置在三层并不满足此条规定。

（2）依据 GB 50229—2019 第 11.5.28 条规定“有人值班的变电站的火灾报警控制器应设置在主控制室；无人值班的变电站的火灾报警控制器宜设置在变电站门厅，并应将火警信号传至集控中心”。目前换流站主控楼消防控制室设置在三层主控室内，满足此条规定。

（3）依据 GB 55037—2022 第 4.1.8 条第 3 款规定“消防控制室应位于建筑的首层或地下一层，疏散门应直通室外或安全出口”。因此自 2023 年 6 月 1 日起，消防控制室的设计必须设置在建筑的首层或地下一层，疏散门应直通室外或安全出口。

（4）依据 GB 50016—2014 第 1.0.2 条规定“本规范适用于下列新建、扩建和改建的建筑：人民防空工程、石油和天然气工程、石油化工工程和火力发电厂与变电站等的建筑防火设计，当有专门的国家标准时，宜从其规定”。因此，换流站或变电站的主控室内依据 GB 50229—2019 的第 11.5.28 条规定允许设置消防控制系统。

3. 救援窗口

依据 GB 50016—2014 第 7.2.5 条规定“供消防救援人员进入的窗口的净高

度和净宽度均不应小于 1.0m，下沿距室内地面不宜大于 1.2m，间距不宜大于 20m 且每个防火分区不应少于 2 个，设置位置应与消防车登高操作场地相对应”。说明在条件许可时首先应这样设置。

对于阀厅、油浸变压器室等无人的特殊房间或有爆炸危险性房间不建议设置救援窗。

依据 GB 55037—2022 的第 2.2.3 条规定：

“1. 沿外墙的每个防火分区在对应消防救援操作面范围内设置的消防救援口不应少于 2 个；

2. 无外窗的建筑应每层设置消防救援口，有外窗的建筑应自第三层起每层设置消防救援口；

3. 消防救援口的净高度和净宽度均不应小于 1.0m，当利用门时，净宽度不应小于 0.8m；

4. 消防救援口应易于从室内和室外打开或破拆，采用玻璃窗时，应选用安全玻璃；

5. 消防救援口应设置可在室内和室外识别的永久性明显标志。”

自 2023 年 6 月 1 日起，消防救援口的设置按此规定执行。

第二节　防火墙与防火隔墙

一、防火墙、防火隔墙的概念分析

（一）防火墙

依据 GB 50016—2014 的第 2.1.12 条规定“防火墙是指防止火灾蔓延到相邻建筑物、或相邻水平防火分区；且耐火极限不低于 3.00h 的不燃烧性墙体”。解读如下：

（1）防火墙的防火性能是建立在防火墙稳定性的基础上。依据 GB 50016—2014 的第 6.1.7 条规定“防火墙的构造应能在防火墙任意一侧的屋架、梁、楼板等受到火灾的影响而破坏时，不会导致防火墙倒塌”（强制性条文）。

防火墙包含了 2 个概念，防止火灾蔓延、耐火极限不低于 3.00h。即防火墙的结构完整性与隔热性要求，同时还要满足防火墙的稳定性要求。

（2）防火墙设置位置是有要求的。防火墙应设置在相邻的2座建筑之间的外墙，或设置在同一建筑内不同防火分区之间。防火分区之间的分隔是建筑内防止火灾在分区之间蔓延的关键防线，因此要采用防火墙进行分隔。依据GB 50016—2014的第6.1.1条规定“防火墙应直接设置在建筑的基础或框架、梁等承重结构上，框架、梁等承重结构的耐火极限不应低于防火墙的耐火极限”（强制性条文）。防火墙应直接设置在建筑的基础或框架、梁上，如图3－1所示。

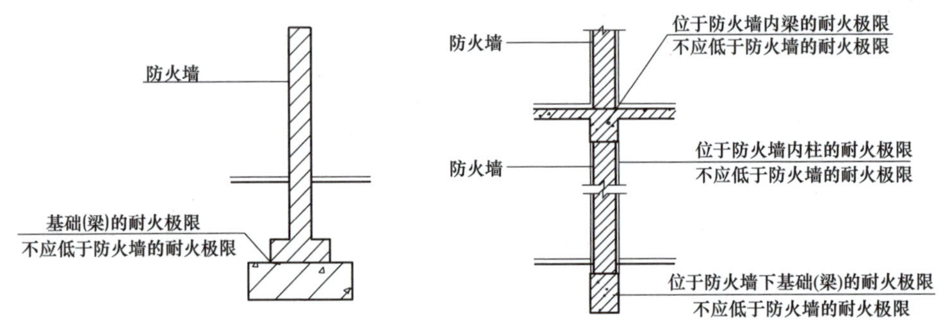

图3－1　防火墙应直接设置在建筑的基础或框架、梁上

（二）防火隔墙

GB 50016—2014的第2.1.11条规定“防火隔墙：建筑内防止火灾蔓延到相邻区域且耐火极限不低于规定要求的不燃烧性墙体”。

（1）防火隔墙对完整性与隔热性有要求。防火隔墙包含了2个概念，防止火灾蔓延、耐火极限不低于规范规定的时间要求。即防火隔墙的结构完整性与隔热性要求。防止火灾蔓延到相邻区域的关键是对防火隔墙的结构完整性要求，而不仅仅是耐火极限时间的要求。

（2）防火隔墙设置位置有要求。耐火极限一般为2.00h或2.50h的防火隔墙，应设置在同一建筑防火分区内重要的、火灾隐患大的房间隔墙。通常防火隔墙的分隔部位包括：楼梯间及前室、疏散走道、电梯井道、竖井、消防控制室、配电室、空调设备间、变压器室、柴油机房、储油间、消防水泵房、有明火的厨房、地下室等隔墙，其耐火极限不低于规定时间。依据GB 50016—2014第6.2.4条规定“建筑内的防火隔墙应从楼地面基层隔断至梁、楼板或屋面板的底面基层”（强制性条文）。防火隔墙如图 3－2 所示。

（3）依据 GB 50016—2014 的第 3.2.17 条规定“建筑中的非承重外墙、房间隔墙和屋面板，当确需采用金属夹芯板材时，其芯材应为不燃材料，且耐火极限应符合本规范有关规定”，这里指的是非承重外墙、房间隔墙。

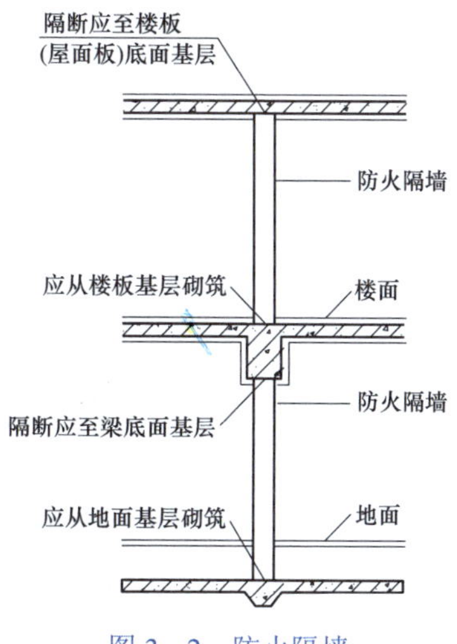

图 3－2　防火隔墙

（4）建筑中的防火墙、承重墙、楼梯间的墙、疏散走道隔墙、电梯井的墙及楼板等构件，均要求具有较高的燃烧性能和耐火极限，而不燃金属夹芯板材的耐火极限受其夹芯材料的容重、填塞的密实度、金属板的厚度及其构造等影响，不同生产商的金属夹芯板材的耐火极限差异较大且通常均较低，难以满足相应建筑构件的耐火性能、结构承载力及其自身稳定性能的要求，因此不能采用金属夹芯板材。金属夹芯板材包括成品夹心板、现场复合压型钢板，其构造、填塞的密实度、墙中的空腔、构造的连接、安装方式都会影响防火隔墙的结构完整性与隔热性要求，因此成品夹心板、现场复合压型钢板墙不能作为防火墙、防火隔墙、承重墙等部位使用。

（5）GB 55037—2022 的第 6.2.1 条文说明对不燃性实体墙推荐应用。条文说明：“防火隔墙主要用于同一防火分区内不同用途或火灾危险性的房间之间的分隔，耐火极限一般低于防火墙的耐火极限要求。防火隔墙要尽量采用不燃性材料且不宜自墙体上设置开口，一、二级耐火等级建筑中的防火隔墙应为不燃性实体结构”。

二、防火墙、防火隔墙的应用分析

依据 GB 50016—2014 第 2.1.12 条规定“防火墙：防止火灾蔓延到相邻建筑物、或相邻水平防火分区；且耐火极限不低于 3.00h 的不燃烧性墙体”。要防蔓延，既不倒塌还不能低于 3.00h 才行，必须保证防火墙的完整性和隔热性，二者缺一不可。3.00h 仅仅是最低的耐火极限时间，是给逃生、救援留有最低的极限时间。对于特殊的建筑及火灾延续时间长的建筑，还要求防火墙的耐火极限提高 1.00h，即达到 4.00h。

防止火灾蔓延是建筑物防火设计的核心，合理划分防火分区，设置满足规范、行之有效的防火墙至关重要。由于特高压直流技术工艺的特殊性，换流变压器阀侧套管必须伸入阀厅内部，而换流变压器又存在爆炸起火的可能性，这就给阀厅带来很大的火灾隐患。因此，防火墙的设置位置、结构型式、材料选择、套管穿防火墙的洞口封堵及抗爆措施以及构造措施等因素都会直接影响阀厅的安全运行。换流变压器阀侧套管穿越防火墙伸入阀厅如图 3－3 所示。

图 3－3　换流变压器阀侧套管穿越防火墙伸入阀厅

“预防为主，防消结合”是消防工作的方针，防火墙的设置原则是从“防”的角度来防止火灾蔓延，是被动性的设防。当火灾发生时，仅有“防”是不够的，要“防消结合”，同时还要灭火、救援，不可能任由火灾持续燃烧而不进行干预。防火设计预“防”为主，应选择经济性的设防方案进行实施。不能以控制造价为由，更不能为了降低造价采取不设防或降低设防标准，如果发生火灾将会造成更大的经济损失。目前设计存在一些规范或强制性条文未执行的情况，多数是经济性的原因，审查人员仅凭个人的理解，从控制造价的角度来进行建筑防火设计的审查，这也是行业的缺陷、不足和遗憾。

以某装配式变电站为例，这是左右两座建筑物毗邻建设。左侧一座包括柴油发电机室、油罐室、综合水泵房；右侧一座包括站用交流配电室、蓄电池室、直流配电室、消防器材间、泡沫消防间、2 台室外油浸变压器。这 2 座建筑物结构型式：轻钢结构单层岩棉夹心板装配式建筑物；防火墙、防火隔墙采用加气混凝土砌体结构墙体；防火设计分析如图 3－4 所示。

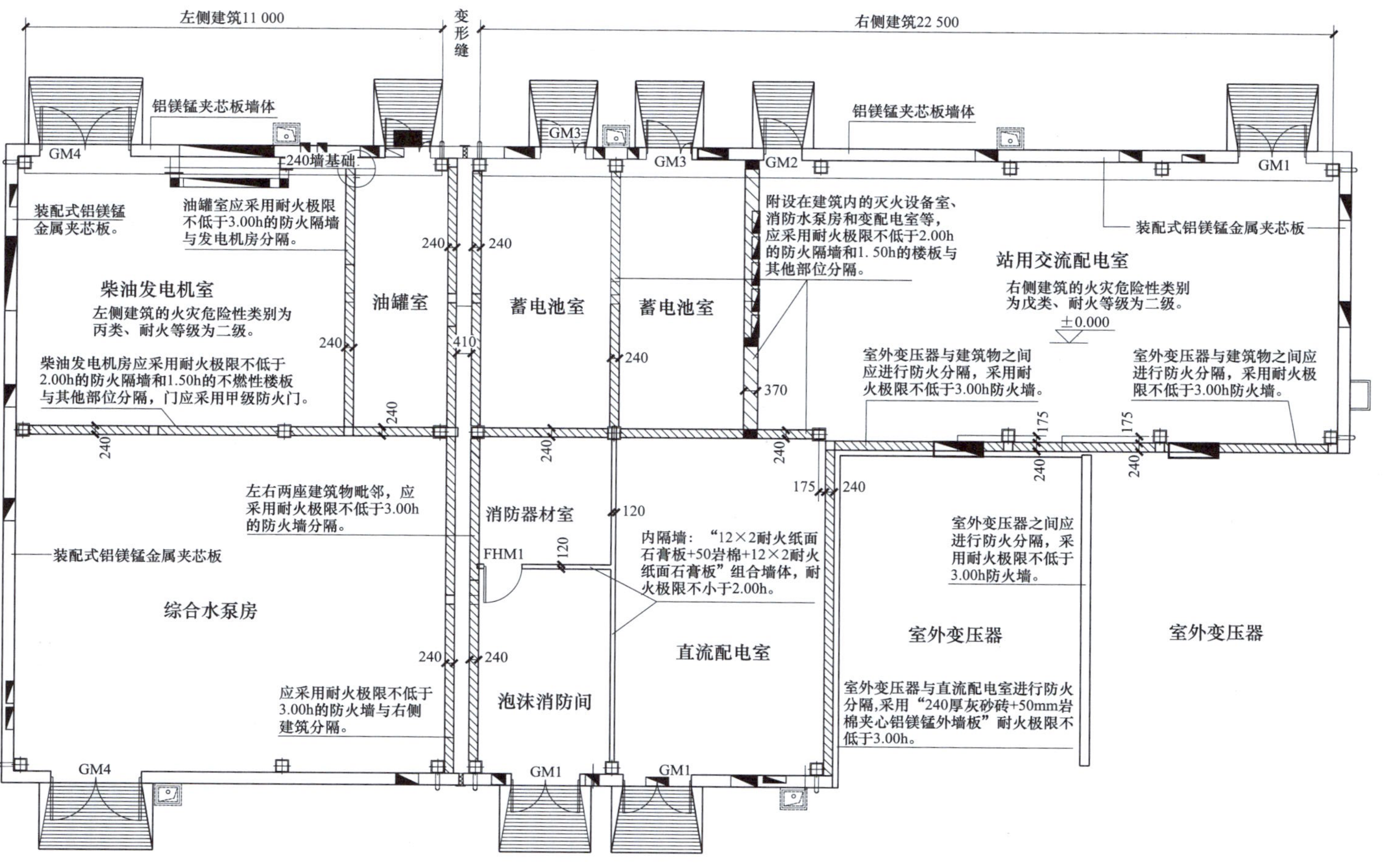

图 3－4 某装配式智能变电站防火设计分析图

（1）图 3－4 所示的建筑，其变形缝左右侧为两座火灾危险性丙、戊类的建筑物毗邻，变形缝左右侧的任一侧墙体为防火墙，两墙之间不开洞，没有防火间距限制。依据 GB 50016—2014 第 3.4.1 条注 2 规定“两座厂房相邻，较高一面外墙为防火墙，或相邻两座高度相同的一、二级耐火等级建筑中相邻任一侧外墙为防火墙且屋顶的耐火极限不低于 1.00h 时，其防火间距不限”。

（2）依据 GB 50229—2019 的表 11.1.1 规定：

“1）柴油发电机室火灾危险性类别为丙类火灾危险性、耐火等级为二级；

2）综合水泵房的火灾危险性类别为戊类、耐火等级为二级。”

（3）依据 GB 50229—2019 第 11.1.2 条：“同一建筑物或建筑物的任一防火分区布置有不同火灾危险性的房间时，建筑物或防火分区内的火灾危险性类别应按火灾危险性较大的部分确定”。因此，变形缝左侧建筑物火灾危险性类别为丙类、耐火等级为二级。

（4）依据 GB 50229—2019 的表 11.1.1 规定：

“1）站用交流配电室、蓄电池室、直流配电室属于无含油电气设备的配电装置室，火灾危险性类别为戊类、耐火等级为二级。

2）泡沫设备室火灾危险性类别为戊类、耐火等级为二级。”

（5）依据 GB 50229—2019 第 11.1.2 条规定，变形缝右侧建筑物火灾危险性类别为戊类、耐火等级为二级。

（6）依据 GB 50016—2014 第 5.4.13 条规定“布置在民用建筑内的柴油发电机房应符合下列规定：

……

3. 应采用耐火极限不低于 2.00h 的防火隔墙和 1.50h 的不燃性楼板与其他部位分隔，门应采用甲级防火门。

4. 机房内设置储油间时，其总储存量不应大于 $1m^3$，储油间应采用耐火极限不低于 3.00h 的防火隔墙与发电机房分隔；确需在防火隔墙上开门时，应设置甲级防火门”（强制性条文）。

1）应在设计说明或图中注明储油间与柴油发电机房之间防火隔墙不低于 3.00h 耐火极限；

2）柴油发电机房与综合水泵房之间防火隔墙不低于 2.00h 耐火极限和 1.50h 的不燃性屋面板隔开。

（7）依据 GB 50229—2019 第 11.2.1 条规定“生产建筑物与油浸变压器或

可燃介质电容器的间距不满足第 11.1.5 条的要求时，应符合下列规定：当建筑物与油浸变压器或可燃介质电容器等电气设备间距小于 5m 时，在设备外轮廓投影范围外侧各 3m 内的建筑物外墙上不应设置门、窗、洞口和通风孔，且该区域外墙应为防火墙，当设备高于建筑物时，防火墙应高于该设备的高度”。站用交流配电室与直流配电室靠油浸变压器的外墙，应注明这两片墙均为防火墙，耐火极限不低于 3.00h。

（8）GB 50016—2014 第 6.2.7 条规定“附设在建筑内的消防控制室、灭火设备室、消防水泵房和通风空气调节机房、变配电室等，应采用耐火极限不低于 2.00h 的防火隔墙和 1.50h 的楼板与其他部位分隔”。图 3－4 中“消防器材室、泡沫消防间”属于“灭火设备室”，应采用耐火极限不低于 2.00h 的防火隔墙与其他房间分隔。

（9）图 3－4 为装配式建筑，墙体种类包含：防火墙、防火隔墙、装配式金属夹心板、装配式防火纸面石膏板及岩棉轻质墙体。建筑物体量小，但是墙体种类多且构造复杂，是否能加快施工进度有待研究。钢结构装配式建筑在变电站建筑防火设计方面的构造较钢筋混凝土砌体结构复杂且安全性较差。

三、现场复合压型钢板防火构造墙

依据 07J905－1《建筑防火构造（一）》中工程做法与现场复合压型钢板防火构造墙不同：

（1）GB 50016—2006 与 GB 50016—2014 的区别：

GB 50016—2006 第 7.1.1 条规定“防火墙应直接设置在建筑的基础或钢筋混凝土框架、梁等承重结构上。轻质防火墙体可不受此限”，说明 2006 版允许使用轻质防火墙体。而 GB 50016—2014 则取消了“轻质防火墙体可不受此限”。火灾案例已证明这种装配式压型钢板复合构造防火墙实际倒塌并造成火灾蔓延，是不能再继续充当防火墙或防火隔墙使用，可见 GB 50016—2014 取消“轻质防火墙体”做法的正确性。GB 55037—2022 的第 6.2.1 条文说明规定了“一、二级耐火等级建筑中的防火隔墙应不燃性实体结构”，规范推荐了不燃性实体防火墙，因此防火墙或防火隔墙应为不燃性实体结构。

（2）07J905－1《建筑防火构造（一）》轻钢龙骨隔墙选用表中的墙 14、15 所采用的工程做法是墙体的左右侧各一层纤维增强硅酸钙板与岩棉材料组合的防火构造隔墙，其中间龙骨无空腔层。构造做法采用“$a+d+a$”＝（12mm

增强硅酸钙板＋100mm 岩棉＋12mm 增强硅酸钙板）耐火极限 4.00h 的构造做法，龙骨断面 100×50×0.63。或“$a+d+a$”＝（9mm 增强硅酸钙板＋75mm 岩棉＋9mm 增强硅酸钙板）耐火极限 3.00h 的构造做法，龙骨断面 75×50×0.63。轻钢龙骨隔墙构造如图 3－5 所示。

1.07J905–1《建筑防火构造(一)》的构造做法是无空腔的实心材料组合，墙中间龙骨部位无空腔，龙骨处填实岩棉。注意建筑防火构造(一) 07J905–1图集依托的规范是GB 50016–2006已作废。
2.构造做法“$a+d+a$”=(12mm+100mm+12mm)耐火极限4h的构造做法，龙骨断面100×50×0.63。
或“$a+d+a$”=(9mm+75mm+9mm)耐火极限3h的构造做法，龙骨断面75×50×0.63。
3. 这种轻钢龙骨隔墙高度一般在4m以下。

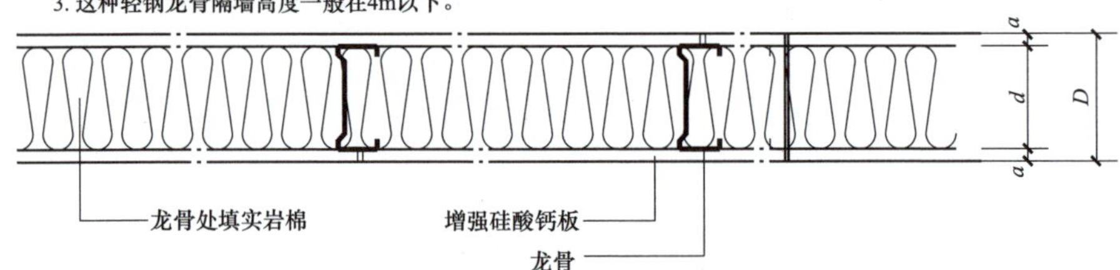

图 3－5　轻钢龙骨隔墙构造

07J905－1《建筑防火构造（一）》这本图集是依托《建筑设计防火规范》GB 50016—2006 编制的，作为防火墙使用与现行 GB 50016—2014 规范已不匹配，但可适用于普通房间隔墙、排烟管道的防火包裹。虽然这种隔墙构造能达到 3.00～4.00h 的耐火性能，但是实际试验是很难达到耐火极限要求，型式试验与现场试验差异很大，火灾案例已证明这种轻质防火构造墙并不能当作防火墙使用，也不能当作重要部位的防火隔墙使用。07J905－1《建筑防火构造（一）》这本图集的编制依据均已作废，因此这本图集也应该是作废的。

现场复合压型钢板防火构造墙的上下檩条之间存在通高的空腔层，易窜烟，受火后结构的完整性、稳定性难以保障，常用于大空间建筑围护墙体。而工厂复合的成品轻钢龙骨防火隔墙的限制高度通常在 4～5m 左右，墙体中无空腔，且龙骨内填实防火材料，常用于单多层建筑。因此，现场复合与工厂复合的轻钢龙骨防火隔墙相比，这两种墙体的构造做法有很大地区别。

（3）现场复合压型钢板防火构造墙不是防火墙。依据 GB 50016—2014 的 6.1.1 条：“防火墙应直接设置在建筑的基础或框架、梁等承重结构上，框架、梁等承重结构的耐火极限不应低于防火墙的耐火极限”。现场复合压型钢板防火构造墙设置在檩托上，且起始位置一般从勒脚向上，并没有按规范要求直接设置在建筑的基础或框架、梁等承重结构上，显然不符合防火墙要求。因此，现场复合压型钢板防火构造墙不可充当防火墙使用。现场复合压型钢板防火构造墙典型构造做法如图 3－6 所示。

1）整个墙体由檩托支撑。依据 GB 50896—2013 及 JGJ/T 473—2019《建筑金属围护系统工程技术标准》相关规定，现场复合压型钢板防火构造墙是靠焊接在钢柱外侧的檩托作为支撑点来支撑整个墙体，檩条与檩托之间用螺栓固定，复合墙体再与檩条连接，这种防火墙下部没有深入地面之下，通常墙体是从距阀厅地面 300～450mm 高的勒脚位置开始向上至檐口，墙体支撑并没有直接落在建筑的基础上，且防火墙中心线并没有与柱子在同一轴线上，墙的重力没有直接传递到基础上，而防火墙应是承重墙体。

2）现场复合压型钢板防火构造墙内部存在很大的通高空腔。从图 3－6 中可以看到，现场复合压型钢板防火构造墙中间存在通高的空腔，檩条内外两侧除内外层压型钢板外，分别为 9mm 厚的纤维增强硅酸钙板＋50mm 厚岩棉以及

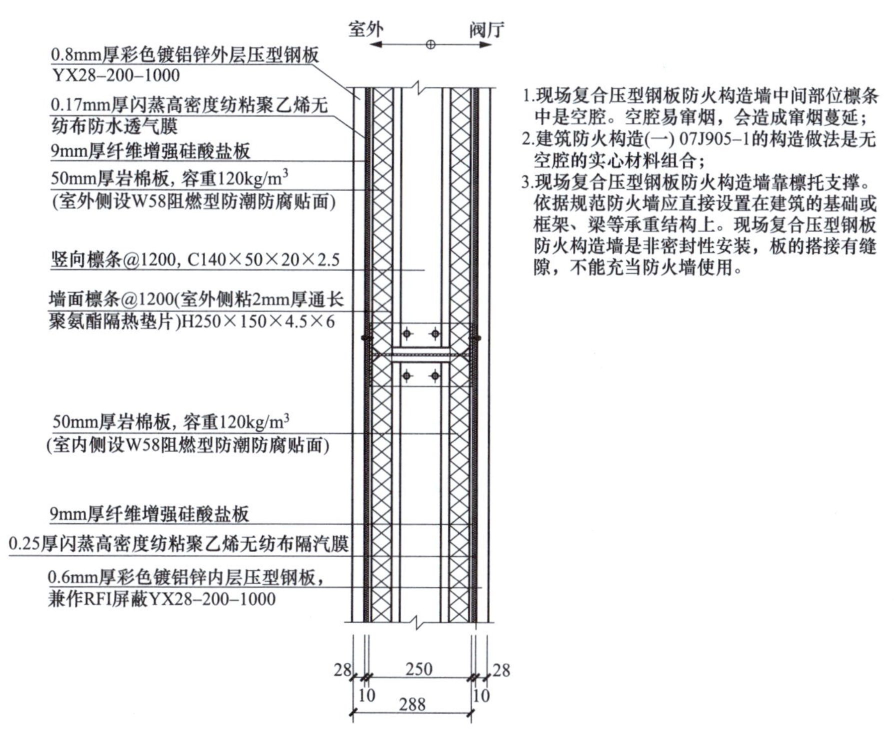

图 3－6　现场复合压型钢板防火构造墙典型构造做法

0.17mm 防水透气膜、0.25mm 厚隔气膜。这些 20～40m 高的通高空腔内没有做任何隔火措施，檩条也没做任何的防火保护，而压型钢板采用铆钉固定在檩条上，并非密封性连接。若发生火灾，板缝及空腔会窜烟，也会通过铆钉传热，而檩条并没有做任何防火隔热措施则会很快传热、变形、甚至塌落，墙体随之破坏。火灾案例也证明了板缝窜烟、建筑空间聚烟、7h 后建筑物倒塌状况。

通过上述两条可知，现场复合压型钢板防火构造墙与轻钢龙骨隔墙的构造及安装方式不同，轻钢龙骨隔墙是实心的防火构造，其耐火极限可达到 3.00h。而工程中采用的现场复合压型钢板防火构造墙是有空腔的空心墙体，两者的构造做法有很大地区别，不能盲目地认为这种有空腔的复合墙体能达到 3.00h 耐火极限就能当防火墙使用，是否能满足结构的完整性应以试验检测为依据。GB 50016—2014 已取消了 GB50016—2006 中“轻质防火墙”做法，防火墙应采用实体防火墙才能真正起到阻火、隔火、防火灾蔓延的作用。

3）工程中现场复合压型钢板防火构造墙开洞太多且无封堵措施，依据 GB 50016—2014 的第 6.1.5 条：“防火墙上不应开设门、窗、洞口，确需开设时，应设置可开启或火灾时能自动关闭的甲级防火门、窗”（强制性条文）。

工程中采用的这种现场复合压型钢板防火构造墙体开洞太多且洞口无门、无窗、无密封性封堵措施，完全不能满足规范强制性条文规定。因此这种“现场复合压型钢板防火构造墙”存在很大的火灾蔓延隐患，是不能再充当防火墙或防火隔墙使用。防火墙上开洞太多且洞口无门、无窗、无封堵措施的做法一直都在沿用，目前在运及在建的换流站都存在这样的问题，如图 3－7 所示。

4）依据 GB 50016—2014 第 3.2.17 条文解释“建筑中的防火墙、承重墙、楼梯间的墙、疏散走道隔墙、电梯井的墙以及楼板等构件，本规范均要求具有较高的燃烧性能和耐火极限，而不燃金属夹芯板材的耐火极限受其夹芯材料的容重、填塞的密实度、金属板的厚度及其构造等影响，不同生产商的金属夹芯板材的耐火极限差异较大且通常均较低，难以满足相应建筑构件的耐火性能、结构承载力及其自身稳定性能的要求，因此不能采用金属夹芯板材”。无论是工厂复合还是现场复合的压型钢板防火构造墙都属于金属夹芯板材墙体，是不能充当防火墙使用的。

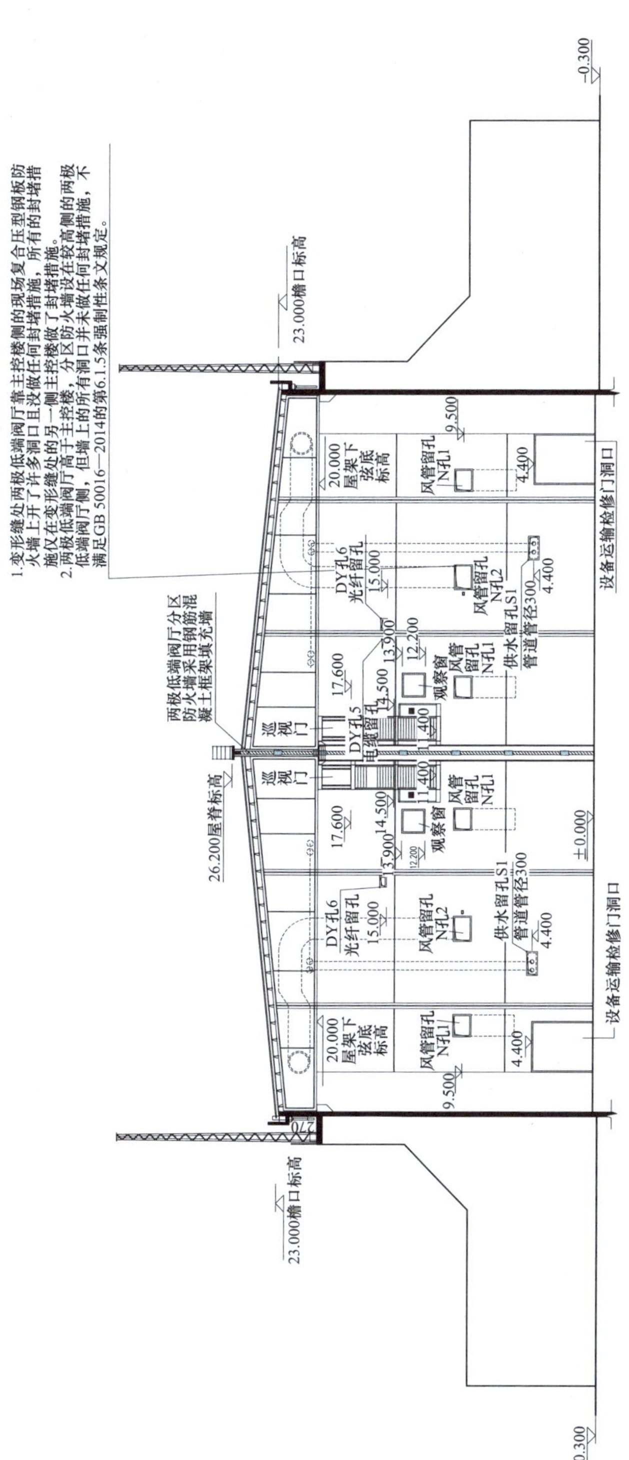

图3－7　防火墙上开洞太多且洞口无门、无窗、无封堵措施

5）防火墙、防火隔墙应为实体墙。钢筋混凝土框架结构砌体防火墙、现浇钢筋混凝土防火墙均满足 GB 50016—2014 中防火墙的相关规定。两极低端阀厅之间防火墙采用钢筋混凝土框架结构砌体填充墙如图 3－8 所示，这种做法在工程中广泛应用，实践证明这种实体墙在火灾中能有效地发挥阻火、隔火的作用，其结构的稳定性及隔热性也得到了验证，当屋架等构件受到火灾破坏时不会导致防火墙倒塌，如图 3－9 所示。然而，极个别在运换流站还存在两极低

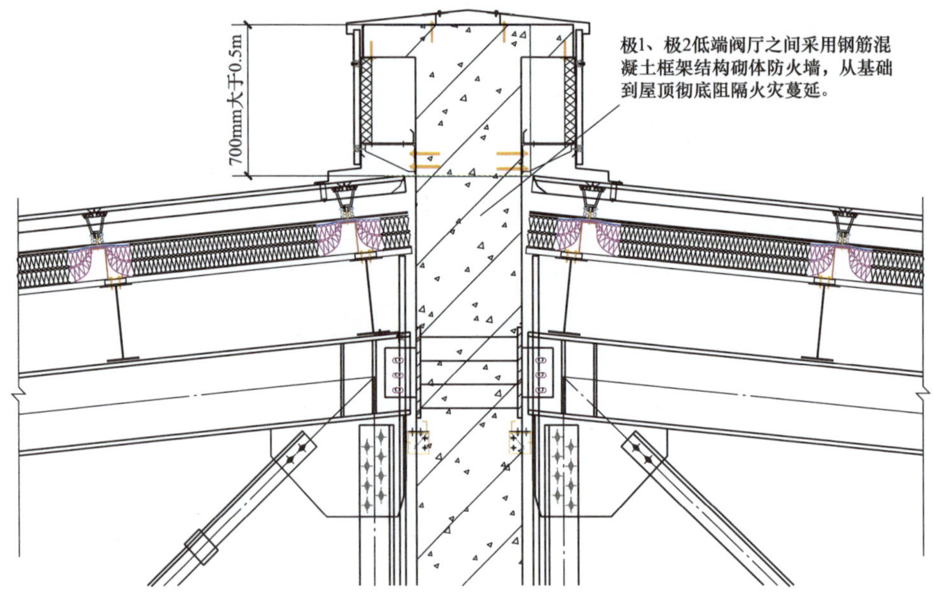

图 3－8　钢筋混凝土框架结构实体防火墙

钢筋混凝土框架结构实体防火墙，从基础到屋顶彻底阻隔火灾蔓延，满足规范强制性条文要求：“防火墙的构造应能在防火墙任意一侧的屋架、梁、楼板等受到火灾的影响而破坏时，不会导致防火墙倒塌”。经过火灾的建筑物已倒塌而防火墙却屹立不倒。

图 3－9　实体防火墙

端阀厅之间不做任何防火分隔措施，认为火灾危险性丁类的工业建筑，由于规范中防火分区没有面积限制，因此就错误地理解为主控楼、两极低端阀厅所组成的联合建筑物可以不划分防火分区，不用进行任何防火分隔，两极低端阀厅之间的隔墙仅是钢柱两侧采用单层压型钢板来分隔。这种纯钢结构隔墙的耐火极限仅为 0.15h，当极 1 阀厅发生火灾很快就会殃及极 2 阀厅。设计不能因为对丁类火灾危险性的厂房没有防火分区面积的限制，就简单地认为不用划分防火分区，不用进行防火分隔，这是错误的理解。防火设计除防火分区面积规定外，还应根据建筑物功能的重要性来进行设防，要从规范的精神去领会设防的概念，切莫将经济性、赶工期作为加快施工进度而放在首位，应以“防”为主，将防止火灾蔓延作为防火设计的核心。

第三节 高 层 建 筑

一、高层建筑的概念

依据 GB 50016—2014 第 2.1.1 条规定“高层建筑是建筑高度大于 27m 的住宅建筑和建筑高度大于 24m 的非单层厂房、仓库和其他民用建筑”。明确了高层建筑的含义，确定了高层民用建筑和高层工业建筑的划分标准。建筑的高度、体积和占地面积等直接影响到建筑内的人员疏散、灭火救援的难易程度和火灾的后果。

对于除住宅外的其他民用建筑（包括宿舍、公寓、公共建筑）以及厂房、仓库等工业建筑，高层与单、多层建筑的划分标准是 24m。而对于有些单层建筑，如体育馆、高大的单层厂房等，由于具有相对方便的疏散和扑救条件，虽建筑高度大于 24m，仍不划分为高层建筑。因此，主、辅控楼、阀厅及户内直流场联合为一座单、多层工业建筑，虽然阀厅及户内直流场的高度都大于 24m，但它们仍然不是高层厂房。

二、建筑高度、层数的确定原则

建筑高度和建筑层数确定方法，见 GB 50016—2014 附录 A。

1. 建筑高度的计算规定

（1）建筑屋面为坡屋面时，建筑高度应为建筑室外设计地面至其檐口与屋脊的平均高度（注意：不是檐口高度）；

（2）建筑屋面为平屋面（包括有女儿墙的平屋面）时，建筑高度应为建筑室外设计地面至其屋面面层的高度（注意：不是女儿墙顶部）；

（3）同一座建筑有多种形式的屋面时，建筑高度应按上述方法分别计算后，取其中最大值；

（4）对于台阶式地坪，当位于不同高程地坪上的同一建筑之间有防火墙分隔，各自有符合规范规定的安全出口，且可沿建筑的两个长边设置贯通式或尽头式消防车道时，可分别计算各自的建筑高度。否则，应按其中建筑高度最大者确定该建筑的建筑高度；

（5）局部突出屋顶的瞭望塔、冷却塔、水箱间、微波天线间或设施、电梯机房、排风和排烟机房以及楼梯出口小间等辅助用房占屋面面积不大于 1/4 者，可不计入建筑高度。

2. 建筑层数应按建筑的自然层数计算，下列空间可不计入建筑层数

（1）室内顶板面高出室外设计地面的高度不大于 1.5m 的地下或半地下室；

（2）设置在建筑底部且室内高度不大于 2.2m 的自行车库、储藏室、敞开空间（例如：地下电缆层室内净空大于 2.2m，应按自然层计算面积）；

（3）建筑屋顶上突出的局部设备用房、出屋面的楼梯间等。

第四节 疏散楼梯

一、疏散楼梯间概念

疏散楼梯间是保障人员竖向安全疏散的重要通道，也是消防人员进入建筑灭火救援的主要路径。疏散楼梯间要尽量天然采光、自然通风，提高排除进入

楼梯间烟气的可靠性，确保楼梯间安全。疏散楼梯间包括敞开楼梯（间）、封闭楼梯间、防烟楼梯间及其前室、室外疏散楼梯。

二、疏散楼梯间基本设置要求

（1）依据 GB 50016—2014 第 5.5.4 条规定“自动扶梯、电梯不应计作安全疏散设施”。消防电梯也不能计入建筑的安全出口。

（2）依据 GB 50016—2014 第 6.4.1 条规定：

“1. 楼梯间应能天然采光和自然通风，并宜靠外墙设置。靠外墙设置时，楼梯间、前室及合用前室外墙上的窗口与两侧门、窗、洞口最近边缘的水平距离不应小于 1.0m。

2. 疏散楼梯间内不应设置烧水间、可燃材料储藏间、垃圾道。

3. 不应有影响疏散的凸出物、障碍物。

4. 封闭楼梯间、防烟楼梯间及其前室，不应设置卷帘；

……”（强制性条文）。

一些工程出现建筑物的疏散楼梯间休息平台处设有消防横、竖向管道，影响楼梯疏散宽度；还有工程甚至平台处设有进入阀厅的暖通风管，这些都不满足规范要求。

（3）依据 GB 50016—2014 第 6.4.4 条规定“除通向避难层错位的疏散楼梯外，建筑内的疏散楼梯间在各层的平面位置不应改变”（强制性条文）。

（4）依据 GB 50016—2014 第 6.4.7 条规定“螺旋楼梯、扇形踏步不宜作为疏散楼梯”。中庭内的开敞楼梯、旋转楼梯、扇形楼梯都不宜作为疏散楼梯。

三、封闭楼梯间

（1）GB 50016—2014 第 2.1.15 条规定“在楼梯间入口处设置门，以防止火灾的烟和热气进入的楼梯间”。

（2）GB 50016—2014 第 6.4.2 条规定“封闭楼梯间除应符合本规范第 6.4.1 条的规定外，尚应符合下列规定：

1. 不能自然通风或通风不能满足要求时设机械加压送风系统或设防烟楼梯间。

2. 封闭楼梯间除楼梯间的出入口和外窗外，楼梯间墙上不应开设其他门、窗、洞口（强制性条文）。

3. 高层建筑、人员密集的公建，以及人员密集的多层丙类、甲、乙类厂房，其封闭楼梯间的门为乙级防火门，并向疏散方向开启，其他建筑采用双向弹簧门”。

一些工程出现设备用房、地下电缆间的疏散门，直接利用封闭楼梯间的疏散防火门当作房间的门，因此影响消防设计审查的审核，封闭楼梯间设计图见图 3－10，封闭楼梯间不应开设其他门。

（3）依据 GB 50016—2014 第 6.4.11 条第 1 款规定“建筑内的疏散门应符合下列规定：民用建筑和厂房的疏散门，应采用向疏散方向开启的平开门，不应采用推拉门、卷帘门、吊门、转门和折叠门。除甲、乙类生产车间外，人数不超过 60 人且每樘门的平均疏散人数不超过 30 人的房间，其疏散门的开启方向不限”。

（4）关于人员密集的相关规定：

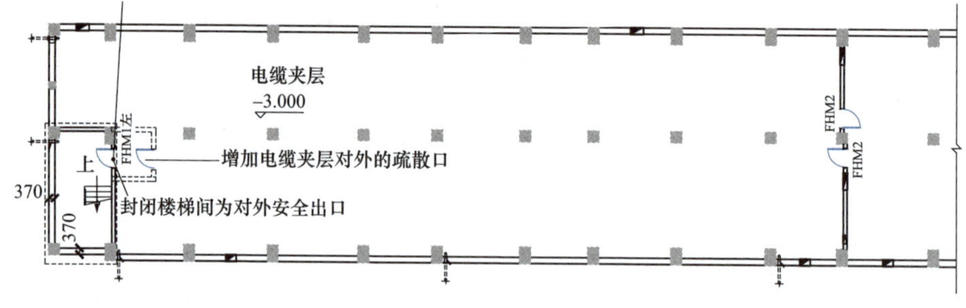
1.地下电缆夹层的疏散门，门外或为公共走道，或为其他房间，不能将电缆夹层的疏散门直接开向封闭楼梯间。
2.GB 50016—2014第6.4.2条第2款规定：封闭楼梯间除楼梯间的出入口和外窗外，楼梯间的墙上不应开设其他门、窗、洞口。
3.楼梯间(安全出口)的门与电缆夹层的疏散门合二为一，增加楼梯间的火灾危险性，也就是削弱了楼梯间安全出口的作用。
电缆夹层
-3.000
FHM1左
增加电缆夹层对外的疏散口
上
370
370
封闭楼梯间为对外安全出口
FHM2
FHM2

图 3－10　封闭楼梯间设计图

1）依据 GB 50016—2014 第 6.4.2 条第 3 款规定“人员密集的多层丙类厂房、甲、乙类厂房，其封闭楼梯间的门为乙级防火门，并向疏散方向开启”，与 GB 50016—2014 第 6.4.11 条第 1 款“除甲、乙类生产车间外，人数不超过

60人且每樘门的平均疏散人数不超过30人的房间，其疏散门的开启方向不限”，可否理解为超过60人就为人员密集的场所。

2）依据GB 50016—2006第5.3.15条的条文解释“人员密集的公共建筑主要指：设置有同一时间内聚集人数超过50人的公共活动场所的建筑”，如图书馆和集体宿舍等。

3）依据《国务院安全生产委员会关于开展劳动密集型企业消防安全专项治理工作的通知》（安委〔2014〕9号）文件规定“凡现有同一时间容纳30人以上，从事制鞋、制衣、玩具、肉食蔬菜等食品加工、家具木材加工、物流仓储等劳动密集型企业的生产加工车间、经营储存场所和员工集体宿舍，均列入专项治理范围”，此文件规定为30人。

4）依据《中华人民共和国消防法》的七十三条第4款规定“人员密集场所，是指公众聚集场所，医院的门诊楼、病房楼，学校的教学楼、图书馆、食堂和集体宿舍，养老院，福利院，幼儿园，托儿所，公共图书馆的阅览室，公共展览馆、博物馆的展示厅，劳动密集型企业的生产加工车间和员工集体宿舍，旅游、宗教活动场所等”。

（5）依据GB 50016—2014第3.7.6条规定“高层厂房和甲、乙、丙类多层厂房的疏散楼梯应采用封闭楼梯间或室外楼梯。高度大于32m且任一层人数超过10人的厂房，应采用防烟楼梯间或室外楼梯”（强制性条文）。

许多户内变电站都是丙类多层厂房，其疏散楼梯应采用封闭楼梯间或室外楼梯。

（6）依据JGJ 36—2016第5.2.1条规定“除以敞开式外廊直接相连的楼梯间外，宿舍建筑应采用封闭楼梯间。当建筑高度大于32m时应采用防烟楼梯间”。

换流站综合楼通常是集居住、餐厅、会议、办公、活动等公共场所为一体的综合性民用建筑，由住宿区与非住宿区两大功能组成，因此应按民用建筑考虑进行防火设计。除执行GB 50016—2014外，还应执行JGJ 36—2016的设计规范。

（7）依据GB 50016—2014第5.5.13条规定“下列多层公共建筑的疏散楼梯，除与敞开式外廊直接相连的楼梯间外，均应采用封闭楼梯间：

……

4.6 层及以上的其他建筑”（强制性条文）。

（8）依据 GB 50352—2019《民用建筑设计统一标准》第 6.8.6 条规定“楼梯平台上部及下部过道处的净高不应小于 2.0m，梯段净高不应小于 2.2m”。（强制性条文）第 6.8.4 条：“当梯段改变方向时，扶手转向端处的平台最小宽度不应小于梯段净宽，并不得小于 1.2m。当有搬运大型物件需要时，应适量加宽。直跑楼梯的中间平台宽度不应小于 0.9m”。在变电站（换流站）工程中常出现当梯段改变方向时，扶手转向端处的平台宽度小于梯段净宽的现象。凡规范中要求“不应……”“不得……”的内容，都是消防审查验收重点之处，应严格依规设计。

（9）GB 51251—2017 第 3.2.1 条规定“采用自然通风方式的封闭楼梯间、防烟楼梯间，应在最高部位设置面积不小于 1.0m^2 的可开启外窗或开口；当建筑高度大于 10m 时，尚应在楼梯间的外墙上每 5 层内设置总面积不小于 2.0m^2 的可开启外窗或开口，且布置间隔不大于 3 层”（强制性条文）。

依据 GB 51251—2017 第 3.2.4 条规定“可开启外窗应方便直接开启，设置在高处不便于直接开启的可开启外窗应在距地面高度为 1.3～1.5m 的位置设置手动开启装置”。

四、地下或半地下建筑的疏散楼梯

（1）依据 GB 50016—2014 第 6.4.4 条规定“除通向避难层错位的疏散楼梯外，建筑内的疏散楼梯间在各层的平面位置不应改变。

除住宅建筑套内的自用楼梯外，地下或半地下建筑（室）的疏散楼梯间，应符合下列规定：

1. 室内地面与室外出入口地坪高差大于 10m 或 3 层及以上的地下或半地下建筑（室），其疏散楼梯采用防烟楼梯间；其他地下或半地下建筑（室），其疏散楼梯采用封闭楼梯间。

2. 并应直通室外，确需在隔墙上开门时，应采用乙级防火门。

3. 建筑物的地下或半地下部分与地上部分不应共用楼梯间，确需共用楼梯间时，应在首层采用耐火极限不低于 2.00h 的防火隔墙和乙级防火门将地下或半地下部分与地上部分的连通部位完全分隔，并应设置明显的标志”（强制性条文）。

该条文的示意见图 3－11。

除通向避难层错位的疏散楼梯外，建筑内的疏散楼梯间在各层的平面位置不应改变。【图示1】

除住宅建筑套内的自用楼梯外，地下或半地下建筑(室)的疏散楼梯间，应符合下列规定:

1.室内地面与室外出入口地坪高差大于10m或3层及以上的地下、半地下建筑(室)，其疏散楼梯应采用防烟楼梯间【图示2】：其他地下或半地下建筑(室)，其疏散楼梯应采用封闭楼梯间【图示3】。

2.应在首层采用耐火极限不低于2.00h的防火隔墙与其他部位分隔并应直通室外，确需在隔墙上开门时，应采用乙级防火门【图示2】。

3.建筑的地下或半地下部分与地上部分不应共用楼梯间【图示3】，确需共用楼梯间时，应在首层采用耐火极限不低于2.00h的防火隔墙和乙级防火门将地下或半地下部分与地上部分的连通部位完全分隔，并应设置明显的标识。

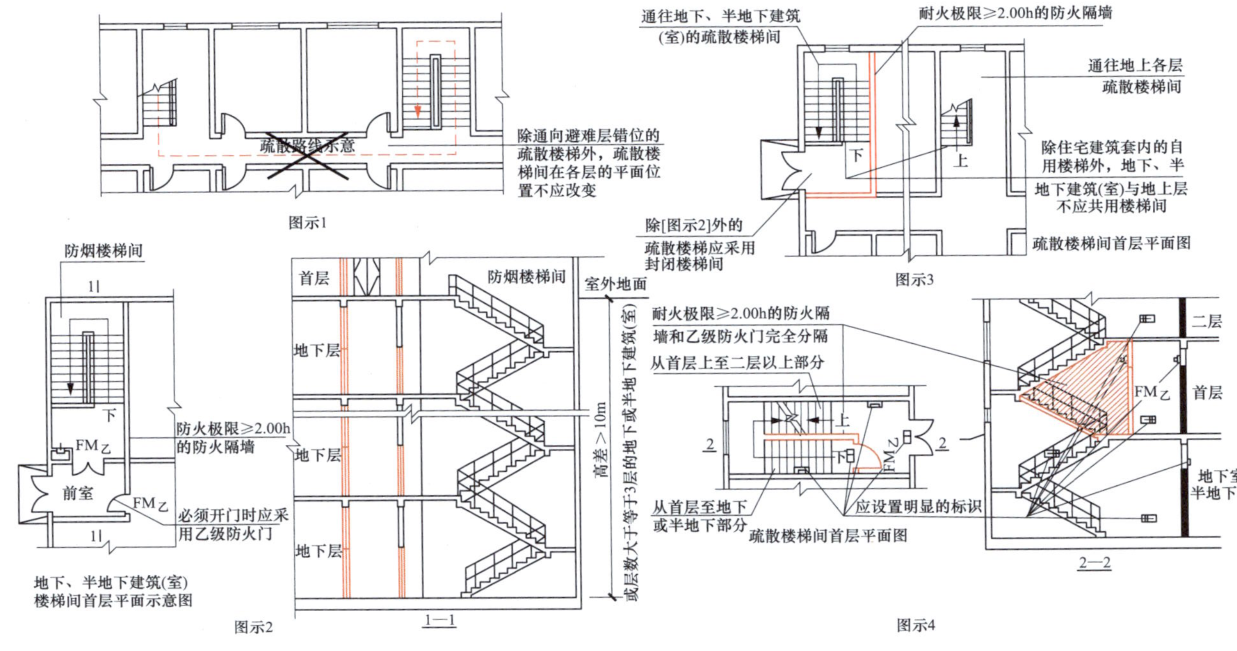

图 3－11　地下或半地下建筑的疏散楼梯

图 3－11 中的图示 4 是在不得已的情况下确需共用楼梯间时的做法，这是规范对特殊情况网开一面的做法，而对于新建工程是不应采用这样的做法，并不表示图示上有就可以任意选用。

（2）依据 GB 50229—2019 的第 11.2.8 条规定“地下变电站、地上变电站的地下室、半地下室安全出口数量不应少于 2 个。地下室与地上层不应共用楼梯间，当必须共用楼梯间时，应在地上首层采用耐火极限不低于 2.00h 不燃烧体隔墙和乙级防火门将地下或半地下部分与地上部分的联通部分完全隔开，并应有明显的标志”（强制性条文）。

变电站工程中常出现地下层封闭楼梯间在首层设计不满足规范的一些现状，如图 3－12～图 3－14 所示。

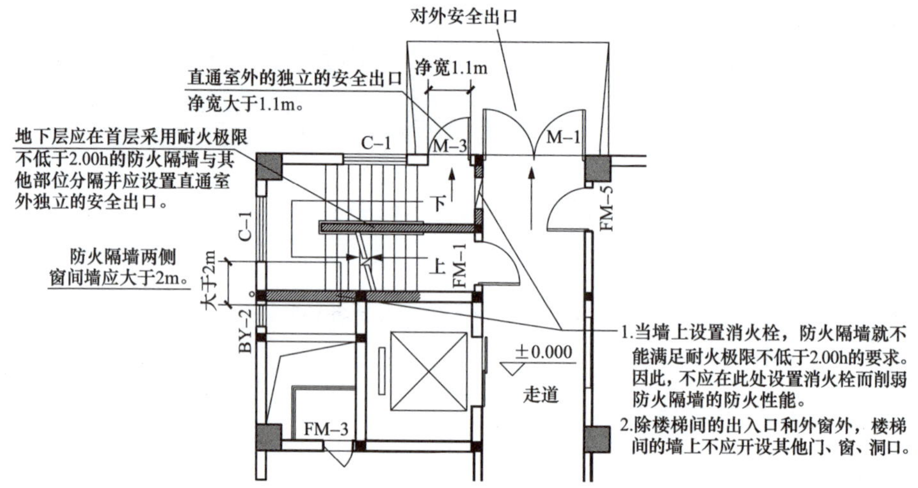

图 3－12　地上层与地下层不共用楼梯间图示一

（3）GB 50016—2014 的第 3.7.3 条规定“地下或半地下厂房（包括地下或半地下室），当有多个防火分区相邻布置，并采用防火墙分隔时，每个防火分区可利用防火墙上通向相邻防火分区的甲级防火门作为第二安全出口，但每个防火分区必须至少有 1 个直通室外的独立安全出口”。（强制性条文）

例如某工程地下电缆层有 4 个防火分区，每 2 个防火分区共用 1 部封闭楼梯间作为直通室外的安全出口，消防设计审查没通过。因为不满足“必须至少有 1 个直通室外的独立安全出口”。应该是每个防火分区必须至少有 1 个直通室外的独立安全出口，即应该有 4 个直通室外的独立安全出口，如图 3-15 所示。

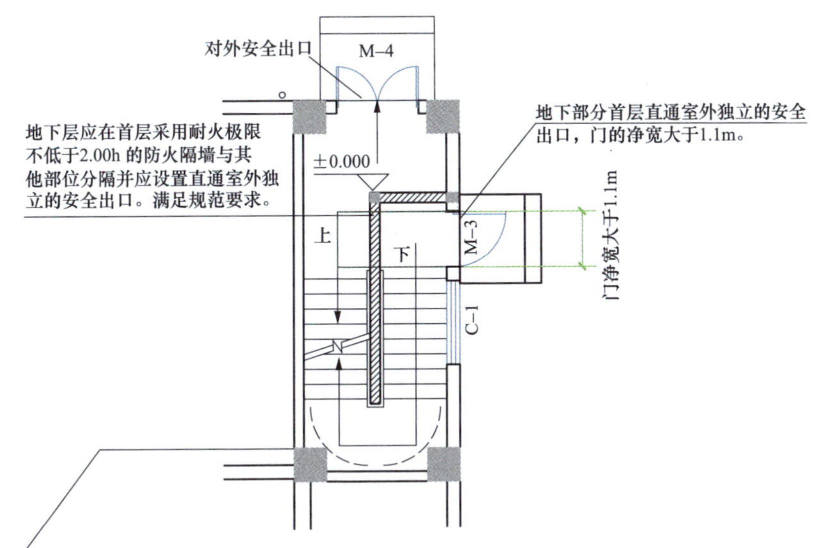

对外安全出口
M-4
地下部分首层直通室外独立的安全出口，门的净宽大于1.1m。
地下层应在首层采用耐火极限不低于2.00h 的防火隔墙与其他部位分隔并应设置直通室外独立的安全出口。满足规范要求。
±0.000
上
下
M-3
C-1
门净宽大于1.1m
GB 50352—2019《民用建筑设计统一标准》第6.8.4条规定“当梯段改变方向时，扶手转向端处的平台最小宽度不应小于梯段净宽，并不得小于1.2m。当有搬运大型物件需要时，应适量加宽。直跑楼梯的中间平台宽度不应小于0.9m”。显然此楼梯的平台宽度小于梯段宽度，不满足强条要求。

图 3-13　地上层与地下层不共用楼梯间图示二

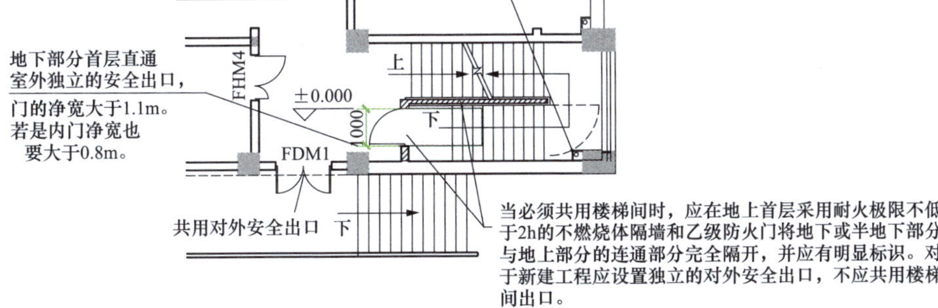

GB 50352—2019《民用建筑设计统一标准》第6.8.4条规定“当梯段改变方向时，扶手转向端处的平台最小宽度不应小于梯段净宽，并不得小于1.2m”。显然此楼梯的平台宽度小于梯段宽度，不满足强条要求。
地下部分首层直通室外独立的安全出口，门的净宽大于1.1m。若是内门净宽也要大于0.8m。
FHM4
±0.000
上
下
1000
FDM1
共用对外安全出口
当必须共用楼梯间时，应在地上首层采用耐火极限不低于2h的不燃烧体隔墙和乙级防火门将地下或半地下部分与地上部分的连通部分完全隔开，并应有明显标识。对于新建工程应设置独立的对外安全出口，不应共用楼梯间出口。

图 3-14　地上层与地下层共用楼梯间图示

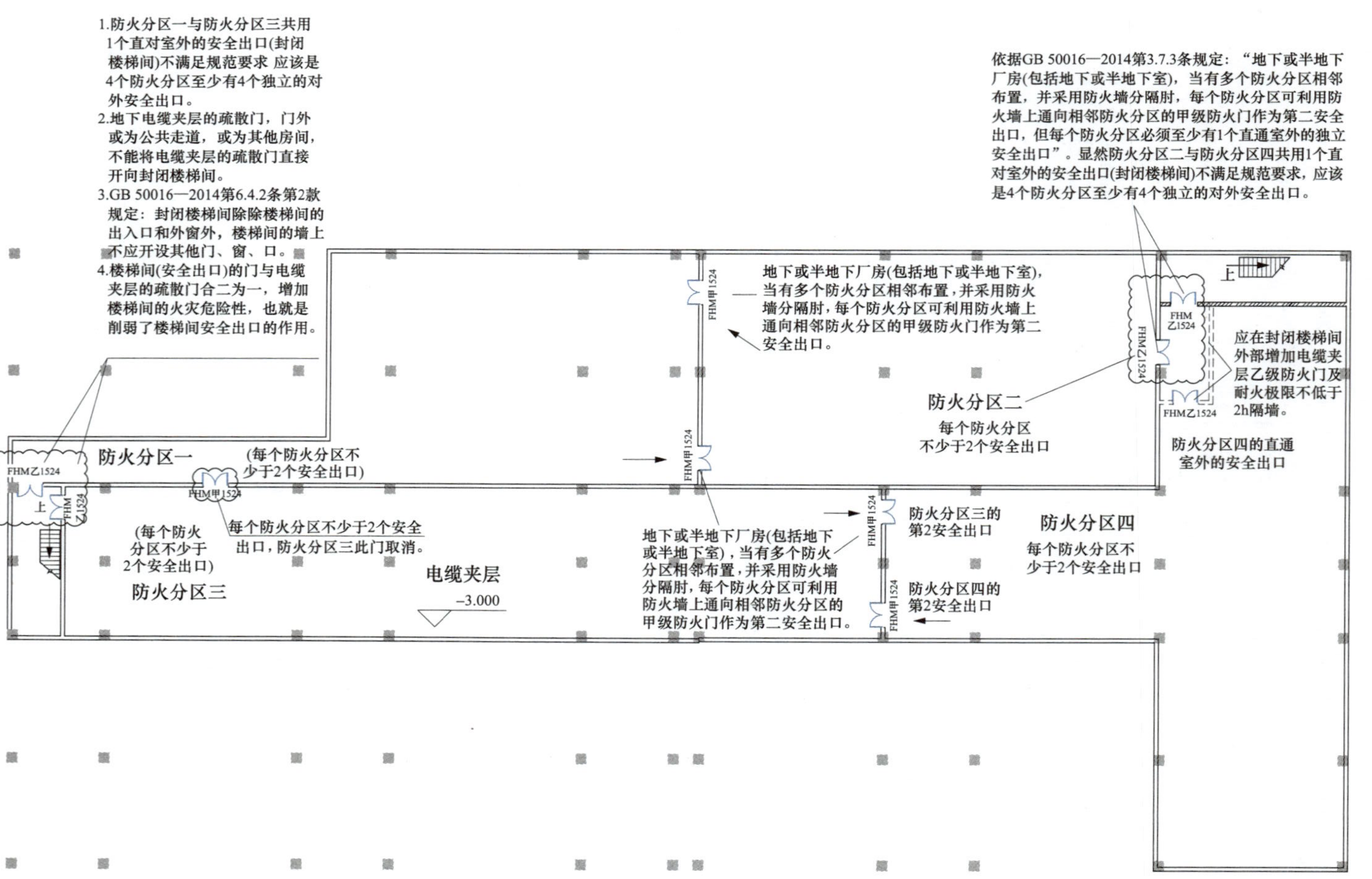

图 3－15　某工程地下电缆层平面图

第五节　安全出口和疏散门

一、安全出口的概念

依据 GB 50016—2014 第 2.1.14 条规定“安全出口是供人员安全疏散用的楼梯间和室外楼梯的出入口或直通室内外安全区域的出口”。

（1）“室内安全区域”包括符合规范规定的避难层、避难走道等。

（2）“室外安全区域”包括室外地面、符合疏散要求并具有直接到达地面设施的上人屋面、平台以及符合 GB 50016—2014 第 6.6.4 条要求的天桥、连廊等。

二、安全疏散

建筑的安全疏散和避难设施主要包括疏散门、疏散走道、安全出口或疏散楼梯（包括室外楼梯）、避难走道、避难间或避难层、疏散指示标志和应急照明，有时还要考虑疏散诱导广播等（自动扶梯、电梯、消防电梯都不能计入建筑的安全出口）。

（1）安全出口和疏散门的位置、数量、宽度，疏散楼梯的形式和疏散距离，避难区域的防火保护措施，对于满足人员安全疏散至关重要。而这些与建筑的高度、楼层或一个防火分区、房间的大小及内部布置、室内空间高度和可燃物的数量、类型等关系密切。

（2）对于安全出口和疏散门的布置，规定 2 个疏散门之间相距不应小于 5m。为保证人员在建筑着火后能有多个不同方向的疏散路线可供选择和疏散，应尽量将疏散出口均匀分散布置在平面上的不同方位。如果两个疏散出口之间距离太近，在火灾中实际上只能起到 1 个出口的作用。

1）依据 GB 50016—2014 第 3.7.1 条规定“厂房的安全出口应分散布置。每个防火分区或一个防火分区的每个楼层，其相邻 2 个安全出口最近边缘之间的水平距离不应小于 5m”。

2）依据 GB 50016—2014 第 5.5.2 条规定“建筑内的安全出口和疏散门应分散布置，且建筑内每个防火分区或一个防火分区的每个楼层、每个住宅单元每层相邻两个安全出口以及每个房间相邻两个疏散门最近边缘之间的水平距离不应小于 5m”。相邻 2 个安全出口最近边缘之间的水平距离应大于 5m，如图 3－16 所示。

3）依据 GB 50016—2014 第 5.5.9 条规定“一、二级耐火等级公共建筑内的安全出口全部直通室外确有困难的防火分区，可利用通向相邻防火分区的甲级防火门作为安全出口，但应符合下列要求：

1. 利用通向相邻防火分区的甲级防火门作为安全出口时，应采用防火墙与相邻防火分区进行分隔；

……”。

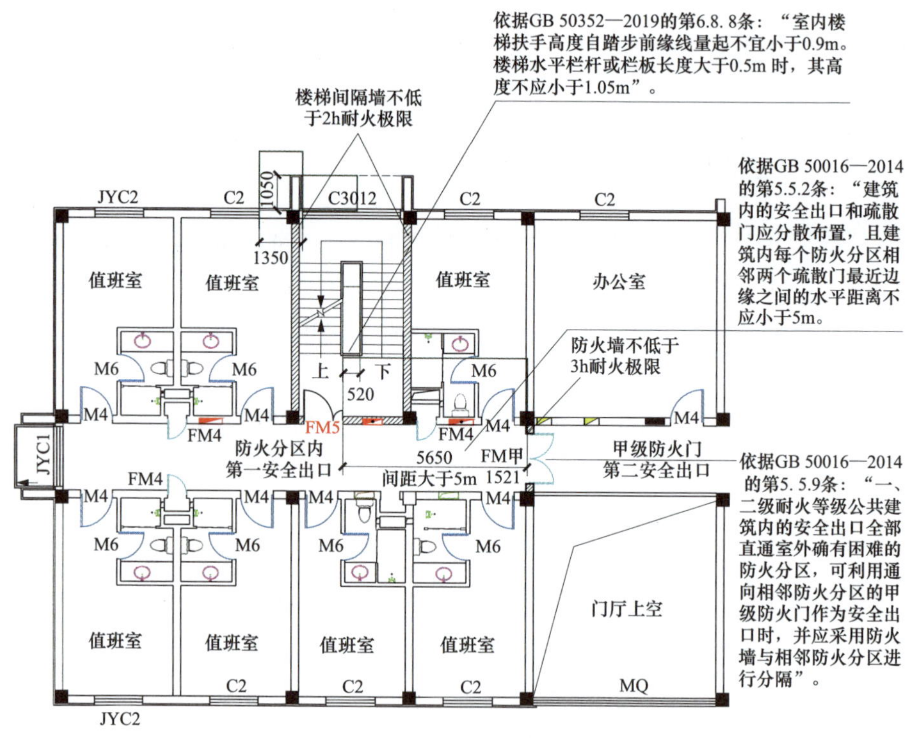

图 3－16　相邻 2 个安全出口最近边缘之间的水平距离应大于 5m

（3）依据 GB 50016—2014 第 5.5.3 条规定“建筑的楼梯间宜通至屋面，通向屋面的门或窗应向外开启”。

对于民用建筑，将建筑的疏散楼梯通至屋顶，可使人员多一条疏散路径，有利于人员及时避难和逃生。因此，有条件时，如屋面为平屋面或具有连通相邻两楼梯间的屋面通道，均要尽量将楼梯间通至屋面。楼梯间通屋面的门要易于开启，同时门也要向外开启，以利于人员的安全疏散。楼梯间出屋面的屋顶平面示意图如图 3 – 17 所示。

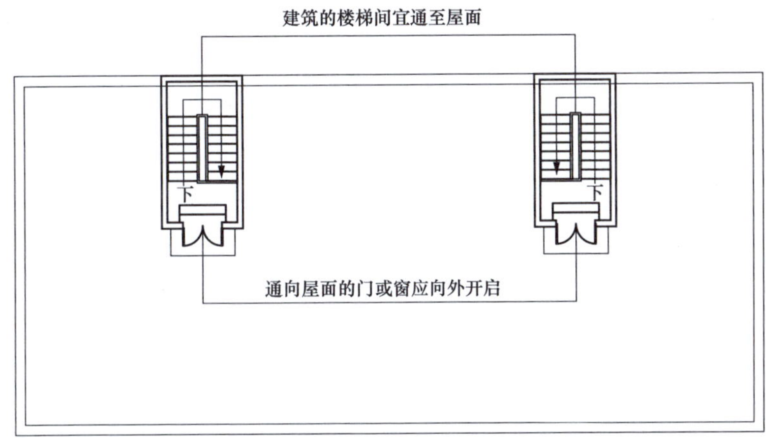

图 3 – 17　楼梯间出屋面的屋顶平面示意图

（4）在计算民用建筑的安全出口数量和疏散宽度时，建筑内的自动扶梯处于敞开空间，火灾时容易受到烟气的侵袭，且梯段坡度和踏步高度与疏散楼梯的要求有较大差异，难以满足人员安全疏散的需要，故设计不能考虑其疏散能力。不能将建筑中设置的自动扶梯和电梯的数量和宽度计算在内。依据 GB 50352—2019 第 6.9.2 条第 1 款规定“自动扶梯和自动人行道不应作为安全出口”。自动扶梯和自动人行道不计入安全疏散设施如图 3 – 18 所示。

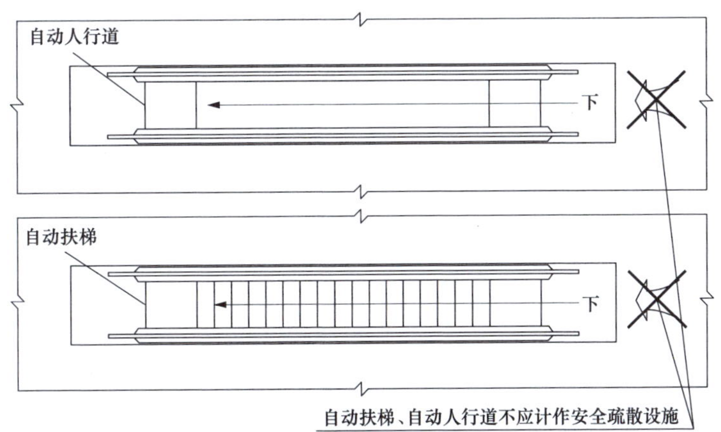

图 3 – 18　自动扶梯和自动人行道不计入安全疏散设施

（5）对于普通电梯，火灾时动力电源将被切断，且普通电梯不防烟、不防火、不防水，若火灾时作为人员的安全疏散设施是不安全的。世界上大多数国家，在电梯的警示牌中几乎都规定电梯在火灾情况下不能使用，火灾时人员疏散只能使用楼梯，电梯不能用作疏散设施。依据 GB 50352—2019 第 6.9.1 条第 1 款规定“电梯不应作为安全出口”。电梯及消防电梯不计入安全疏散设施如图 3－19 所示。

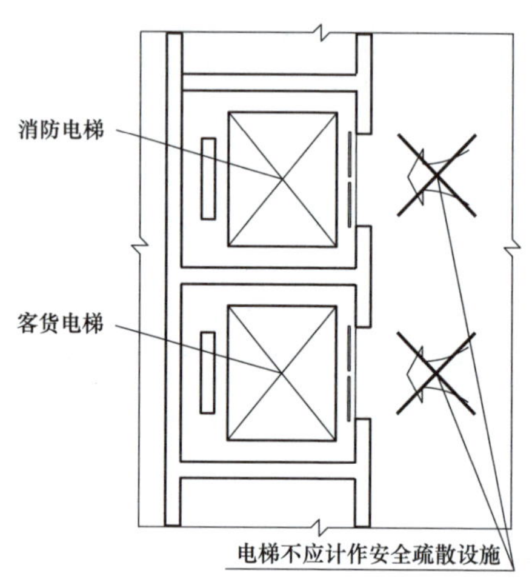

图 3－19　电梯及消防电梯不计入安全疏散设施

（6）消防电梯在火灾时如供人员疏散使用，需要配套多种管理措施，目前只能由专业消防救援人员控制使用，且一旦进入应急控制程序，电梯的楼层呼唤按钮将不起作用，因此消防电梯也不能计入建筑的安全出口。

第六节　防火门和防火窗

一、防火门

（一）防火门的设置要求

依据 GB 50016—2014 第 6.5.1 条规定“防火门的设置应符合下列规定：

1. 设置在建筑内经常有人通行处的防火门宜采用常开防火门。常开防火门应能在火灾时自行关闭，并应具有信号反馈的功能。

2. 除允许设置常开防火门的位置外，其他位置的防火门均应采用常闭防火门。常闭防火门应在其明显位置设置‘保持防火门关闭’等提示标识。

3. 除管井检修门和住宅的户门外，防火门应具有自行关闭功能。双扇防火门应具有按顺序自行关闭的功能。

4. 除人员密集场所内平时需要控制人员随意出入的疏散门和设置门禁系统的住宅、宿舍、公寓建筑的外门的规定外，防火门应能在其内外两侧手动开启。

5. 设置在建筑变形缝附近时，防火门应设置在楼层较多的一侧，并应保证防火门开启时门扇不跨越变形缝。

6. 防火门关闭后应具有防烟性能。

7. 甲、乙、丙级防火门应符合现行国家标准 GB 12995—2008《防火门》的规定”。

（1）常开防火门。

1）防火门设置部位：建筑内设置防火门的部位，一般为火灾危险性大或性质重要房间的门以及防火墙、楼梯间及前室的门等。因此，防火门的开启方式、开启方向等均要保证在紧急情况下人员能快捷开启，不会导致阻塞。除特殊情况外，防火门应向疏散方向开启，防火门在关闭后应从任何一侧手动开启。

2）常开防火门自行关闭：为方便平时经常有人通行而需要保持常开的防火门，要采取措施使之能在着火时以及人员疏散后能自行关闭，常闭防火门应安装闭门器等，双扇和多扇防火门应安装顺序器。常开防火门，应安装火灾时能自动关闭门扇的控制、信号反馈装置和现场手动控制装置。

常开的防火门，当门任一侧的火灾探测器报警后，防火门应自动关闭，并将关闭信号送至消防控制室，如果消防控制室接到火灾报警信号后，向防火门发出关闭指令，防火门也应能自动关闭，并将关闭信号返回消防控制室。

3）对已安装的常开防火门还应对其闭门控制器进行检查，现场应检查其手动、联动性能、远程启动性能是否正常。

假如经常有人出入的楼梯间安装常闭防火门肯定会不方便，如果再经常打开防火门将会导致常闭防火门损坏，从而也起不到防火作用反而会形成火灾隐患。因此，经常有人通行之处一般安装常开防火门。常开防火门在正常情况下处于开启状态，人员可方便出入，但火灾时会自行关闭。

（2）常闭防火门。

“除允许设置常开防火门的位置外，其他位置的防火门均应采用常闭防火门。常闭防火门应在其明显位置设置‘保持防火门关闭’等提示标识”。

1）常闭防火门在正常情况下处于关闭状态，有人员出入时，需要推门开启。常闭防火门，从门的任意一侧手动开启，应自动关闭。当装有信号反馈装置时，开与关的状态信号应反馈到消防控制室。

2）常闭防火门一般安装在人群比较少的地方。在正常情况下和发生火灾的情况下都应该处于关闭状态，有人员走动时需要推开，且应自动关闭。这样就起到了隔烟隔火，阻止火势蔓延的作用。

虽然常闭防火门处于关闭状态，但是还需要安装防火门监控系统。因为常闭防火门不能保证一直处于关闭状态。目前发生的很多起火灾事故，有不少案例是因为常闭防火门被人为打开，比如用灭火器或者自行车等物体使它处于开门的状态。一旦常闭防火门处于开门状态时间过长，当发生火灾的时候，火势就容易蔓延到楼梯间等消防通道，没有起到防火的作用。防火门门磁开关其实就是一个检测常闭门状态的信号器，因此当人为打开常闭防火门时间过长时，门磁开关就会给防火门监控器信号，防火门监控器就会报警，提醒人们进行处理。

3）常开防火门和常闭防火门需要根据不同的设置场所进行选择，而无论是常开防护门还是常闭防火门，防火门监控系统都是必不可少的，它能够实现对建筑内的防火门进行集中管理和控制，消除防火门使用不当而带来的安全隐患。

4）常闭防火门，从门的任意一侧手动开启，应自动关闭。当装有信号反馈装置时，开、关状态信号应反馈到消防控制室。

（3）变形缝处防火门。

依据 GB 50016—2014 第 6.5.1 条第 5 款规定“设置在建筑变形缝附近时，防火门应设置在楼层较多的一侧，并应保证防火门开启时门扇不跨越变形缝”。建筑变形缝处防火门的设置要求，主要为保证分区间的相互独立。

（4）防火门关闭后应具有防烟性能。

1）防火密封件：防火门门框与门扇、门扇与门扇的缝隙处应嵌装防火密封件。例如经国家认可授权检测机构检验合格的膨胀防火密封胶条等。

现实中，防火门因密封条在未达到规定的温度时不会膨胀，不能有效阻止烟气侵入，发生火灾将对人员安全带来隐患。因此，规范要求防火门在正常使用状态下关闭后具备防烟性能。

2）底面防火密封条的作用：

a. 防火密封条安装于防火门门底内部，门关闭时，自动向下伸出活动密封件压住地面，封闭门底与地面的缝隙；门打开时活动密封件自动收起脱离地面，与地面无任何摩擦。

b. 防火密封条可以防止外界灰尘、异味、蚊虫、冷热气流、噪声、杂光等由门底缝隙进入室内，保护室内环境。

c. 在火灾初期，防火密封条可阻止有毒烟气从门底缝隙进入室内。随着火灾的发展、温度升高，门所配置的防火膨胀材料受温度激发，膨胀迅速彻底地封闭门底缝隙，防止“窜火”。

d. 防火密封条必须由自熄、阻燃、难燃材料制造，且安装后不降低防火门的安全等级，重要的是应通过官方认证。

例如，某换流站工程主控楼由于土建楼面标高施工误差，导致楼梯间防火门门扇下边的缝隙距离楼面近 20mm，防火门密封性不能满足要求。楼梯间作为安全出口，应保障人员疏散安全，如此大的缝隙存在很大的安全隐患。封闭楼梯间防火门边的缝隙如图 3－20 所示。依据 GB 12955—2008 的相关规定“防火门门扇与下框或地面的活动间隙不应大于 9mm”。

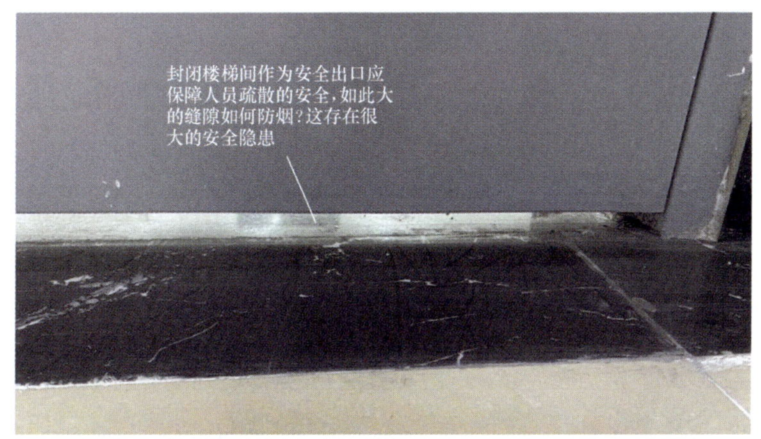

图 3－20　封闭楼梯间防火门下边的缝隙

3）防火门的上门框与门扇、门扇与门扇、门扇与地面之间搭接处应贴有防火密封条，防火密封条应有国家认可的检测机构出具的产品合格检验报告，密封条应平直无拱起，在燃烧时能迅速膨胀碳化。

4）防火门门扇与门框的配合活动间隙应符合下列规定：

a. 防火门门扇与上框的配合活动间隙不应大于 3mm。

b. 防火门双扇、多扇门的门扇之间缝隙不应大于 3mm。

c. 防火门门扇与下框或地面的活动间隙不应大于 9mm。

5）防火门门扇与门框的搭接尺寸不应小于 12mm。

6）依据 GB 12955—2008 相关规定：

a. 钢制防火门门框内应填充水泥砂浆。

b. 门框与墙体应用预埋钢件或膨胀螺栓等连接牢固，其固定点间距不宜大于 600mm。

c. 依据 GB 12955—2008 第 5.10 条可靠性要求"在进行 500 次启闭试验后，防火门不应有松动、脱落、严重变形和启闭卡塞现象"。

（二）防火门耐火性能

（1）甲、乙、丙级防火门耐火性能的分类。

1）隔热防火门含甲、乙、丙级防火门，其耐火极限分别为：甲级 1.50h；乙级 1.00h；丙级 0.50h。

2）防火门耐火性能的分类及代号见表 3-1。

表 3-1　　耐火性能的分类

名称	耐火性能		代号
	隔热性	完整性	
隔热防火门（A 类）	≥0.50h	≥0.50h	A0.50（丙级）
	≥1.00h	≥1.00h	A1.00（乙级）
	≥1.50h	≥1.50h	A1.50（甲级）
	≥2.00h	≥2.00h	A2.00
	≥3.00h	≥3.00h	A3.00
部分隔热防火门（B 类）	≥0.50h	≥1.00h	B1.00
		≥1.50h	B1.50

续表

名称	耐火性能		代号
	隔热性	完整性	
部分隔热防火门（B类）	≥0.50h	≥2.00h	B2.00
		≥3.00h	B3.00
非隔热防火门（C类）	—	≥1.00h	C1.00
		≥1.50h	C1.50
		≥2.00h	C2.00
		≥3.00h	C3.00

（2）防火门钢质材料的厚度见表3－2。

表3－2　　钢质材料的厚度

部件名称	材料厚度（mm）
门扇面板	≥0.8
门框板	≥1.2
铰链板	≥3.0
不带螺孔的加固件	≥1.2
带螺孔的加固件	≥3.0

（3）甲乙丙三级防火门识别。对于不同等级的防火门在外观上区别不是太明显，不容易分辨，作为工程从业人员，需要学会判断。常用的现场区分防火门等级的方法有以下3种：

1）查看防火门验收资料：查看防火门出厂时的产品检验报告、合格证、生产许可、防火门电子身份证等消防验收资料，上面注明了材质和防火门等级。

2）查看防火门铭牌：查看防火门门框上的生产厂家铭牌，上面注明了生产企业名称、地址及联系方式，同时也标注了材质和防火等级。

3）测量防火门规格：

钢质甲级防火门的门框厚度一般为12cm，门扇厚度为5cm；

钢质乙级的门框厚度一般为11cm，门扇厚度为4.5cm；

钢质丙级的门框厚度一般为10cm，门扇厚度为4.2cm。

木质甲级防火门门框厚度一般为10cm，门扇厚度为4.5～5.5cm；

木质乙级的门框厚度为 10cm，门扇厚度为 4～5cm；

木质丙级的门框厚度同样为 10cm，门扇厚度为 4cm。

4）防火门填充材料的种类、性能应检查防火门内填充材料的种类和性能是否达到要求，主要检查其填充的是否为膨胀珍珠岩板、蛭石或其他产品检验报告中标称的填充材料，应检查填充材料是否填实无空洞，填充材料内部是否有明显的破损情况（如破碎、贯通性裂痕等），并测量填充材料的密度，检查是否大于检验报告标称的密度。

（三）防火门验收

（1）对照图纸核对防火门耐火等级类别。

（2）防火门上是否贴有红色标识。

（3）扫描标识。

（4）检查防火门的开启方向是否符合设计要求。

（5）检查防火门上是否依据设计安装有闭门器、顺序器。

（6）检查防火门的封堵情况，是否具有防烟性能。

（7）常闭防火门应在明显的位置设置“保持防火门关闭”等提示标识。

二、防火窗

依据 GB 50016—2014 第 6.5.2 条规定“设置在防火墙、防火隔墙上的防火窗，应采用不可开启的窗扇或具有火灾时能自行关闭的功能”。

（1）防火窗设置部位：防火窗一般均设置在防火间距不足部位的建筑外墙上的开口处或屋顶天窗部位、建筑内的防火墙或防火隔墙上需要进行观察和监控活动等的开口部位、需要防止火灾竖向蔓延的外墙开口部位。因此，应将固定式防火窗的窗扇设计成不能开启的窗扇，否则，活动式防火窗应在火灾时能自行关闭。可开启窗扇应装有窗扇启闭控制装置。

（2）防火窗应符合现行 GB 16809—2008《防火窗》的有关规定。

（3）防火玻璃：防火窗上使用的复合防火玻璃厚度及质量应符合 GB 15763.1—2001《建筑用安全玻璃　第 1 部分：防火玻璃》规定。

（4）防火窗抗风压性能不能低于 GB/T 7106—2019《建筑外门窗气密、水密、抗风压性能检测方法》表 1 规定的 4 级。

（5）防火窗气密性能不能低于 GB/T 7106—2019《建筑外门窗气密、水密、抗风压性能检测方法》表 1 规定的 4 级。

（6）窗扇关闭的可靠性：手动控制窗扇启闭控制装置，在进行 100 次的开启/关闭运行试验中，活动窗扇应能灵活开启，并完全关闭，无启闭卡阻现象，各零部件无脱落和损坏现象。

（7）窗扇自行关闭时间：活动式防火窗的窗扇自行关闭时间不应大于 60s。

第七节　防　火　卷　帘

防火卷帘主要用于需要进行防火分隔的墙体，特别是防火墙、防火隔墙上因生产、使用等需要开设较大开口而又无法设置防火门时的防火分隔。

一、防火卷帘的设置要求

（1）依据 GB 50016—2014 第 6.5.3 条规定“防火分隔部位设置防火卷帘时，应符合下列规定：

1. 除中庭外，当防火分隔部位的宽度不大于 30m 时，防火卷帘的宽度不应大于 10m；当防火分隔部位的宽度大于 30m 时，防火卷帘的宽度不应大于该部位宽度的 1/3，且不应大于 20m。（注意：除中庭外）。因此，对于分区防火墙不能完全用防火卷帘来替代。

2. 防火卷帘应具有火灾时靠自重自动关闭功能。

3. 除本规范另有规定外，防火卷帘的耐火极限不应低于本规范对所设置部位墙体的耐火极限要求。

当防火卷帘的耐火极限符合 GB/T 7633—2008《门和卷帘的耐火试验方法》有关耐火完整性和耐火隔热性的判定条件时，可不设置自动喷水灭火系统保护。

当防火卷帘的耐火极限仅符合 GB/T 7633—2008《门和卷帘的耐火试验方法》有关耐火完整性的判定条件时，应设置自动喷水灭火系统保护。自动喷水灭火系统的设计应符合 GB 50084《自动喷水灭火系统设计规范》的规定，但火灾延续时间不应小于该防火卷帘的耐火极限。

4. 防火卷帘应具有防烟性能，与楼板、梁、墙、柱之间的空隙应采用防火封堵材料封堵。

5. 需在火灾时自动降落的防火卷帘，应具有信号反馈的功能。

6. 其他要求，应符合 GB 14102—2005《防火卷帘》的规定。

（2）防火卷帘三种控制方式：

1）现场电动控制：门两侧的控制按钮；

2）火灾报警联动控制：防火卷帘控制回路预留的远程控制开关量触点；

3）手动控制方式：又称机械控制的功能，疏散通道上的防火卷帘两侧设置的启闭装置。

除上述三种控制方式外，防火卷帘还加设了温控释放装置。因为，即使防火卷帘采用了双电源及多种控制方式，如果发生火灾时电源断电，防火卷帘就无法动作；虽然设有手动控制装置，但是人员根本无法在火灾现场停留，也就很难手动操纵卷帘下降。

（3）防火卷帘火灾报警联动控制功能：

GB 50116—2013《火灾自动报警设计规范》规定的防火卷帘火灾报警联动和信号反馈要求如下：

第 4.6.2 条：防火卷帘的升降应由防火卷帘控制器控制。

第 4.6.3 条：疏散通道上设置的防火卷帘的联动控制设计，应符合下列规定：

1）联动控制方式，防火分区内任两只独立的感烟火灾探测器或任一只专门用于联动防火卷帘的感烟火灾探测器的报警信号应联动控制防火卷帘下降至距楼板面 1.8m 处；任一只专门用于联动防火卷帘的感温火灾探测器的报警信号应联动控制防火卷帘下降到楼板面；在卷帘的任一侧距卷帘纵深 0.5～5m 内应设置不少于 2 只专门用于联动防火卷帘的感温火灾探测器。

2）手动控制方式，应由防火卷帘两侧设置的手动控制按钮控制防火卷帘的升降。

第 4.6.4 条：非疏散通道上设置的防火卷帘的联动控制设计，应符合下列规定：

1）联动控制方式，应由防火卷帘所在防火分区内任两只独立的火灾探测器的报警信号，作为防火卷帘下降的联动触发信号，并应联动控制防火卷帘直接下降到楼板面。

2）手动控制方式，应由防火卷帘两侧设置的手动控制按钮控制防火卷帘的升降，并应能在消防控制室内的消防联动控制器上手动控制防火卷帘的降落。

第 4.6.5 条：防火卷帘下降至距楼板面 1.8m 处、下降到楼板面的动作信号和防火卷帘控制器直接连接的感烟、感温火灾探测器的报警信号，应反馈至消防联动控制器。

（4）疏散通道的防火卷帘两次下降的三种方式：

1）非疏散通道：无论烟感或温感动作，卷帘一次降到底；

2）疏散通道等待型：烟感、温感延时两步下降，烟感报警卷帘下降到 1.8m，温感报警直接降到底；

3）疏散通道延时型：烟感延时两步下降，烟感报警卷帘下降到 1.8m 处，延时（5～60s）时间到了（无论温感是否报警）卷帘继续下降到底。

（5）防火卷帘应注意的问题：

1）在实际使用过程中，防火卷帘存在着防烟效果差、可靠性低等问题以及在部分工程中存在大面积使用防火卷帘的现象，导致建筑内的防火分隔可靠性差，易造成火灾蔓延扩大。因此，设计中不仅要尽量减少防火卷帘的使用，而且要仔细研究不同类型防火卷帘在工程中运行的可靠性。

2）在采用防火卷帘进行防火分隔时，应认真考虑分隔空间的宽度、高度及其在火灾情况下高温烟气对卷帘面、卷轴及电动机的影响。当采用多樘防火卷帘分隔一处开口时，还要考虑采取必要的控制措施，保证这些卷帘能同时动作和同步下落。

3）由于有关标准未规定防火卷帘的烟密闭性能，故根据防火卷帘在实际建筑中的使用情况，规定了防火卷帘周围的缝隙应做好严格的防火防烟封堵，防止烟气和火势通过卷帘周围的空隙传播蔓延。

第八节 中 庭

依据 GB/T 50504—2009《民用建筑设计术语标准》的第 2.5.23 条规定“中庭就是建筑中贯通多层的室内大厅”。

一、中庭的设置规定

（1）依据 GB 50016—2014 的第 5.3.2 条规定“……建筑内设置中庭时，其防火分区的建筑面积应按上、下层相连通的建筑面积叠加计算；当叠加计算后的建筑面积大于本规范第 5.3.1 条的规定时，应符合下列规定：

1. 与周围连通空间应进行防火分隔：采用防火隔墙时，其耐火极限不应低于 1.00h；采用防火玻璃墙时，其耐火隔热性和耐火完整性不应低于 1.00h；采用耐火完整性不低于 1.00h 的非隔热性防火玻璃墙时，应设置自动喷水灭火系统进行保护；采用防火卷帘时，其耐火极限不应低于 3.00h，并应符合本规范的 6.5.3 条的规定；与中庭相连通的门、窗，应采用火灾时能自行关闭的甲级防火门、窗；

2. 高层建筑内的中庭回廊应设置自动喷水灭火系统和火灾自动报警系统；

3. 中庭应设置排烟设施；

4. 中庭内不应布置可燃物”（强制性条文）。

（2）依据 GB 50016—2014 第 6.5.3 条规定“防火分隔部位设置防火卷帘时，应符合下列规定：

1. 除中庭外，当防火分隔部位的宽度不大于 30m 时，防火卷帘的宽度不应大于 10m；当防火分隔部位的宽度大于 30m 时，防火卷帘的宽度不应大于该部位宽度的 1/3，且不应大于 20m。

2. 防火卷帘应具有火灾时靠自重自动关闭功能。

3. 除本规范另有规定外，防火卷帘的耐火极限不应低于本规范对所设置部位墙体的耐火极限要求。

当防火卷帘的耐火极限符合现行国家标准 GB/T 7633—2008《门和卷帘的耐火试验方法》有关耐火完整性和耐火隔热性的判定条件时，可不设置自动喷水灭火系统保护。

当防火卷帘的耐火极限仅符合现行国家标准 GB/T 7633—2008《门和卷帘的耐火试验方法》有关耐火完整性的判定条件时，应设置自动喷水灭火系统保护。自动喷水灭火系统的设计应符合现行 GB 50084—2017《自动喷水灭火系统设计规范》的规定，但火灾延续时间不应小于该防火卷帘的耐火极限。

4. 防火卷帘应具有防烟性能，与楼板、梁、墙、柱之间的空隙应采用防火封堵材料封堵。

5. 需在火灾时自动降落的防火卷帘，应具有信号反馈的功能。

6. 其他要求，应符合现行国家标准 GB 14102—2005《防火卷帘》的规定。

二、中庭的防火设计问题

（1）依据 GB/T 50504—2009 第 2.5.23 条规定“中庭就是建筑中贯通多层的室内大厅”。

两层通高的门厅，包含门厅、电梯、回廊、楼梯等空间上下贯通，这种上下贯通的空间就是中庭。中庭会导致火灾在上下联通楼层间的蔓延。一旦发生火灾，烟会很快弥漫，人员会找不到逃生路线、找不到安全出口，存在很大的安全隐患，因此必须做防排烟设计，且应首选自然排烟。而且对中庭与四周的连通空间要进行分隔保护措施，防止中庭周围空间的火灾和烟气通过中庭迅速蔓延。

（2）依据 GB 50016—2014 第 5.3.2 条规定“……建筑内设置中庭时，其防火分区的建筑面积应按上、下层相连通的建筑面积叠加计算；当叠加计算后的建筑面积大于本规范第 5.3.1 条的规定时，应符合下列规定：

1. 与周围连通空间应进行防火分隔……”。因此，中庭的一层也应设置防火卷帘进行分隔，例如在商场自动扶梯开口处四周都设置有防火卷帘。

（3）工业建筑引用了公共建筑中常用的“中庭”设计元素，体现了人性化的设计理念——敞亮、开阔，但是由于上下空间贯通会有火灾蔓延隐患，这就应该严格按“中庭”的设防要求进行设计。“防”是根本，“防”是核心，不能因为主控楼是工业建筑就去回避中庭的防排烟、防火等问题。

（4）敞开楼梯、开敞楼梯区别。依据 GB 50016—2014 第 5.3.2 条规定“建筑内设置自动扶梯、敞开楼梯等上、下层相连通的开口时，其防火分区的建筑面积应按上、下层相连通的建筑面积叠加计算”。应区别开敞楼梯与敞开楼梯，开敞楼梯属于上、下层相连通的开口部位，如图 3－21 所示。敞开楼梯间不按上、下层相连通的开口考虑，如图 3－22 所示。

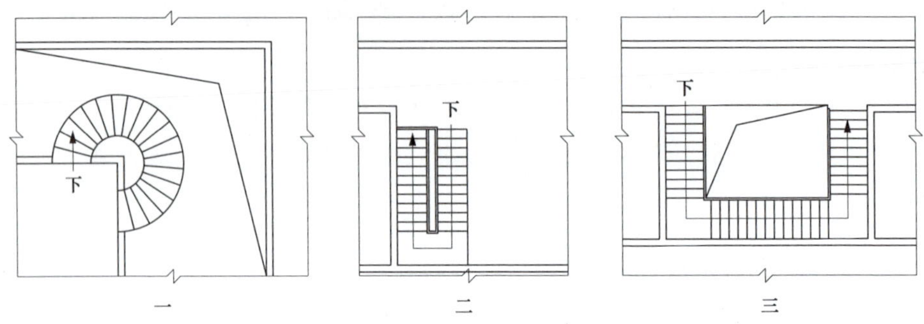

图 3－21　开敞楼梯平面属于上、下层相连通的开口部位

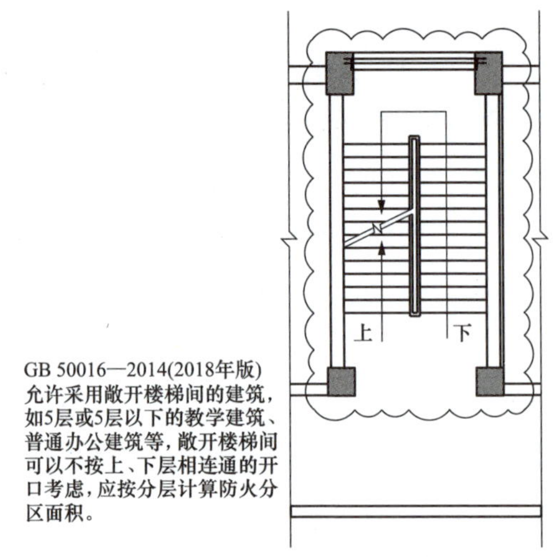

上
下
GB 50016—2014(2018年版)
允许采用敞开楼梯间的建筑，
如5层或5层以下的教学建筑、
普通办公建筑等，敞开楼梯间
可以不按上、下层相连通的开
口考虑，应按分层计算防火分
区面积。

图 3－22　敞开楼梯间不属于上、下层相连通的开口部位

三、中庭案例分析

（一）案例分析一

某换流站综合楼中三层通高中庭、两层通高的门厅以及疏散走道防火分区处，采用耐火极限不低于 3.00h 的防火卷帘进行防火分隔，分别如图 3－23 和图 3－24 所示。

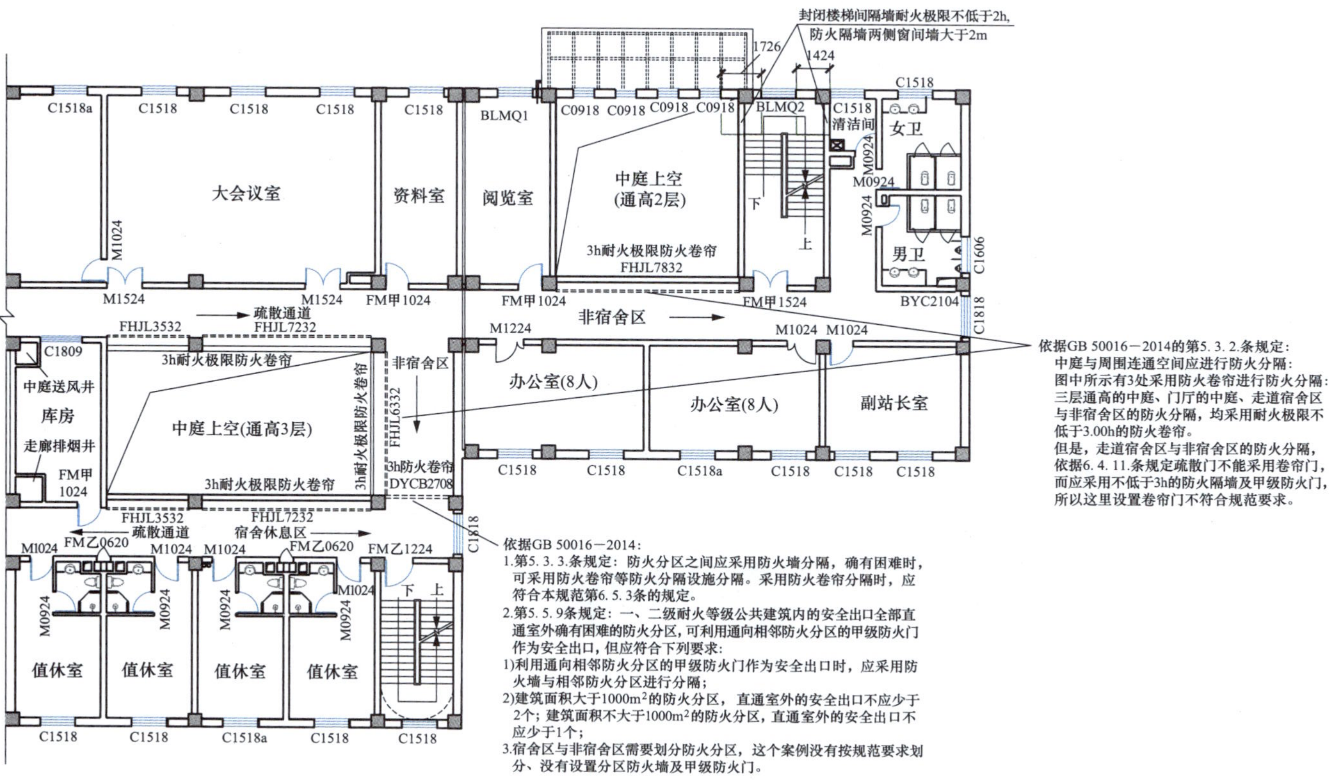

图 3-23 中庭防火卷帘分隔

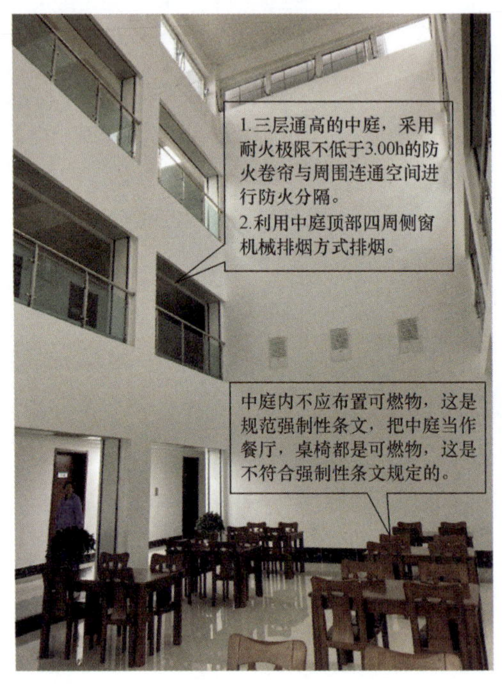

图 3－24　中庭四周环廊一层至三层设置耐火极限不低于 3.00h 的防火卷帘

（二）案例分析二

换流站标准化设计中的主控楼门厅为两层通高的中庭，所有与中庭相连通的门窗采用甲级防火门、窗分隔，甲级防火门、窗在火灾时应能自行关闭，分别如图 3－25 和图 3－26 所示。

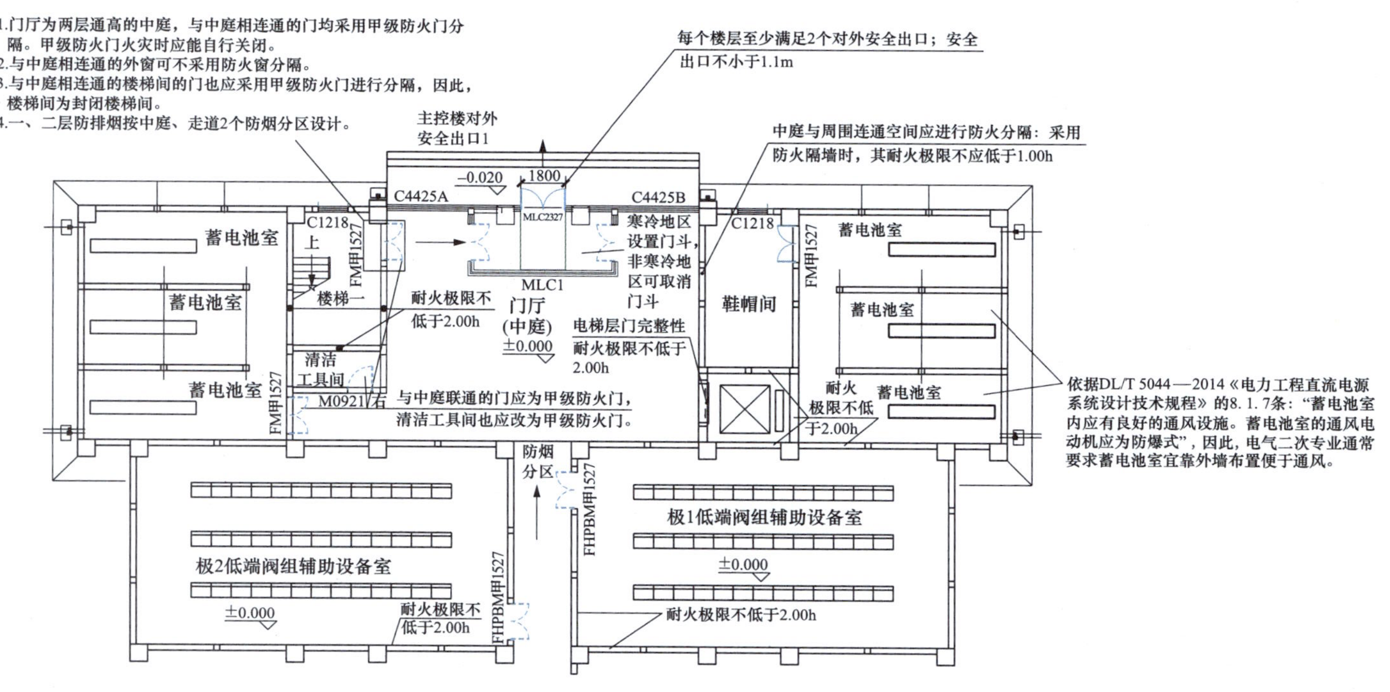

1.门厅为两层通高的中庭，与中庭相连通的门均采用甲级防火门分隔。甲级防火门火灾时应能自行关闭。
2.与中庭相连通的外窗可不采用防火窗分隔。
3.与中庭相连通的楼梯间的门也应采用甲级防火门进行分隔，因此，楼梯间为封闭楼梯间。
4.一、二层防排烟按中庭、走道2个防烟分区设计。
主控楼对外安全出口1
每个楼层至少满足2个对外安全出口；安全出口不小于1.1m
中庭与周围连通空间应进行防火分隔：采用防火隔墙时，其耐火极限不应低于1.00h
-0.020
1800
C4425A
C4425B
MLC2327
C1218
上
FM甲1527
蓄电池室
楼梯一
寒冷地区设置门斗，非寒冷地区可取消门斗
MLC1
门厅
(中庭)
±0.000
耐火极限不低于2.00h
电梯层门完整性耐火极限不低于2.00h
鞋帽间
清洁工具间
M0921
右
与中庭联通的门应为甲级防火门，清洁工具间也应改为甲级防火门。
耐火极限不低于2.00h
依据DL/T 5044—2014《电力工程直流电源系统设计技术规程》的8.1.7条："蓄电池室内应有良好的通风设施。蓄电池室的通风电动机应为防爆式"，因此，电气二次专业通常要求蓄电池室宜靠外墙布置便于通风。
防烟分区
FHPBM甲1527
极1低端阀组辅助设备室
极2低端阀组辅助设备室
耐火极限不低于2.00h

图 3－25 一层与中庭相连通的门均采用甲级防火门分隔

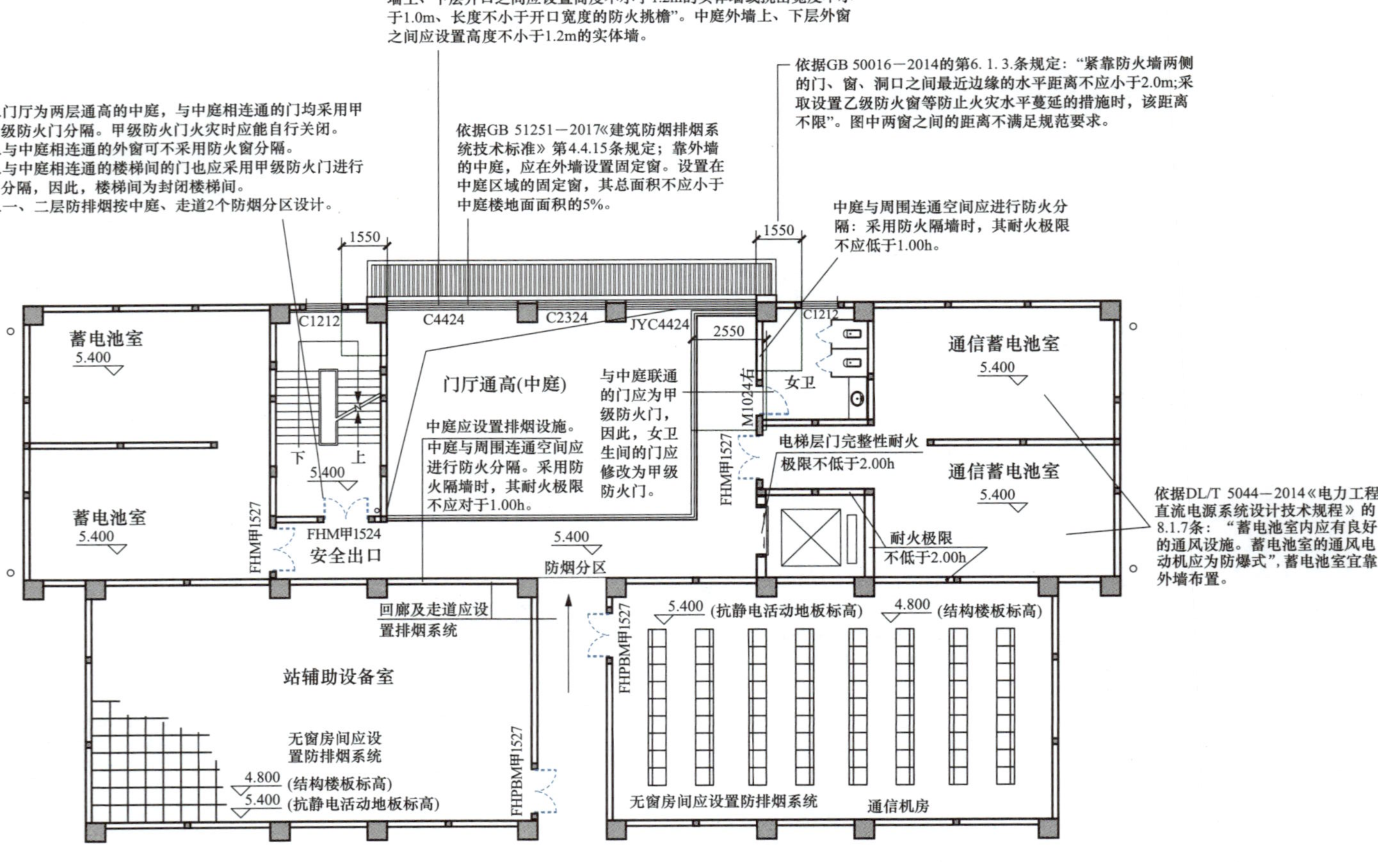

依据GB 50016—2014的第6.2.5条规定“除本规范另有规定外，建筑外墙上、下层开口之间应设置高度不小于1.2m的实体墙或挑出宽度不小于1.0m、长度不小于开口宽度的防火挑檐”。中庭外墙上、下层外窗之间应设置高度不小于1.2m的实体墙。
依据GB 50016—2014的第6. 1. 3.条规定：“紧靠防火墙两侧的门、窗、洞口之间最近边缘的水平距离不应小于2.0m;采取设置乙级防火窗等防止火灾水平蔓延的措施时，该距离不限”。图中两窗之间的距离不满足规范要求。
1.门厅为两层通高的中庭，与中庭相连通的门均采用甲级防火门分隔。甲级防火门火灾时应能自行关闭。
2.与中庭相连通的外窗可不采用防火窗分隔。
3.与中庭相连通的楼梯间的门也应采用甲级防火门进行分隔，因此，楼梯间为封闭楼梯间。
4.一、二层防排烟按中庭、走道2个防烟分区设计。
依据GB 51251—2017《建筑防烟排烟系统技术标准》第4.4.15条规定；靠外墙的中庭，应在外墙设置固定窗。设置在中庭区域的固定窗，其总面积不应小于中庭楼地面面积的5%。
中庭与周围连通空间应进行防火分隔：采用防火隔墙时，其耐火极限不应低于1.00h。
1550
1550
C1212
C4424
C2324
JYC4424
2550
C1212
蓄电池室
5.400
蓄电池室
5.400
门厅通高(中庭)
中庭应设置排烟设施。
中庭与周围连通空间应进行防火分隔。采用防火隔墙时，其耐火极限不应对于1.00h。
与中庭联通的门应为甲级防火门，因此，女卫生间的门应修改为甲级防火门。
下
上
5.400
M1024右
女卫
电梯层门完整性耐火极限不低于2.00h
通信蓄电池室
5.400
通信蓄电池室
5.400
依据DL/T 5044—2014《电力工程直流电源系统设计技术规程》的8.1.7条：“蓄电池室内应有良好的通风设施。蓄电池室的通风电动机应为防爆式”，蓄电池室宜靠外墙布置。
耐火极限不低于2.00h
FHM甲1527
FHM甲1524
安全出口
FHM甲1527
5.400
防烟分区
回廊及走道应设置排烟系统
FHPBM甲1527
5.400 (抗静电活动地板标高)
4.800 (结构楼板标高)
站辅助设备室
无窗房间应设置防排烟系统
4.800 (结构楼板标高)
5.400 (抗静电活动地板标高)
FHPBM甲1527
无窗房间应设置防排烟系统
通信机房

图 3-26 二层与中庭相连通的门均采用甲级防火门分隔

第四章

换流站建筑防火设计案例分析

第一节　换流区联合建筑物组成与防火分区划分

一、特高压换流站换流区联合建筑物组成

（一）特高压换流站换流建筑物的组成

换流站主要换流建筑物包含主控楼、极 1/极 2 辅控楼（或一字形布置型式含极 1/极 2 高、低端阀厅对应的 2 个或 4 个辅控楼）、极 1/极 2 高端阀厅、极 1/极 2 低端阀厅、极 1/极 2 户内直流场及空调设备间、泡沫消防间、阀冷设备间（或空冷器保温室）等建筑物。

（二）特高压换流站换流区建筑物的布置型式

1. 常规±800kV 特高压换流站换流区联合建筑布置型式

主控楼与“背靠背”布置的两极低端阀厅联合；两极辅控楼与高端阀厅分别联合，面对面对称布置在低端阀厅两侧。这种联合布置形成 3 座主要联合建筑，这是特高压换流站最核心的部分，也是换流区的主要建筑物。常规±800kV 特高压换流站换流区联合建筑布置型式如图 4－1 所示。

2. 常规±1100kV 特高压换流站换流区联合建筑布置型式

常规±1100kV 特高压换流站与常规±800kV 特高压换流站换流区联合建筑布置型式基本相同，只是增加了两极户内直流场及其空调设备间，并分别与

两极高端阀厅及辅控楼联合，形成换流区 3 座主要联合建筑物。常规±1100kV 换流站换流区联合建筑布置型式，如图 4-2 所示。

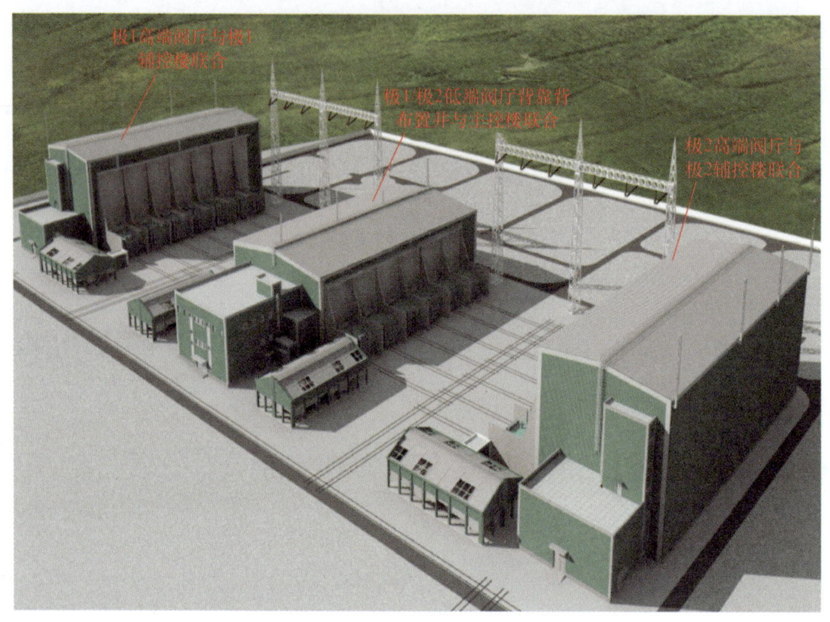

图 4-1　常规±800kV 特高压换流站换流区联合建筑布置型式

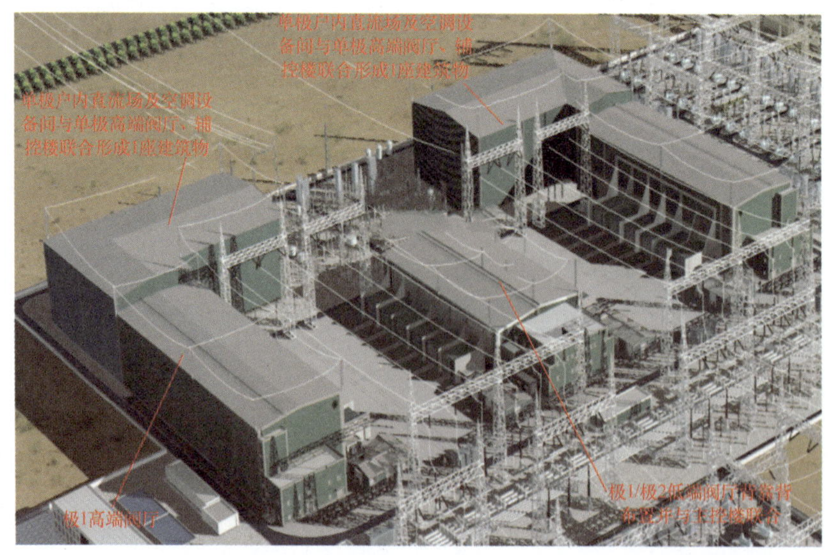

图 4-2　常规±1100kV 换流站换流区联合建筑布置型式

3. “一”字形布置±800kV特高压换流站换流区联合建筑组成

“一”字形布置±800kV特高压换流站将主控楼单独建造；单极高、低端阀厅与同极辅控楼联合，同极辅控楼可以是1座或2座；单极高、低端阀厅呈“一”字形布置，并与各自对应的辅控楼联合成1座建筑物，换流区一般共有2座联合建筑。“一”字形布置±800kV换流站换流区联合建筑组成，如图4-3所示。

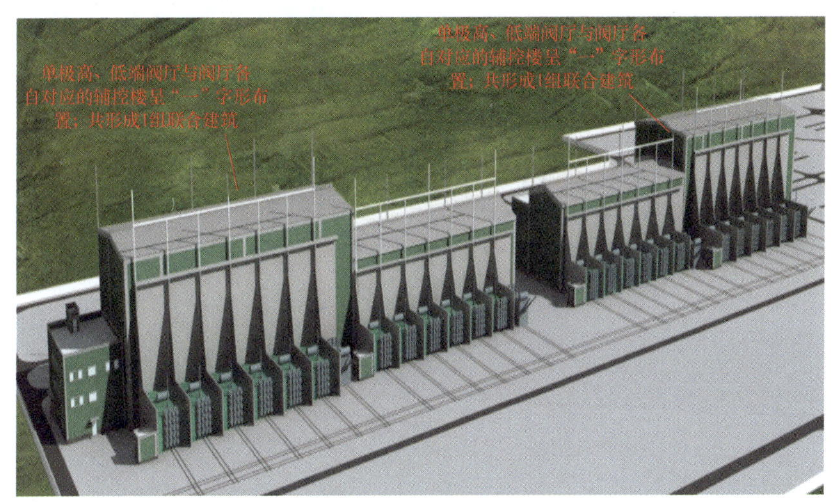

图4-3　“一”字形布置±800kV特高压换流站换流区联合建筑组成

4. “一”字形±1100kV特高压换流站换流区联合建筑组成

“一”字形布置的特高压±1100kV换流站与±800kV换流站换流区联合建筑的布置型式基本相同，只是增加了两极户内直流场及其空调设备间，将两极户内直流场及其空调设备间分别与两极高、低端阀厅及辅控楼分别联合，形成换流区2座联合建筑；每组联合建筑物包含：同极户内直流场及其空调设备间、同极高、低端阀厅及同极2个辅控楼。“一”字形±1100kV换流站换流区联合建筑组成，如图4-4所示。

二、高压直流换流站换流区联合建筑物的组成

高压直流±400、±500、±660kV换流站换流区联合建筑物主要由控制楼、极1/极2阀厅（有时联合户内直流场及其空调设备间）联合组成换流建筑物。一般控制楼夹在两极阀厅之间，呈“一”字形布置方式。高压直流±400、±500、±660kV换流站换流区联合建筑物分别如图4-5和图4-6所示。

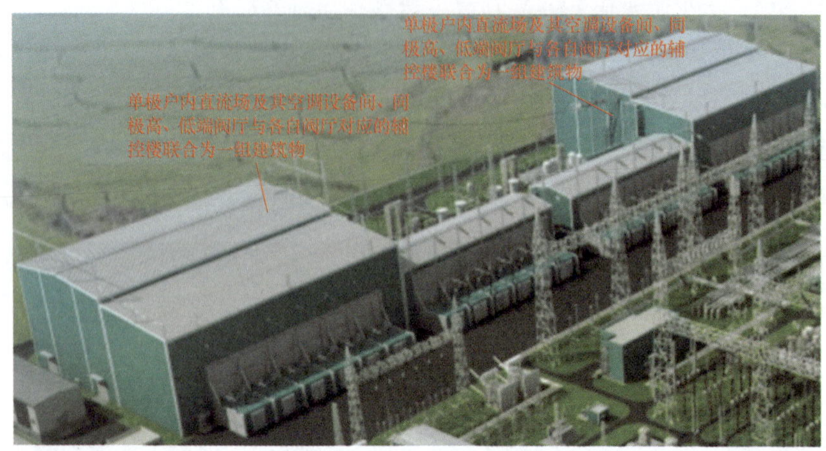

图 4-4 “一”字形±1100kV 换流站换流区联合建筑组成

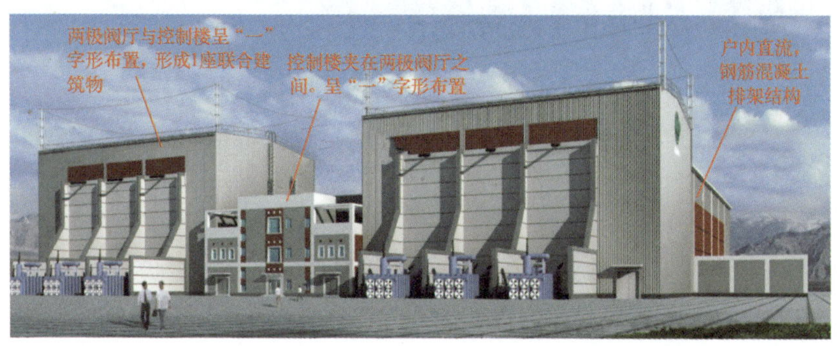

图 4-5 高压直流±400kV 换流站换流区联合建筑物

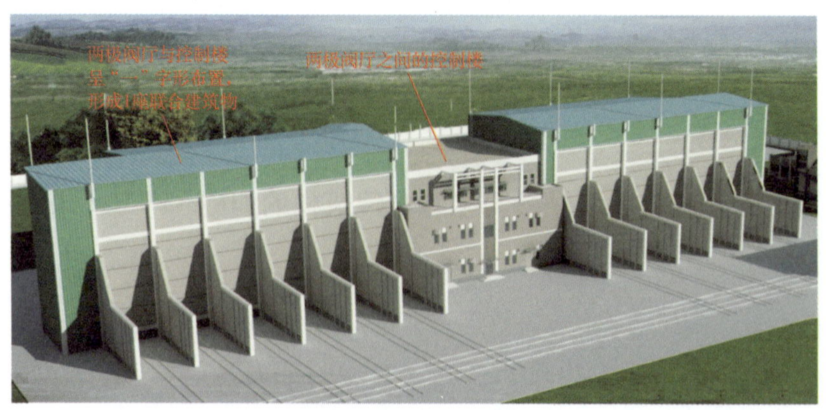

图 4-6 高压直流±500kV（±660kV）换流站换流区联合建筑物

三、联合建筑物火灾危险性类别及耐火等级

毗邻关系是指两栋建筑各自独立互不相通的布置，其结构体系、设备体系、消防及疏散等均应各自独立。由于换流站具有特殊的生产工艺，这种生产关系将换流建筑物联合起来形成一些联合建筑物。因此，单座联合建筑物应为一座独立的建筑物，各组成部分之间具有密不可分的生产关系，并不是几个建筑物的毗邻关系。依据 GB 50229—2019《火力发电厂与变电站设计防火标准》的表 11.1.1 建（构）筑物的火灾危险性分类及其耐火等级规定：主控楼、阀厅的火灾危险性类别为“丁”类、耐火等级为“二级”。而户内直流场由于单台设备充油量达 60kg 以上其火灾危险性类别为丙类，耐火等级为二级。GB 50229—2019 中变电建（构）筑物的火灾危险性分类及其耐火等级见表 4－1。

表 4－1　GB 50229—2019 中变电建（构）筑物的火灾危险性分类及其耐火等级

建（构）筑物名称		火灾危险性分类	耐火等级
主控制楼		丁	二级
继电器室		丁	二级
阀厅		丁	二级
户内直流开关场	单台设备油量 60kg 以上	丙	二级
	单台设备油量 60kg 及以下	丁	二级
	无含油电气设备	戊	二级

依据 GB/T 50789—2012《±800kV 直流换流站设计规范》建筑物、构筑物火灾危险性类别及耐火等级规定：控制楼（含主、辅控制楼）规定，即辅控制楼同主控楼。GB/T 50789—2012 中变电建（构）筑物的火灾危险性分类及其耐火等级见表 4－2。

表 4－2　GB/T 50789—2012 中变电建（构）筑物的火灾危险性分类及其耐火等级

序号		建筑物、构筑物名称	火灾危险性分类	最低耐火等级
主要生产建筑物、构筑物	1	阀厅（含高、低端阀厅）	丁	二级
	2	控制楼（含主、辅控楼）	戊	二级
	3	继电器小室	戊	二级
	4	站用电室	戊	二级

由于阀厅、主控楼、辅控楼的火灾危险性类别为“丁类”、耐火等级为“二级”，如果阀厅与主控楼或辅控楼联合后，联合建筑物的火灾危险性类别及耐火等级分别为“丁类”“二级”。

当户内直流场单台设备充油量 60kg 以上时，其火灾危险性类别为丙类，耐火等级为二级；如果户内直流场再联合火灾危险性类别“丁类”、耐火等级为“二级”的阀厅与主辅控楼，那么联合建筑的火灾危险性类别应依据 GB 50229—2019 第 11.1.2 条规定“同一建筑物或建筑物的任一防火分区布置有不同火灾危险性的房间时，建筑物或防火分区内的火灾危险性类别应按火灾危险性较大的部分确定，当火灾危险性较大的房间占本层或本防火分区建筑面积的比例小于 5%，且发生火灾事故不足以蔓延至其他部位或火灾危险性较大的部分采取了有效的防火措施时，可按火灾危险性较小的部分确定执行。当联合建筑按火灾危险性较大的丙类户内直流场来确定整座联合建筑的火灾危险等级时，整座建筑火灾危险性应为丙类。除非联合建筑中火灾危险性较大的户内直流场占一层建筑面积小于5%且火灾不会蔓延至相邻阀厅或主辅控楼区域，联合建筑火灾危险性等级可为丁类。或除非火灾危险性较大的户内直流场内采取了有效的防火措施时，整座联合建筑火灾危险性等级也可按火灾危险性较小的阀厅来确定”。目前现状是整座联合建筑的火灾危险性等级为丁类，阀厅与户内直流场之间的分区防火墙采用的是压型钢板中空防火构造墙体，并不是有效的防火措施。

例如，某工程的辅控楼，火灾危险性类别为戊类，单极建筑面积为 1456m^2；高端阀厅火灾危险性类别为丁类，单极轴线尺寸为 118.5m × 48.1m × 35.1m，建筑面积为 5660m^2；户内直流场火灾危险性为丙类，单极面积为 7352m^2；组合后联合建筑物的火灾危险性应为丙类，联合建筑物单极建筑面积为 14 468m^2。因此，在这座单极联合建筑中，丙类火灾危险性类别的户内直流场占整座联合建筑物总面积的 51%，整座联合建筑物的火灾危险性类别应为丙类。

另外，丙类火灾危险性类别的户内直流场，其室内含有 2 台充油电抗器，面积约占户内直流场面积的 7%，且火灾危险性较大的充油电抗器周围也没有采取有效的防火措施。户内直流场仅是一个很大的钢结构轻质外围护结构的空间，如图 4－7（a）所示。

±500kV 政平换流站是引进 ABB 技术的三峡工程，在户内直流场内部火灾危险性较大的设备周围，已采用钢筋混凝土防火隔墙分隔措施及消防措施，除此之外的户内直流场的联合建筑物都没有满足规范要求,如图 4－7（b）所示。

(a) 户内直流场电气设备未做防火分隔

(b) 户内直流场电气设备已做防火分隔

图 4－7　户内直流场电气设备

四、联合建筑物防火分区的划分

（一）特高压常规布置型式联合建筑物防火分区的划分

（1）常规布置型式±1100kV 换流区包含 3 座联合建筑物，防火分区如图 4-8 所示。

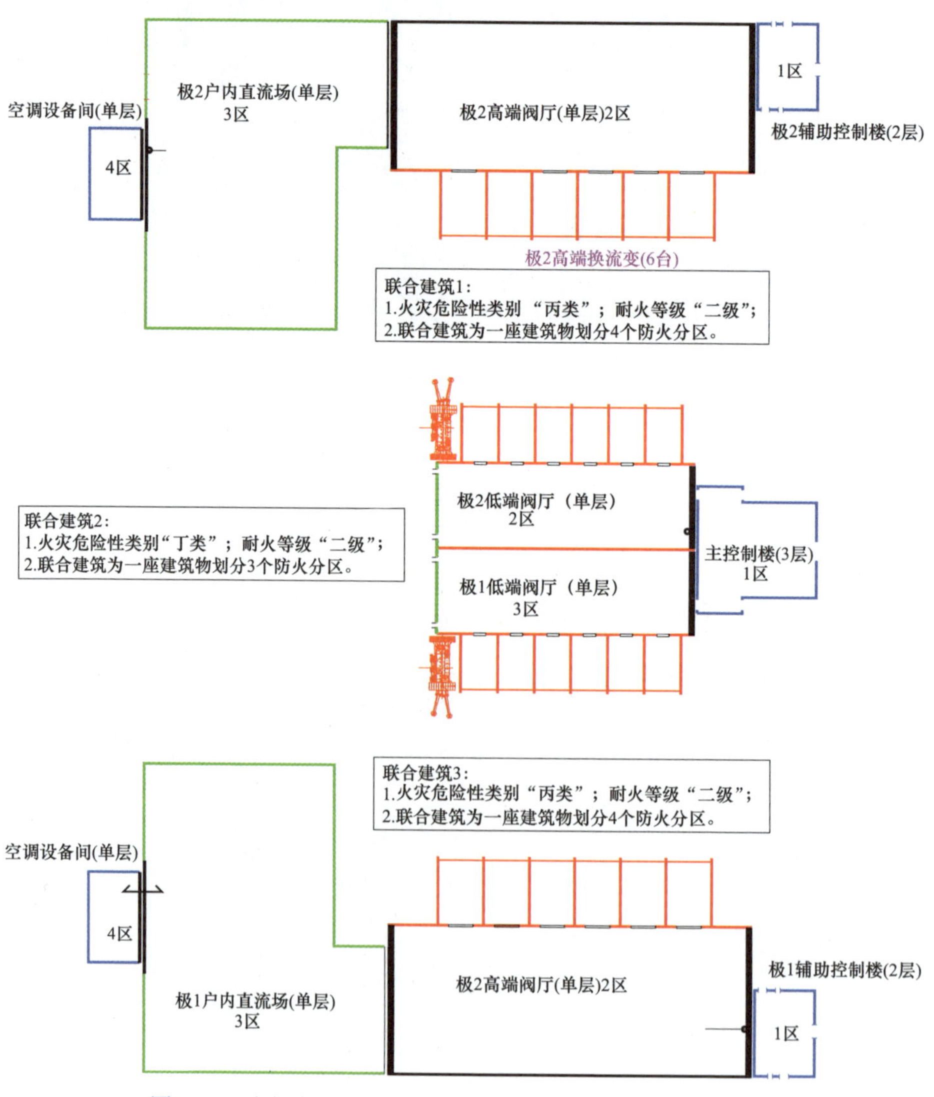

图 4-8　常规布置型式±1100kV 换流区包含 3 座联合建筑物

（2）常规布置型式±800kV 换流区包含 3 座联合建筑物，防火分区如图 4-9 所示。

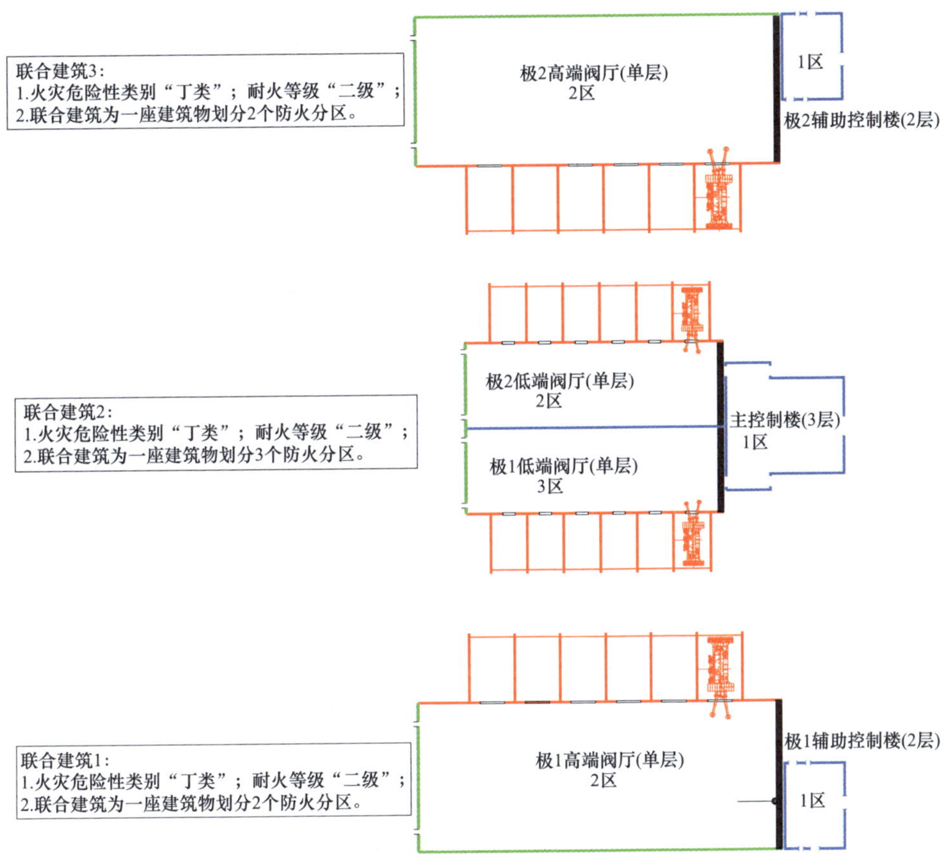

图 4-9　常规布置型式±800kV 换流区包含 3 座联合建筑物

（二）特高压“一”字形布置型式联合建筑物防火分区的划分

（1）“一”字形布置型式±1100kV 换流区包含 2 座联合建筑物，单极户内直流场、空调设备间与高、低端阀厅、单极辅控楼联合为 1 座联合建筑物，划分 5 个防火分区，如图 4-10 所示。

（2）“一”字形布置型式±800kV 换流区包含 2 座联合建筑物，单极高、低端阀厅与单极辅控楼联合为 1 座联合建筑物，防火分区如图 4-11 所示。

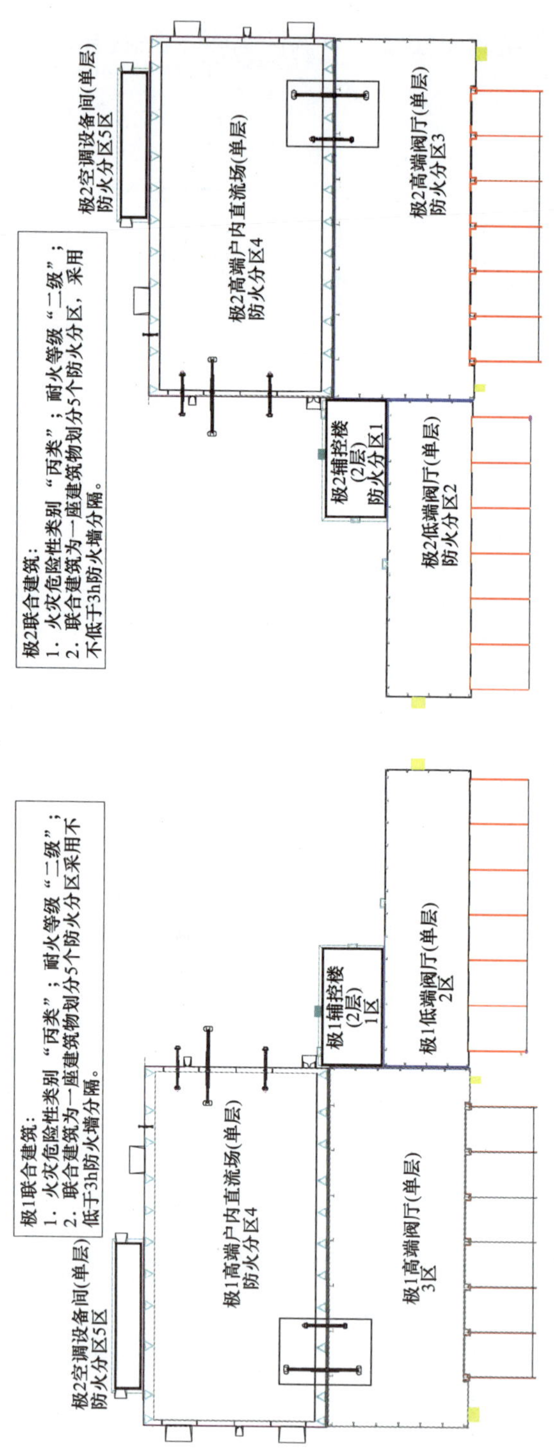

图 4-10 “一”字形布置型式±1100kV 换流区包含 2 座联合建筑物

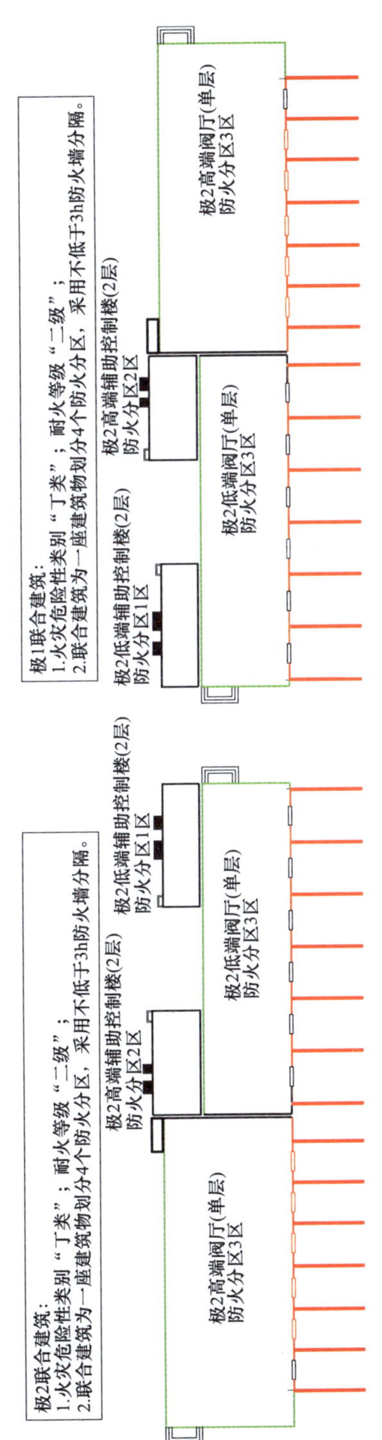

图4-11　“一”字形布置型式±800kV换流区联合建筑物防火分区

（三）高压直流联合建筑物防火分区的划分

（1）阀厅、控制楼联合建筑物防火分区的划分。对于±500、±660、±400kV高压直流换流站均采用控制楼夹在两极阀厅中间呈“一”字形布置方式，形成1座联合建筑物，其火灾危险性类别为“丁类”；耐火等级为“二级”；划分3个防火分区，如图4–12所示。

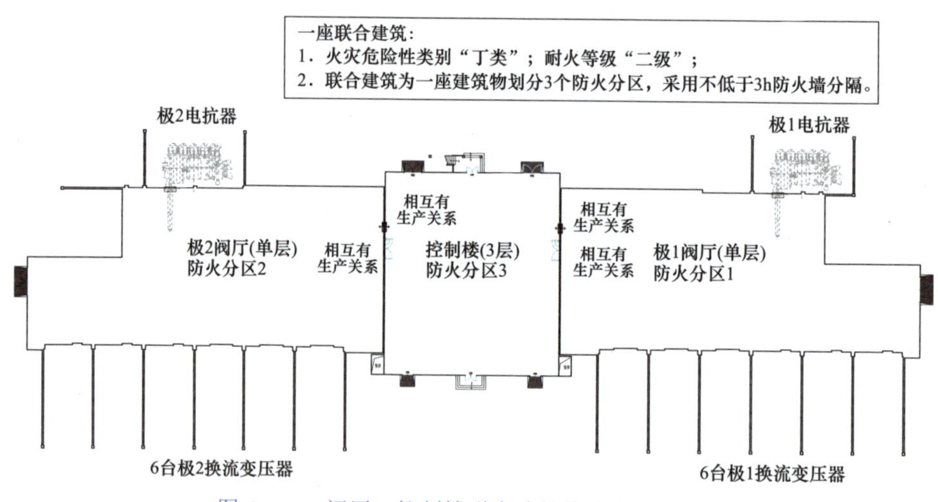

图4–12　阀厅、控制楼联合建筑物防火分区划分

（2）户内直流场与阀厅、控制楼联合建筑物防火分区的划分。对于高压直流换流站户内直流场与阀厅、控制楼组成的联合建筑物，为同一座建筑物，共划分5个防火分区。其火灾危险性类别应为“丙类”；耐火等级为“二级”，见图4–13。

依据GB 50229—2019第11.1.2条规定“同一建筑物或建筑物的任一防火分区布置有不同火灾危险性的房间时，建筑物或防火分区内的火灾危险性类别应按火灾危险性较大的部分确定”。因此，整座联合建筑物火灾危险性类别应为丙类、耐火等级为二级。然而，实际工程中这座联合建筑物既没有按规范要求的“丙类、二级”去设防，也没有对户内直流场内部火灾危险性较大的部分采取有效的防火措施，户内直流场仅是一个很大的外围护空间，对设备并没做任何防护分隔措施。

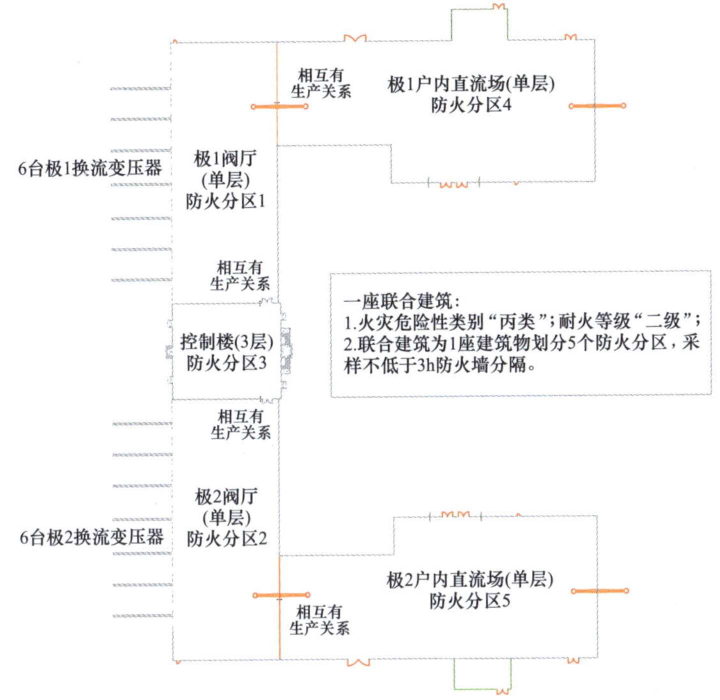

图 4-13　户内直流场与阀厅、控制楼联合建筑物防火分区

五、特高压换流站“一”字形布置与常规布置防火设计利弊分析

（一）联合建筑物防火分区划分

（1）“一”字形布置的单座联合建筑防火分区划分：

1）±1100kV 换流站“一”字形布置分析。依据 GB 50016—2014 第 1.0.4 条规定“同一建筑内设置多种使用功能场所时，不同使用功能场所之间应进行防火分隔，该建筑及其各功能场所的防火设计应根据本规范的相关规定确定”。±1100kV 换流站“一”字形布置的单座（单极）联合建筑包含 5 个使用功能场所：高端阀厅、户内直流场、辅控楼、低端阀厅户内直流场空调设备间。

±1100kV 换流站“一”字形布置的单极联合建筑防火性能分析：

a. 联合建筑包含的各组成建筑之间不能当作相邻独立建筑物的毗邻布置，因为相邻区域之间有密不可分的生产关系，所以单极联合建筑物应为同一座建筑物，联合建筑包含的各建筑物应为联合建筑的不同防火分区，单极联合建筑共划分了 5 个防火分区；

b. 依据 GB 50229—2019 第 11.1.2 条规定“同一建筑物或建筑物的任一防火分区布置有不同火灾危险性的房间时，建筑物或防火分区内的火灾危险性类别应按火灾危险性较大的部分确定，当火灾危险性较大的房间占本层或本防火分区建筑面积的比例小于 5%，且发生火灾事故时不足以蔓延至其他部位或火灾危险性较大的部分采取了有效的防火措施时，可按火灾危险性较小的部分确定”。户内直流场内无有效防火措施见图 4－7（a），户内直流场内采取有效防火措施见图 4－7（b）。若采取有效防火措施，联合建筑的火灾危险性可确为丁类。如果没有采取有效的防火措施，那么单极联合建筑物的火灾危险性类别应为“丙类”，耐火等级为“二级”，当然联合建筑所包含的高低端阀厅、辅控楼、户内直流场空调设备间的火灾危险性等级都为丙类。实际工程是按“丁类”规定实施的，并没有采取有效防火措施，也没有采取灭火措施。

c. 各防火分区之间应设置防火墙防止相邻区域火灾蔓延，防火墙应为实体防火墙，耐火极限不低于 3h。实际工程分区防火墙应用的是支撑于檩托上的现场复合压型钢板防火构造墙，火灾案例已证明这种墙体倒塌破坏，并引起火灾蔓延。

d. 阀厅与换流变压器之间虽然设置了实体防火墙，由于工艺需要换流变压器阀侧套管伸入阀厅，需要在防火墙上开设很大的洞口，这就给阀厅带来了极高的火灾危险性，这也是阀厅火灾蔓延的主要诱因。每台换流变压器充油量在 200t 左右，虽然做了不少洞口封堵技术防火、抗爆试验，但此处毕竟是防火薄弱环节。因此，单极单座阀厅应独立为 1 个防火分区，避免阀厅失火蔓延相邻区域。

e. 单极每个防火分区应至少设置 2 个对外的安全出口。阀厅与相邻辅控楼之间检修通道的门不应作为阀厅防火分区的第 2 安全出口，工业建筑仅允许地下室防火分区之间的其中一个出口借用分区防火墙上甲级门做第 2 出口。

f. 防火墙首先要保证结构的稳定性才能满足不蔓延到相邻区域，且耐火极限不低于 3h。

g. ±1100kV 换流站“一”字形联合布置方式使火灾危险性加大，假设高端阀厅发生火灾，将会影响户内直流场、低端阀厅、辅控楼，联合的建筑越多，火灾的隐患越大。

h. 将主控室、消防控制室、办公室、会议室、资料室、培训室、展示室等与阀厅生产关系不大的房间单独建造形成主控楼，可不受阀厅、变压器等火灾影响，安全性高。

±1100kV 换流站“一”字形布置的单座联合建筑防火分区划分如图 4－14 所示。

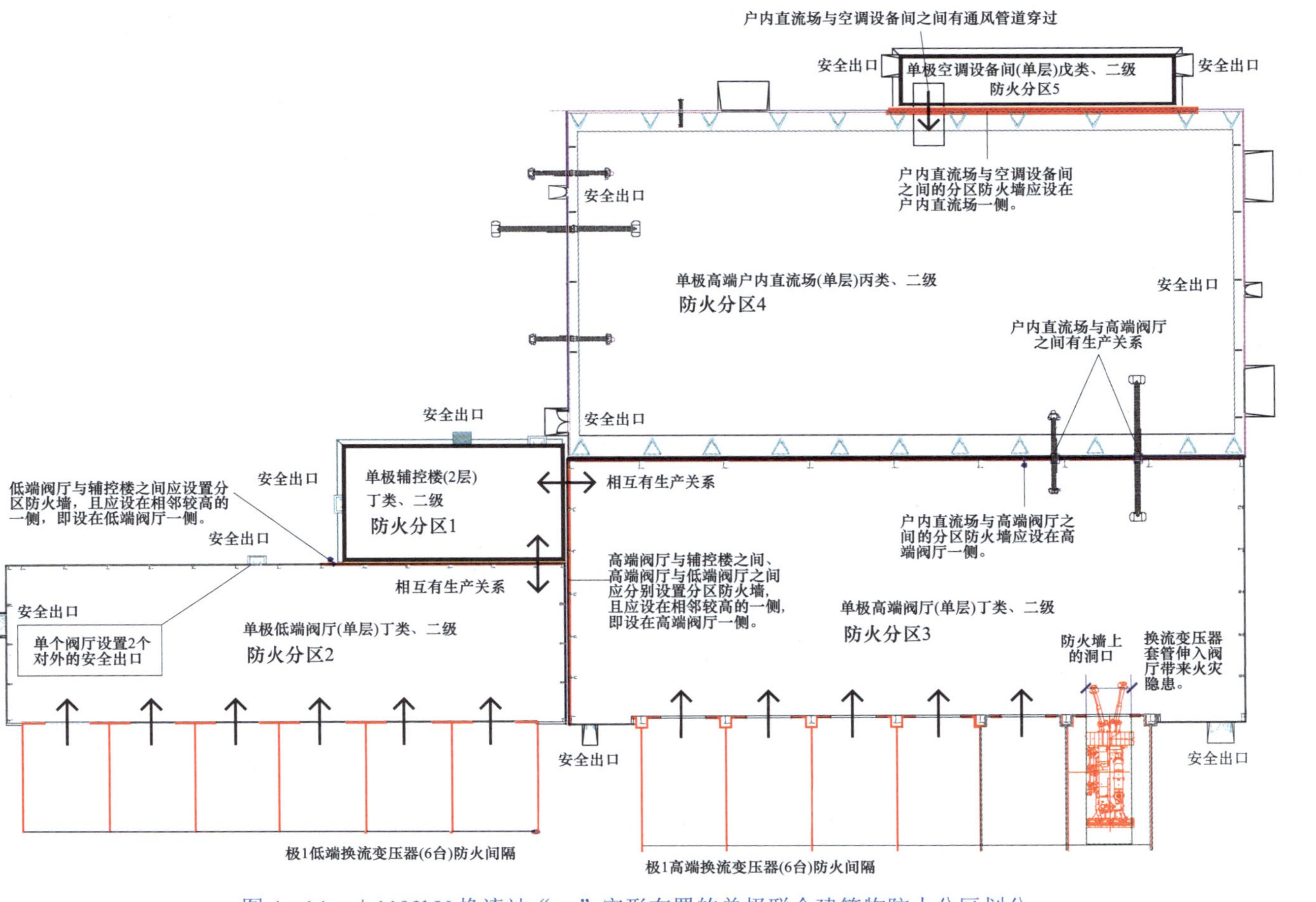

图4-14　±1100kV换流站“一”字形布置的单极联合建筑物防火分区划分

2）±800kV 换流站“一”字形单极联合建筑防火性能分析。

a. 单极联合建筑物的火灾危险性类别为“丁类”，耐火等级为“二级”。

b. 单座阀厅应为独立的防火分区，每个阀厅与相邻的区域之间应采用防火墙进行分隔。依据 GB 50229—2019 第 11.2.1 条规定“当建筑物与油浸变压器或可燃介质电容器等电气设备间距小于 5m 时，在设备外轮廓投影范围外侧各 3m 内的建筑物外墙上不应设置门、窗、洞口和通风孔，且该区域外墙应为防火墙”。阀厅与换流变压器之间虽然设置了实体防火墙，由于工艺需要换流变压器阀侧套管伸入阀厅，需要在防火墙上开设很大的洞口，这就给阀厅带来了极高的火灾危险性，虽然洞口封堵技术在防火、抗爆方面做了不少试验，但此处毕竟是防火薄弱环节。阀厅防火墙上的换流变压器套管洞口封堵是换流站防火设计的重中之重，因此，单极单座阀厅应独立为 1 个防火分区，避免阀厅失火蔓延相邻区域。

c. 防火墙首先要保证结构的稳定性才能满足不蔓延到相邻区域，且耐火极限不低于 3h。火灾案例已证明现场复合压型钢板防火墙倒塌烧毁，是不能充当防火墙使用的。因此要采用实体防火墙。

d. ±800kV 换流站与±1100kV 换流站的“一”字形布置方式相同，其火灾隐患大，一旦某个分区发生火灾，都可能影响整座联合建筑的安全。

±800kV 换流站“一”字形布置的单座联合建筑防火分区划分如图 4–15 所示。

（2）常规布置的单座联合建筑防火分区划分。

1）±1100kV 换流站与±800kV 换流站常规布置型式相同，区别是±1100kV 换流站比±800kV 换流站多联合了两极户内直流场及附属的空调设备间。

±1100kV 换流站常规布置型式的单极高端阀厅联合建筑物防火分区见图 4–16；±800kV 换流站常规布置型式的单极高端阀厅联合建筑物防火分区见图 4–17。

2）±1100kV 换流站与±800kV 换流站常规布置型式相同，对于主控楼与两极低端阀厅的联合建筑物也完全相同，如图 4–18 所示。

主控楼与两极低端阀厅的联合建筑的防火设计重点内容：

a. 单极联合建筑物为一座建筑物，相邻区域之间有密不可分的生产关系，不能当作两座独立建筑物毗邻关系；联合建筑划分 3 个防火分区。

b. 单极联合建筑物的火灾危险性类别为“丁类”；耐火等级为“二级”。

c. 防火分区之间应设置防火墙进行防火分隔。

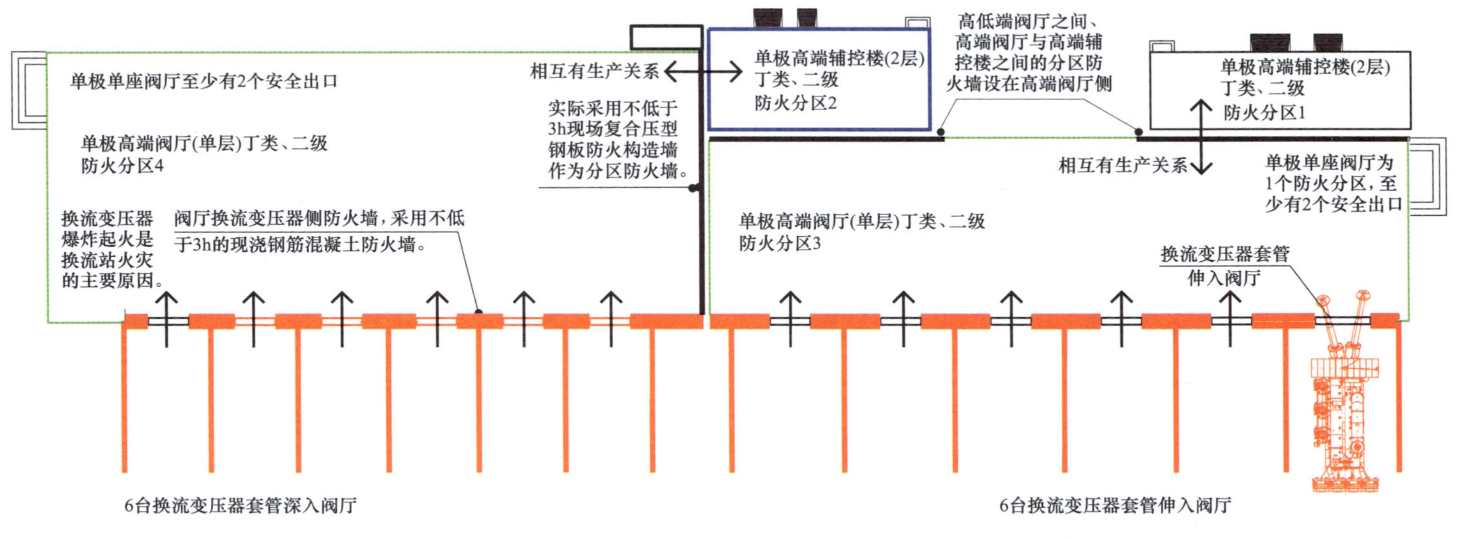

图 4－15 ±800kV 换流站“一”字形布置的单极联合建筑物防火分区划分

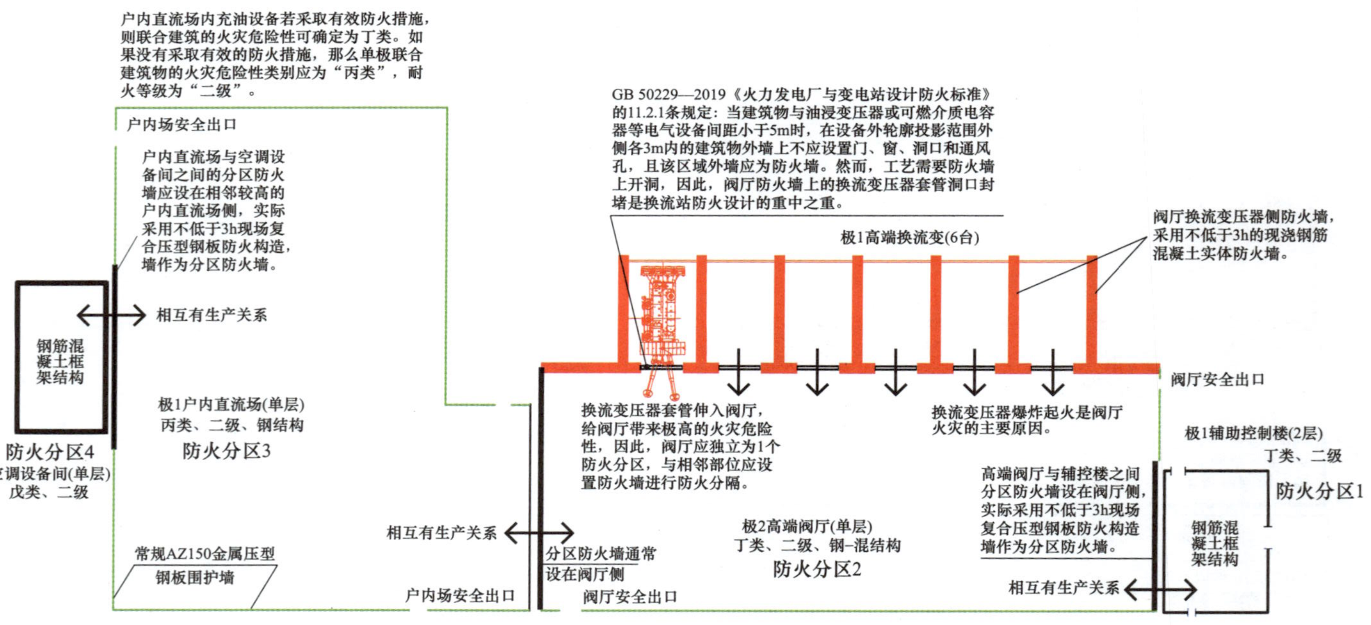

图 4-16　±1100kV 换流站常规布置型式的单极高端阀厅联合建筑物防火分区

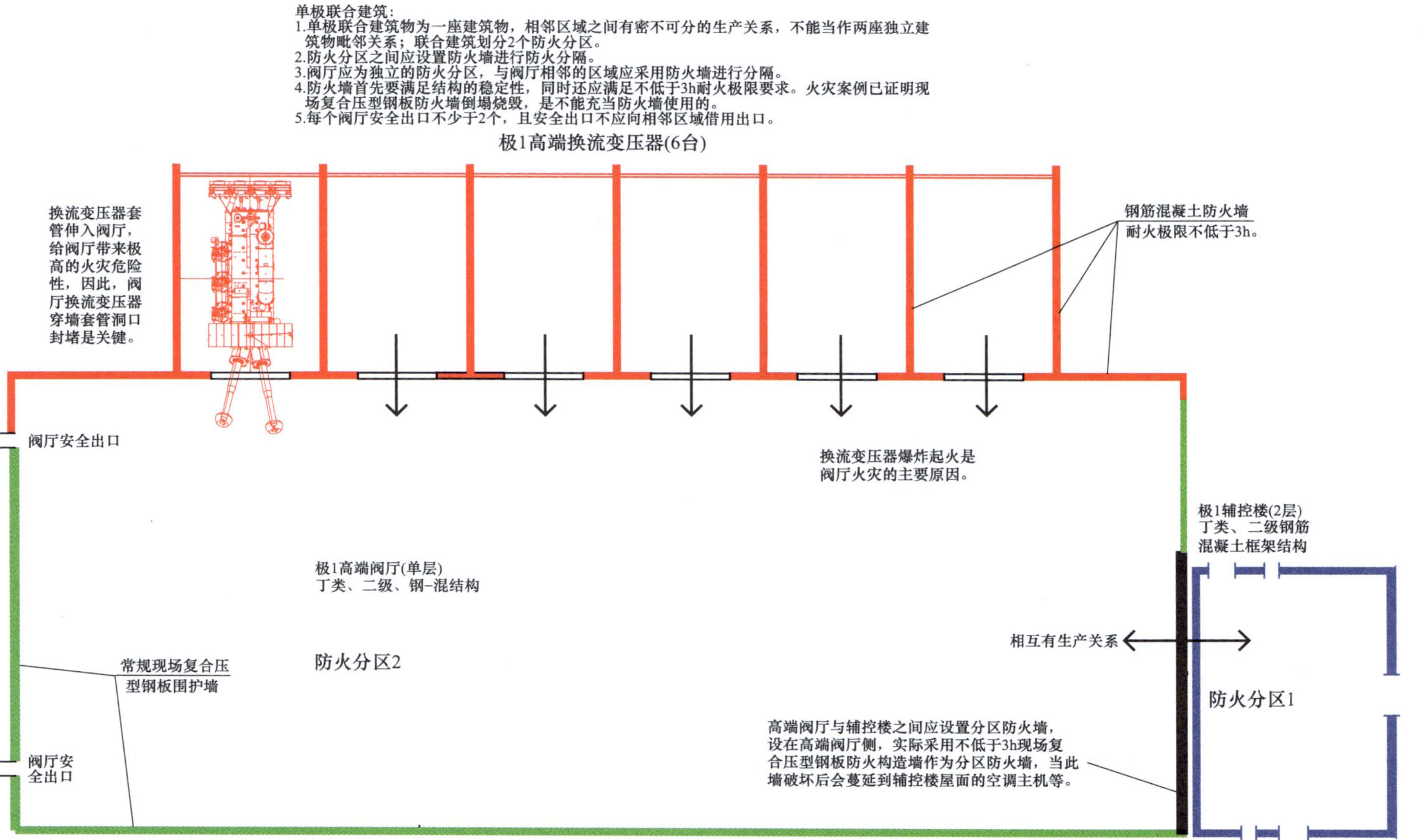
单极联合建筑：
1.单极联合建筑物为一座建筑物，相邻区域之间有密不可分的生产关系，不能当作两座独立建筑物毗邻关系；联合建筑划分2个防火分区。
2.防火分区之间应设置防火墙进行防火分隔。
3.阀厅应为独立的防火分区，与阀厅相邻的区域应采用防火墙进行分隔。
4.防火墙首先要满足结构的稳定性，同时还应满足不低于3h耐火极限要求。火灾案例已证明现场复合压型钢板防火墙倒塌烧毁，是不能充当防火墙使用的。
5.每个阀厅安全出口不少于2个，且安全出口不应向相邻区域借用出口。
极1高端换流变压器(6台)
换流变压器套管伸入阀厅，给阀厅带来极高的火灾危险性，因此，阀厅换流变压器穿墙套管洞口封堵是关键。
钢筋混凝土防火墙
耐火极限不低于3h。
阀厅安全出口
换流变压器爆炸起火是阀厅火灾的主要原因。
极1辅控楼(2层)
丁类、二级钢筋混凝土框架结构
极1高端阀厅(单层)
丁类、二级、钢–混结构
相互有生产关系
防火分区2
常规现场复合压型钢板围护墙
防火分区1
高端阀厅与辅控楼之间应设置分区防火墙，设在高端阀厅侧，实际采用不低于3h现场复合压型钢板防火构造墙作为分区防火墙，当此墙破坏后会蔓延到辅控楼屋面的空调主机等。
阀厅安全出口

图 4－17　±800kV 换流站常规布置型式的单极高端阀厅联合建筑物防火分区

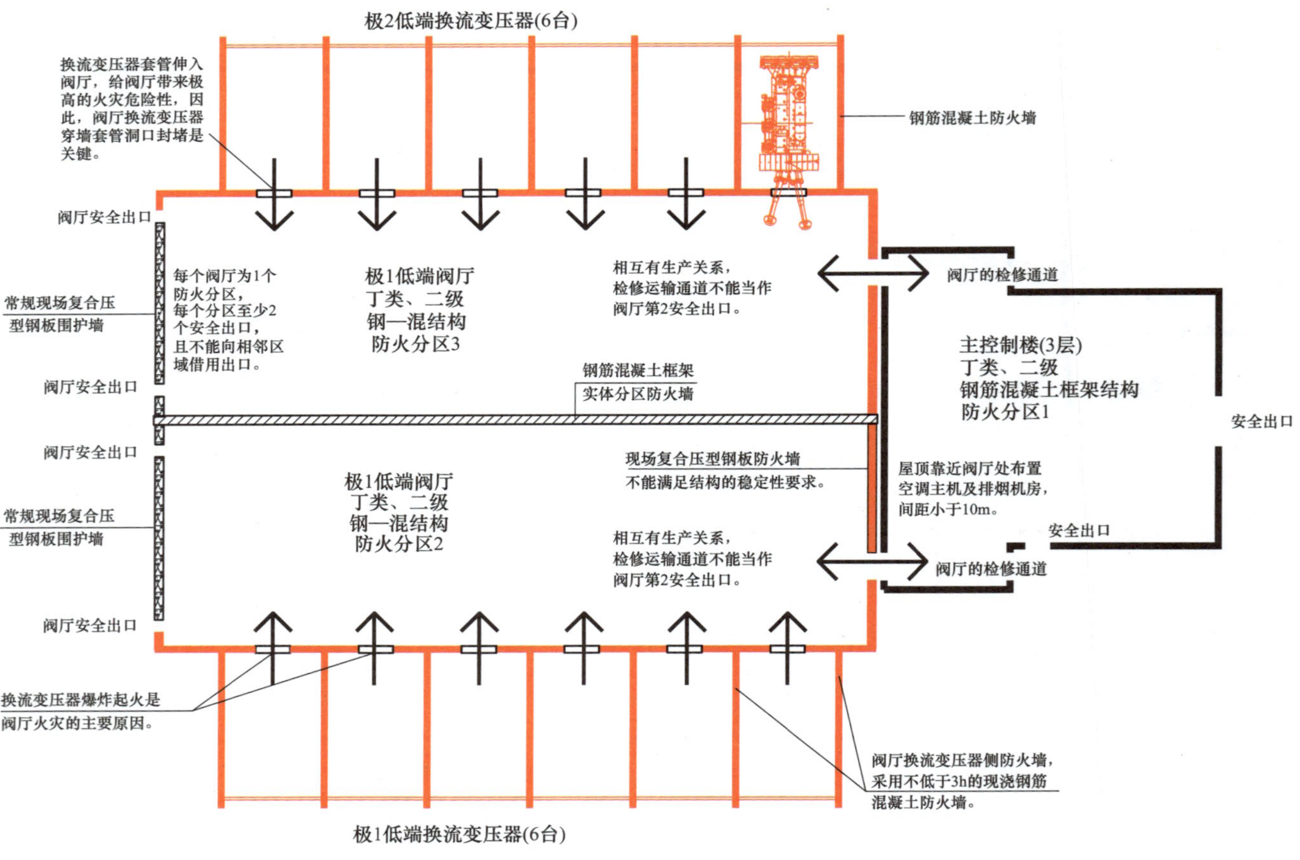

图 4－18　常规布置换流站主控楼与两极低端阀厅联合建筑物防火分区划分

d. 阀厅应为独立的防火分区，每个阀厅为1个防火分区，每个分区至少设置2个安全出口，且不能向相邻区域借用出口。与阀厅相邻的区域应采用防火墙进行分隔。

e. 防火墙首先要满足结构的稳定性且不低于3h耐火极限要求。火灾案例已证明现场复合压型钢板防火墙倒塌烧毁，是不能充当防火墙使用的。

f. 依据GB 55037—2022第4.1.8条第3款规定“消防控制室应位于建筑的首层或地下一层，疏散门应直通室外或安全出口”，目前主控室（含消防控制室）布置在三层，不满足规范要求。主控楼及消防控制系统与两极低端阀厅联合，不如将主控楼的主控系统、消防控制系统、人员办公、值班、会议、培训等内容集中单独建造更安全，可避免阀厅火灾殃及全站的控制系统。相比“一”字形布置方式，将主控楼单独建造更安全。

（二）常规布置与“一”字形布置防火设计的利弊分析

（1）主控楼的重要性决定单独建造的必要性。依据GB 55037—2022第4.1.8条第3款规定“消防控制室应位于建筑的首层或地下一层，疏散门应直通室外或安全出口”，目前主控室（含消防控制室）布置在三层，不满足规范要求。主控楼既是全站的运行监控中心，又是全站的消防系统控制中心，生产运行及消防的监控都包含在主控楼内，因此主控楼的重要性不言而喻。特高压换流站“一”字形布置方式的主控楼为独立建筑物，其主要功能是将主控楼与阀厅无直接生产关系的、重要的、人员集中的功能独立出来单独建造，这样可提高控制中心的安全性，避免换流变压器套管伸入阀厅内所带来的火灾蔓延隐患。因此，独立建造的主控楼会比联合两极低端阀厅的联合建筑物更为安全。

（2）换流站联合建筑应为“一座建筑物”。常规布置方式的主控楼，与两极低端阀厅有密不可分的直接生产关系，存在相互间的连接开口部位，例如主控楼进入两极低端阀厅的检修出入口、有运行巡视观察的门窗连接、还有工艺之间的套管、通风口及其他工艺洞口的连接，这些连接处的洞口都是正对的洞口，因此这些因素都决定了联合建筑物之间的各组成建筑并不是不同建筑的毗邻关系，而是同一座建筑物。毗邻关系应该是指两栋建筑各自独立互不相通的相邻布置，其结构体系、设备体系、消防及疏散等均应各自独立。依据GB 50016—2014表3.4.1注2“两座丙、丁、戊类厂房相邻两面外墙均为不燃性墙体，当无外露的可燃性屋檐，每面外墙上的门、窗、洞口面积之和各不大于外墙面积的 5%，且门、窗、洞口不正对开设时，其防火间距可按本表的规定减少 25%”。可见，毗邻建筑是不允许开设正对的门窗洞口。因此，联合建筑物应为“一座建筑物”，或“同一建筑”。

（3）“一”字形布置型式的联合建筑比常规布置型式复杂。“一”字形布置型式与常规布置型式，无论是哪种型式的换流站，换流区联合建筑物都是“同一建筑”，并且联合建筑的各组成建筑物数量越多，说明工艺越复杂，当然火灾危险性也会加大；如果联合的各组成建筑物火灾危险性类别越复杂，相应的火灾危险性也会加大，按规范要求应按最高类别来确定整座联合建筑的火灾危险性类别，这里体现了防火“从严设计”的精髓。

“一”字形布置型式的联合建筑比常规布置型式复杂，单极联合建筑物一般包含高、低端阀厅及高低端辅控楼，有时还有户内直流场，各组成部分联合部位越多火灾危险性就越大（见图 4－13 和图 4－14）。

（4）“一”字形布置型式的联合建筑比常规布置型式火灾隐患大。“一”字型布置型式的联合建筑比常规布置型式复杂，这种单极联合建筑物的组合型式，较常规布置型式存在较高的火灾隐患，只要分区防火墙上有开洞，洞口的封堵就会存在火灾蔓延的隐患。假设高端阀厅发生火灾，将会影响到户内直流场及辅控楼，同时还会影响到低端阀厅，而常规布置型式就不会影响到低端阀厅。因此，“一”字形布置型式的联合建筑比常规布置型式火灾隐患大。由于换流变压器套管伸入阀厅内部增加了阀厅的火灾危险性，因此阀厅必须为独立的防火分区与所联合的其他组成建筑进行防火分隔。

（5）工程中存在的问题。

1）防火墙或防火隔墙首先要防止火灾从一个区域向另一个区域蔓延。

a. 防火墙应符合 GB 50016—2014 第 6.1.5 条规定“防火墙上不应开设门、窗、洞口，确需开设时，应设置不可开启或火灾时能自动关闭的甲级防火门、窗”（强制性条文）。实际工程中，阀厅与相邻联合建筑之间变形缝处，阀厅侧防火墙（现场复合压型钢板防火构造墙）不应留有门、窗及洞口等空洞，否则就是违反强制性条文规定。

b. 防火墙应符合 GB 50016—2014 第 6.1.7 条规定“防火墙的构造应能在防火墙任意一侧的屋架、梁、楼板等受到火灾的影响而破坏时，不会导致防火墙倒塌”（强制性条文）。

依据 GB 55037—2022 第 6.1.2 条规定“防火墙任一侧的建筑结构或构件以

及物体受火作用发生破坏或倒塌并作用到防火墙时，防火墙应仍能阻止火灾蔓延至防火墙的另一侧”。

其条文说明“防火墙一般为自承重墙体，符合要求的承重墙也可以用作防火墙。防火墙的厚度、高度、内部构造以及与周围结构之间的连接，应能保证其在任意一侧受到侧向压力或水平拉力作用时，均不会发生破坏或垮塌”。现场复合压型钢板防火构造墙起不到阻火的目的。防火构造墙不是承重墙体，也不是实体墙，没有落在结构基础、结构梁上，所以起不到阻火、隔火、防蔓延的目的，不是防火墙。

火灾案例已证明，现场复合压型钢板防火构造墙充当防火墙，在火灾中随着钢柱、钢梁的受热变形，现场复合压型钢板防火构造墙也随之倒塌。这种防火构造墙内存在 30～40m 的通高空腔，在火灾过程中空腔会形成烟囱效应，发生结构性破坏而造成火灾蔓延。

2）现场复合压型钢板防火构造墙不能充当防火墙使用。防火墙应符合 GB 50016—2014 第 6.1.1 条规定“防火墙应直接设置在建筑的基础或框架、梁等承重结构上，框架、梁等承重结构的耐火极限不应低于防火墙的耐火极限”（强制性条文）。实际工程中，现场复合压型钢板防火构造墙没有直接设置在建筑的基础或框架、梁等承重结构上，而是支撑在钢柱外侧的檩托板上。防火墙应直接设置在建筑的基础等承重结构上，如图 4－19 所示。

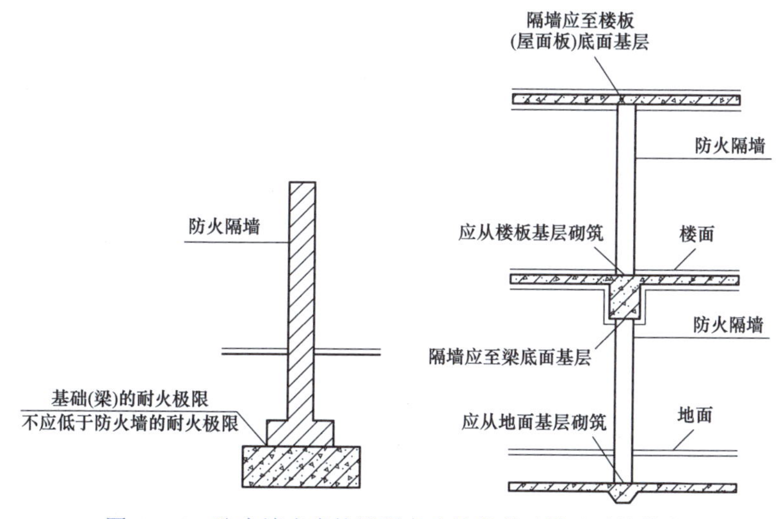

图 4－19　防火墙应直接设置在建筑的基础等承重结构上

依据 GB 55037—2022 第 6.2.1 的条文说明“一、二级耐火等级建筑中的防火隔墙应为不燃性实体结构”，所以工程中的防火墙及防火隔墙应为不燃性的实体墙。

实际工程中，阀厅与主（辅）控制楼、阀厅与户内直流场、甚至阀厅与阀厅之间分区防火墙也采用了“现场复合压型钢板防火构造墙”作为防火墙，这种轻质防火构造墙体是不满足规范的，但可以作为钢柱的防火包裹、钢制排烟道的防火包裹来应用。GB 50016—2006 是允许使用轻质防火墙的，但大量的火灾案例已证明现场复合压型钢板防火构造墙空腔窜烟、倒塌，造成火灾蔓延。因此，GB 50016—2014 取消了轻质防火墙。现场复合压型钢板防火构造墙存在空腔，很难确保防火性能持续有效，如图 4－20 所示。

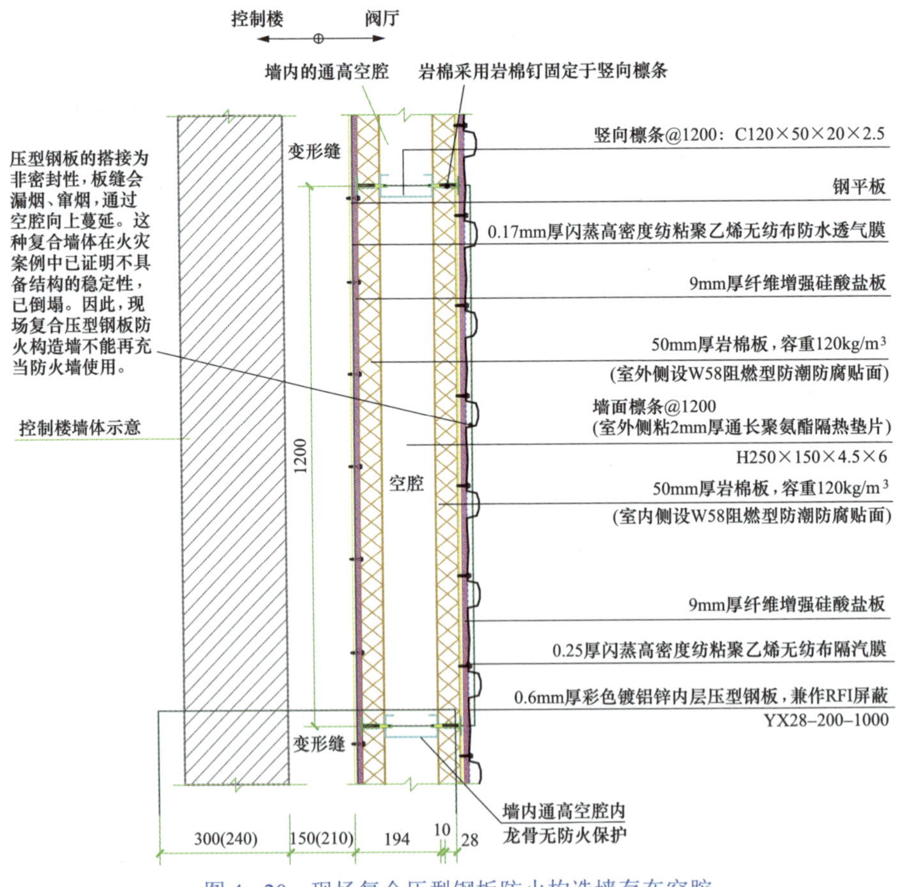

图 4－20　现场复合压型钢板防火构造墙存在空腔

3）联合建筑火灾危险性类别存在不执行规范现象。户内直流场的联合建筑物火灾危险性类别包含了丙类、丁类，依据 GB 50229—2019 的第 11.1.2 条规定“同一建筑物或建筑物的任一防火分区布置有不同火灾危险性的房间时，建筑物或防火分区内的火灾危险性类别应按火灾危险性较大的部分确定，当火灾危险性较大的房间占本层或本防火分区建筑面积的比例小于 5%，且发生火灾事故时不足以蔓延至其他部位或火灾危险性较大的部分采取了有效的防火措施时，可按火灾危险性较小的部分确定”。因此，联合建筑物的火灾危险性类别应按高类别的丙类确定。然而，实际工程中这座联合建筑物既没有按规范要求的“丙类”“二级”去设防，也没有对户内直流场内部火灾危险性较大的部分采取有效的防火分隔措施，户内直流场仅是一个很大的外围护空间，对设备并没做任何防护分隔措施，明显是降低了设防标准，没有执行规范要求。

（三）常规布置结合“一”字形布置的优化方案

吸取特高压换流站“一”字形布置型式，将主控楼单独建造更安全。在常规布置型式基础上把主控楼中的非直接生产关系、控制中心、人员使用主要场所等功能摘出，单独建造一座独立的控制楼；在原主控楼的位置上对应设置两极低端辅控楼背靠背布置。每极阀厅对应 1 座辅控楼，4 座阀厅对应 4 座辅控楼，特高压换流站换流区联合建筑优化布置如图 4－21 所示。优化方案如下：

（1）由于主控楼是全站的消防控制中心及生产运行监控中心，在换流站的重要性不言而喻，因此，吸取“一”字形布置方案的优点，将主控楼单独建造更安全。

（2）将常规布置型式中的主控楼拿掉，改为两极低端阀厅各自独立对应的辅控楼。

（3）每极阀厅对应 1 座辅控楼；4 座阀厅对应 4 座（或 3 座）辅控楼。

（4）由于换流变压器套管伸入阀厅内部增加了阀厅的火灾危险性，因此，阀厅必须为独立的防火分区与所联合的其他组成建筑进行防火分隔。

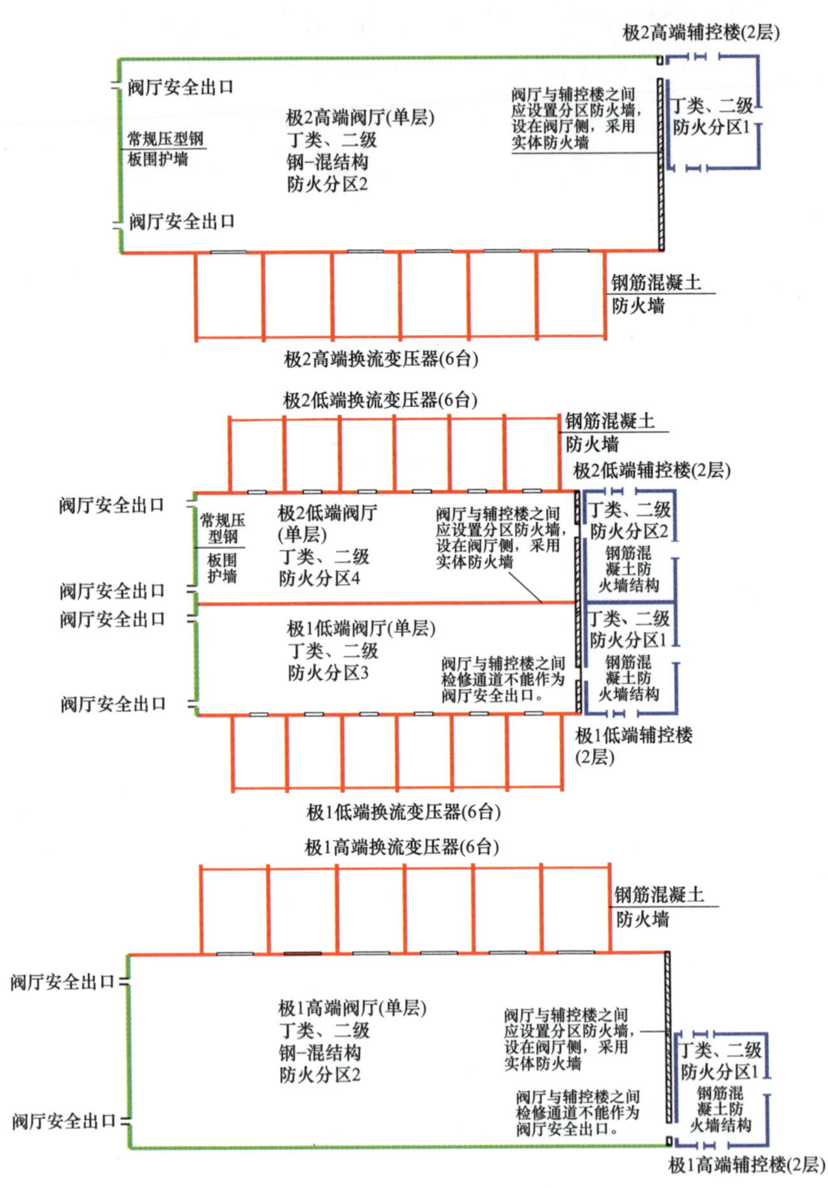

图 4－21　特高压换流站换流区联合建筑优化布置

第二节 换流站防火设计的影响因素

一、换流站防火设计的主要影响因素

（1）变压器爆炸起火是换流站、变电站火灾事故的主要诱因。

（2）换流站换流变压器阀侧套管伸入阀厅，给阀厅带来极大的火灾隐患。

（3）换流变压器阀侧套管穿墙洞口封堵系统是防火设计的关键。

（4）长期以来各地只重视民用建筑的消防审查，对于工业等特殊行业（如电力行业）的消防设计审查不重视，或者是由于特殊行业生产工艺复杂，审查人员欠缺经验，导致一些特殊行业消防设计审查松懈或忽视。很多电网工程已运行多年还没有进行消防设计审查及验收，甚至运行十几年的工程目前才补消防设计审查及验收手续。电网行业的消防设计审查意见在防火设计内容上通常少之又少，仅体现火灾危险性类别及建筑物耐火等级，如“丁类、二级”或“戊类、二级”。这种不重视的状况对建筑防火设计的执行有不利的影响，虽然我国特高压技术领先世界，但是如果消防设计不重视或不到位，一旦发生火灾事故，将会给国家造成重大的经济损失和负面影响，从业者应从频发的火灾事故中警醒，审查意见应针对工程具体问题逐条解惑，对有争议的问题应尽量明确或请专家论证，切不可轻描淡写。

（5）自实行工程建设五方责任主体质量终身责任制、《建设工程消防设计审查验收管理暂行规定》《建设工程消防设计审查验收工作细则》以来，新政策、新形势下的防火设计从各方开始也在逐步提高认识。然而，由于长期以来对防火设计的关注太少，已形成固有的习惯认知，甚至因工期、经济性问题都会影响到防火设计的设防，因此建筑防火设计应强调依规设计及依法设计的重要性。

（6）在防火、消防设计理念上不应将经济性放在首要位置，而应按“以防为主、防消结合”的方针来防止火灾蔓延，将“防”的设计理念贯穿到

工程建设中，应将“防”放在首位，在“防”的前提下选择经济性的方案实施。不能因为经济性原因来降低火灾危险性类别，也不能因为经济性原因而不执行规范。另外，更不能因为工期紧的原因来降低设防标准，切勿因防火设计上的不足而留下遗憾。例如，由于急于带电运行，某工程换流变压器阀侧穿墙套管洞口封堵系统采用的封堵方案并未成熟。工程建设的目的是要保障安全生产和运行，应遵循“以防为主”的原则选择安全可靠的防火措施。

（7）现行规范内容滞后急需修编。GB/T 51200—2016 第 8.2.11 条规定“阀厅墙上开孔封堵应满足围护系统的整体电磁屏蔽、气密、防火、防水、隔热、隔声、防涡流等性能要求”。火灾案例已证明换流变压器爆炸起火，火灾蔓延殃及阀厅，这条需要补充抗爆性能要求，且目前无论是新建工程还是在运换流站封堵加强工程均有防爆措施。

（8）对于工程施工图中防火设计未执行规范的问题相关审查意见只字未提。依规设计是国家工程建设的法律要求，不可擅自决定不执行。设计师应依照国家《中华人民共和国建筑法》《中华人民共和国消防法》以及相关的规程、规范等建设标准进行设计，设计师是相关的国法、规范、标准的执行者，并不是个人行为。设计及审查人员应在思想上高度重视防火设计的重要性，认识“防”的必要性，切勿因为没经历过火灾事故就认为不会发生火灾，切勿主观认为没必要设防就不设防或低于规范设防要求。

二、每组联合建筑物是一座建筑物

（1）两座建筑物毗邻贴建的条件。

1）依据 GB 50016—2014 表 3.4.1 条注 2“除甲类厂房外，两座厂房相邻较高一面外墙为防火墙，其防火间距不限”，见图 4－22（a）。“或相邻两座高度相同的一、二级耐火等级建筑中相邻任一例外墙为防火墙且屋顶的耐火极限不低于 1.00h，其防火间距不限”，见图 4－22（b）。这条要求防火墙上应无门、窗、洞口，两座建筑才可相邻贴建，而且两座建筑应各自独立互不相通，即结构体系、设备体系、消防系统及疏散等均各自独立。两座建筑相邻的墙体也各自独立。

2）依据 GB 50016—2014 表 3.4.1 条注 2 规定“两座丙、丁、戊类厂房相邻两面外墙均为不燃烧墙体，当无外露的可燃物屋檐，每面墙上的门、窗、洞口面积之和不大于外墙面积的 5%，且门窗洞口不正对开设时，其防火间距可按本表规定减少 25%。”

这条说明：如果两座建筑毗邻无防火间距限制，较高侧的外墙应为防火墙，且防火墙上不能开任何洞口。若要开小面积门窗洞口且不正对开设还要拉开距离不能贴邻。所以主控楼与两极低端阀厅联合不符合两座建筑物毗邻贴建的条件。

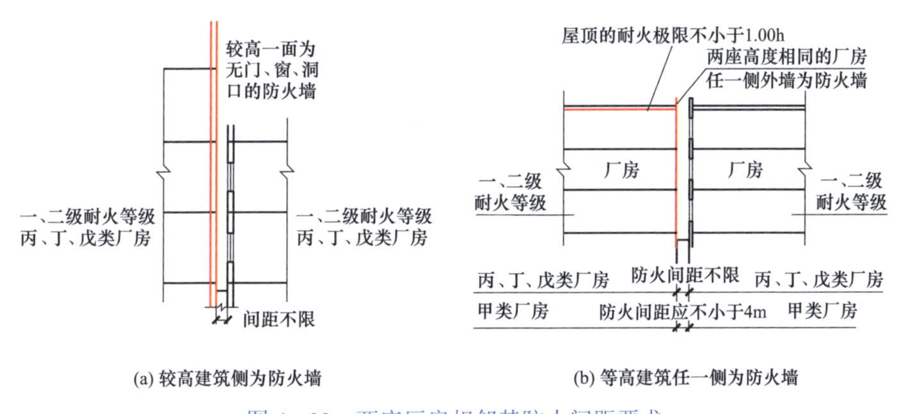

图 4－22　两座厂房相邻其防火间距要求

假设两极低端阀厅与主控楼按两座丁类建筑物相邻的关系，依据 GB 50016—2014 表 3.4.1 条的注 2 规定，如果防火间距不限可以贴邻，那么较高侧的两极低端阀厅外墙应为防火墙且不应开设任何门窗。如果一定要开设不正对的门窗且门窗面积小于外墙面积 5%，那么两极低端阀厅与主控楼就应该拉开距离不能贴邻，而且门、窗、洞不应正对。然而实际工程的两极低端阀厅与主控楼之间由于生产工艺的关系需要开设了正对的门、窗、洞口等。因此，低阀厅与主控楼不能按两座丁类建筑物相邻的关系看待，只能是一座有生产关系的建筑物，是一座建筑或同一建筑，两极低端阀厅与主控楼的联合建筑物是一座建筑，如图 4－23 所示。同样，高端阀厅与辅控楼的联合建筑也是一座建筑或同一建筑，防火分区墙的设置原则也同图 4－23。

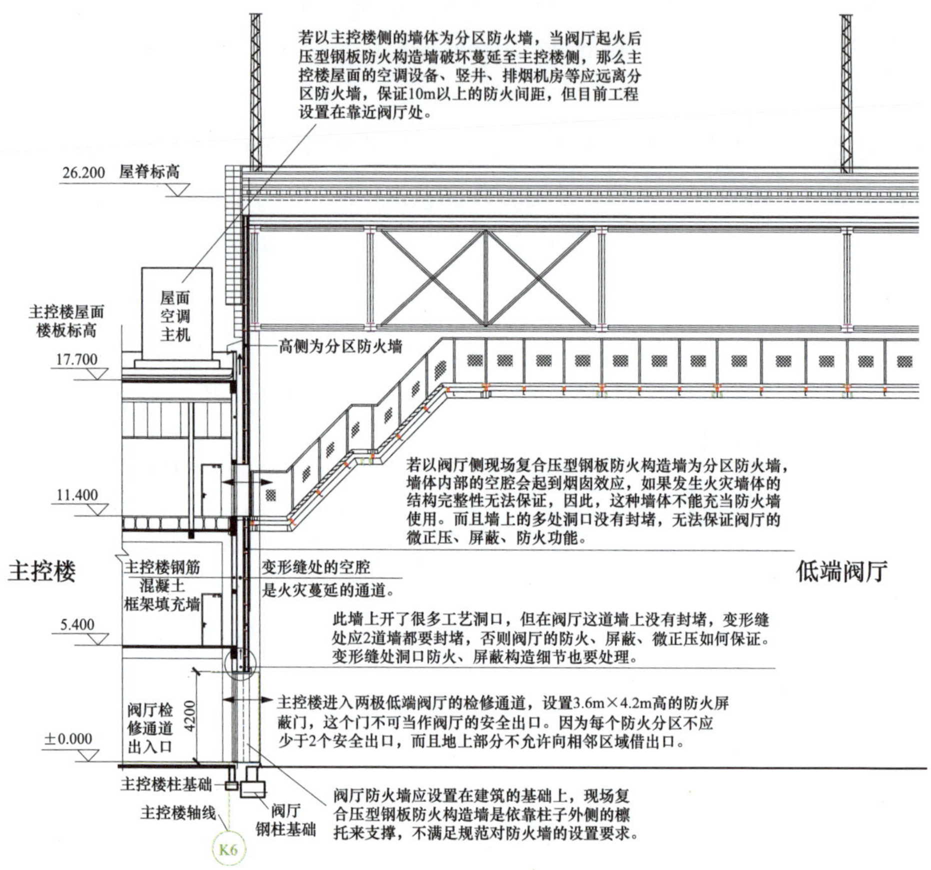

图 4－23　阀厅与主控楼的联合建筑物

3）依据 GB 50016—2014 表 3.4.1 条的注 3 规定“两座一、二级耐火等级的厂房，当相邻较低一面外墙为防火墙且较低一座厂房的屋顶无天窗，屋顶耐火极限不低于 1.00h，丙、丁、戊类厂房之间的防火间距不应小于 4m”（强制性条文）。

这条说明：较低一面外墙为防火墙时就要拉开至少 4m 的间距，不能毗邻贴建。因此，两座厂房较低一面外墙为防火墙时不能毗邻贴建，如图 4－24 所示，同 GB 50016—2014 图示。图中 *L* 间距若按两座单、多层火灾危险性为丁类、耐火等级一、二级的厂房规定，防火间距应不小于 10m。

（2）两座建筑物相邻贴建与同一建筑内不同防火分区的鉴别：

1）当两栋建筑各自独立互不相通时（结构体系、设备体系、消防及疏散亦各自独立），即为两栋贴邻建筑。

a. 两座建筑物相邻处应有两面墙；

b. 两座建筑物相邻处的防火墙上不能开门、窗、洞口；

c. 两座建筑物没有任何关系，各自功能完全独立。

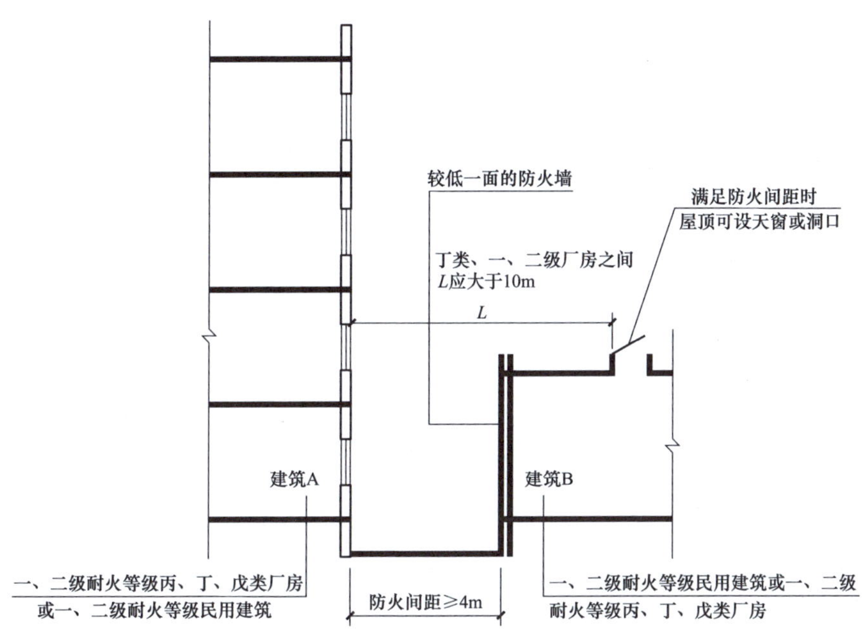

图 4－24　两座厂房较低一面外墙为防火墙时不能毗邻贴建

2）“一座建筑”或“同一建筑”的确定条件如下：

a. 一道防火墙作为分区防火墙，分区之间可共用一道防火墙；

b. 分区防火墙上可以开防火门、窗、洞口；

c. 有相互连通、工艺连续的生产关系。

（3）主控楼与两极低端阀厅的联合建筑是一座建筑物。主控楼与两极低端阀厅联合建筑是三座建筑毗邻，还是同一座建筑物的 3 个不同防火分区，一直以来是设计师所困惑的问题，通过上述的分析，可以明确主控楼与两极低端阀厅联合建筑应该也是一座建筑物。

（4）分区防火墙应采用实体防火墙。目前工程设计中每个工程中联合建筑的分区防火墙均采用的是现场复核压型钢板防火构造墙，GB 50016—2006允许使用轻质防火墙，但 GB 50016—2014 已取消了轻质防火墙，但设计在这么重要的地方没有按规范更新设计做法，一直在延续惯例。所以主、辅控楼与阀厅、阀厅与户内直流场、其户内直流场与空调设备间之间均应采取真正起到阻隔火灾蔓延的防火墙，能落在基础或框架结构上的实体防火墙。主控楼与阀厅分区防火墙的设置见图 4－25。

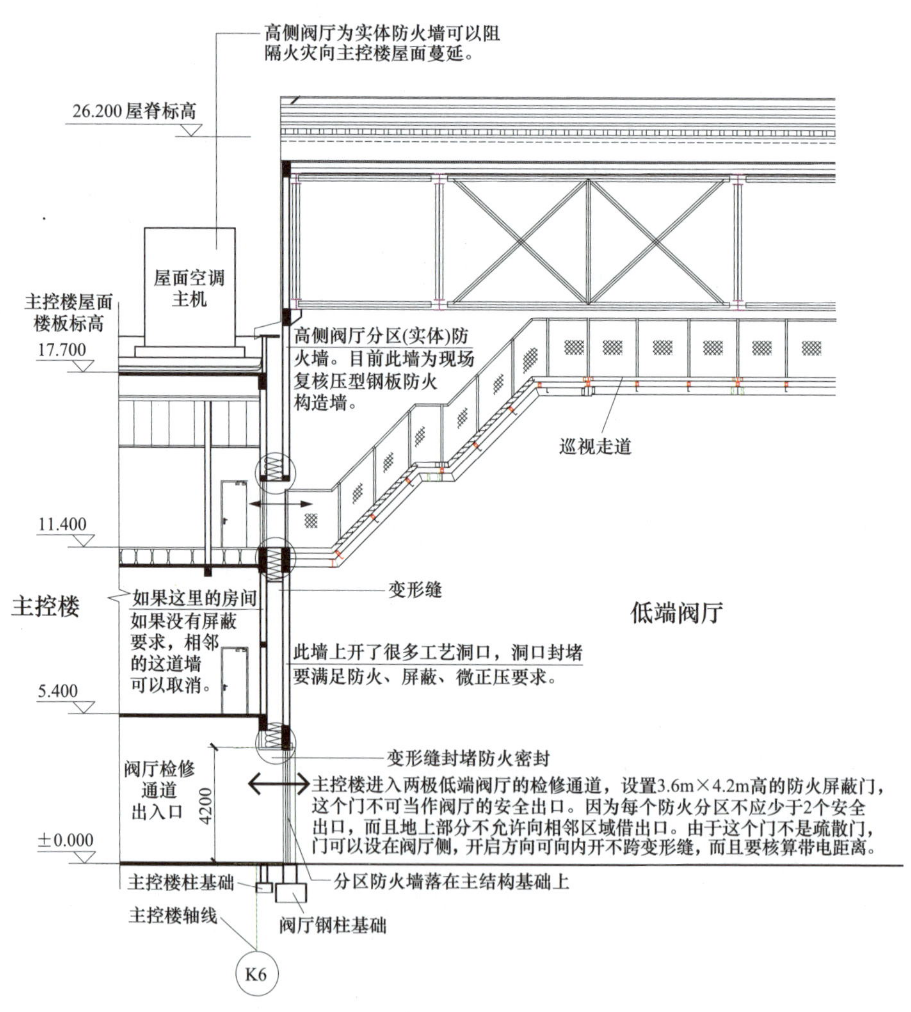

图 4－25　主控楼与阀厅分区防火墙的设置

三、联合建筑物防火分区的划分

（1）单座阀厅应为独立的防火分区。

1）阀厅的火灾危险性类别。依据 GB 50229—2019 中的表 11.1.1 建（构）筑物的火灾危险性分类及其耐火等级规定，阀厅火灾危险性类别“丁类”、耐火等级“二级”。在条文解释中并没有体现出换流变压器的阀侧套管伸入阀厅所带来的火灾危险性。

依据《电力工程设计手册》换流站设计分册的第 364 页，阀厅火灾危险性的确定分析是“阀厅内的换流阀由合成材料和非导电体组成，长期运行于高电压和大电流下，若元部件故障或电气连接不良，会产生电弧并有可能引起火灾事故。鉴于阀厅生产过程采用不燃烧或难燃烧物质，若换流站等电气设备发生故障，有引发火灾事故的可能性，根据 GB 50016—2014 对生产的火灾危险性分类，以及 GB/T 50789—2012《±800kV 直流换流站设计规程》、DL/T 5459—2012《换流站建筑结构设计技术规程》对换流站建筑物火灾危险性的分类，阀厅的火灾危险性为丁类”。显然，丁类的划分并没有考虑阀厅内换流变压器套管穿进阀厅室内所带来的火灾危险性。

虽然规范规定了阀厅的火灾危险性类别为“丁类”，但是火灾危险性类别并不是固定不变的。建筑火灾危险性类别会随组成建筑物的不同防火分区的火灾危险性类别而变化。例如，某座 220kV 户内换流站其中含 4 个阀厅、4 台换流变压器室等，每台户内换流变压器含油 123t，建筑高约 50m，这是座独栋高层户内换流站，其火灾危险性类别应为丙类，那么阀厅的火灾危险性就是丙类，因此，建筑火灾危险性类别会随建筑布置、功能的组成而变化的。

2）阀厅具有极高的火灾隐患。

a. 换流变压器阀侧套管伸入阀厅，会增加阀厅的火灾危险性。火灾案例已证明换流变压器爆炸起火造成换流变压器阀侧穿墙套管防火封堵系统破坏，从而导致阀厅火灾蔓延。规范规定阀厅火灾危险性类别为丁类并不全面，对于阀厅是否存在换流变压器阀侧套管伸入阀厅的情况，应区别对待火灾危险性类别。实际火灾危险性是与阀侧套管是否进入阀厅有很大的关系，换流变压器阀侧套管伸入阀厅，削弱了阀厅防火墙的完整性，换流变压器阀侧套管洞口封堵系统成为防火设计的薄弱点，显然，无换流变压器阀侧套管伸入阀厅，其火灾危险性要小于有换流变压器阀侧套管伸入阀厅的情况。例如，常规柔直换流站的换流变压器与阀厅是脱开布置的，并没有换流变压器套管伸入阀厅室内，所以无换流变压器套管伸入阀厅的安全性要高于有换流变压器套管伸入阀厅的状况，但规范并没有区别对待。阀厅最危险的布置方式是户内换流变压器套管与阀厅相连的整栋户内换流站，其次是户外换流变压器套管伸入阀厅室内的换流站，再其次就是无换流变压器套管伸入阀厅的换流站。所以规定阀厅火灾危险性等级时区别对待不同的布置方式。

b. 阀厅换流变压器阀侧防火墙上开洞削弱防火墙性能。依据 GB 50016—2014 第 6.1.5 条规定“防火墙上不应开设门、窗、洞口，确需开设时，应设置不可开启或火灾时能自动关闭的甲级防火门、窗。可燃气体和甲、乙、丙类液体的管道严禁穿过防火墙。防火墙内不应设置排气道”（强制性条文）。

换流变压器阀侧套管伸入阀厅，换流变压器阀侧套管是充油的套管，属于丙类液体的管道，按此条规定应该是严禁。然而，这种特殊危险的生产工艺给阀厅带来了极高的火灾危险性。即便是阀侧套管改为干式或充气套管也只能是降低火灾蔓延的概率，但是阀侧套管防火封堵的可靠性并不仅仅只解决套管是否有油引起火灾的蔓延，还应该考虑换流变压器燃爆的爆炸力及耐火防火及密烟性，封堵系统的结构完整性能若达到完整防火墙之功能才会行之有效。

c. 依据 GB 50229—2019 第 11.2.1 条规定“生产建筑物与油浸变压器或可燃介质电容器的间距不满足 11.1.5 条的第 1 款要求时，应符合下列规定：

当建筑物与油浸变压器或可燃介质电容器等电气设备间距小于 5m 时，在设备外轮廓投影范围外侧各 3m 内的建筑物外墙上不应设置门、窗、洞口和通风孔，且该区域外墙应为防火墙”。然而，特高压的特殊生产工艺不仅需要开洞，而且洞口尺寸很大，一般洞口面积约占阀厅防火墙换流变压器间隔内面积的 1/3～1/7 左右，防火墙上开洞极大地削弱了防火墙的性能，给阀厅带来极高的火灾危险性。

3）单座阀厅应为独立的防火分区。

a. 依据《电力工程设计手册》换流站设计分册的第 365 页，防火分区的描述“依据 GB 50016—2014 对不同火灾危险性、不同耐火等级厂房的层数和每个防火分区最大允许建筑面积的规定，作为火灾危险性为丁类、耐火等级二级的单层厂房，每栋阀厅的最大允许建筑面积不限。从阀厅工艺布置、运行与维护角度考虑，通常 1 栋阀厅布置 1 个换流器单元，宜将 1 栋阀厅（1 个换流器单元）作为 1 个独立的防火分区”。

由于换流站有换流变压器阀侧套管伸入阀厅，因此单极单座阀厅应为独立的防火分区，以防止对相邻区域的蔓延。

b. 依据 GB 50016—2014 第 1.0.4 条规定“同一建筑内设置多种使用功能场所时，不同使用功能场所之间应进行防火分隔，该建筑及其各功能场所的防火设计应根据本规范的相关规定确定”。因此，单座阀厅应为独立的防火分区。

（2）联合建筑物防火分区的划分。

1）依据 GB 50229—2019 中的表 11.1.1 规定：主控楼、阀厅火灾危险性为丁类、耐火等级为二级。

2）依据 GB 50016—2014 的表 3.3.1 规定：丁类、一、二级耐火等级的单多层建筑其防火分区建筑面积不限。厂房的层数和每个防火分区的最大允许建筑面积见表 4-3。

表 4-3　　厂房的层数和每个防火分区的最大允许建筑面积

生产的火灾危险性类别	厂房的耐火等级	最多允许的层数	每个防火分区的最大允许建筑面积（m^2）			
			单层厂房	多层厂房	高层厂房	地下或半地下厂房（包括地下或半地下室）
丙	一级	不限	不限	6000	3000	500
	二级	不限	8000	4000	2000	500
	三级	2	3000	2000	—	—
丁	一、二级	不限	不限	不限	4000	1000
	三级	3	4000	2000	—	—
	四级	1	1000	—	—	—

3）由于单座阀厅为独立的防火分区，虽然丁类、二级耐火等级的厂房防火分区面积没有限制，但组成联合建筑物的阀厅由于火灾隐患大，应与其他组成部分采用防火墙进行防火分隔。因此，主控楼与两极低端阀厅组成的联合建筑作为一座建筑物，应划分为三个防火分区，即两极低端阀厅各自为独立的防火分区，均与主控楼进行防火分隔。常规布置换流站主控楼与两极低端

阀厅联合建筑物防火分区划分见图 4－18。

在工程设计中很多设计师常常误认为既然“丁类”火灾危险性等级的“一、二级”耐火等级的阀厅最大允许防火分区面积不限，那么是不是主控楼联合两极低端阀厅组成的联合建筑物就可以是 1 个防火分区呢？这是不可以的！由于主控楼、两极低端阀厅各自功能不同，所以根据功能应各自独立为一个防火区域，不能因为其中一个阀厅发生火灾蔓延到主控楼、蔓延到相邻的另一个阀厅，而且主控楼还是全站的生产控制中心，也是消防控制中心。所以，应根据功能的重要性、火灾的危险性对联合建筑合理地划分防火分区。

同样道理，由于单座阀厅为独立的防火分区，辅控楼与高端阀厅之间应采用防火墙进行防火分隔，辅控楼与高端阀厅组成的联合建筑物划分为两个防火分区，见图 4－17。如果再联合户内直流场，高端阀厅与辅控楼之间、高端阀厅与户内直流场之间都应采用防火墙进行防火分隔，那么辅控楼、高端阀厅、户内直流场组成的联合建筑需要划分为三个防火分区，见图 4－16。

主控楼与两极低端阀厅联合鸟瞰图如图 4－26 所示。

图 4－26　主控楼与两极低端阀厅联合鸟瞰图

四、换流站联合建筑物不是高层建筑

（1）依据 GB 50016—2014 第 2.1.1 条规定“高层建筑：建筑高度大于 24m 的非单层厂房、仓库和其他民用建筑”。

（2）依据 GB 50016—2014 第 5.1.1 条文说明第 3 款规定“建筑高度大于 24m 的单层公共建筑，在实际工程中情况往往比较复杂，可能存在单层和多层组合建造的情况，难以确定是按单、多层建筑还是高层建筑进行防火设计。在防火设计时要根据建筑各使用功能的层数和建筑高度综合确定”。

（3）依据 GB 50016—2014 中的 5.1.1 图示 8、9，对于有些单层建筑，如体育馆、高大的单层厂房等，由于具有相对方便的疏散和扑救条件，虽建筑高度大于 24m，仍不划分为高层建筑，图 4－27 这种联合建筑主要取决于单多层辅助部分的高度是否大于 24m。因此，主、辅控楼与阀厅及户内直流场联合建筑物为一座多层工业建筑，而不是高层厂房。换流站联合建筑物是多层建筑物，如图 4－27 所示。主控楼与阀厅联合建筑剖面图如图 4－28 所示。

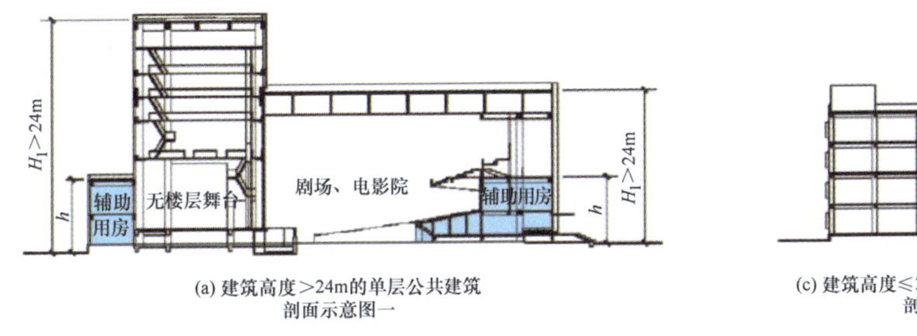

(a) 建筑高度＞24m的单层公共建筑剖面示意图一

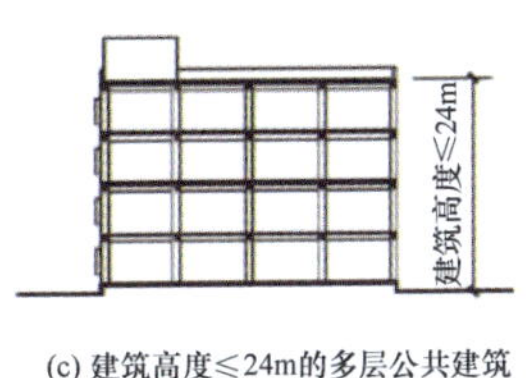

(c) 建筑高度≤24m的多层公共建筑剖面示意图

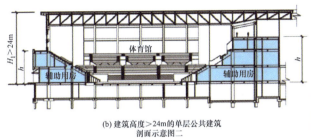

(b) 建筑高度＞24m的单层公共建筑剖面示意图二

注：h为辅助用房顶板到室外设计地面的高度。当h≤24m时，整体建筑按单、多层建筑进行防火设计；当h＞24m时，整体建筑按高层建筑进行防火设计。

图 4－27　换流站联合建筑物是多层建筑物

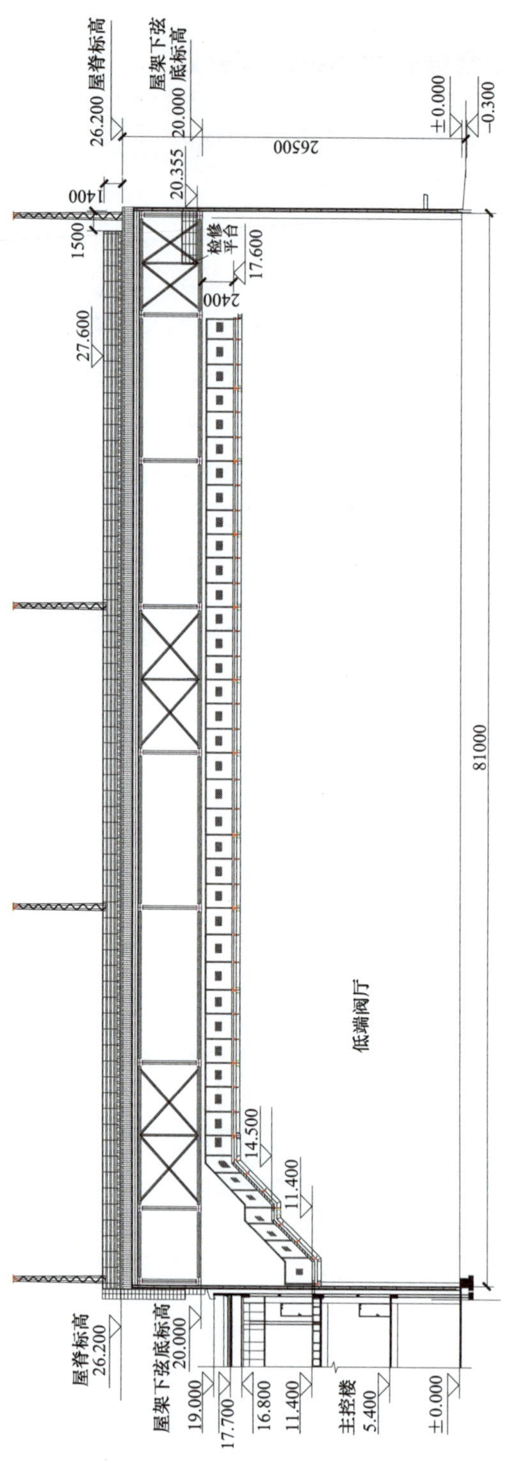

图 4－28 主控楼与阀厅联合建筑剖面图

第三节 主控楼防火设计案例分析

一、案例分析 1

依托国家电网特高压五直工程标准化建筑设计方案，主控楼为 3 层钢筋混凝土框架结构，建筑面积约 4400m^2，建筑高度约 17m。一层层高 5.4m，二层层高 6m，三层层高 5.4m，主控楼为钢筋混凝土框架结构。

施工图设计说明应有防火设计章节内容，建筑防火设计应在整套施工图设计说明中体现建筑防火设计相关内容，仅有火灾危险性等级丁类、耐火等级二级是远远不够的，还应包含建筑面积、高度、防火分区、建筑物类别（工业建筑或民用建筑）、安全出口、防火分隔（墙体、楼板及屋面）、防火封堵（洞口、缝隙、墙面、楼面、屋面、变形缝）、装修等相关内容。依据《施工图内容深度》及《建设工程消防设计审查验收管理暂行规定》相关内容执行。

（1）主控楼火灾危险性等级。依据 GB 50229—2019 中的表 11.1.1 建（构）筑物的火灾危险性分类及其耐火等级规定，主控楼、阀厅火灾危险性类别均为“丁类”、耐火等级“二级”。

（2）主控楼与两极低端阀厅组成的联合建筑物为同一建筑物。

（3）阀厅为独立的防火分区，阀厅与相邻区域之间应进行防火分隔。

（4）依据 GB 50016—2014 中的 5.1.1 图示 8、9 的规定，主控楼与两极低端阀厅组成的联合建筑物，当阀厅高度大于 24m 而主控楼高度小于 24m 时，主控楼与两极低端阀厅组成的联合建筑物应按多层建筑进行防火设计。

（5）常规特高压换流站主控楼一层平面图见图 4－29。

1）防火分区：由于主控楼建筑的门厅一、二层通高，所以主控楼一、二层面积叠加后为 1 个防火分区，而三层为 1 个防火分区。

2）依据 GB 50016—2014 的第 3.7.2 条规定“厂房内每个防火分区或一个防火分区内的每个楼层，其安全出口的数量应经计算确定，且不应少于 2 个”规定，主控楼一层中庭对外大门及楼梯二出口，共设置了 2 个对外安全出口。

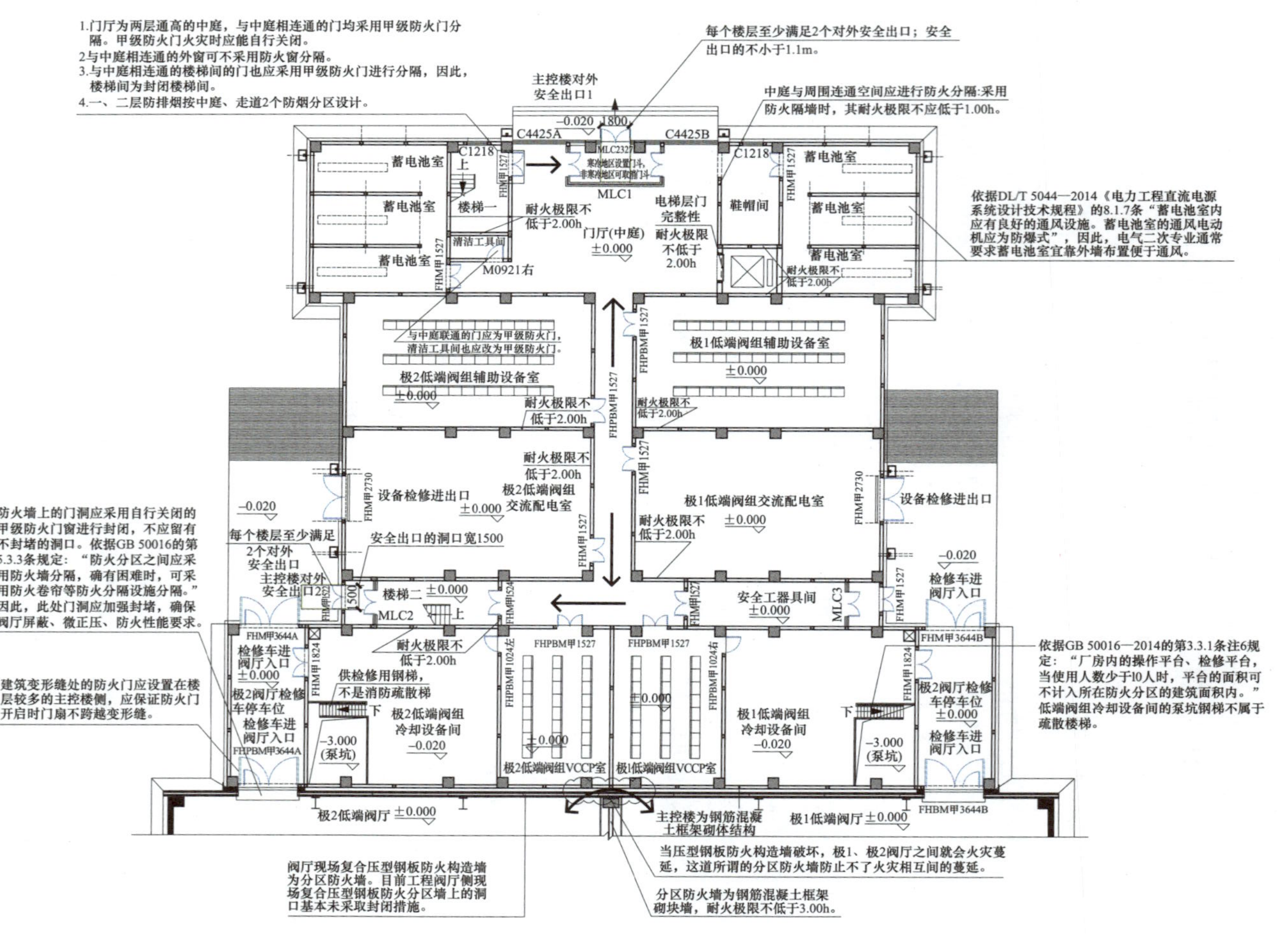

图 4－29　常规特高压换流站主控楼一层平面图

3）依据 GB 55037—2022 第 7.1.5 条规定“疏散通道、疏散走道、疏散出口的净高度均不应小于 2.1m”。通常建筑施工图中的门窗尺寸均为洞口尺寸，如果选择 2.1m 高的门，去掉框料尺寸，其净高度是不满足要求的，所以在设计中应满足可开启扇的净尺寸。

4）两极低端阀厅靠主控楼侧各设置 1 个进入阀厅的运输检修通道，不作为阀厅人员安全疏散出口。常看到有将阀厅开向主控楼的检修通道门作为单极阀厅 2 个安全出口中的一个出口，这是不对的。

依据 GB 50016—2014 第 3.7.2 条规定“厂房内每个防火分区或一个防火分区内的每个楼层，其安全出口的数量不应少于 2 个”。单极阀厅防火分区应设置 2 个安全出口，且这 2 个安全出口不能利用分区防火墙上开甲级防火门作为第 2 安全出口，也不能将运行检修通道的大门作为阀厅的安全出口。因为对于工业厂房，规范只允许在地下层防火分区的墙上开甲级门作为第 2 安全出口，但地上层不允许借用安全出口。

5）依据 GB 55037—2022 第 6.3.1 条规定“电梯井应独立设置，电梯井内不应敷设或穿过可燃气体或甲、乙、丙类液体管道及与电梯运行无关的电线或电缆等。电梯层门的耐火完整性不应低于 2.00h”。这相较于 GB 50016—2014 第 6.2.9 条第 5 款电梯层门的耐火极限不应低于 1.00h 的规定，电梯层门在完整性方面提高 1.00h。

6）依据 DL/T 5044—2014《电力工程直流电源系统设计技术规程》的第 8.1.7 条：“蓄电池室内应有良好的通风设施。蓄电池室的通风电动机应为防爆式”及第 8.1.6 条：“蓄电池室走廊墙面不宜开设通风百叶窗或玻璃采光窗”，因此电气二次专业通常要求蓄电池室宜靠外墙布置便于通风。

7）依据 GB 50016—2014 第 5.3.2 条第 1 款规定“建筑内设置中庭时，其防火分区的建筑面积应按上、下层相连通的建筑面积叠加计算。中庭与周围连通空间应进行防火分隔，与中庭相连通的门、窗，应采用火灾时能自行关闭的甲级防火门、窗”。因此，主控楼一层与中庭空间联通的门厅、走道上的门应为能自行关闭的甲级防火门。由于楼梯间与中庭空间连通，因此应设置封闭楼梯间与中庭分隔，楼梯间隔墙上的门应为能自行关闭的甲级防火门。

8）依据 GB 50016—2014 第 3.7.5 条规定“厂房内疏散楼梯、走道、门的各自总净宽度，应根据疏散人数按每 100 人的最小疏散净宽度不小于表 3.7.5

的规定计算确定。但疏散楼梯的最小净宽度不宜小于 1.10m，疏散走道的最小净宽度不宜小于 1.40m，门的最小净宽度不宜小于 0.90m。首层外门的总净宽度应按该层及以上疏散人数最多一层的疏散人数计算，且该门的最小净宽度不应小于 1.20m”。换流站主控楼的运行人员少于 100 人，2 个安全出口门的净宽度分别为 1800、1500mm，满足规范要求。

9）依据 GB 50016—2014 第 6.1.1 条规定“防火墙应直接设置在建筑的基础或框架、梁等承重结构上，框架、梁等承重结构的耐火极限不应低于防火墙的耐火极限”（强制性条文）。以及第 6.2.4 条“建筑内的防火隔墙应从楼地面基层隔断至梁、楼板或屋面板的底面基层”。设计所选用的现场复合压型钢板防火构造墙依托在钢柱外侧附加的檩托上，整道墙体的受力都由檩托支撑，并没有从上到下落在基础上。依据 GB 55037—2022 的第 6.2.1 条的条文说明，防火墙或防火隔墙应采用实体墙。所以，阀厅侧现场复合压型钢板防火构造墙建议改为实体防火墙才能真正起到阻火、隔火、防火、防蔓延的作用。

10）依据 GB 50016—2014 表 3.2.1 规定，相应建筑构件的燃烧性能和耐火极限应进行防火设防。例如，楼梯间和电梯井的墙、疏散走道两侧的隔墙、中庭连通空间的隔墙、配电室、蓄电池室等防火重要部位的墙体防蔓延及耐火极限要求。

如果以较低侧主控楼钢筋混凝土框架砌筑墙作为分区防火墙，那么分区防火墙上的梁、柱、墙均应满足 3h 耐火极限要求，且墙上洞口封堵均满足 3h 耐火极限、门窗为甲级防火门等要求，而且还应与阀厅侧的现场复合压型钢板防火构造墙拉开一定的安全间距。由于这道墙的高度低于阀厅高度，当阀厅发生火灾时会蔓延至屋顶空调主机及排烟机房，这里要考虑安全距离，目前的工程是没有考虑这个因素，屋顶空调主机及排烟机房距阀厅很近。

如果以阀厅相邻主控楼侧的现场复合压型钢板防火构造墙作为分区防火墙，那么这道墙不满足防火墙要求，而且这道墙上的很多洞口都没有封堵，这道墙既不满足防火要求，也不满足屏蔽及微正压要求。

11）依据 GB 50016—2014 表 3.3.1 中注 6 规定“厂房内的操作平台、检修平台，当使用人数少于 10 人时，平台的面积可不计入所在防火分区的建筑面积内”。极 1/极 2 低端阀组冷却设备间的泵坑钢梯不属于疏散楼梯。

（6）常规特高压换流站主控楼二层平面图见图 4－30。

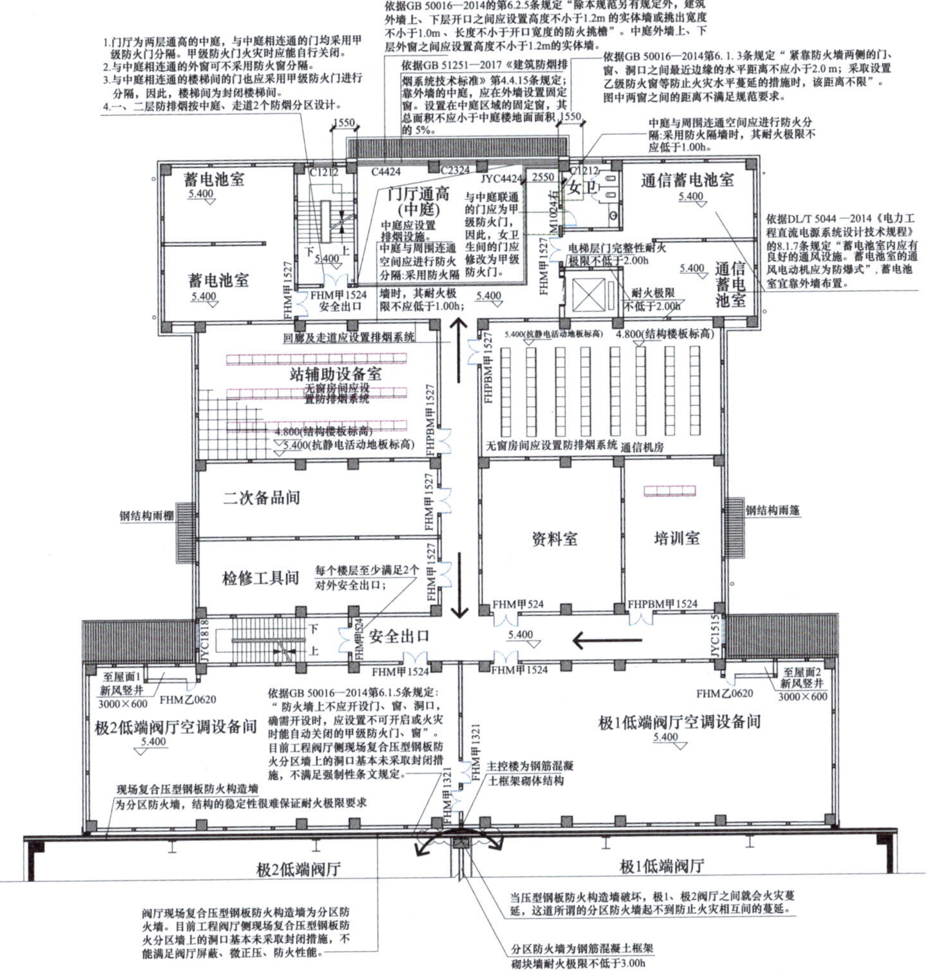

图 4-30　常规特高压换流站主控楼二层平面图

1）依据 GB 50016—2014 第 3.7.2 条规定“厂房内每个防火分区或一个防火分区内的每个楼层，其安全出口的数量应经计算确定，且不应少于 2 个”。主控楼二层设置了楼梯一、楼梯二两部封闭楼梯间作为本层的 2 个安全出口，满足强制性条文规定。

2）依据 GB 50016—2014 的 5.3.2 条规定“建筑内设置中庭时，其防火分区的建筑面积应按上、下层相连通的建筑面积叠加计算。中庭与周围连通空间应进行防火分隔，与中庭相连通的门、窗，应采用火灾时能自行关闭的甲级防火门、窗”。楼梯一为敞开楼梯间与中庭连通，因此楼梯间应为封闭楼梯间并开设能自行关闭的甲级防火门。其余疏散廊道上的门也为甲级防火门，如：卫生间、培训室、资料室的门也应改为甲级防火门。

3）依据 GB 50016—2014 第 6.2.5 条规定“除本规范另有规定外，建筑外墙上、下层开口之间应设置高度不小于 1.2m 的实体墙或挑出宽度不小于 1.0m、长度不小于开口宽度的防火挑檐”。中庭外墙上、下层外窗之间应设置高度不小于 1.2m 的实体墙。

4）依据 GB 51251—2017《建筑防烟排烟系统技术标准》第 4.4.15 条规定“靠外墙的中庭，应在外墙设置固定窗。设置在中庭区域的固定窗，其总面积不应小于中庭楼地面面积的 5%”。中庭外墙固定窗的设计应在建筑立面设计体现。

5）依据 GB 50016—2014 第 6.1.3 条规定“紧靠防火墙两侧的门、窗、洞口之间最近边缘的水平距离不应小于 2.0m；采取设置乙级防火窗等防止火灾水平蔓延的措施时，该距离不限”。图 4－30 中两窗之间的距离不满足规范要求。

（7）常规特高压换流站主控楼三层平面图（见图 4－31）。

1）依据 GB 50016—2014 第 3.7.2 条规定“厂房内每个防火分区或一个防火分区内的每个楼层，其安全出口的数量应经计算确定，且不应少于 2 个”。图 4－31 所示为主控楼三层平面布置 2 部楼梯，满足规范规定。

2）依据 GB 50016—2014 第 5.3.3 条规定“防火分区之间应采用防火墙分隔”及第 1.0.4 条“同一建筑内设置多种使用功能场所时，不同使用功能场所之间应进行防火分隔，该建筑及其各功能场所的防火设计应根据本规范的相关规定确定”。由于主控楼与阀厅之间有连续的生产工艺关系，主控楼与阀厅应为同一建筑物。因此，主控楼与阀厅之间应设置分区防火墙，耐火极限不低于 3.00h。目前这座联合建筑的分区防火墙位置不明确，无论是主控楼侧还是阀厅侧来作为分区防火墙，都没有完全满足规范要求。

3）依据 GB 50016—2014 的第 6.1.5 条规定“防火墙上不应开设门、窗、洞口，确需开设时，应设置不可开启或火灾时能自动关闭的甲级防火门、窗”（强制性条文）。实际工程中阀厅靠主控楼侧的压型钢板防火构造分区防火墙上的门、窗及洞口没有任何防护措施，这道墙上留有很多洞口，既不满足防火，又不满足屏蔽及微正压要求。

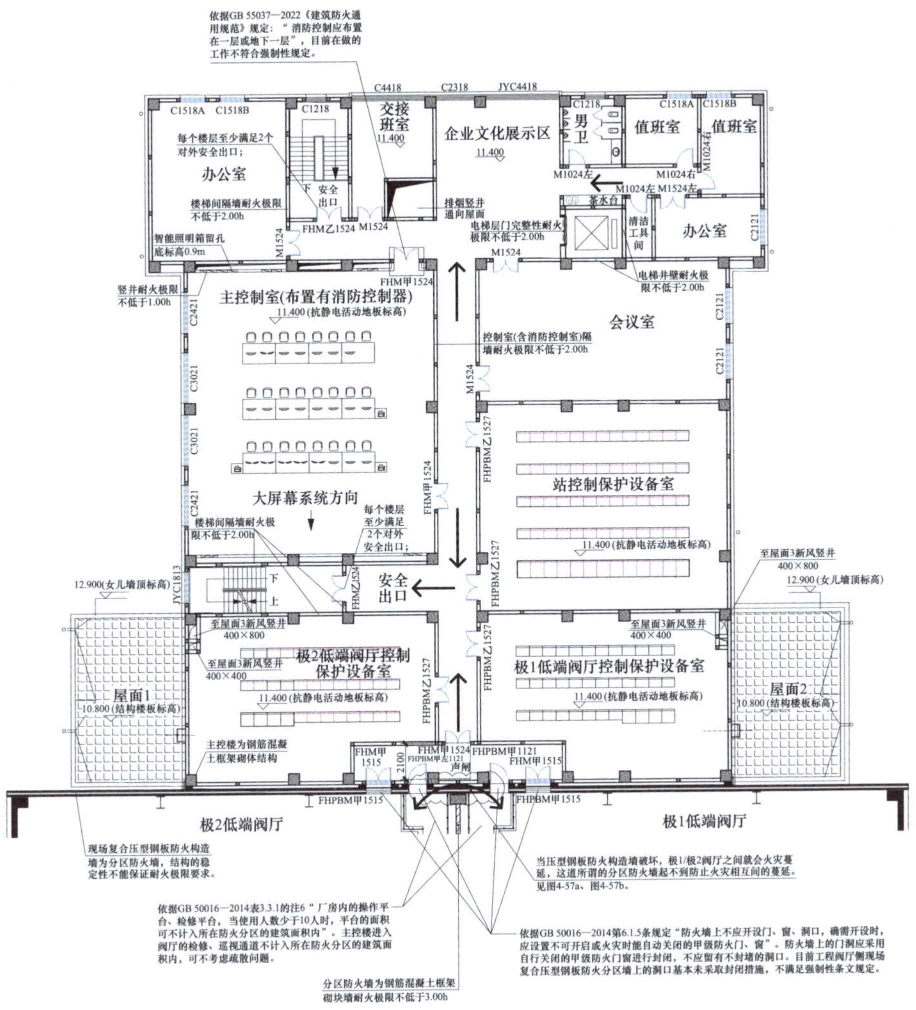

图 4－31　常规特高压换流站主控楼三层平面图

4）依据 GB 50016—2014 第 8.1.7 条规定“附设在建筑内的消防控制室，宜设置在建筑的首层或地下一层，并宜布置在靠外墙的部位。疏散门应直通室外或安全出口”。而 GB 50229—2019 第 11.5.28 条规定“有人值班的变电站火灾报警控制器应设在主控室内”。因此，以往的过程中，主控室与消防控制室允许合并。依据 GB 55037—2022 第 4.1.8 条第 3 款规定“消防控制室应位于建筑的首层或地下一层，疏散门应直通室外或安全出口”，在这本规范的前言部分关于规范的实施要求为：“在满足强制性工程建设规范规定的项目功能、性能要求和关键技术措施的前提下，可合理选用相关团体标准、企业标准，使项目功能、性能更加优化或达到更高水平。”“强制性工程建设规范实施后，现行相关工程建设国家标准、行业标准中的强制性条文同时废止。”因此，自 2023 年 6 月 1 日起，消防控制室的设计应位于建筑的首层或地下一层，疏散门应直通室外或安全出口。目前这条要求在工程中没有达到。

5）依据 GB 50016—2014 表 3.3.1 中注 6“厂房内的操作平台、检修平台，当使用人数少于 10 人时，平台的面积可不计入所在防火分区的建筑面积内”。主控楼进入阀厅的检修、巡视通道不计入所在防火分区的建筑面积内，可不考虑检修、巡视通道的疏散问题。

6）依据 GB 50016—2014 第 6.5.1 条第 5 款规定“防火门设置在变形缝附近时，防火门应设置在楼层较多的一侧，并应保证防火门开启时门扇不跨越变形缝”。两极低端阀厅与主控楼分区防火墙上的防火门、窗应设在楼层多的主控楼一侧，以防止变形缝处火灾蔓延，从而保障防火分区各自的独立性。

7）依据 GB 51251—2017《建筑防烟排烟系统技术标准》的第 3.2.1 条规定“采用自然通风方式的封闭楼梯间、防烟楼梯间，应在最高部位设置面积不小于 1.0m^2 的可开启外窗或开口；当建筑高度大于 10m 时，尚应在楼梯间的外墙上每 5 层内设置总面积不小于 2.0m^2 的可开启外窗或开口，且布置间隔不大于 3 层”（强制性条文）。第 3.2.4 条规定“可开启外窗应方便直接开启，设置在高处不便于直接开启的可开启外窗应在距地面高度为 1.3～1.5m 的位置设置手动开启装置”。在楼梯间顶层钢筋混凝土框架梁下设置可开启外窗。

8）依据 GB 55037—2022 第 2.2.3 条规定

“1. 沿外墙的每个防火分区在对应消防救援操作面范围内设置的消防救援口不应少于 2 个；

2. 无外窗的建筑应每层设置消防救援口，有外窗的建筑应自第三层起每层设置消防救援口；

3. 消防救援口的净高度和净宽度均不应小于 1.0m，当利用门时，净宽度不应小于 0.8m；

4. 消防救援口应易于从室内和室外打开或破拆，采用玻璃窗时，应选用安全玻璃；

5. 消防救援口应设置可在室内和室外识别的永久性明显标志”。主控楼在本层设置 2 个消防救援窗，在靠外墙的走道、公共卫生间等位置设置。

（8）常规特高压换流站主控楼屋面层平面见图 4－32。

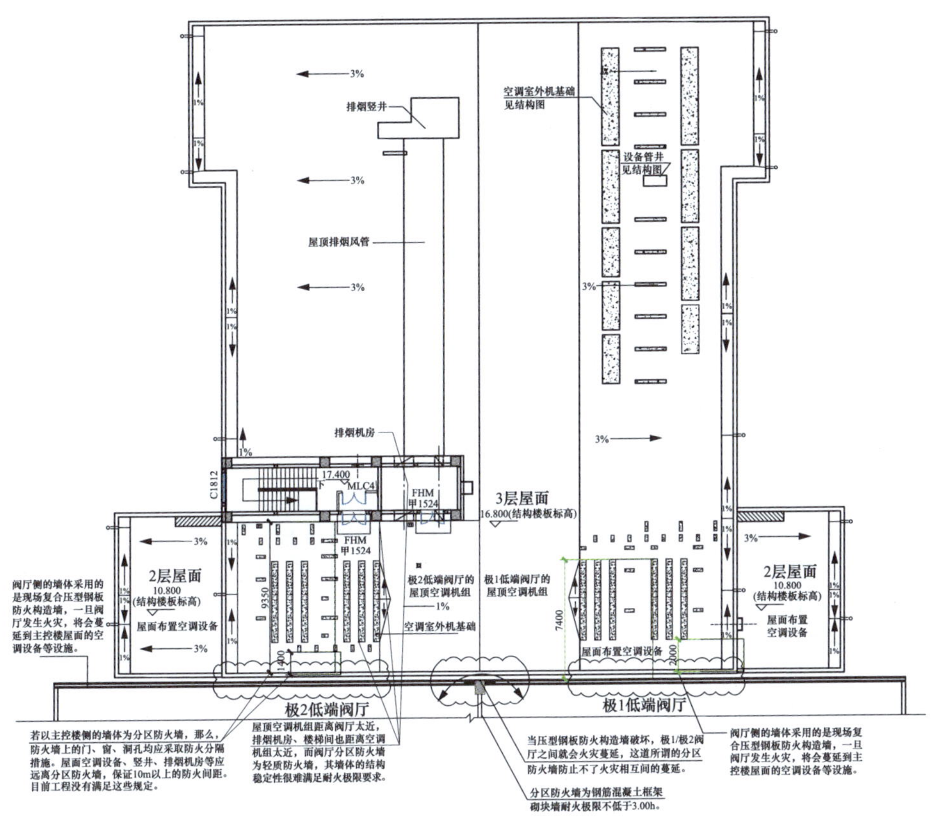

图 4－32　常规特高压换流站主控楼屋面层平面

1）依据 GB 50016—2014 第 6.3.7 条规定“建筑屋顶上的开口与邻近建筑或设施之间，应采取防止火灾蔓延的措施”。屋顶出屋面楼梯间、排烟机房、空调设备主机离两极低端阀厅山墙太近，而阀厅山墙则采用的是现场复合压型钢板防火构造墙，一旦发生火灾，这道防火构造墙将会倒塌并通过屋顶上的开口部位蔓延殃及主控楼。

假设阀厅靠主控楼一侧的山墙为防火墙，而现场复合压型钢板防火构造墙起不到阻止火灾蔓延的作用，所以应采用实体墙作为防火墙。主控楼屋面设施离阀厅太近，如图 4－33 所示，主控楼屋面排烟机房离阀厅太近，如图 4－34 所示。

主控楼层面空调主机离阀厅分区防火墙太近，现
场复合压型钢板防火构造墙倒塌会蔓延到主控楼。

图 4－33　主控楼屋面设施离阀厅太近

图 4－34　主控楼屋面排烟机房离阀厅太近

依据 GB 50016—2014 表 3.4.1 中一、二级丙丁类厂房之间应满足 10m 的防火间距的规定，假设控制楼和阀厅之间的防火墙设置在控制楼一侧，当阀厅发生火灾，那么控制楼屋面的空调主设备及排烟机房应远离阀厅，才能防止阀厅火灾蔓延至主控楼。目前已建换流站控制楼屋面设备与阀厅间距没有满足 10m 的规定。假设分区防火墙在阀厅侧，依据 GB 50016—2014 第 6.1.5 条规定“防火墙上不应开设门、窗、洞口，确需开设时，应设置不可开启或火灾时能自动关闭的甲级防火门、窗”（强制性条文）。实际工程中控制楼侧墙体上的门、窗等洞口均未做任何封堵或防护措施。

2）依据 GB 50016—2014 第 6.3.4 条规定“变形缝内的填充材料和变形缝的构造基层应采用不燃材料”。控制楼与阀厅之间变形缝构造应密封、防火、防水。控制楼山墙顶部与阀厅交界处节点详图如图 4－35 所示。

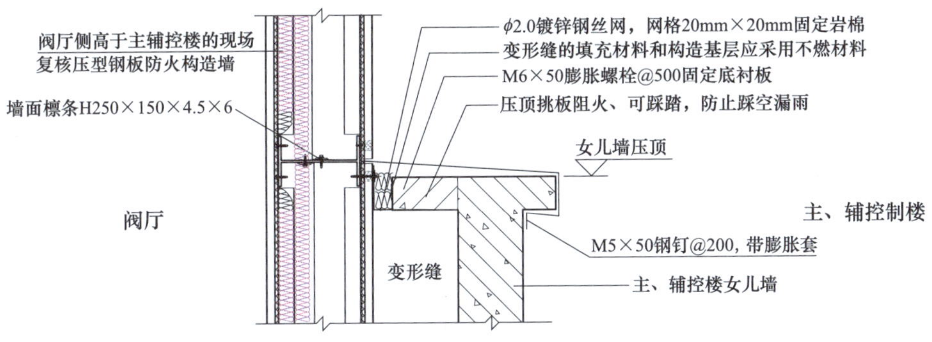

图 4-35　控制楼山墙顶部与阀厅交界处节点详图

3）某工程女儿墙变形缝盖缝板坑洼不平、接缝开裂、隐患很大，不符合规范要求。另外，主控楼女儿墙变形缝盖缝板的上部安装消防管道，一旦发生火灾变形缝将会蹿火、窜烟，消防管道将被烧毁。

女儿墙变形缝盖缝板处的工程缺陷如图 4-36 所示。

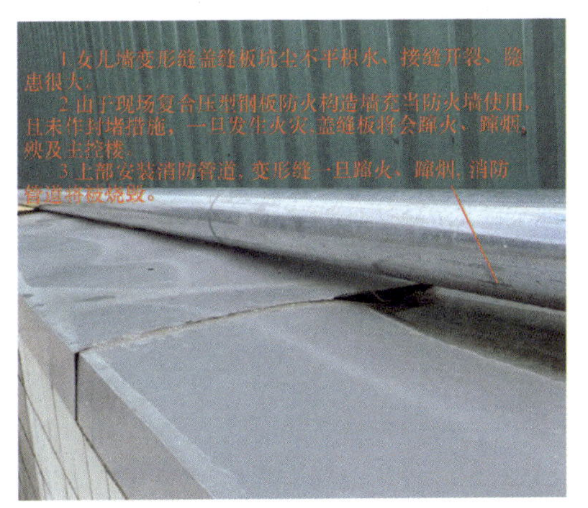

图 4-36　女儿墙变形缝盖缝板工程缺陷

二、案例分析 2

（一）概况及基本要求

（1）某±500kV 柔性直流换流站工程，主、辅控楼与两极阀厅联合建筑物平面组合图如图 4-37 所示；主、辅控楼与两极阀厅联合建筑物鸟瞰图如

图 4－38 所示。主、辅控楼为钢筋混凝土框架结构，两极阀厅为钢结构网架结构建筑物。主、辅控楼与两极阀厅联合建筑为一座建筑物。

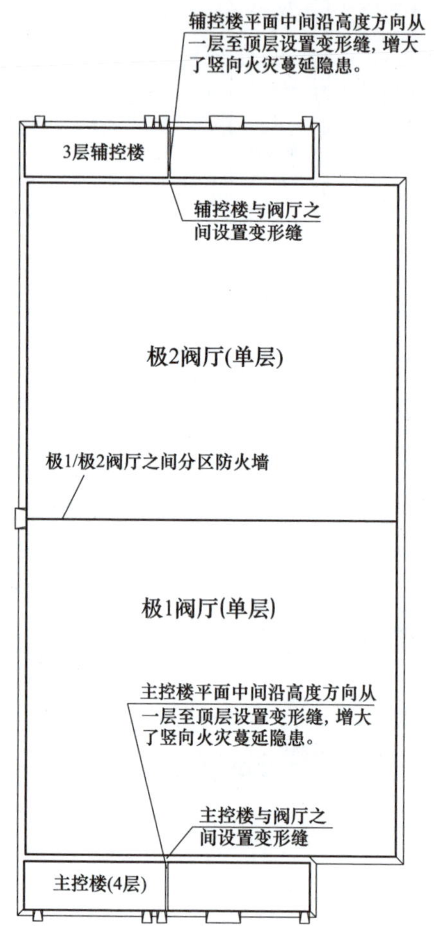

图 4－37　主、辅控楼与两极阀厅联合建筑物平面组合图

（2）联合建筑物火灾危险性等级。依据 GB 50229—2019 表 11.1.1 建（构）筑物的火灾危险性分类及其耐火等级规定，主、辅控楼、阀厅火灾危险性类别均为“丁类”、耐火等级“二级”。

（3）由于主、辅控楼与两极阀厅之间有连续的生产工艺关系，因此，组成的联合建筑物应为同一建筑物，而不是几座建筑物的毗邻关系。

（4）依据 GB 50016—2014 第 1.0.4 条规定“同一建筑内设置多种使用功能

图 4-38　主、辅控楼与两极阀厅联合建筑物鸟瞰图

场所时，不同使用功能场所之间应进行防火分隔，该建筑及其各功能场所的防火设计应根据本规范的相关规定确定”。单极阀厅应为独立的防火分区，单座阀厅应与相邻区域进行防火分隔。

（5）主、辅控楼与两极低端阀厅联合建筑为多层建筑物，依据 GB 50016—2014 中的 5.1.1 图示 8、9 规定，当阀厅高度大于 24m 而主、辅控楼高度小于 24m 时，主、辅控楼与两极低端阀厅组成的联合建筑物应按多层建筑进行防火设计。

（二）某±500kV 柔性直流换流站主控楼防火设计分析

施工图说明应有防火设计章节内容，建筑防火设计应在整套施工图设计说明中体现建筑防火设计相关内容，仅有火灾危险性等级丁类、耐火等级二级是远远不够的，还应包含建筑面积、高度、防火分区、建筑物类别（工业建筑或民用建筑）、安全出口、防火分隔（墙体、楼板及屋面）、防火封堵（洞口、缝隙、墙面、楼面、屋面、变形缝）、装修等相关内容。依据《施工图内容深度》及《建设工程消防设计审查验收管理暂行规定》相关内容执行。

某±500kV 柔性直流换流站主控楼为四层钢筋混凝土框架结构，建筑面积为 3885m^2，主控楼火灾危险性等级为丁类、耐火等级为二级。某±500kV 柔性直流换流站一层平面图如图 4-39 所示。

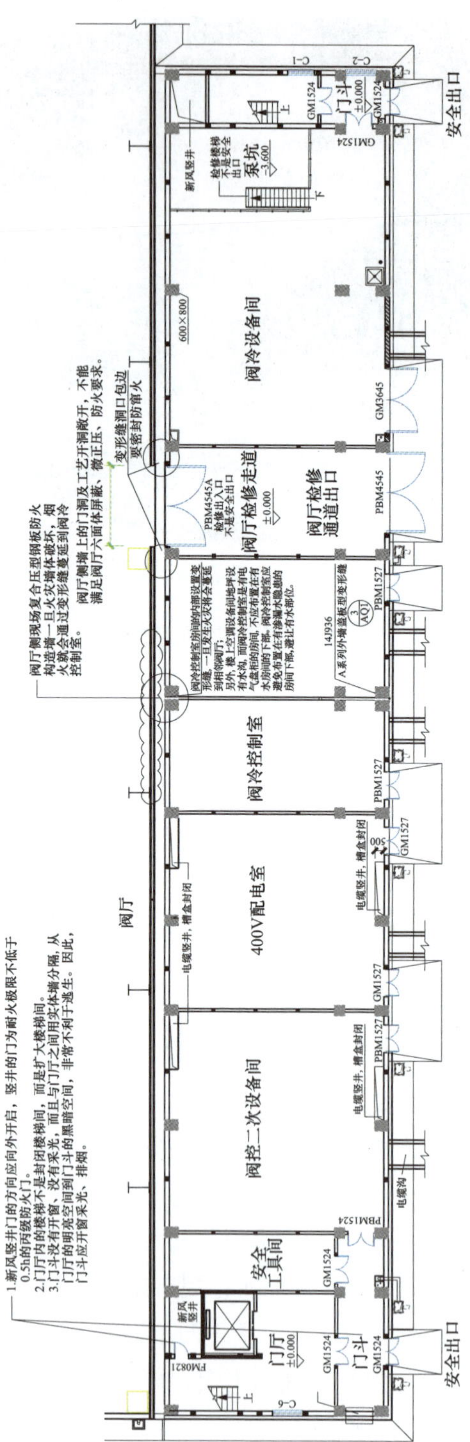

图 4－39　某±500kV柔性直流换流站主控楼一层平面图

1. 某±500kV柔性直流换流站主控楼一层平面图

（1）依据 GB 50016—2014 第 3.7.2 条规定“厂房内每个防火分区或一个防火分区内的每个楼层，其安全出口的数量应经计算确定，且不应少于 2 个”。主控楼一层设置 2 个对外安全出口。

（2）主控楼变形缝的设置位置不应贯穿防火重要部位，主、辅控楼与两极阀厅的联合建筑物呈“工”字形布置，主（辅）控楼布置在两极阀厅的两端山墙处，各自与两极阀厅之间设置了“T”字形变形缝，而这些缝隙都是防火设计的薄弱点，存在很大的火灾蔓延隐患，应在方案设计阶段考虑解决这些问题。

主控楼变形缝自下而上穿越 1～4 层。依据 GB 50352—2019《民用建筑设计统一标准》第 6.10.5 条第 3 款规定“变形缝不应穿越厕所、卫生间、盥洗室、浴室等用水房间，也不应穿过配电室等严禁有漏水的房间”。

依据 GB/T 50789—2012 第 8.2.15 条第 4 款规定“控制保护设备室、交流配电室、直流屏室、交流不停电电源室、换流变压器接口屏室、通信机房、蓄电池室等电气、通信设备用房的内部不应布置给排水管道，且不应布置在卫生间及其他易积水房间的下层”。

由于一层“阀冷控制室”布置有电气控制盘柜，而二楼的“空调设备间”楼面有积水或排水沟，其下部一楼设置的“阀冷控制室”应该严禁漏水。“阀冷控制室”应避免布置在有渗漏水隐患的房间下部，避让有水部位，如果在“空调设备间”内再设置变形缝只会增大渗漏水隐患。因此，此处变形缝不仅要考虑防火还应考虑防水的密封要求。

（3）依据 GB 50016—2014 第 6.2.9 条第 2 款规定“竖井的井道应分别独立设置。井壁的检查门应采用丙级防火门”；图中新风竖井的门方向有误，应向外开启。

（4）依据 GB 50016—2014 第 6.5.1 条第 5 款规定“防火门设置在变形缝附近时，防火门应设置在楼层较多的一侧，并应保证防火门开启时门扇不跨越变形缝”及 6.1.5 条“防火墙上不应开设门、窗、洞口，确需开设时，应设置不可开启或火灾时能自动关闭的甲级防火门、窗”。阀厅与主控楼分区防火墙上的防火门应设在楼层多的主控楼一侧，以防止变形缝处火灾蔓延，从而保障防火分区各自的独立性。但是门洞在阀厅侧的分区防火墙上没有分隔措施，这道防火墙上的洞口不符合规范强制性条文规定，这是各工程的质量通病也一直未引起重视。

（5）依据 GB 50016—2014 的第 1.0.4 条规定“同一建筑内设置多种使用功能场所时，不同使用功能场所之间应进行防火分隔”，阀厅及主控楼应为各自独立的防火分区。因此，阀厅与主控楼之间应设置分区防火墙，而且分区防火墙应设置在较高一侧，即分区防火墙应设置在较高的阀厅侧。分区防火墙及变形缝等关键部位的防火设计见图 4－40。

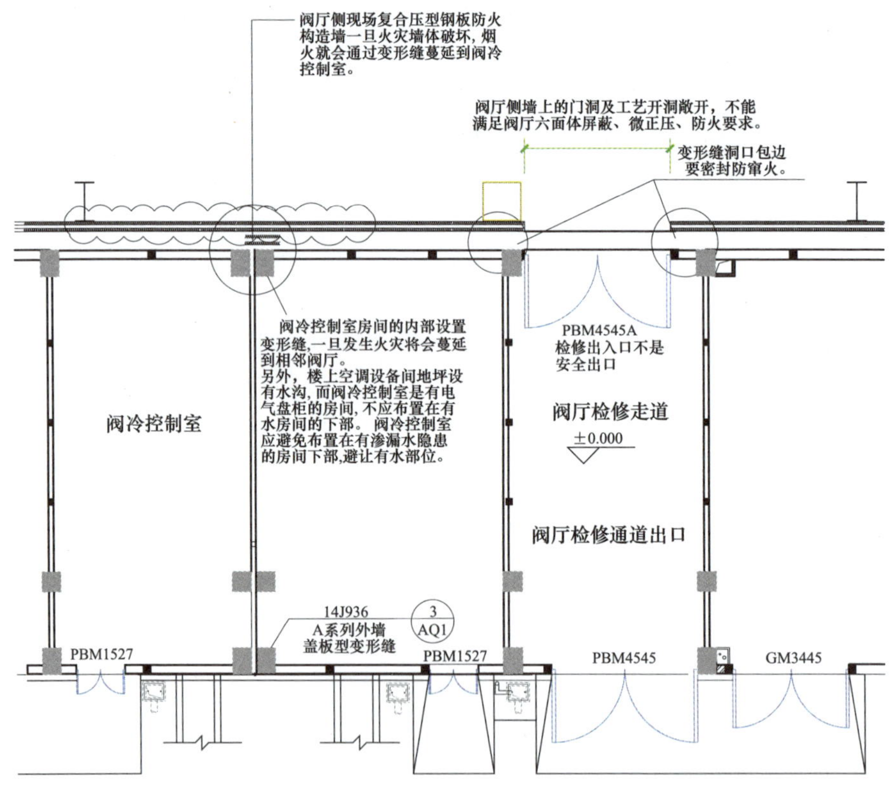

图 4－40　分区防火墙及变形缝等关键部位的防火设计

2. 某±500kV 柔性直流换流站主控楼二层平面图

某±500kV 柔性直流换流站主控楼二层平面图如图 4－41 所示。

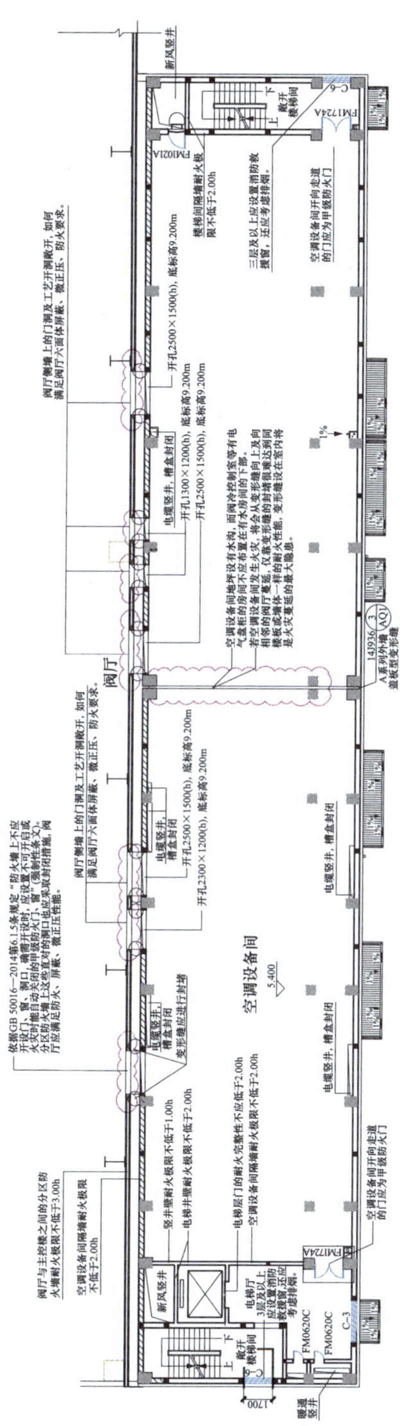

图 4－41　某±500kV 柔性直流换流站主控楼二层平面图

（1）依据 GB 50016—2014 第 3.7.2 条规定“厂房内每个防火分区或一个防火分区内的每个楼层，其安全出口的数量应经计算确定，且不应少于 2 个”。主控楼二层设置 2 部敞开楼梯间作为安全出口。

（2）依据 GB 50016—2014 第 6.2.7 条规定“附设在建筑内的消防控制室、灭火设备室、消防水泵房和通风空气调节机房、变配电室等，应采用耐火极限不低于 2.00h 的防火隔墙和 1.50h 的楼板与其他部位分隔。设置在丁、戊类厂房内的通风机房，应采用耐火极限不低于 1.00h 的防火隔墙和 0.50h 的楼板与其他部位分隔。通风、空气调节机房和变配电室开向建筑内的门应采用甲级防火门，消防控制室和其他设备房开向建筑内的门应采用乙级防火门”。因此，通风、空气调节机房开向建筑内的门应采用甲级防火门。

（3）二层主要功能是“空调设备间”，其下部设置含有电气盘柜的“阀冷控制室”，应杜绝楼面水渗漏到下层。在方案设计时应考虑相应措施。在空调设备间室内设置变形缝，若发生火灾，将会从变形缝向上及向相邻的阀厅蔓延，仅靠变形缝的封堵很难达到同楼板或墙体一样的耐火性能，变形缝设在室内将是火灾蔓延的最大隐患。

（4）依据 GB 50016—2014 第 6.1.5 条规定“防火墙上不应开设门、窗、洞口，确需开设时，应设置不可开启或火灾时能自动关闭的甲级防火门、窗”（强制性条文）。实际工程中这些门、窗及洞口没有任何防护措施，这道墙上留有很多洞口，分区防火墙上这些直对的洞口也应采取封闭措施，阀厅应满足防火、屏蔽、微正压性能。

（5）依据 GB 50016—2014 第 7.2.4 条规定“厂房、仓库、公共建筑的外墙应在每层的适当位置设置可供消防救援人员进入的窗口”，本层的楼梯间、电梯间开窗应满足救援窗的规定，同时还应满足有自然排烟设计要求。

（6）依据 GB 55037—2022 第 2.2.3 条规定“无外窗的建筑应每层设置消防救援口，有外窗的建筑应自第三层起每层设置消防救援口”，所以本层可以不设置消防救援窗。

3. 某±500kV 柔性直流换流站主控楼三层平面图

某±500kV 柔性直流换流站主控楼三层平面图如图 4－42 所示。

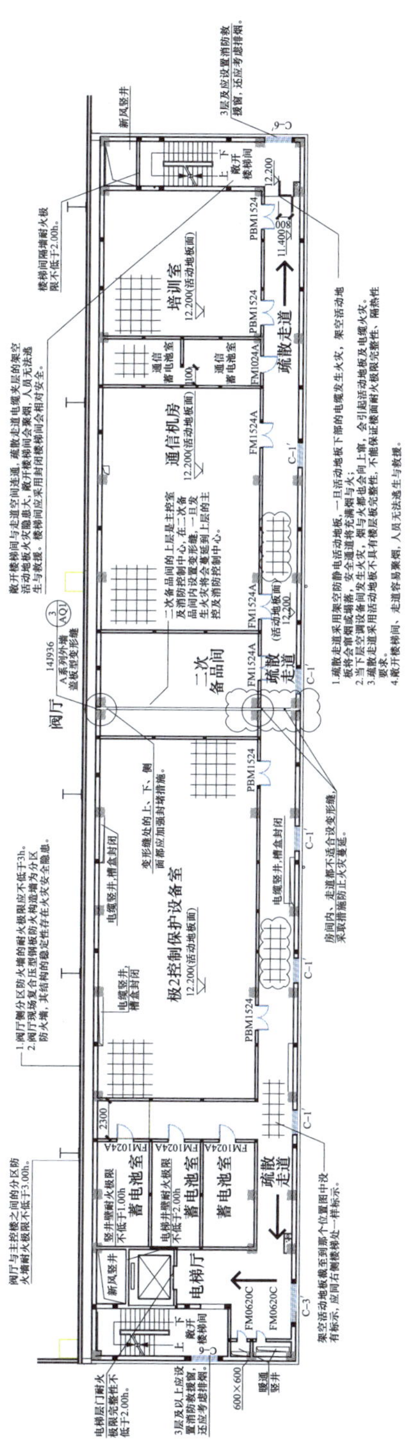

图 4-42　某±500kV 柔性直流换流站主控楼三层平面图

（1）依据 GB 50016—2014 表 3.2.1 规定“对于耐火等级二级的建筑，其楼板的耐火极限应不低于 1.00h”。活动地板不是完整性楼面，电缆失火后活动地板拼缝会窜烟、塌落，疏散通道不具备安全性，疏散通道楼面应具有完整性、隔热性，其耐火极限应不低于 1.00h。

（2）依据 GB 50229—2019 第 11.2.4 条“……蓄电池室、电缆夹层、继电器室、通信机房、配电装置室的门应向疏散方向开启，当门外为公共走道或其他房间时，该门应采用乙级防火门”。这说明以上这些房间应与疏散走道之间需要进行防火分隔，以保障疏散走道的安全。然而，本图中疏散走道既有变形缝、又有架空活动地板的电缆夹层，而且还是敞开楼梯间，这些对安全疏散都很不利。如果走道有烟，敞开楼梯间自然也会有烟，因此楼梯间就不是安全出口了。

（3）依据 GB/T 50789—2012 第 8.2.15 条第 1 款规定“控制楼宜采用两层或三层布置，各楼层的布置应符合下列规定：交流配电室、电气蓄电池室、阀冷却设备间、换流变压器接口屏室等宜布置在首层，其中电气蓄电池室宜靠外墙布置”，依据 DL/T 5044—2014 第 8.1.7 条规定“蓄电池室内应有良好的通风设施。蓄电池室的通风电动机应为防爆式”及第 8.1.6 条规定“蓄电池室走廊墙面不宜开设通风百叶窗或玻璃采光窗”。因此电气二次专业通常要求蓄电池室宜靠外墙布置便于通风。三层的蓄电池室没有靠外墙设置，不利于排气通风。

（4）疏散走道采用架空活动地板，使楼面不具有完整性和隔热性要求，而且走道电缆夹层的架空活动地板跨越变形缝，会增加火灾蔓延的隐患。一旦失火将会造成走道、敞开楼梯间聚烟，人员将无法逃生与救援。

（5）依据 GB 55037—2022 第 2.2.3 条规定

“1 沿外墙的每个防火分区在对应消防救援操作面范围内设置的消防救援口不应少于 2 个；

2 无外窗的建筑应每层设置消防救援口，有外窗的建筑应自第三层起每层设置消防救援口；

3 消防救援口的净高度和净宽度均不应小于 1.0m，当利用门时，净宽度不应小于 0.8m；

4 消防救援口应易于从室内和室外打开或破拆，采用玻璃窗时，应选用安全玻璃；

5 消防救援口应设置可在室内和室外识别的永久性明显标志”。

主控楼在本层设置 2 个消防救援窗，在靠外墙的走道、公共卫生间等位置设置。

4. 某±500kV 柔性直流换流站主控楼四层平面图

某±500kV 柔性直流换流站主控楼四层平面图如图 4－43 所示。

（1）依据 GB/T 50789—2012《±800kV 直流换流站设计规范》第 8.2.15 条第 4 款规定“控制保护设备室、交流配电室、直流屏室、交流不停电电源室、换流变压器接口屏室、通信机房、蓄电池室等电气、通信设备用房内部不应布置给排水管道，且不应布置在卫生间及其他易积水房间的下层”。主控室（含消防控制室）位于建筑的顶层有漏雨的隐患。另外，变形缝又设置在主控室（含消防控制室）内，这样主控室漏雨、渗雨的隐患很大，因此屋面防水应采取加强措置。但在设计时尽量不要在房间内部设置变形缝。

主控楼在换流站具有很重要的作用，是防火设计的重点保护部分，主控及消防控制室是全站的运行及消防控制中心，消防控制室是建筑消防设施管理系统的“心脏”。主控室（含消防控制室）内设置变形缝，屋面渗漏水隐患大，一旦发生火灾变形缝竖向蔓延的隐患也大。将会给主控楼屋面及相邻阀厅带来很大的安全隐患，因此变形缝不应跨越主控室。

（2）电线、电缆不宜穿过建筑物内的变形缝。依据 GB 50016—2014 的第 6.3.4 条规定“电线、电缆不宜穿过建筑物内的变形缝，确需穿过时，应在穿越处加设不燃烧材料制作的套管或采用其他防变形措施，并应采用防火封堵材料封堵”。

四层的主控室（含消防控制室）活动地板下 800mm 高的电缆层跨越变形缝、跨越疏散走道，一旦发生火灾，将会引起竖向、横向双向火灾蔓延。

（3）疏散走道设置电缆夹层及活动地板不安全。

1）疏散走道连通 2 部疏散楼梯组成每层的安全疏散通道，在疏散走道设置活动地板并在其下部空间布置电缆，一旦电缆发生火灾，烟会从活动地板的板缝窜入走道而影响疏散与救援。

2）疏散走道采用活动地板不具有完整性，无法保证楼面耐火极限完整性、隔热性要求。一旦发生火灾，活动地板的钢支架也很快被烧软，活动地板会塌落，将会导致疏散走道无法疏散。另外，楼面的耐火极限依据 GB 50016—2014 表 3.2.1 规定“二级耐火等级的建筑物，楼板的耐火极限不低于 1.00h”；而对于火灾危险性大的重点防火部位的楼板一般规范规定耐火极限不低于 1.50h。

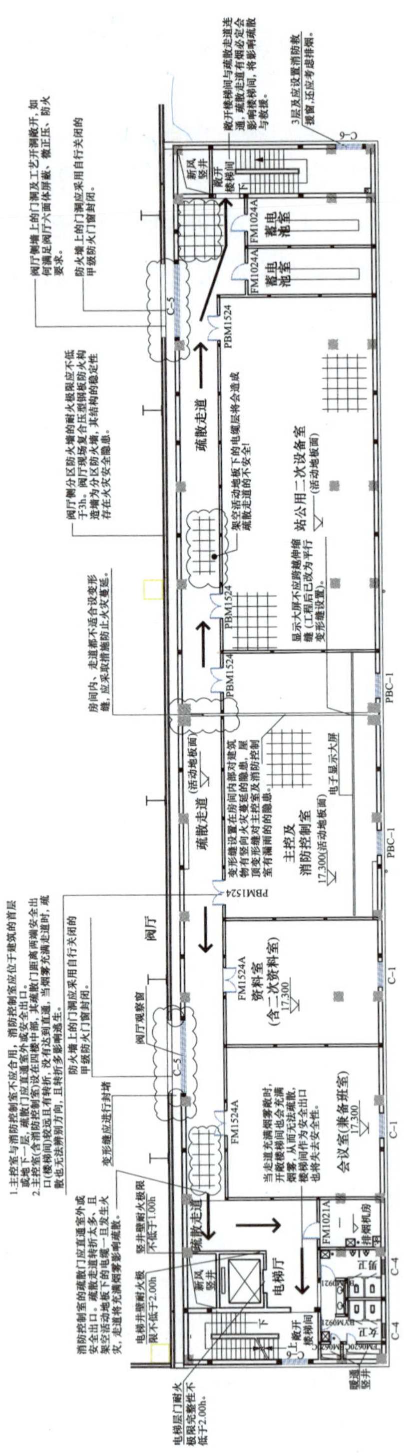

图 4－43　某±500kV柔性直流换流站主控楼四层平面图

3）依据 GB 50229—2019 第 11.2.4 条规定“电缆夹层、继电器室、通信机房、配电装置室的门应向疏散方向开启，当门外为公共走道或其他房间时，该门应采用乙级防火门”。这条说明电缆夹层等火灾隐患大的重要房间，应与公共疏散走道进行防火分隔以保证疏散通道的安全性。因此，疏散走道活动地板下面设置电缆夹层，而活动地板是一块块拼装而成的地板并不具备完整性，一旦发生火灾将会出现漏烟、窜烟、受热塌毁现象，很不安全。

4）依据 GB 50229—2019 第 11.4.2 条规定“电缆从室外进入室内的入口处、电缆竖井的出入口处，建（构）筑物中电缆引至电气柜、盘或控制屏、台的开孔部位，电缆贯穿隔墙、楼板的孔洞应采用电缆防火封堵材料进行封堵，其防火封堵组件的耐火极限不应低于被贯穿物的耐火极限，且不低于 1.00h”。

（4）主控室显示大屏跨越伸缩变形缝，屏幕很容易拉裂。由于昼夜温差大，变形缝会有冷热伸缩现象，主控制室显示大屏跨越伸缩变形缝，屏幕很容易被拉裂。变形缝是防火设计薄弱点，容易引起火灾蔓延，即便材料和构造设计符合要求，施工封堵的密实性也很难保障。因此，伸缩缝应综合、灵活的选择位置来设置，不应从主控楼的中部一分为二简单化设置变形缝，可以用施工措施来解决变形缝的问题。

（5）依据 GB 50016—2014 第 8.1.7 条第 2 款规定“附设在建筑内的消防控制室，宜设置在建筑内首层或地下一层，并宜布置在靠外墙部位”；第 4 款规定“消防控制室的疏散门应直通室外或安全出口”。依据 GB 55037—2022 的第 4.1.8 条第 3 款规定“消防控制室应位于建筑的首层或地下一层，疏散门应直通室外或安全出口”，在本规范的前言部分关于规范的实施要求为“强制性工程建设规范实施后，现行相关工程建设国家标准、行业标准中的强制性条文同时废止”，因此自 2023 年 6 月 1 日起，消防控制室的设计应位于建筑的首层或地下一层，疏散门应直通室外或安全出口。

（6）主控室（含消防控制室）设在四层中部，其疏散门距离两端安全出口（楼梯间）较远，且疏散走道转折太多，一旦发生火灾，逃生的通达性难以保障，敞开楼梯间也会因走道的烟气蔓延已不再具有安全性。

5. 某 ±500kV 柔性直流换流站主控楼屋面层平面图

某 ±500kV 柔性直流换流站主控楼屋面层平面图如图 4-44 所示。屋面的空调主设备及排烟机房离阀厅太近，一旦发生火灾阀厅与主控楼屋面将会相互蔓延。

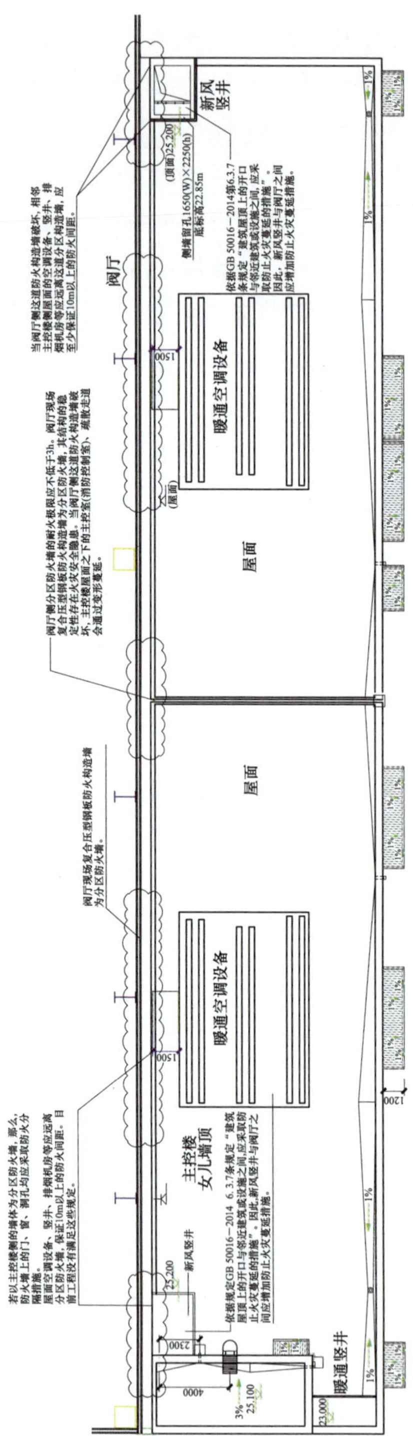

图 4－44 某±500kV 柔性直流换流站主控楼屋面平面图

（1）依据 GB 50016—2014 第 6.3.7 条规定“建筑屋顶上的开口与邻近建筑或设施之间，应采取防止火灾蔓延的措施”。屋面布置的新风竖井出口及排烟机房紧邻阀厅，存在火灾隐患，应采取防止火灾蔓延的措施。由于阀厅靠主（辅）控楼侧的分区防火墙，采用钢结构现场复合压型钢板防火构造墙不满足防火墙相关规定，应不再充当防火墙使用。在屋顶面层及屋顶开口部位应采取防止火灾蔓延的措施。

依据 GB 50016—2014 表 3.4.1 中一、二级丙丁类厂房之间应满足 10m 的防火间距的规定，假设控制楼和阀厅之间的防火墙设置在控制楼一侧，那么控制楼屋面的空调主设备及排烟机房应远离阀厅，才能防止阀厅火灾蔓延至主控楼。目前已建换流站控制楼屋面设备与阀厅间距没有满足 10m 的规定。

（2）依据 GB 50352—2019 第 6.10.5 条第 3 款规定“变形缝不应穿越厕所、卫生间、盥洗室、浴室等用水房间，也不应穿过配电室等严禁有漏水的房间”及 GB/T 50789—2012《±800kV 直流换流站设计规范》的第 8.2.15 条第 4 款规定“控制保护设备室、交流配电室、直流屏室、交流不停电电源室、换流变压器接口屏室、通信机房、蓄电池室等电气、通信设备用房内部不应布置给排水管道，且不应布置在卫生间及其他易积水房间的下层”。屋面层常会发生雨水渗漏现象，屋面下面布置有主控室（含消防控制）、站公用二次设备间、蓄电池室。在房间内部设置变形缝更会增加雨水渗漏的概率，变形缝也会给防火带来隐患。因此，变形缝不应设置在房间内部，更不应设置在重要电气设备的房间内。

6. 主控楼剖面图

主控楼疏散走道采用活动地板不具有完整性，无法保证楼面耐火极限完整性、隔热性要求，疏散走道采用活动地板是主控楼最大的安全隐患。某±500kV 柔性直流换流站主控楼剖面图如图 4－45 所示。

（1）变形缝分区防火墙在高侧的阀厅设置，分区防火墙采用现场复合压型钢板防火构造墙。现场复合压型钢板防火构造墙依托钢柱外侧的檩托做支撑，并没有直接设置在建筑的基础或框架、梁等承重结构上，不满足 GB 50016—2014 第 6.1.1 条强制性条文规定。分区防火墙上开洞太多且没有防火措施，不满足 GB 50016—2014 第 6.1.5 条强制性条文规定，见图 4－45。

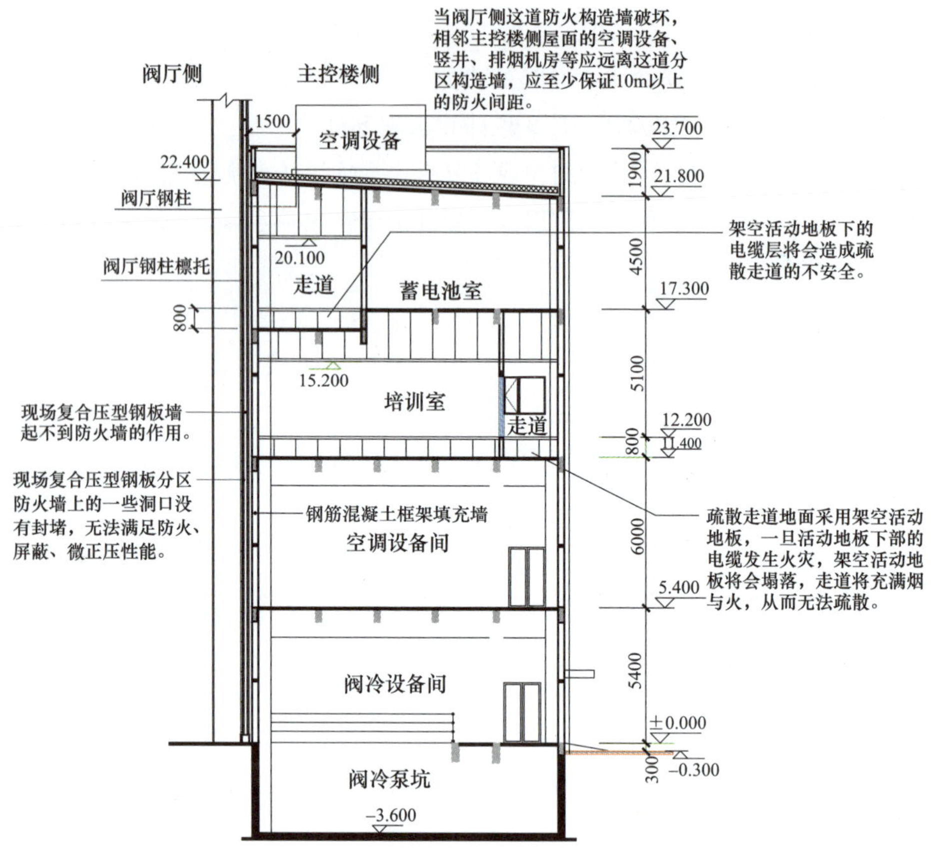

当阀厅侧这道防火构造墙破坏，相邻主控楼侧屋面的空调设备、竖井、排烟机房等应远离这道分区构造墙，应至少保证10m以上的防火间距。
阀厅侧
主控楼侧
1500
空调设备
23.700
22.400
1900
21.800
阀厅钢柱
架空活动地板下的电缆层将会造成疏散走道的不安全。
阀厅钢柱檩托
20.100
走道
4500
蓄电池室
17.300
800
15.200
5100
培训室
现场复合压型钢板墙起不到防火墙的作用。
走道
12.200
800
11.400
现场复合压型钢板分区防火墙上的一些洞口没有封堵，无法满足防火、屏蔽、微正压性能。
钢筋混凝土框架填充墙
空调设备间
6000
疏散走道地面采用架空活动地板，一旦活动地板下部的电缆发生火灾，架空活动地板将会塌落，走道将充满烟与火，从而无法疏散。
5.400
5400
阀冷设备间
±0.000
300
-0.300
阀冷泵坑
-3.600

图 4-45　某±500kV 柔性直流换流站主控楼剖面图

（2）主控楼建筑中部设置变形缝，且穿越重要房间的内部，存在纵向火灾蔓延隐患。变形缝不应设置在房间的中部，而应结合施工措施、房间功能及立面美观进行合理设置，避免出现室内漏水、窜烟、窜火等现象。某±500kV 柔性直流换流站阀厅内立面图洞口见图 4-46。

（3）依据 GB 50016—2014 第 6.3.4 条规定“变形缝内的填充材料和变形缝的构造基层应采用不燃材料。电线、电缆、可燃气体和甲、乙、丙类液体的管道不宜穿过建筑内的变形缝，确需穿过时，应在穿过处加设不燃材料制作的套管或采取其他防变形措施，并应采用防火封堵材料封堵”。对于变形缝防火设计的构造细节，设计应考虑加强措施。对于变形缝的位置设置应谨慎采用或采取相应的施工措施来消除隐患。

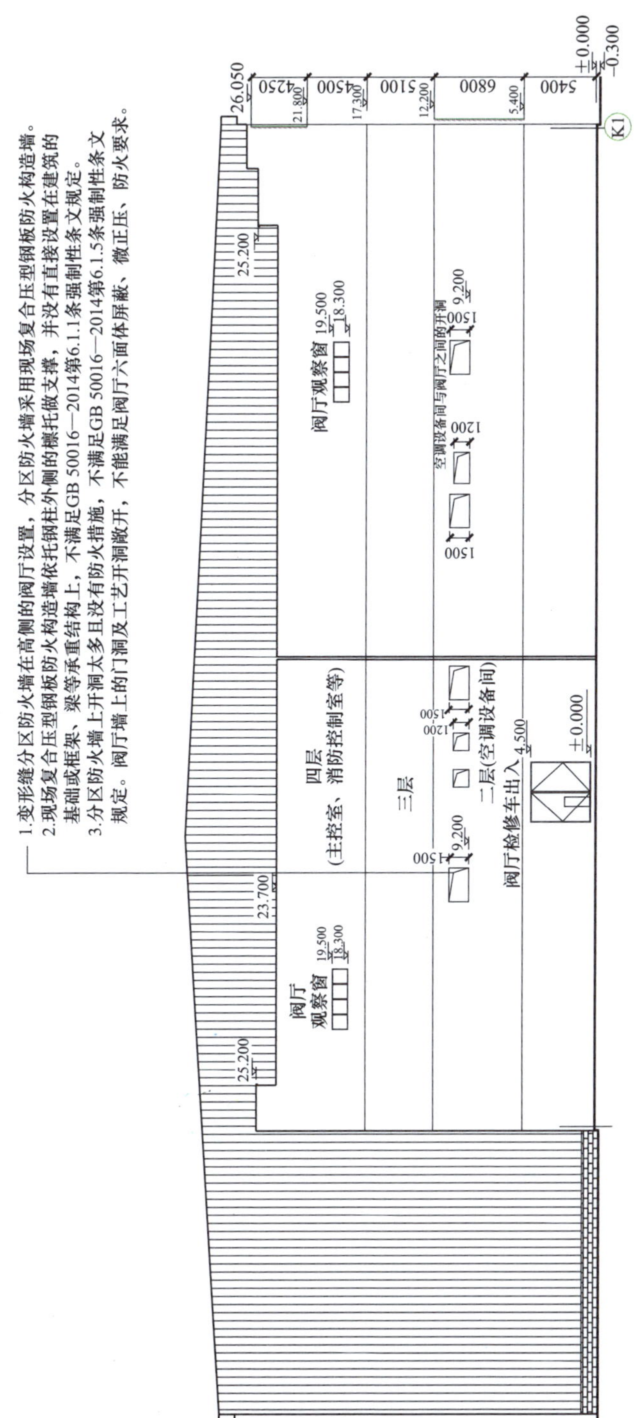

图4-46 某±500kV柔性直流换流站阀厅分区防火墙开洞立面图

三、案例分析 3

（一）概况及基本要求

某±800kV 柔性直流换流站工程，主控楼为钢筋混凝土框架结构，地下 1 层、地上 4 层。主、辅控楼与两极低端阀厅联合建筑物为多层建筑。

（二）主控楼防火分析

施工图说明应有防火设计章节内容，建筑防火设计应在整套施工图设计说明中体现建筑防火设计相关内容，仅有火灾危险性等级丁类、耐火等级二级是远远不够的，还应包含建筑面积、高度、防火分区、建筑物类别（工业建筑或民用建筑）、安全出口、防火分隔（墙体、楼板及屋面）、防火封堵（洞口、缝隙、墙面、楼面、屋面、变形缝）、装修等相关内容。依据《施工图内容深度》及《建设工程消防设计审查验收管理暂行规定》相关内容执行。

1. 主控楼地下电缆层平面

某±800kV 柔性直流换流站主控楼地下电缆层平面图如图 4－47 所示。

（1）依据 GB 50229—2019 的第 11.2.6 条规定：“地下变电站、地上变电站的地下室每个防火分区的建筑面积不应大于 1000m^2”。地下层平面共划分电缆间、阀冷泵房 2 个防火分区。

（2）依据 GB 50016—2014 第 3.7.2 条第 4 款规定“厂房内每个防火分区或一个防火分区内的每个楼层，其安全出口的数量应经计算确定，且不应少于 2 个；当符合下列条件时，可设置 1 个安全出口”。其中第 5 款规定“地下或半地下厂房（包括地下或半地下室），每层建筑面积不大于 50m^2，且同一时间的作业人数不超过 15 人”。显然电缆间、阀冷泵房这两个防火分区面积都超过 50m^2。因此电缆间、阀冷泵房每个防火分区都不应少于 2 个安全出口，并各设 1 个独立的对外安全出口。

（3）依据 GB 50016—2014 第 3.7.1 条规定“厂房的安全出口应分散布置。每个防火分区或一个防火分区的每个楼层，其相邻 2 个安全出口最近边缘之间的水平距离不应小于 5m”。每个防火分区的 2 个安全出口均满足大于 5m 的要求。

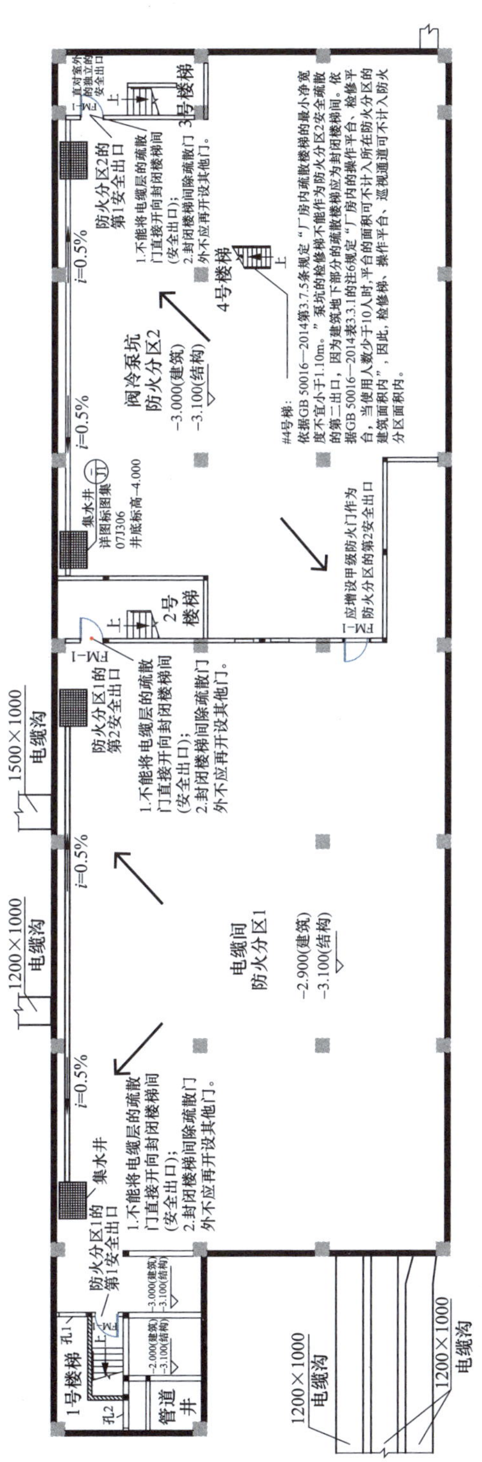

图 4－47　某±800kV 柔性直流换流站地下电缆层平面图

（4）依据 GB 50016—2014 第 3.7.3 条规定“地下或半地下厂房（包括地下或半地下室），当有多个防火分区相邻布置，并采用防火墙分隔时，每个防火分区可利用防火墙上通向相邻防火分区的甲级防火门作为第二安全出口，但每个防火分区必须至少有 1 个直通室外的独立安全出口”，2 个防火分区分别都有对外独立的安全出口。

（5）依据 GB 50016—2014 第 3.7.5 条规定“厂房内疏散楼梯的最小净宽度不宜小于 1.10m”。泵坑的检修梯不能作为防火分区 2 安全疏散的第二出口，因为建筑地下部分的疏散楼梯应为封闭楼梯间，而检修梯是敞开楼梯。依据 GB 50016—2014 表 3.3.1 的注 6 规定“厂房内的操作平台、检修平台，当使用人数少于 10 人时，平台的面积可不计入所在防火分区的建筑面积内”，因此，检修梯、操作平台、巡视通道可不计入防火分区面积内。

（6）依据 GB 50016—2014 第 6.4.4 条第 1 款规定“除通向避难层错位的疏散楼梯外，建筑内的疏散楼梯间在各层的平面位置不应改变。除住宅建筑套内的自用楼梯外，地下或半地下建筑（室）的疏散楼梯间，应符合下列规定：

室内地面与室外出入口地坪高差大于 10m 或 3 层及以上的地下、半地下建筑（室），其疏散楼梯应采用防烟楼梯间；其他地下或半地下建筑（室），其疏散楼梯应采用封闭楼梯间”，同时第 6.4.2 条第 2 款规定“除楼梯间的出入口和外窗外，楼梯间的墙上不应开设其他门、窗、洞口”。因此，不能将电缆层的疏散门直接开向封闭楼梯间（安全出口）。

（7）依据 GB 50229—2019 的第 11.2.4 条规定“电缆夹层的门应向疏散方向开启，当门外为公共走道或其他房间时，该门应为乙级防火门”。因此，不能将电缆层的疏散门直接开向封闭楼梯间。

2. 主控楼一层平面

某±800kV 柔性直流换流站主控楼一层平面图如图 4－48 所示。

（1）依据 GB 50229—2019 的第 11.2.8 条规定“地下室与地上层不应共用楼梯间，当必须共用时，应在地上首层采用耐火极限不低于 2.00h 不燃烧体隔墙和乙级防火门将地下或半地下部分与地上部分的联通部位完全隔开，并应有明显的标志”。图中 1、3 号楼梯分别为地下层防火分区 1、防火分区 2 直通室

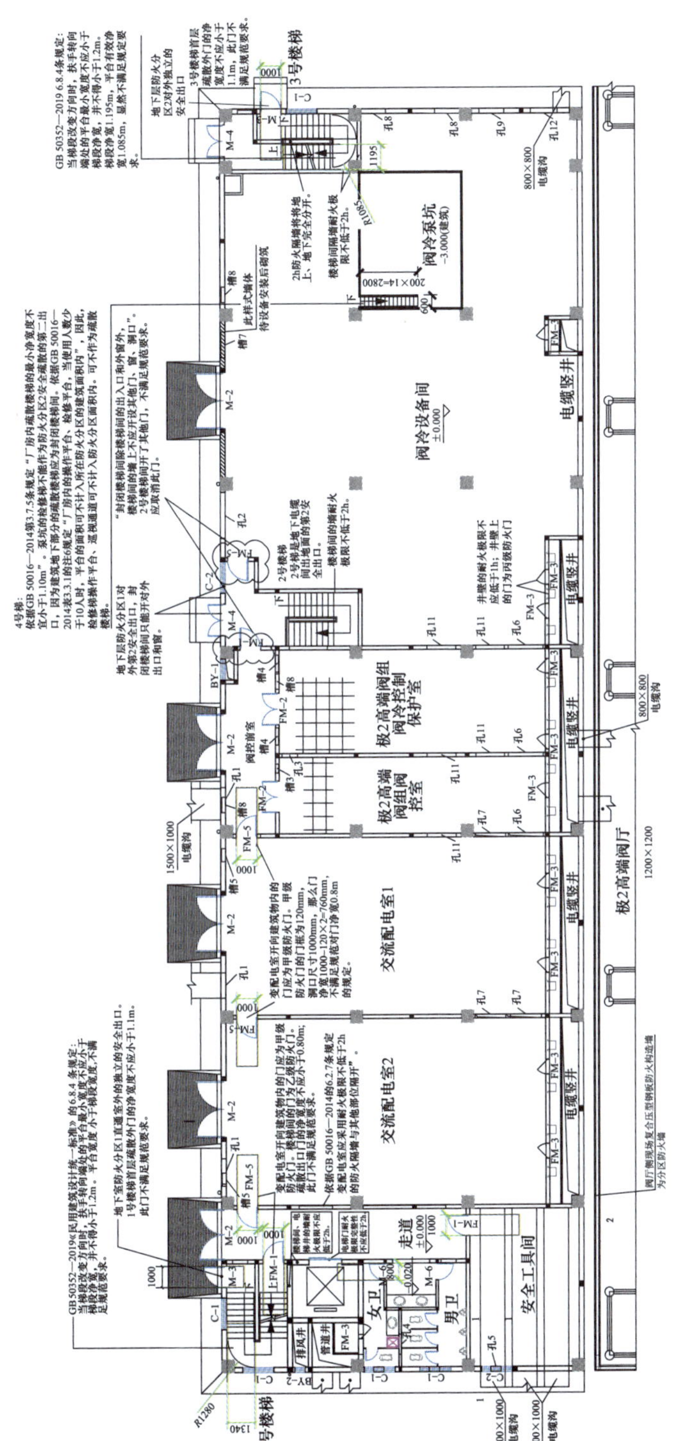

图 4-48　某±800kV 柔性直流换流站主控楼一层平面图

外的独立的安全出口，并与一层楼梯之间采用耐火极限不低于 2.00h 不燃烧体隔墙完全分开。但是 1、3 号楼梯首层疏散外门的净宽度不应小于 1.1m。此门不满足规范要求。

（2）依据 GB 50016—2014 第 6.2.7 条规定“通风、空气调节机房和变配电室开向建筑内的门应采用甲级防火门”（强制性条文）。因此，交流配电室应采用甲级防火门。依据 GB 55037—2022 第 7.1.4 条规定“疏散出口门的净宽度不应小于 0.80m”。甲级防火门的门框为 120mm，洞口尺寸 1000mm，那么门净宽 $1000-120\times2=760$mm，不满足规范对门净宽 0.8m 的规定。疏散出口门的净宽度不应小于 0.80m，此门不满足规范要求。

（3）依据 GB 50352—2019 第 6.8.4 条规定“当梯段改变方向时，扶手转向端处的平台最小宽度不应小于梯段净宽，并不得小于 1.2m。梯段净宽 1.195m，平台有效净宽 1.085m”，1、3 号楼梯不满足规定要求。

（4）依据 GB 50016—2014 第 6.4.2 条规定：“封闭楼梯间除楼梯间的出入口和外窗外，楼梯间的墙上不应开设其他门、窗、洞口。”2 号楼梯间开了其他门，不满足规范要求，应取消此门。

（5）依据 GB 50016—2014 第 3.7.5 条规定“厂房内疏散楼梯的最小净宽度不宜小于 1.10m”。泵坑的检修梯不能作为防火分区 2 安全疏散的第二出口，因为建筑地下部分的疏散楼梯应为封闭楼梯间。依据 GB 50016—2014 表 3.3.1 的注 6 规定“厂房内的操作平台、检修平台，当使用人数少于 10 人时，平台的面积可不计入所在防火分区的建筑面积内”，因此，检修梯、操作平台、巡视通道可不计入防火分区面积内，泵坑楼梯仅是检修梯，不作为疏散楼梯。

3. 主控楼二层平面

某±800kV 柔性直流换流站主控楼二层平面图如图 4－49 所示。

（1）依据 GB 50352—2019 第 6.8.4 条规定“当梯段改变方向时，扶手转向端处的平台最小宽度不应小于梯段净宽，并不得小于 1.2m。”图中 1 号楼梯间梯段的有效宽度 1340mm，休息平台的有效宽度 1280mm，可见梯段改变方向时，扶手转向端处的平台最小宽度小于梯段净宽，没有满足规范要求。

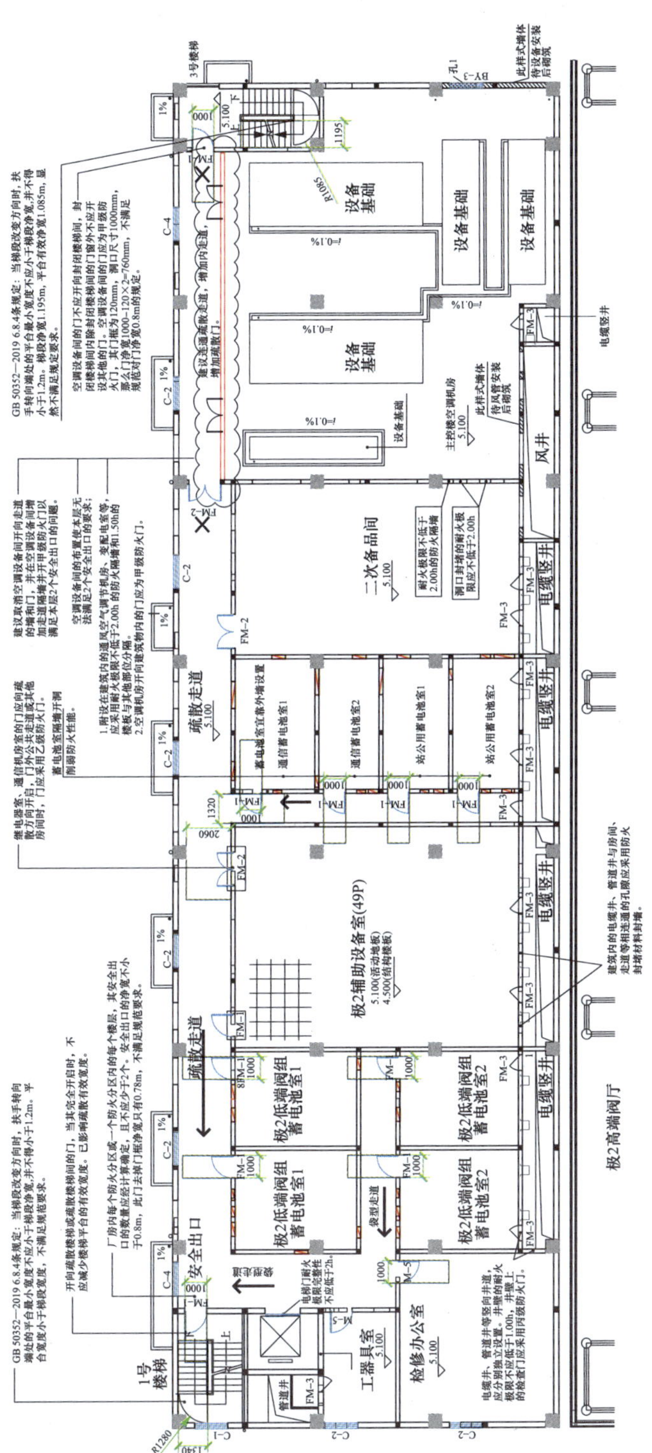

图 4－49　某±800kV 柔性直流换流站主控楼二层平面图

（2）同样 3 号楼梯间楼梯平台有效宽度仅 1085mm，且平台有效宽度小于 1.2m，也不满足规范要求。在消防设计审查规定中，明确了规范中的“应……、不应……，不得……、必须……”以及强制性条文规定等要求是审查的重要内容。

（3）依据 GB 50016—2014 第 6.4.11 条规定“建筑内的疏散门应符合下列规定：开向疏散楼梯或疏散楼梯间的门，当其完全开启时，不应减少楼梯平台的有效宽度”。1 号楼梯间门开启后已影响楼梯平台的有效宽度，因此不满足强制性条文规定。

（4）附设在建筑内的通风空气调节机房，应采用耐火极限不低于 2.00h 的防火隔墙和 1.50h 的楼板与其他部位分隔。空调机房开向建筑物内的门应为甲级防火门。

空调设备间的门不应开向封闭楼梯间，而封闭楼梯间内除封闭楼梯间的门窗外也不应开设其他的门。空调设备间的门应为甲级防火门，其门框为 120mm，洞口尺寸 1000mm，那么门净宽 1000－120×2＝760mm，不满足规范对门净宽 0.8m 的规定。

（5）依据 GB 50016—2014 第 3.7.2 条规定“厂房内每个防火分区或一个防火分区内的每个楼层，其安全出口的数量应经计算确定，且不应少于 2 个”。空调设备间门的设置位置使楼层不能满足规范 2 个安全出口的要求。建议取消空调设备间开向走道的墙和门，并在空调设备间内增加走道隔墙且开设甲级防火门以满足本层 2 个安全出口的问题。

4. 主控楼三层平面

某±800kV 柔性直流换流站主控楼三层平面如图 4－50 所示。

（1）主控室与走道的隔墙应满足耐火极限不低于 2.00h 的规定，走道墙上开洞口削弱防火性能，应对洞口采取密封分隔措施，满足隔墙耐火极限不低于 2.00h 的要求。图 4－50 中 C－3、C－5 不是防火窗，不满足规范要求。

（2）3 号楼梯间安全出口门方向反了，应向疏散方向开启。依据 GB 55037—2022 的 7.1.4 条规定“疏散出口门的净宽度不应小于 0.80m”。乙级防火门的门框为 110mm，洞口尺寸 1000mm，那么门净宽 1000－110×2＝780mm，1、3 号楼梯不满足规范对门净宽 0.8m 的规定。

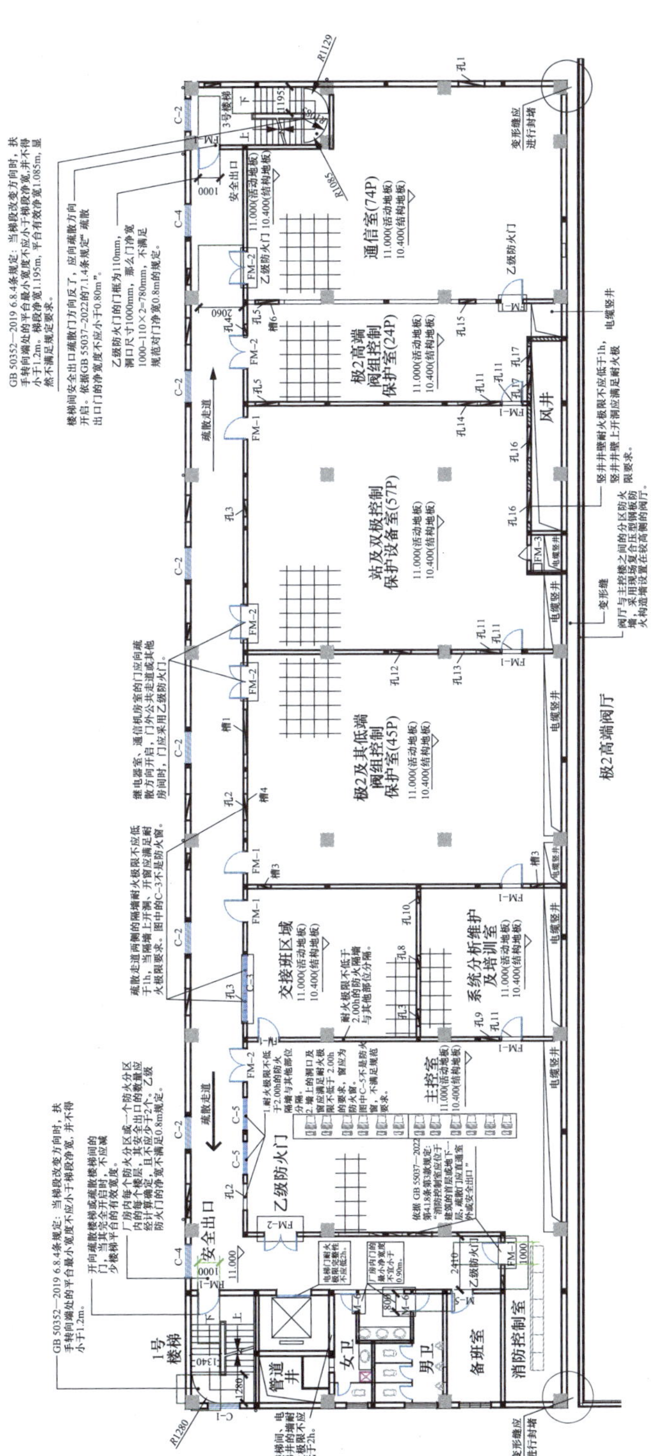

图 4－50　某±800kV 柔性直流换流站主控楼三层平面图

（3）依据 GB 50352—2019 6.8.4 条规定“当梯段改变方向时，扶手转向端处的平台最小宽度不应小于梯段净宽，并不得小于 1.2m”。1、3 号楼梯间楼梯梯段净宽小于平台有效净宽，显然不满足规定要求。

（4）开向疏散楼梯或疏散楼梯间的门，当其完全开启时，不应减少楼梯平台的有效宽度。1 号楼梯间没有满足。

（5）依据 GB 55037—2022 第 4.1.8 条第 3 款规定“消防控制室应位于建筑的首层或地下一层，疏散门应直通室外或安全出口”，在本规范的前言部分关于规范的实施要求为“强制性工程建设规范实施后，现行相关工程建设国家标准、行业标准中的强制性条文同时废止”，因此自 2023 年 6 月 1 日起，消防控制室的设计应位于建筑的首层或地下一层，疏散门应直通室外或安全出口。

（6）图 4－50 中乙级防火门洞口尺寸为 1000mm 的很多门净宽尺寸，均不能达到 0.8m 的规定。

（7）依据 GB 50016—2014 第 6.2.7 条规定“消防控制室开向建筑物内的门应采用乙级防火门”，因此主控室的门也应采用乙级防火门。

5. 主控楼四层平面

某±800kV 柔性直流换流站主控楼四层平面如图 4－51 所示。

（1）依据 GB 50016—2014 第 3.7.2 条规定“厂房内一个防火分区内的每个楼层，其安全出口数量应经计算确定，且不应少于 2 个”（强制性条文）；虽然本层设了 2 部楼梯作为安全出口，但安全疏散通道被阀厅空调设备切断，阀厅空调设备间的布置使本层无法满足 2 个安全出口的要求。依据 GB 55037—2022 第 7.1.2 条规定“建筑中的疏散出口应分散布置，房间疏散门应直接通向安全出口，不应经过其他房间”，本层建筑疏散通道及安全出口经过空调设备间不满足此条规定，建议在空调设备间增加走道隔墙，并开设 2 个甲级防火门。

（2）阀厅空调设备间的隔墙上的开洞削弱了防火性能，应对洞口采取密封分隔措施，满足隔墙耐火极限不低于 2.00h 的要求。

（3）依据 GB 55037—2022 第 2.2.3 条规定“无外窗的建筑应每层设置消防救援口，有外窗的建筑应自第三层起每层设置消防救援口”，所以本层应设置消防救援窗。

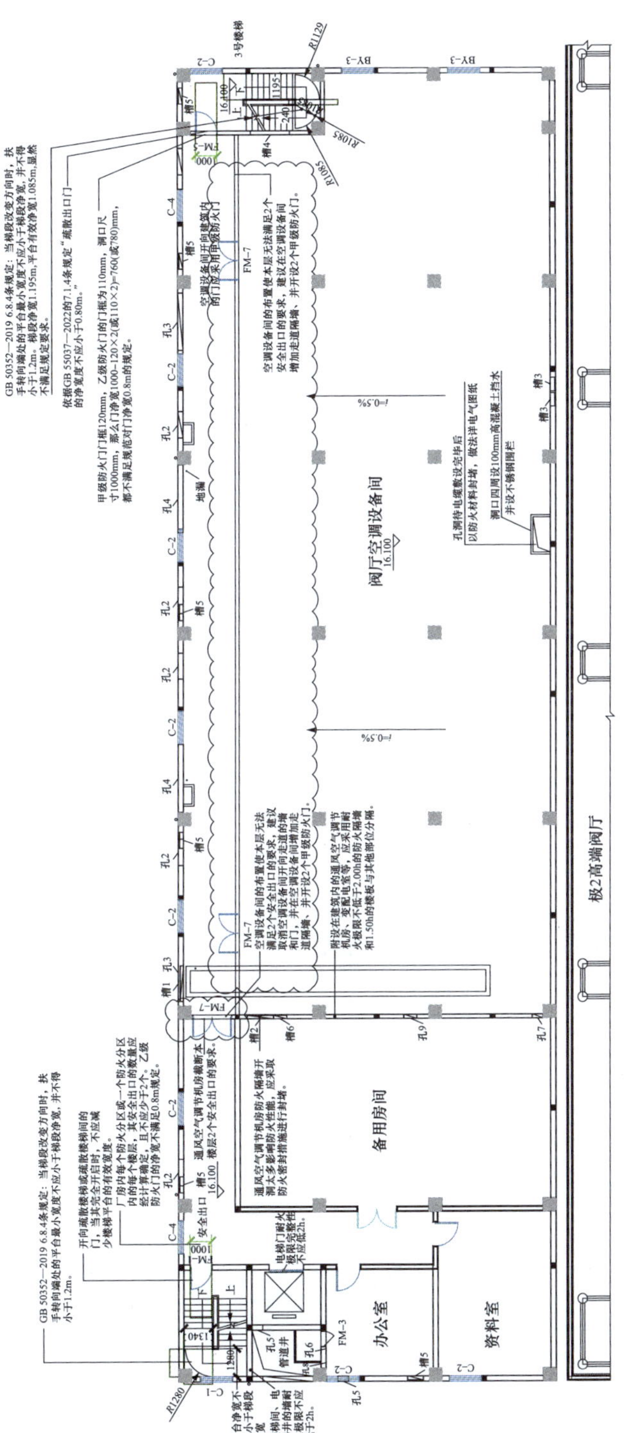

图 4－51　某±800kV 柔性直流换流站主控楼四层平面图

（4）依据 GB 55037—2022 第 7.1.4 条规定“疏散出口门的净宽度不应小于 0.80m”。疏散门的净尺寸很多都没有满足规定。

（5）开向疏散楼梯间的门，当其完全开启时，不应减少楼梯平台的有效宽度（强制性条文）。1 号楼梯没有满足规范要求。

（6）依据 GB 50352—2019 6.8.4 条规定“当梯段改变方向时，扶手转向端处的平台最小宽度不应小于梯段净宽，并不得小于 1.2m”。1、3 号楼梯均不满足规定要求。

第四节　辅控楼防火设计案例分析

一、概况及平面布置

依托五直工程标准化建筑设计方案，单极辅控楼与单极高端阀厅联合为一座多层工业厂房，联合建筑火灾危险性分类丁类、耐火极限二级。单极辅控楼为 2 层钢筋混凝土框架结构，建筑面积约 1560m^2，一层层高 5.4m，二层层高 6m。单极高端阀厅采用钢筋混凝土剪力墙－钢结构混合结构，屋面采用钢结构有檩屋盖体系。单极辅控楼与单极高端阀厅联合建筑物效果图如图 4－52 所示。

图 4－52　单极辅控楼与单极高端阀厅联合建筑物效果图

二、防火设计分析

1. 换流站辅控楼一层平面

单极高端阀厅与同极辅控楼组成一座联合建筑。辅控楼一层平面图如图 4－53 所示。

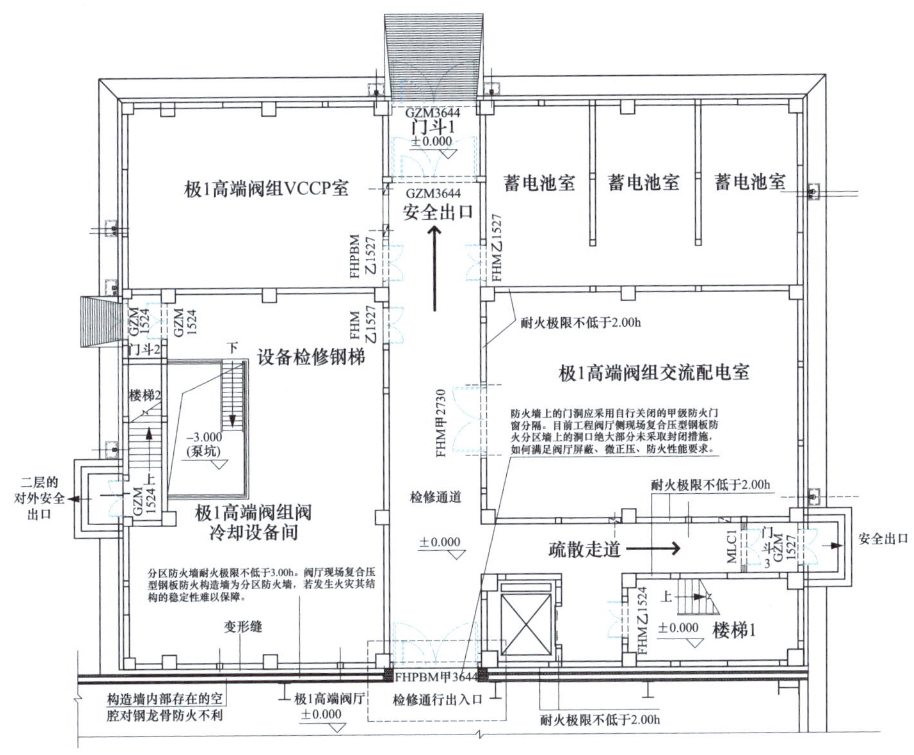

图 4－53　换流站辅控楼一层平面图

（1）阀厅火灾危险性类别：“丁类”、耐火等级二级。

（2）防火分区：高端阀厅与辅控楼联合为一座多层厂房，按功能划分 2 个防火分区。

（3）安全出口：辅控楼一层设置 2 个对外安全出口。阀厅通向辅控楼还应设置 1 个车辆通行出入口，开向辅控楼一侧。

（4）依据 GB 50016—2014 第 6.1.5 条规定“防火墙上不应开设门、窗、洞口，确需开设时，应设置不可开启或火灾时能自动关闭的甲级防火门、窗”。阀厅侧分区防火墙上的工艺专业洞口应对分区两侧封堵密实来达到防火墙的结构安全性及不蔓延且耐火极限要求。防火墙上的门洞应采用自行关闭的甲级防火门窗分隔。目前工程阀厅侧现场复合压型钢板防火分区墙上的洞口绝大部分未采取封闭措施，如何满足阀厅屏蔽、微正压、防火性能要求。

（5）极 1 高端阀组阀冷却设备间的检修梯及泵坑不考虑疏散要求。

2. 辅控楼二层平面

辅控楼二层平面图如图 4－54 所示。

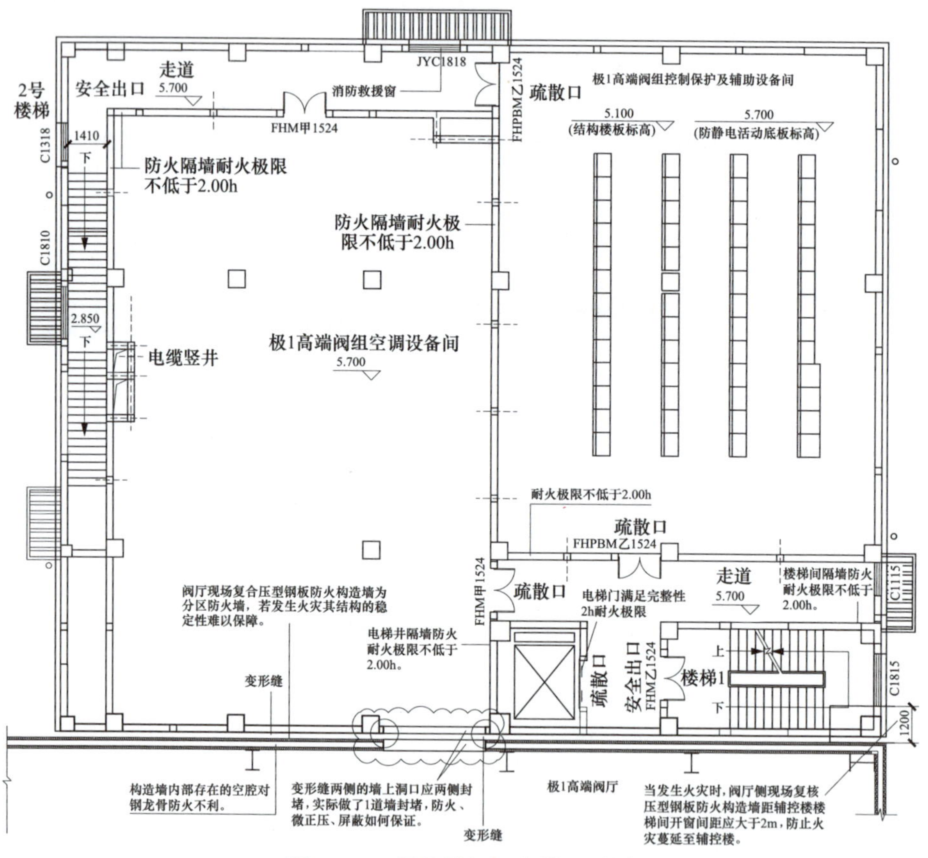

图 4－54　辅控楼巡视走道平面图

（1）辅控楼二层设置有 2 个安全出口，满足规范规定。

（2）阀组空调设备间的门。依据 GB 50016—2014 第 6.2.7 条规定“附设在建筑内的消防控制室、灭火设备室、消防水泵房和通风空气调节机房、变配电室等，应采用耐火极限不低于 2.00h 的防火隔墙和 1.50h 的楼板与其他部位分隔。通风、空气调节机房开向建筑内的门应采用甲级防火门，其他设备房开向建筑内的门应采用乙级防火门”。

（3）换流站辅控楼设置救援窗口的设置。依据 GB 50016—2014 第 7.2.4 条规定“厂房、仓库、公共建筑的外墙应在每层的适当位置设置可供消防救援人员进入的窗口”。

条文解释“对于金属幕墙很少设置可直接开向室外并供人员进入的外窗……要结合楼层走道在外墙上的开口、结合救援场地等，在外墙上选合适位置进行设置”。因此，救援窗口设置在走道、楼梯间。

依据 GB 55037—2022 第 2.2.3 条规定“无外窗的建筑应每层设置消防救援口，有外窗的建筑应自第三层起每层设置消防救援口”，所以自 2023 年 6 月 1 日起，本层可不设置消防救援窗。

3. 辅控楼屋面平面

辅控楼屋面平面图如图 4－55 所示。

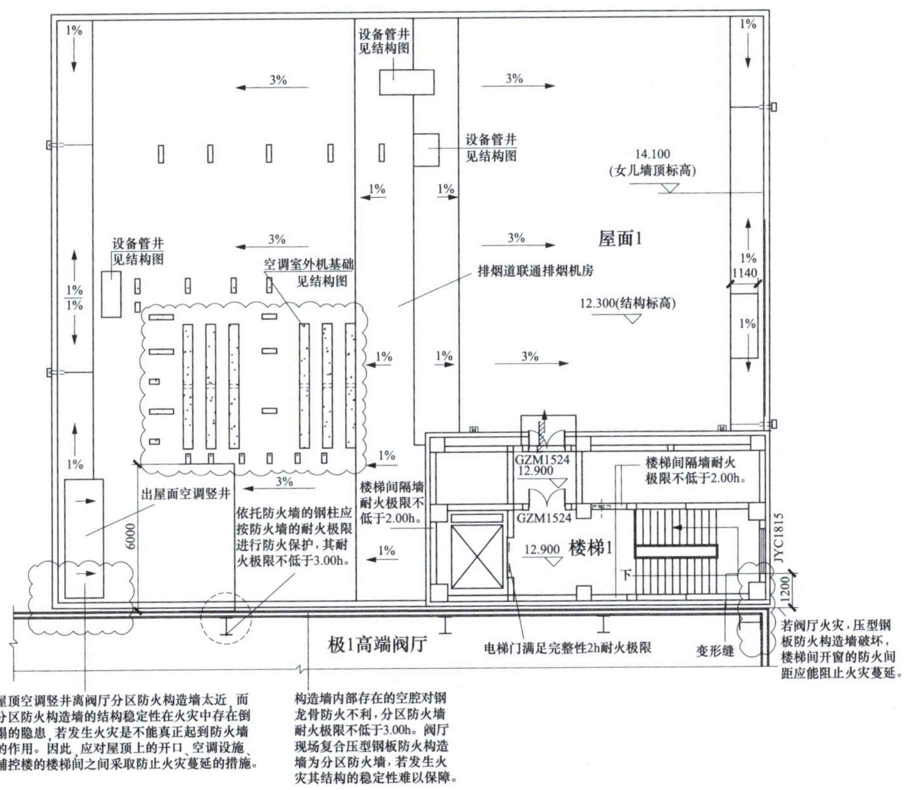

图 4－55　辅控楼屋面图

依据 GB 50016—2014 第 6.3.7 条规定“建筑屋顶上的开口与邻近建筑或设施之间，应采取防止火灾蔓延的措施”。屋顶空调竖井离阀厅分区防火构造墙太近，而分区防火构造墙的结构稳定性在火灾中存在倒塌的隐患，不能真正起到防火墙的作用。因此，对屋顶上的开口、空调设施、辅控楼的楼梯间之间应采取防止火灾蔓延的措施，例如拉开安全距离。

4. 辅控楼进入阀厅巡视走道的楼梯间平面

辅控楼进入阀厅巡视走道的楼梯间平面图如图 4－56 所示。

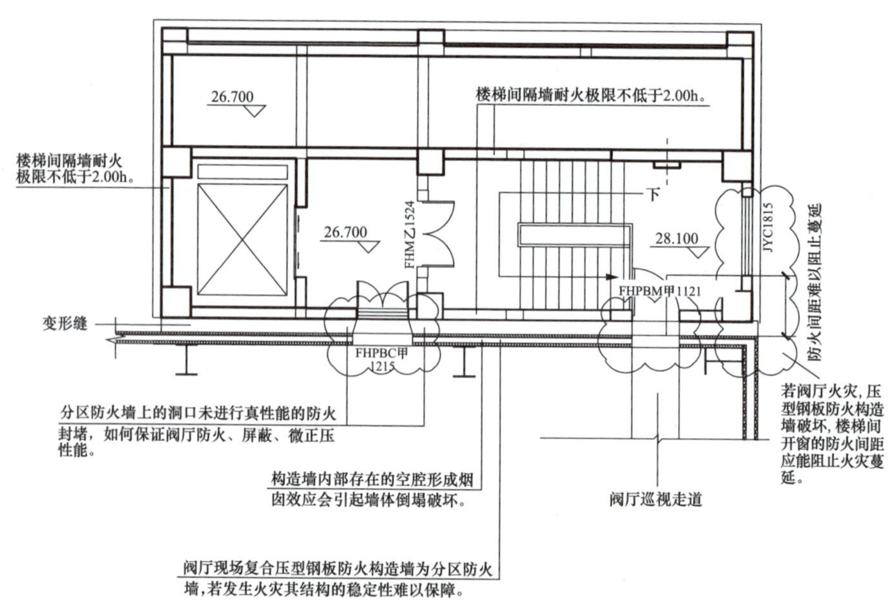

图 4－56 辅控楼进入阀厅巡视走道的楼梯间平面图

依据 GB 50016—2014 第 6.1.5 条规定“防火墙上不应开设门、窗、洞口，确需开设时，应设置不可开启或火灾时能自动关闭的甲级防火门、窗”。阀厅墙上一些洞口应加强封堵细节，保证阀厅的微正压、屏蔽、防火、防水性能。

第五节 阀厅防火设计案例分析

一、阀厅建筑组成

（1）对于高压直流换流站阀厅，通常包含两极阀组，阀厅分为极 1 阀厅、极 2 阀厅。

（2）对于特高压换流站阀厅，通常也包含两极阀组，但是单极阀组又分为高、低端阀厅，即极 1 高端阀厅、极 1 低端阀厅、极 2 高端阀厅、极 2 低端阀厅，特高压换流站共包含 4 座阀厅。根据工艺生产关系，阀厅与主（辅）控楼联合为独立的联合建筑。

二、阀厅火灾危险性类别的规定

（1）阀厅的火灾危险性分类应考虑换流变压器阀侧套管是否伸入阀厅的情况来区别对待。依据 GB 50229—2019 表 11.1.1 建（构）筑物的火灾危险性分类及其耐火等级规定：阀厅火灾危险性分类：丁类、耐火等级：二级。在规范条文解释中并没有体现出换流变压器的阀侧套管伸入阀厅所带来的火灾危险性，但是火灾事故案例已经证明了换流变压器爆炸起火引起换流变压器套管穿墙封堵系统破坏，从而导致火灾蔓延。例如柔性直流工程的阀厅并无换流变压器阀侧套管伸入阀厅。

（2）防火墙上开洞削弱防火墙性能。

1）依据 GB 50016—2014 第 6.1.5 条规定“防火墙上不应开设门、窗、洞口，确需开设时，应设置不可开启或火灾时能自动关闭的甲级防火门、窗。可燃气体和甲、乙、丙类液体的管道严禁穿过防火墙。防火墙内不应设置排气道”（强制性条文）。换流变压器的阀侧套管伸入阀厅，换流变压器阀侧套管是充油的套管，属于丙类液体的管道，按此条规定应该是严禁。然而，这种特殊危险的生产工艺给阀厅带来了极大的火灾危险性，即便是阀侧套管改为干式或充气套管也只能是降低火灾蔓延的概率，根本的原因是变压器爆炸事故的发生。

2）依据 GB 50229—2019 第 11.2.1 条规定“生产建筑物与油浸变压器或可燃介质电容器的间距不满足 11.1.5 条的要求时，应符合下列规定：第 1 款：当建筑物与油浸变压器或可燃介质电容器等电气设备间距小于 5m 时，在设备外轮廓投影范围外侧各 3m 内的建筑物外墙上不应设置门、窗、洞口和通风孔，且该区域外墙应为防火墙，当设备高于建筑物时，防火墙应高于该设备的高度”。

这条就是要求当阀厅与充油换流变压器间距小于 5m 时，在换流变压器正对的阀厅防火墙上不应开设任何洞口。然而，特高压的特殊生产工艺不仅要开洞，而且还要开设大洞口，一般洞口面积占阀厅防火墙换流变压器间隔内面积的 1/7～1/4，防火墙上开洞削弱防火墙性能，给阀厅也带来极大的火灾危险性。

（3）换流变压器阀侧套管穿防火墙的洞口封堵系统。阀厅防火墙上开设如此大的洞口，会极大地削弱防火墙的防火性能，无论采用何种封堵方案都不如整道防火墙的完整性好。换流变压器阀侧套管穿防火墙的洞口封堵系统，虽然做了多次碳烃类火的试验，也能满足 3.00h 耐火极限隔热性与完整性要求，但是洞口封堵系统毕竟是靠人来层层安装，安装步骤、安装细节、施工的精细度、中间过程的验收等都会影响封堵的质量，密封性、防火性、结构的稳定性、功能性等都很关键，一处没做好都会导致整个系统的破坏，如果再加上工期紧的因素，都会影响封堵的质量。因此，针对换流变压器阀侧套管穿防火墙的洞口封堵系统的规程编制，不仅有设计要求，还应增加施工安装及验收标准。具体详细介绍见第六章内容。

三、单座阀厅应为独立的防火分区

基于上述对阀厅建筑火灾危险性的分析，可以确定阀厅的火灾危险性极高。为了防止阀厅发生火灾而殃及相邻区域，因此单座阀厅应为独立的防火分区。即使 GB 50016—2014 第 3.3.1 条对“丁类火灾”危险性类别单多层厂房的防火分区最大面积不限，但还是应该依功能来划分防火分区，不能因为 1 座阀厅发生火灾而殃及另 1 座阀厅或主辅控楼。同时 GB 50016—2014（2018 版）的第 1.0.4 条规定：“同一建筑内设置多种使用功能场所时，不同使用功能场所之间应进行防火分隔，该建筑及其各功能场所的防火设计应根据本规范的相关规定确定”。因此，对于主控楼与背靠背布置的两极低端阀厅组成的 1 座联合建筑物，应以单座阀厅为独立的防火分区，与相邻区域之间应进行防火分隔，依据 GB 50016—2014 表 3.3.1 的注 1“防火区域之间应进行防火分隔”。

例如，由于 GB 50016—2014 第 3.3.1 条对“丁类”火灾危险性类别的单多层厂房防火分区最大面积不限，曾有个别工程在主控楼与“背靠背”布置的两极低端阀厅组成的联合建筑物中没做任何防火分隔保护措施，如果极 1 低端阀厅失火就会殃及极 2 低端阀厅、殃及到主控楼，这样整座联合建筑物就会蔓延，这是对规范理解不透，防火设计“以防为主”，防的就是火灾蔓延。要从规范的编制精神去理解规范，而不是教条地抠字眼来执行规范。

四、特高压换流站低端阀厅建筑防火设计

阀厅依托五直工程标准化设计。低端阀厅轴线长度为 76.5m、轴线宽度为 23.1m、梁底高度为 16.2m。结构形式两极低端阀厅均采用钢筋混凝土剪力墙–框架混合结构：屋面采用钢结构有檩屋盖体系。

（一）低端阀厅

两极低端阀厅“背靠背”布置，通常与主控楼联合组成一座联合建筑物建筑。

1. 两极低端阀厅一层平面

两极低端阀厅一层平面图如图 4–57 所示。

（1）防火分区。依据 GB 50016—2014 第 1.0.4 条规定“同一建筑内设置多种使用功能场所时，不同使用功能场所之间应进行防火分隔”。两极低端阀厅与主控楼联合为一座多层厂房，共划分 3 个防火分区：其中单极阀厅为一个独立的防火分区，主控楼为 1 个防火分区，见图 4–58 中防火分区 1、防火分区 2、防火分区 3。

（2）防火墙。

1）依据 GB 50016—2014 表 3.3.1 的注 1“防火分区之间应采用防火墙分隔”。

2）两极低端阀厅“背靠背”布置采用钢筋混凝土框架填充墙作为分区防火墙进行防火分隔。背靠背分区防火墙的设置目的是防止极 1/极 2 低端阀厅之间的火灾蔓延，而实际设置的结果是达不到阻隔的作用，主控楼与两极低端阀厅交界处的防火分区分析图见 4–58。

3）换流变压器与阀厅之间、每台换流变压器之间用耐火极限不低于 3.00h 的现浇钢筋混凝土实体防火墙分隔。

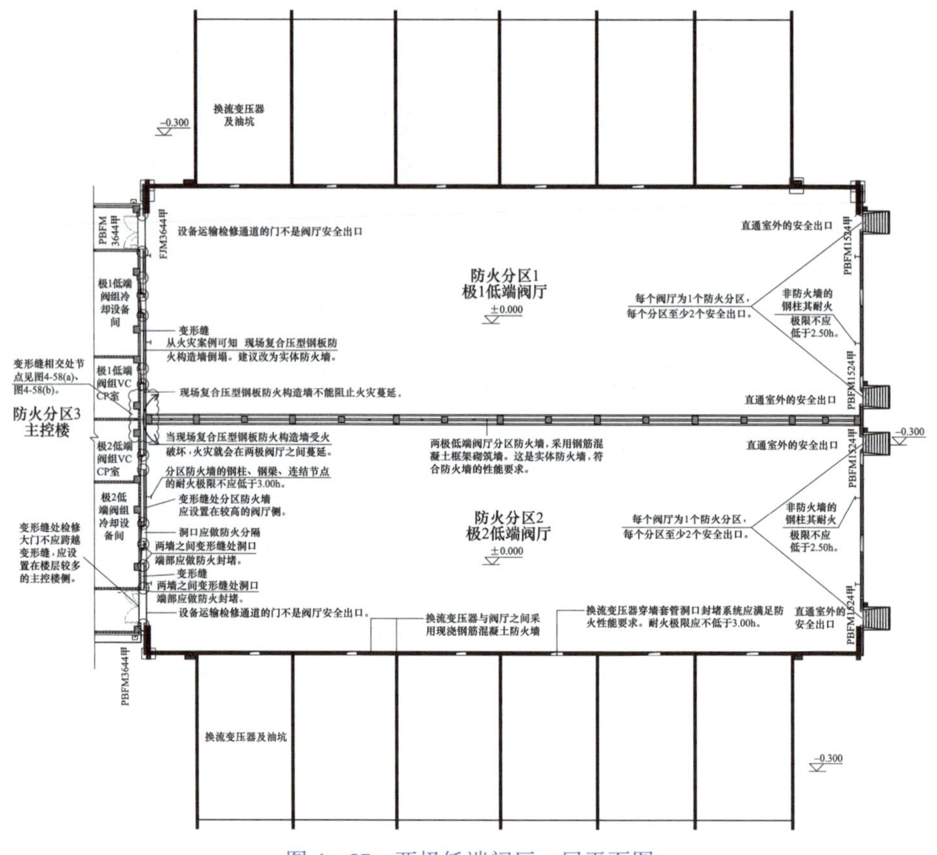

图 4-57　两极低端阀厅一层平面图

4）主控楼侧的两极低端阀厅山墙为分区防火墙，采用现场复合压型钢板防火构造墙充当防火墙。从火灾案例可知，现场复合压型钢板防火构造墙倒塌。因此，实体防火墙才是防火的有效措施。

（3）安全出口。每极阀厅±0.000m 层应设有 2 个对外安全出口。每个安全出口净宽度不小于 1.1m，门采用甲级防火屏蔽门。另外，阀厅通向主控楼还应设置 1 个车辆通行出入口，开向主控楼一侧，但这个出入通道门不是阀厅的安全出口，只是便于检修维护的通道。

（4）耐火极限。防火墙耐火极限不低于 3.00h，阀厅的钢结构构件应采用防火涂料涂刷，现场复合压型钢板防火构造墙依托的钢柱及檩托等构件，其耐火极限不应低于 3.00h。防火墙上洞口应采取可靠的封堵密封措施，洞口封堵的耐火极限也应满足所在防火墙的耐火极限 3.00h 要求。

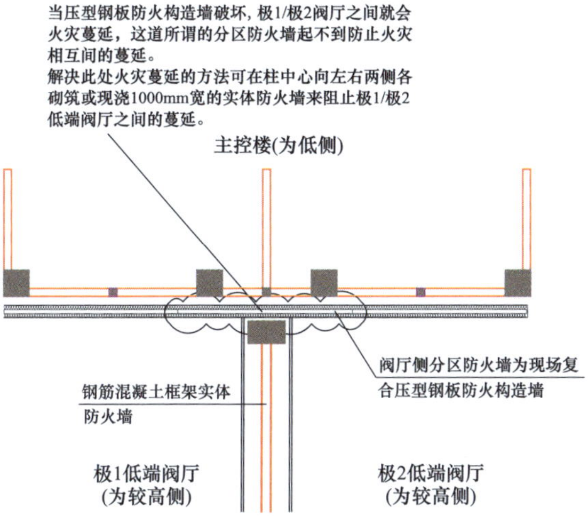

当压型钢板防火构造墙破坏，极1/极2阀厅之间就会火灾蔓延，这道所谓的分区防火墙起不到防止火灾相互间的蔓延。
解决此处火灾蔓延的方法可在柱中心向左右两侧各砌筑或现浇1000mm宽的实体防火墙来阻止极1/极2低端阀厅之间的蔓延。

主控楼(为低侧)

阀厅侧分区防火墙为现场复合压型钢板防火构造墙

钢筋混凝土框架实体防火墙

极1低端阀厅
(为较高侧)

极2低端阀厅
(为较高侧)

(a) 目前的设计状况

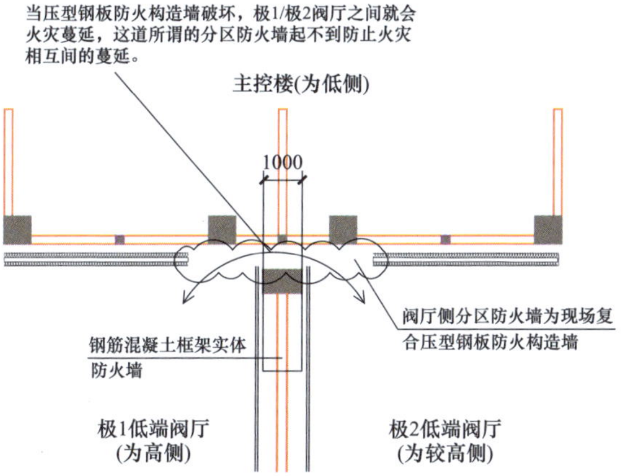

当压型钢板防火构造墙破坏，极1/极2阀厅之间就会火灾蔓延，这道所谓的分区防火墙起不到防止火灾相互间的蔓延。

主控楼(为低侧)

1000

阀厅侧分区防火墙为现场复合压型钢板防火构造墙

钢筋混凝土框架实体防火墙

极1低端阀厅
(为高侧)

极2低端阀厅
(为较高侧)

(b) 发生火灾将会导致蔓延

图 4－58 主控楼与两极低端阀厅交界处的防火分区分析图

（5）依据 GB 50016—2014 第 6.5.1 条第 5 款规定“防火门的设置应符合下列规定：设置在建筑变形缝附近时，防火门应设置在楼层较多的一侧，并应保证防火门开启时门扇不跨越变形缝”。因此，变形缝处的防火门设置在楼层多的主控楼侧，阀厅进出主控楼的检修通道应采用甲级防火屏蔽门。

（6）依据 GB 50016—2014 第 6.1.5 条规定“防火墙上不应开设门、窗、洞口，确需开设时，应设置不可开启或火灾时能自动关闭的甲级防火门、窗”（强制性条文）。

两极低端阀厅山墙作为分区防火墙，其墙上的洞口并没有进行防火封堵，处于留空状态，这不满足规范强制性条文规定。如果主控楼侧的实体框架墙作为分区防火墙，那么阀厅山墙上的洞口可不按 6.1.5 条执行，但主控楼屋面层的设备或机房与阀厅山墙应保持 10m 以上的防火间距。目前一些在运换流站也未满足安全距离的要求。

通常防火分区之间的门应设置在防火墙上，如果阀厅山墙作为分区防火墙，其上的门再开向主控楼侧，就会跨越变形缝，对防火很不利。按规范要求，此类门应设置在楼层较多的主控楼一侧，然而分区防火墙上门的位置仅为洞口，未作任何防火措施，这不满足 6.5.1 条的规定，也不满足阀厅防火、屏蔽、微正压要求。

2. 两极低端阀厅巡视检修层平面

两极低端阀厅巡视走道平面图如图 4－59 所示。

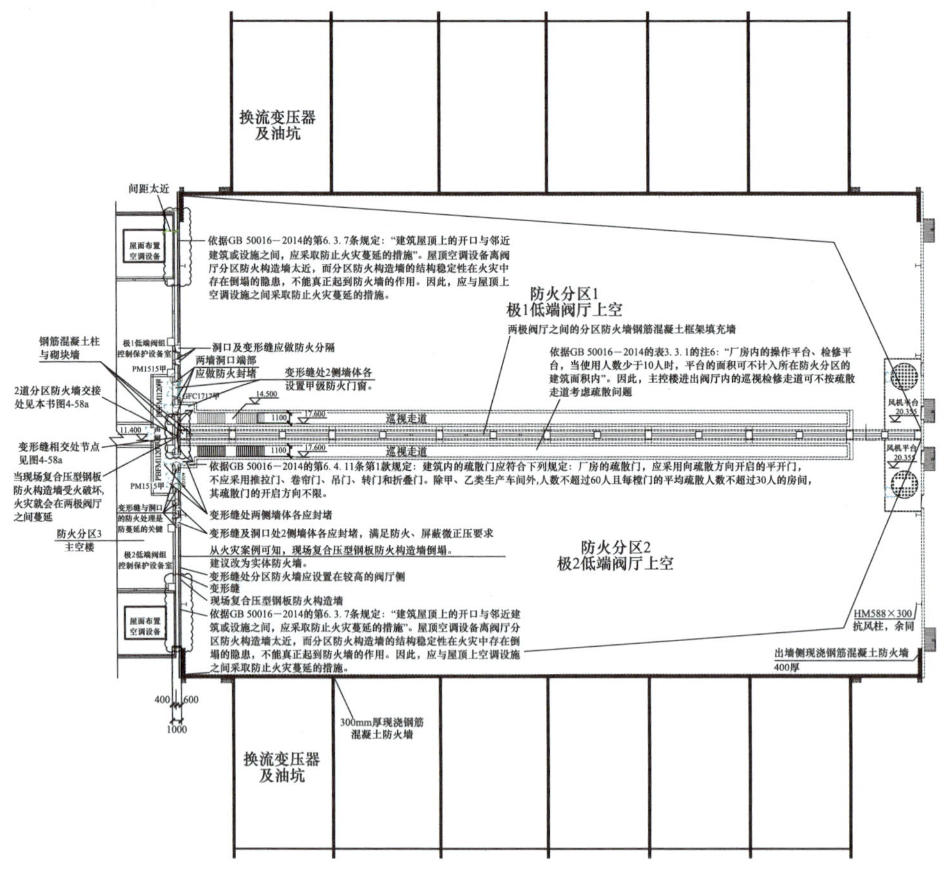

图 4－59　两极低端阀厅巡视走道平面图

（1）两极低端阀厅山墙作为分区防火墙，采用的是现场复合压型钢板防火构造墙，其墙上的洞口并没有进行防火封堵，处于留空状态，这不满足规范强制性条文规定。阀厅分区防火墙立面留洞见图 4－60。

（2）依据 GB 50016—2014 表 3.3.1 的注 6“厂房内的操作平台、检修平台，当使用人数少于 10 人时，平台的面积可不计入所在防火分区的建筑面积内”。因此，阀厅的巡视走道不计入阀厅防火分区的建筑面积内，可不考虑门的疏散开启方向。

即便考虑疏散因素，依据 GB 50016—2014 第 6.4.11 条第 1 款规定“除甲、乙类生产车间外，人数不超过 60 人且每樘门的平均疏散人数不超过 30 人的房间，其疏散门的开启方向不限”，在不跨越变形缝的情况下，阀厅分区防火墙上门洞处可设置向阀厅内侧开启的疏散门。

阀厅现场复合压型钢板防火构造墙上的洞口基本没做封堵，除特殊情况外，穿越洞口的设备管道在两道墙上都要做封堵，保证阀厅微正压、防火、屏蔽要求。阀厅分区防火墙立面留洞图见图 4－60。

3. 阀厅消防救援窗口的设置要求

依据 GB 55037—2022 第 2.2.3 条第 2 款规定“无外窗的建筑应每层设置消防救援口，有外窗的建筑应自第三层起每层设置消防救援口”。条文解释“无外窗的建筑”是指建筑外墙上未设置外窗或外窗开口大小不符合消防救援窗要求，包括部分楼层无外窗或全部楼层无外窗的建筑。这条主要是针对楼层无窗建筑来设置消防救援口。

依据 GB/T 51200—2016 第 8.2.9 条规定“阀厅外墙不应设置采光窗”。再依据 GB/T 50016—2014 第 1.0.2 条规定“人民防空工程、石油和天然气工程、石油化工工程和火力发电厂与变电站等的建筑防火设计，当有专门的国家标准时，宜从其规定。”对于阀厅特殊建筑而言，由于微正压、屏蔽等特殊性要求，阀厅可不开消防救援窗。

4. 阀厅饰面地坪设置要求

依据 GB/T 51200—2016 第 8.2.12 条规定“阀厅室内地坪应采用耐磨、抗冲击、抗静电、不起尘、防潮、光滑、易清洁的饰面材料”及 GB/T 50789—2012 的第 8.2.29 条第 1 款规定“阀厅地坪应采用耐磨、抗冲击、抗静电、不起尘、防潮、光滑、易清洁的饰面材料”。

对于阀厅饰面地坪的规定中，规范并没有防火性能的要求。多年来行业的认知也是阀厅不会发生火灾。但是，自 2018 年以来，换流站变压器已发生了几次火灾事故。因此，阀厅饰面地坪应考虑防火设计要求，采用 A 级不燃性材料更为合适。

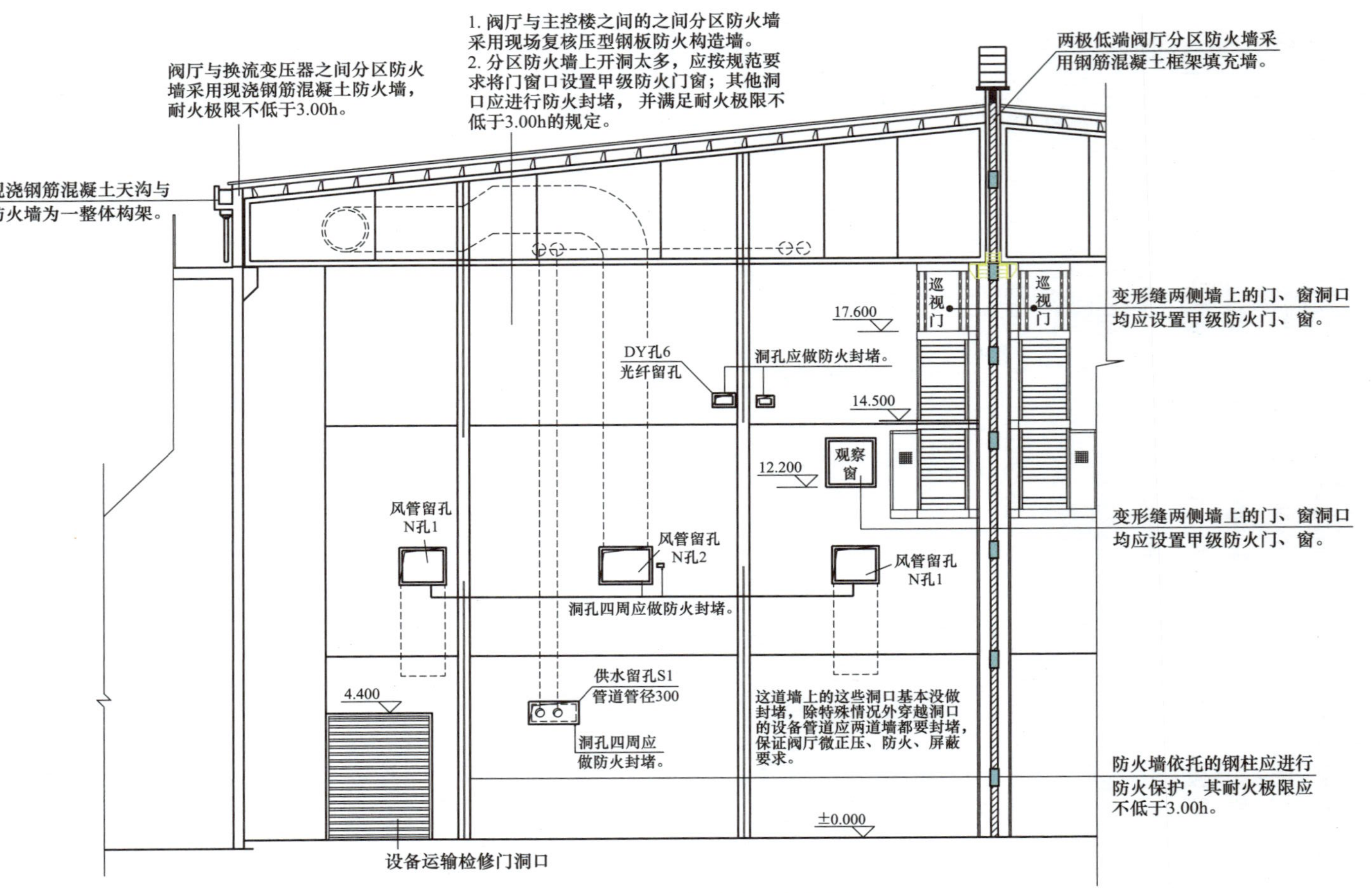

图4-60 阀厅分区防火墙立面留洞图

规范对阀厅地坪防静电性能的要求，说明也是出于对阀厅静电引发火灾的可能性来进行设防要求。长期以来阀厅一直采用的环氧自流平地坪具有不防火、不耐磨、不耐划痕、不防潮、不环保等性能缺陷。火灾事故之后，一些工程的阀厅地坪考虑防火因素已采用了水泥基自流平地坪，但起皮、脱落、空鼓、裂纹等缺陷严重。目前南昌换流站阀厅地坪已采用的通体水性聚氨酯耐磨防静电地坪，具有防火、环保、耐磨、耐冲击、防潮、附着力强等性能，弥补了环氧自流平、水泥基自流平地坪的不足和缺陷。对于阀厅地坪的防静电措施，很多工程一直未做防静电层，更没有做过防静电检测验收。在消防审查中是有这项验收内容。《建设工程消防设计审查验收工作细则》第三章特殊建设工程的消防验收的第十八条现场评定的具体项目包括：（七）防爆，应当包括泄压设施，以及防静电、防积聚、防流散等措施。

五、特高压换流站高端阀厅建筑防火设计

特高压换流站两极高端阀厅均采用钢–钢筋混凝土混合结构，除换流变压器侧的钢筋混凝土防火墙外，其他三面墙体均采用钢排架结构，屋面采用钢结构有檩屋盖体系。依托“五直”工程，高端阀厅轴线长度为 86.2m、轴线宽度为 34m、梁底高度约 26m。

单极高端阀厅与单极辅控楼联合为一座多层厂房，各自为独立的防火分区。高端阀厅鸟瞰图如图 4–61 所示。

图 4–61 高端阀厅鸟瞰图

高端阀厅的设计存在与低端阀厅相同的问题，此处不加赘述。高端阀厅平面、剖面图如图 4–62～图 4–64 所示。

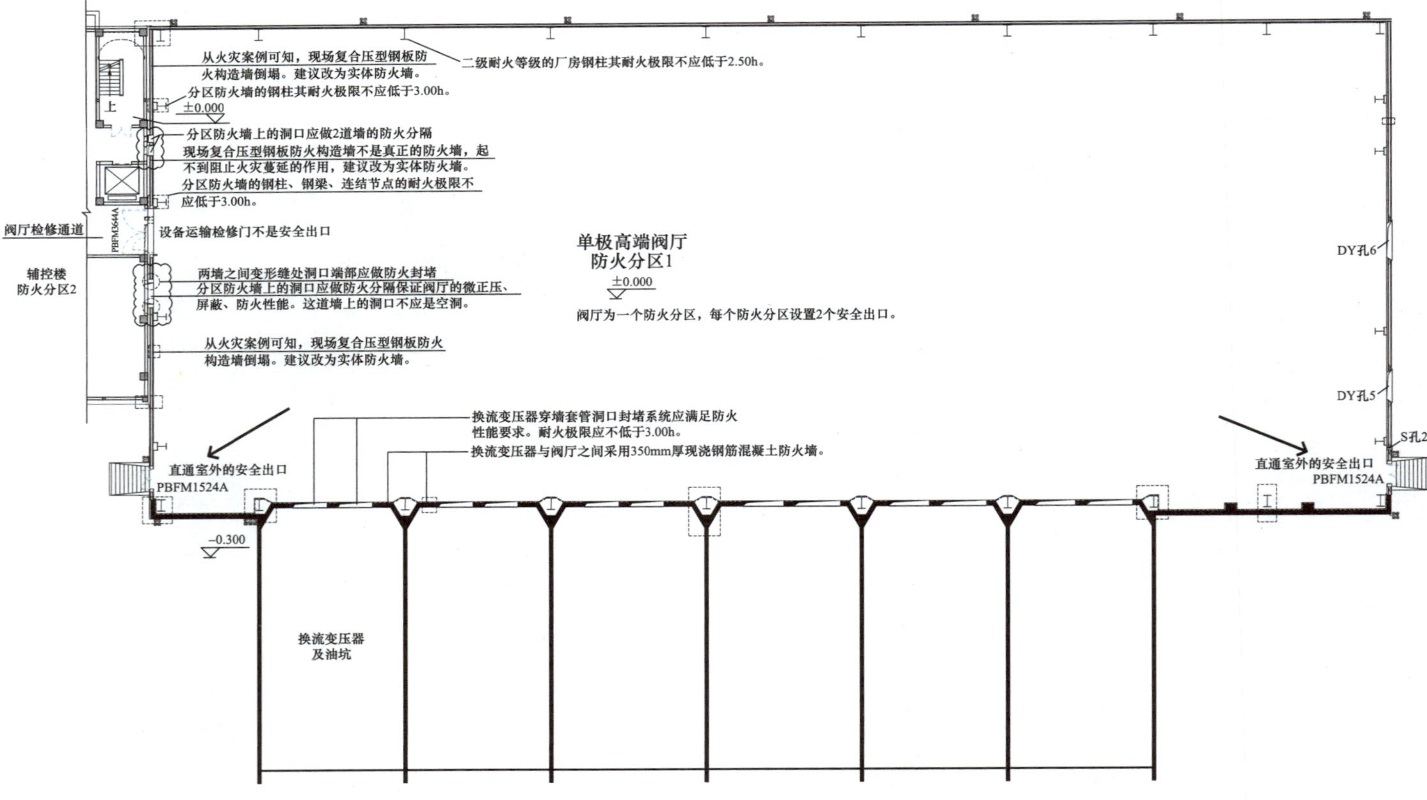

图 4-62　高端阀厅一层平面图

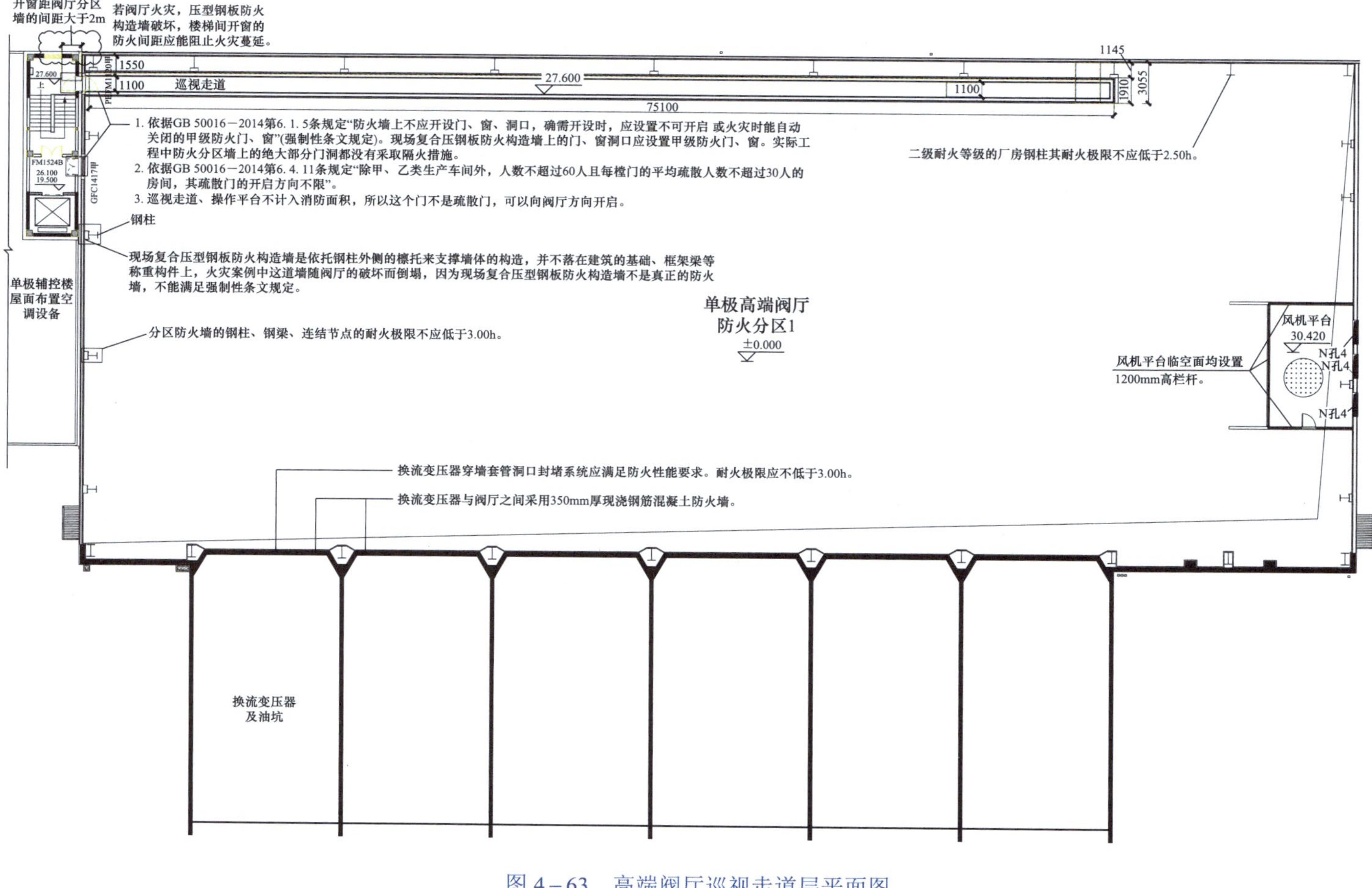

开窗距阀厅分区墙的间距大于2m
若阀厅火灾，压型钢板防火构造墙破坏，楼梯间开窗的防火间距应能阻止火灾蔓延。
1550
1100
巡视走道
27.600
75100
1100
1145
1910
3055
1. 依据GB 50016－2014第6.1.5条规定"防火墙上不应开设门、窗、洞口，确需开设时，应设置不可开启 或火灾时能自动关闭的甲级防火门、窗"(强制性条文规定)。现场复合压钢板防火构造墙上的门、窗洞口应设置甲级防火门、窗。实际工程中防火分区墙上的绝大部分门洞都没有采取隔火措施。
2. 依据GB 50016－2014第6.4.11条规定"除甲、乙类生产车间外，人数不超过60人且每樘门的平均疏散人数不超过30人的房间，其疏散门的开启方向不限"。
3. 巡视走道、操作平台不计入消防面积，所以这个门不是疏散门，可以向阀厅方向开启。
二级耐火等级的厂房钢柱其耐火极限不应低于2.50h。
钢柱
现场复合压型钢板防火构造墙是依托钢柱外侧的檩托来支撑墙体的构造，并不落在建筑的基础、框架梁等称重构件上，火灾案例中这道墙随阀厅的破坏而倒塌，因为现场复合压型钢板防火构造墙不是真正的防火墙，不能满足强制性条文规定。
单极辅控楼屋面布置空调设备
单极高端阀厅
防火分区1
±0.000
分区防火墙的钢柱、钢梁、连结节点的耐火极限不应低于3.00h。
风机平台
30.420
N孔4
N孔4
N孔4
风机平台临空面均设置1200mm高栏杆。
FM1524B
26.100
19.500
27.600
上
GFC1417甲
换流变压器穿墙套管洞口封堵系统应满足防火性能要求。耐火极限应不低于3.00h。
换流变压器与阀厅之间采用350mm厚现浇钢筋混凝土防火墙。
换流变压器及油坑

图 4－63　高端阀厅巡视走道层平面图

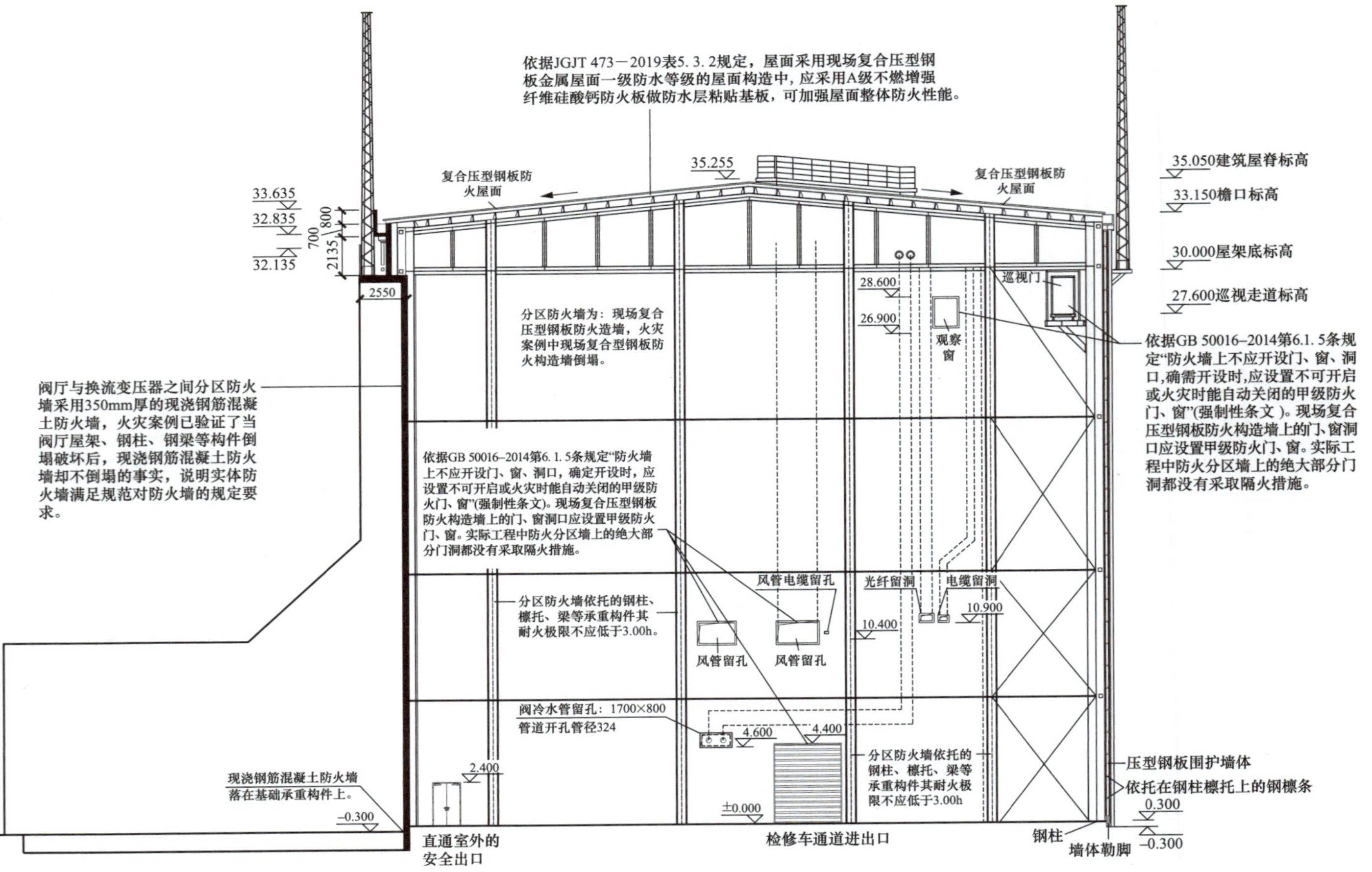

图 4－64　高端阀厅剖面图

依据 GB 50016—2014 第 6.1.1 条规定“防火墙应直接设置在建筑的基础或框架、梁等承重结构上，框架、梁等承重结构的耐火极限不应低于防火墙的耐火极限。防火墙应从楼地面基层隔断至梁、楼板或屋面板的底面基层”及第 6.1.7 条规定“防火墙的构造应能在防火墙任意一侧的屋架、梁、楼板等受到火灾的影响而破坏时，不会导致防火墙倒塌”（强制性条文）。

阀厅与换流变压器之间分区防火墙采用 350mm 厚的现浇钢筋混凝土防火墙，火灾案例已验证了当阀厅屋架、钢柱、钢梁等构件倒塌破坏后，现浇钢筋混凝土防火墙却不倒塌的事实，说明实体防火墙满足规范对防火墙的规定要求。经历火灾的实体防火墙如图 4－65 所示。

图 4－65　经历火灾的实体防火墙

第六节　户内直流场防火设计案例分析

（1）户内直流场火灾危险性分类及其耐火等级。依据 GB 50229—2019 表 11.1.1 中的规定“建（构）筑物的火灾危险性分类及其耐火等级”得知，户内直流场单台设备油量 60kg 以上为丙类、二级；单台设备油量 60kg 以下为丁类、二级。特高压及高压直流户内直流场通常为丙类、二级。

（2）含户内直流场联合建筑火灾危险性分类及其耐火等级。

1）依据 GB 50016—2014 的第 3.1.2 条第 1 款规定“同一座厂房或厂房的任一防火分区内有不同火灾危险性生产时，厂房或防火分区内的生产火灾危险性类别应按火灾危险性较大的部分确定；当生产过程中使用或产生易燃、可燃物的量较少，不足以构成爆炸或火灾危险时，可按实际情况确定；当符合下述条件之一时，可按火灾危险性较小的部分确定：火灾危险性较大的生产部分占本层或本防火分区建筑面积的比例小于 5%或丁、戊类厂房内的油漆工段小于 10%，且发生火灾事故时不足以蔓延至其他部位或火灾危险性较大的生产部分采取了有效的防火措施”。实际工程中户内直流场内部火灾危险性较大部分的充油电抗器，并没做任何分隔措施，户内直流场仅是一个很大的钢结构轻质外围护结构的空间。

2）依据 GB 50229—2019 第 11.1.2 条规定“同一建筑物或建筑物的任一防火分区布置有不同火灾危险性的房间时，建筑物或防火分区内的火灾危险性类别应按火灾危险性较大的部分确定。当火灾危险性较大的房间占本层或本防火分区建筑面积的比例小于 5%，且发生火灾事故时不足以蔓延至其他部位或火灾危险性较大的部分采取了有效的防火措施时，可按火灾危险性较小的部分确定”。

阀厅、主辅控楼是丁类，户内直流场是丙类，那么含户内直流场的联合建筑的火灾危险性分类及其耐火等级应为丙类、二级。而实际工程设计中户内直流场联合建筑的火灾危险性是按丁类、二级设计，依据是什么没有任何说明和依据。

（3）户内直流场与高端阀厅、辅控楼、户内直流场的空调设备间有连续的、不可分开的生产工艺关系，因此联合建筑应为一座建筑物。依据 GB 50016—2014 第 1.0.4 条规定“同一建筑内设置多种使用功能场所时，不同使用功能场所之间应进行防火分隔，该建筑及其各功能场所的防火设计应根据本规范的相关规定确定”，联合建筑的各组成部分之间应进行防火分隔。阀厅与户内直流场之间的分区防火墙一直以来采用的都是现场复合压型钢板防火构造墙，当阀厅发生火灾分区防火墙破坏倒塌将会蔓延至户内直流场，所以建议分区防火墙改用实体防火墙。户内直流场联合建筑物鸟瞰图如图 4－66 所示。

图 4－66　户内直流场联合建筑物鸟瞰图

（4）户内直流场防火设计。户内直流场平面图如图 4－67 所示。

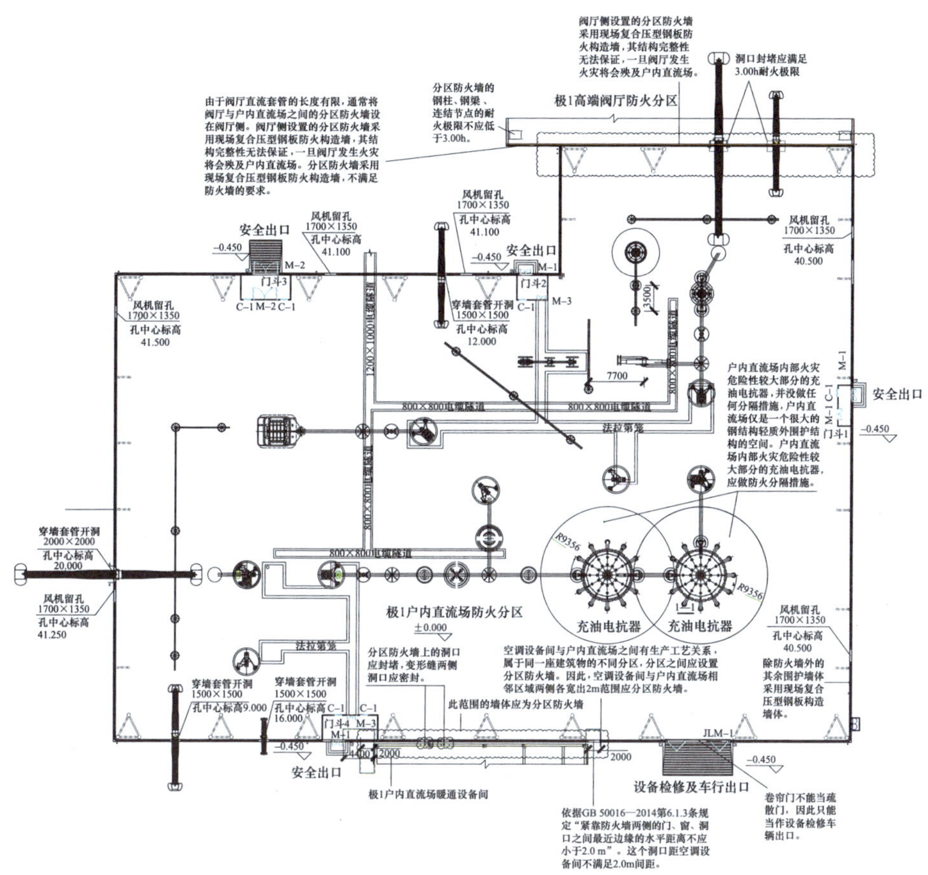

图 4－67　户内直流场平面图

1）依据 GB 50016—2014 表 3.3.1 的注 1 规定“防火分区之间应采用防火墙分隔”。

依据 GB 50016—2014 表 3.3.1 规定“丙类、二级的单层厂房，每个防火分区最大允许面积为‘8000m^2’；而丁类、二级的单层厂房的每个防火分区最大允许面积为‘不限’。经计算单极户内直流场面积小于规范规定的 8000m^2，因此户内直流场为 1 个防火分区”。

2）依据 GB 50229—2019 的第 11.1.2 条规定“同一建筑物或建筑物的任一防火分区布置有不同火灾危险性的房间时，建筑物或防火分区内的火灾危险性类别应按火灾危险性较大的部分确定。当火灾危险性较大的房间占本层或本防火分区建筑面积的比例小于 5%，且发生火灾事故时不足以蔓延至其他部位或火灾危险性较大的部分采取了有效的防火措施时，可按火灾危险性较小的部分确定”。户内直流场内部火灾危险性较大部分的充油电抗器，应对充油电抗器采取有效的防火分隔措施。实际工程并没做任何分隔措施，户内直流场仅是一个很大的钢结构轻质外围护结构的空间。户内直流场电气设备周围无有效防火分隔见图 4－7（a）。

3）依据 GB/T 50789—2012 第 8.2.25 条规定“当户内直流场内布置有单台设备充油量 60kg 及以上的含油电气设备时，应设置防止火灾蔓延的阻火隔墙，局部梁、柱、屋盖和墙体等建筑构件的燃烧性能和耐火极限应符合现行国家标准《建筑设计防火规范》GB 50016 的有关规定”。但实际工程并没有执行这条规定，一直以来也未能满足规范要求。户内直流场电气设备周围设置有效防火分隔见图 4－7（b）。

4）依据 GB 50016—2014 第 6.1.3 条规定“紧靠分区防火墙两侧的门、窗、洞口之间最近边缘的水平距离不应小于 2.0m”。空调设备间与户内直流场之间有生产工艺关系，属于同一座建筑物的不同分区，分区之间应设置分区防火墙。因此，空调设备间与户内直流场相邻区域两侧各宽出 2.0m 范围应设置分区防火墙，图 4－67 中墙上的洞口离转角处太近，不满足 2.0m 要求。

5）阀厅与户内直流场之间在阀厅侧设置的分区防火墙采用现场复合压型钢板防火构造墙，其结构完整性无法保证，一旦阀厅发生火灾将会殃及户内直流场。

6）±500kV 政平换流站在户内直流场内对火灾危险性大的充油电容器设备采取了现浇钢筋混凝土防火保护措施，且户内直流场内还设置消防灭火措施，这是国内换流站中对户内直流场采取防火防护措施、消防灭火措施的唯一项目，见图 4－7（b）、图 4－68 和图 4－69。

图 4－68　户内直流场防护措施

(a) 户内直流场防护措施一

图 4－69　户内直流场防护措施（一）

(b) 户内直流场防护措施二

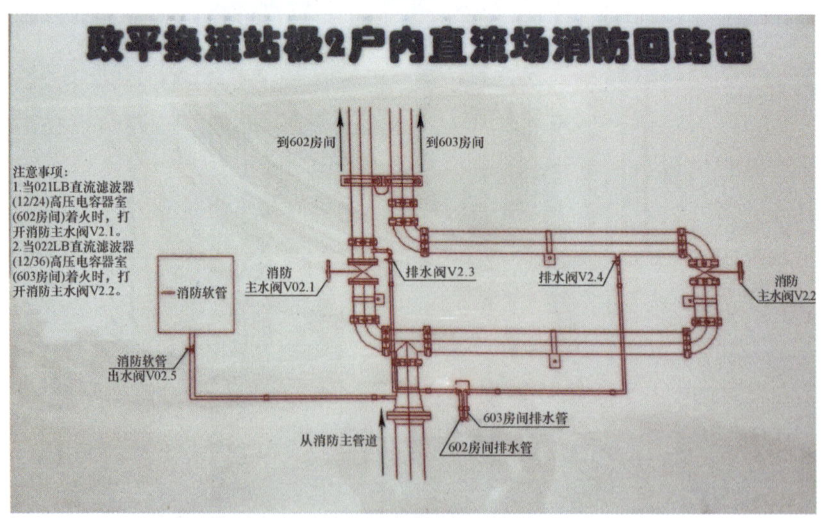

(c)户内直流场防护措施三

图 4-69　户内直流场防护措施（二）

第七节　综合楼防火设计案例分析

一、综合楼功能及防火设计

（1）综合楼功能。综合楼是换流站运行人员休息、生活、办公、会议等场所，是一座综合性的公共建筑，以值休室（或休息室）为主要功能房间，按 2 人 1 间的设计标准，根据送端及受端换流站实际管理状况来确定规模标准，通常设置 20～45 间（带卫生间的标间）值休室以及办公室数间、大小会议室、活动用房、餐厅、厨房、配电室、公共卫生间等功能房间。

由于限制综合楼总面积，还要满足约 80 人的住宿休息，目前综合楼休息室开间进深都偏小，有的站甚至开间进深轴线尺寸仅有 3.6m×5.7m，住 2 人非常拥挤，甚至还有上下铺 4 人居住 1 间的情况，而且没有考虑洗衣、晾晒等功能用房。因此，综合楼标准化设计确定休息室标准尺寸为 3.9m×7.2m。

（2）综合楼建筑面积：以往送端及受端换流站工程，根据实际运行情况，综合楼建筑面积大致控制在 2400～4500m^2。

（3）建筑分类和耐火等级：综合楼属于民用建筑中公共建筑部分，其耐火等级为“二级”。

（4）结构型式。结构型式通常为三层或四层钢筋混凝土框架结构。

（5）综合楼建筑设计应以“安全、实用、经济、美观”为设计原则。

（6）综合楼应执行 JGJ 36—2016《宿舍建筑设计规范》及 GB 55025—2022《宿舍、旅馆建筑项目规范》专项规范的防火设计相关规定。本建筑在消防审查时属地建设主管部门审图机构建筑师明确提出综合楼就是一座综合性的员工宿舍楼或公寓楼，应符合 JGJ 36—2016 防火相关设计要求。

1）依据 JGJ 36—2016 第 5.2.1 条规定“除与敞开式外廊直接相连的楼梯间外，宿舍建筑应采用封闭楼梯间”。

2）依据 JGJ 36—2016 第 5.2.2 条规定“宿舍建筑内的宿舍功能区与其他非宿舍功能部分合建时，安全出口和疏散楼梯宜各自独立设置，并应采用防火墙及耐火极限不小于 2.00h 的楼板进行防火分隔”。

3）依据 GB 55025—2022 第 3.3.1 条规定“宿舍的居室最高人口层楼面距室外设计地面的高差大于 9m 时，应设置电梯”。

（7）依据 GB 50016—2014 第 5.5.3 条规定“建筑的楼梯间宜通至屋面，通向屋面的门或窗应向外开启”。

（8）防排烟、通风设计。

1）防烟系统：依据 GB 51251—2017《建筑防烟排烟系统技术标准》第 2.1.1 条规定“通过采用自然通风方式，防止火灾烟气在楼梯间、前室、避难层（间）等空间内积聚，或通过采用机械加压送风方式阻止火灾烟侵入楼梯间、前室、避难层（间）等空间的系统，防烟系统分为自然通风系统和机械加压送风系统”。因此，优选自然排烟方式。

2）排烟系统：依据 GB 51251—2017 第 2.1.2 条规定“采用自然排烟或机械排烟的方式，将房间、走道等空间的火灾烟气排至建筑物外的系统，分为自然排烟系统和机械排烟系统”。

3）自然排烟：依据 GB 51251—2017 第 2.1.4 条规定“利用火灾热烟气流的浮力和外部风压作用，通过建筑开口将建筑内的烟气直接排至室外的排烟方式”。

4）自然排烟窗（口）：

a. 依据 GB 51251—2017 第 2.1.5 条规定“具有排烟作用的可开启外窗或开口，可通过自动、手动、温控释放等方式开启”。

b. 依据 GB 51251—2017 第 4.1.1 条规定“建筑排烟系统的设计应根据建筑的使用性质、平面布局等因素，优先采用自然排烟系统”。

因此，建筑方案的平面布局应优选自然排烟方式，尽量不在走道尽端布置较大房间，避免封堵走道端头的通风、排烟功能。

5）依据 GB 51251—2017 第 4.3.1 条规定“采用自然排烟系统的场所应设置自然排烟窗（口）”。

6）储烟仓的厚度对建筑层高的影响：依据 GB 51251—2017 第 4.6.2 条规定“当采用自然排烟方式时，储烟仓的厚度不应小于空间净高的 20%，且不应小于 500mm”。因此，建筑在设计层高以及吊顶的型式应考虑储烟仓的厚度要求。对于 3.60m 层高的走道，储烟仓的厚度不应小于 720mm，走道吊顶净空最大也只能做到 2.80m 层高。因此，综合楼层高应适当加高。

7）依据 GB 50016—2014 第 8.5.3 条规定“民用建筑的下列场所或部位应设置排烟设施：

……

2. 中庭；

3. 公共建筑内建筑面积大于 $100m^2$ 且经常有人停留的地上房间；

4. 公共建筑内建筑面积大于 $300m^2$ 且可燃物较多的地上房间；

5. 建筑内长度大于 20m 的疏散走道”。

8）依据 GB 51251—2017 第 4.1.3 条规定“建筑的中庭、与中庭相连通的回廊及周围场所的排烟系统的设计应符合下列规定：

1. 中庭应设置排烟设施。

2. 周围场所应按现行国家标准 GB 50016《建筑设计防火规范》中的规定设置排烟设施。

3. 回廊排烟设施的设置应符合下列规定：

a. 当周围场所各房间均设置排烟设施时，回廊可不设，但商店建筑的回廊应设置排烟设施。

b. 当周围场所任一房间未设置排烟设施时，回廊应设置排烟设施。

c. 当中庭与周围场所未采用防火隔墙、防火玻璃隔墙、防火卷帘时，中庭与周围场所之间应设置挡烟垂壁”。

9）封闭楼梯间应采用自然通风系统：

a. 依据 GB 51251—2017 第 3.1.6 条规定“封闭楼梯间应采用自然通风系统，不能满足自然通风条件的封闭楼梯间，应设置机械加压送风系统”。

b. 依据 GB 51251—2017 第 3.2.1 条规定“采用自然通风方式的封闭楼梯间，应在最高部位设置面积不小于 $1.0m^2$ 的可开启外窗或开口；当建筑高度大于 10m 时，尚应在楼梯间的外墙上每 5 层内设置总面积不小于 $2.0m^2$ 的可开启外窗或开口，且布置间隔不大于 3 层”。

c. 依据 GB 51251—2017 第 3.2.4 条规定“可开启外窗应方便直接开启，设置在高处不便于直接开启的可开启外窗应在距地面高度为 1.3～1.5m 的位置设置手动开启装置”。

10）建筑设计应优先采用自然排烟系统：通高的中庭增加了建筑物的火灾危险性，需要设置机械排烟、消防联动等措施，既不经济又不安全。依据 GB 51251—2017 第 4.1.1 条规定“建筑排烟系统的设计应根据建筑的使用性质、平面布局等因素，优先采用自然排烟系统”。

建筑方案的设计应尽量采用自然排烟方式，应以“安全、实用、经济、美观”为设计原则。建筑设计应优选自然排烟方式，不应为追求建筑型式而不惜代价。某综合楼三层通高的中庭排烟方式如图 4－70 所示。

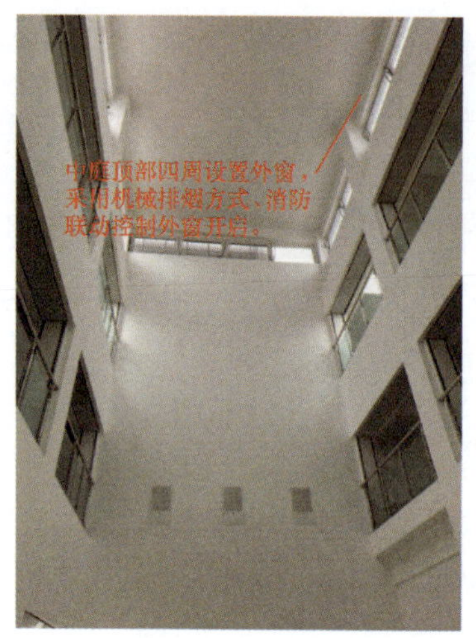

图 4－70　某综合楼三层通高的中庭排烟方式

二、综合楼防火设计案例分析

（一）案例分析 1

依托“五直”工程，本案例综合楼建筑面积 4400 平方左右，层数 3 层，结构型式为钢筋混凝土框架结构，耐火等级为二级的多层公共建筑。门厅 2 层通高，中庭 3 层通高，通高部位的开口处均采用 3.00h 耐火极限的防火卷帘进行分隔。

（1）案例 1 综合楼一层平面图见图 4－71。

1）防火分区：

a. 依据 GB 50016—2014 表 5.3.1 规定“多层民用建筑、二级耐火等级的防火分区最大允许建筑面积不大于 $2500m^2$ 为 1 个防火分区”，这栋建筑物总建筑面积为 $4400m^2$，应至少划分 2 个防火分区。图 4－71 中没有明确的防火分区标注与范围。

b. 依据 GB 50016—2014 第 5.3.2 条规定“建筑内设置自动扶梯、敞开楼梯等上、下层相连通的开口时，其防火分区的建筑面积应按上、下层相连通的建筑面积叠加计算；当叠加计算后的建筑面积大于本规范第 5.3.1 条的规定时，应划分防火分区”。3 层通高中庭面积叠加后会大于 $2500m^2$，应水平划分防火分区。

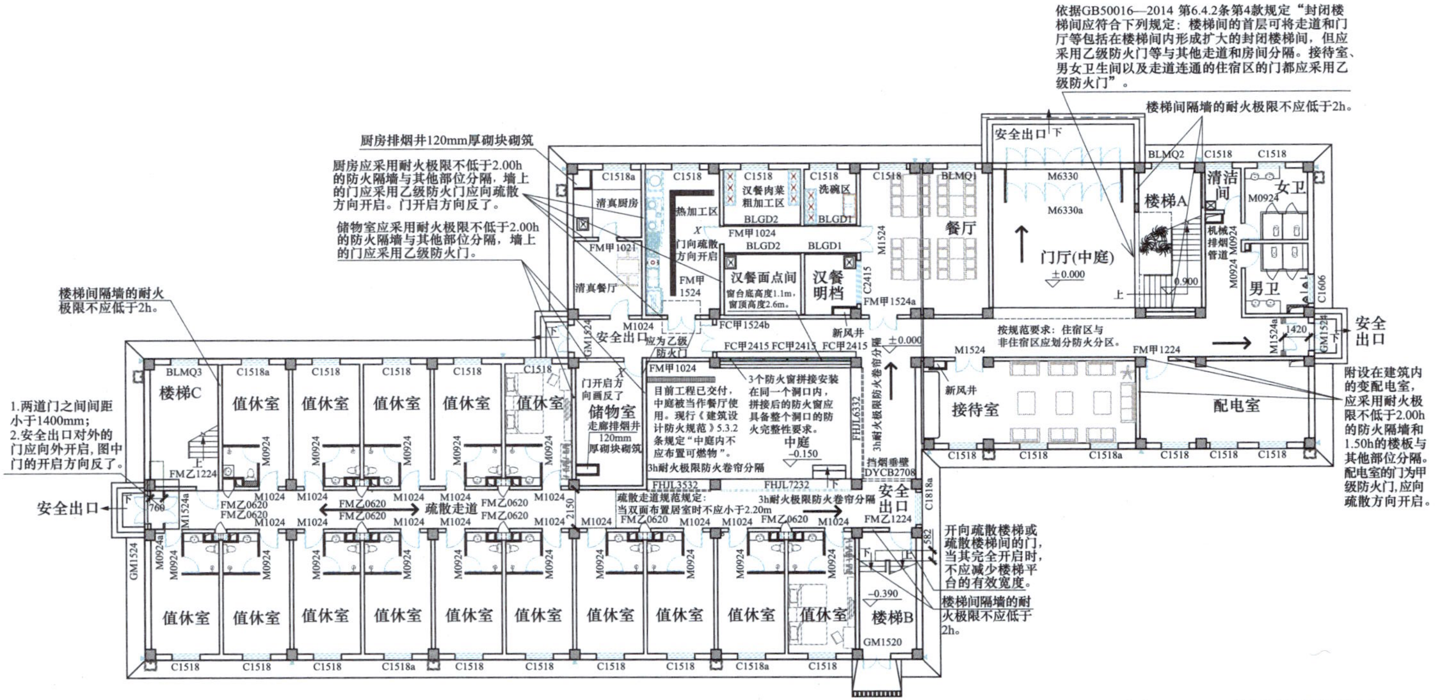

依据GB50016—2014 第6.4.2条第4款规定“封闭楼梯间应符合下列规定：楼梯间的首层可将走道和门厅等包括在楼梯间内形成扩大的封闭楼梯间，但应采用乙级防火门等与其他走道和房间分隔。接待室、男女卫生间以及走道连通的住宿区的门都应采用乙级防火门”。

楼梯间隔墙的耐火极限不应低于2h。

厨房排烟井120mm厚砌块砌筑

厨房应采用耐火极限不低于2.00h的防火隔墙与其他部位分隔，墙上的门应采用乙级防火门应向疏散方向开启。门开启方向反了。

储物室应采用耐火极限不低于2.00h的防火隔墙与其他部位分隔，墙上的门应采用乙级防火门。

楼梯间隔墙的耐火极限不应低于2h。

1.两道门之间间距小于1400mm；
2.安全出口对外的门应向外开启，图中门的开启方向反了。

附设在建筑内的变配电室，应采用耐火极限不低于2.00h的防火隔墙和1.50h的楼板与其他部位分隔。配电室的门为甲级防火门，应向疏散方向开启。

按规范要求：住宿区与非住宿区应划分防火分区。

3个防火窗拼接安装在同一个洞口内，拼接后的防火窗应具备整个洞口的防火完整性要求。

目前工程已交付，中庭被当作餐厅使用。现行《建筑设计防火规范》5.3.2条规定“中庭内不应布置可燃物”。

疏散走道规范规定：当双面布置居室时不应小于2.20m

开向疏散楼梯或疏散楼梯间的门，当其完全开启时，不应减少楼梯平台的有效宽度。

楼梯间隔墙的耐火极限不应低于2h。

1.本换流站工程的综合楼在消防审查中曾有专家提出换流站的综合楼应属于公共建筑，是供运行人员休息、生活、行政办公及会议的场所，除应符合现行GB 50016—2014和GB 50222—2022等有关公共建筑的规定外，还应执行《宿舍建筑设计规范》的相关规定。

2.依据《宿舍建筑设计规范》JGJ36—2014：2.0.1条：宿舍是有集中管理且供单身人士使用的居住建筑。因此，综合楼属于宿舍建筑范畴。2.0.2条：居室是供居住者睡眠、学习和休息的空间。因此，值班室或值休室无论名称是什么，其性质都是居住、休息、学习的功能。5.1.4条：宿舍内的公用厨房有明火加热装置时，应靠外墙设置并应采用耐火极限不小于2.0h的墙体和乙级防火门与其他部分分隔”。5.1.2条：变配电室不应布置在宿舍居室、疏散楼梯间及出入口门厅等部位的上一层、下一层或贴邻，并应采用防火墙与相邻区域进行分隔。5.2.1条：除与敞开式外廊直接相连的楼梯间外，宿舍建筑应采用封闭楼梯间。5.2.2条：宿舍建筑内的宿舍功能区与其他非宿舍功能部分合建时，安全出口和疏散楼梯宜各自独立设置，并应采用防火墙及耐火极限不小于2.0h的楼板进行防火分隔。
本图中未见防火分区的划分，住宿区与非住宿区没有独立成区。另外防烟分区也不应跨越防火分区。

图4-71　案例1综合楼一层平面图

c. 依据 JGJ 36—2016 第 5.2.2 条规定“宿舍建筑内的宿舍功能区与其他非宿舍功能部分合建时，安全出口和疏散楼梯宜各自独立设置，并应采用防火墙及耐火极限不小于 2.00h 的楼板进行防火分隔”。宿舍功能区与其他非宿舍功能部分应划分防火分区。

依据上述各项规定，应合理、规范地划分防火分区，首先在平面上将宿舍功能区与其他非宿舍功能进行分区，安全出口及疏散楼梯各自独立，这样在平面上就分为 2 个防火分区，而后再分层划分。

2）依据 GB 50016—2014 第 6.4.2 条第 4 款规定“封闭楼梯间应符合下列规定：楼梯间的首层可将走道和门厅等包括在楼梯间内形成扩大的封闭楼梯间，但应采用乙级防火门等与其他走道和房间分隔”。门厅封闭楼梯间属于扩大楼梯间，应将与走道和门厅连通空间的门采用乙级防火门分隔。接待室、男女卫生间，以及走道连通的住宿区的门都应采用乙级防火门。

3）依据 GB 50016—2014 第 6.2.3 条规定“建筑内的下列部位应采用耐火极限不低于 2.00h 的防火隔墙与其他部位分隔，墙上的门、窗应采用乙级防火门、窗，确有困难时，可采用防火卷帘，但应符合本规范第 6.5.3 条的规定：“‘……5. 除居住建筑中套内的厨房外，宿舍、公寓建筑中的公共厨房和其他建筑内的厨房……’”。

图 4－71 中厨房与餐厅、厨房与走道、厨房与相邻房间之间的隔墙应采用耐火极限不低于 2.00h 的防火隔墙分隔，墙上的门、窗应采用乙级防火门、窗。厨房热加工区的门采用乙级防火门并向疏散方向开启。

4）图 4－71 中庭靠厨房的过道之间设置 3 樘甲级拼接的防火窗来替代防火隔墙或替代甲级防火卷帘门，这种 1 个洞口多樘拼接的做法很不安全。3 樘防火窗拼接成 1 个大窗，其完整性、隔热性是否能达到整体窗的耐火极限要求是需要试验报告作为依据。另外，1 个大防火窗洞口由 3 个小防火窗拼接而成，那么拼接后缝隙的密烟性如何解决都要考虑。

5）慎用防火卷帘，防火卷帘的安全可靠性不能保障，GB 50016—2014 第 6.5.3 条的条文解释中明确规定“在实际使用过程中，防火卷帘存在着防烟效果差、可靠性低等问题以及在部分工程中存在大面积使用防火卷帘的现象，导致建筑内的防火分隔可靠性差，易造成火灾蔓延扩大。因此，设计中不仅要尽量减少防火卷帘的使用，而且要仔细研究不同类型防火卷帘在工程中运行的可靠性”。

6）依据 GB 50016—2014 第 6.2.3 条第 4 款规定“民用建筑内的附属库房，剧场后台的辅助用房应采用耐火极限不低于 2.00h 的防火隔墙与其他部位分隔，墙上的门、窗应采用乙级防火门、窗”。图 4－71 中储物室的门应采用乙级防火门。

7）依据 GB 50016—2014 第 5.3.条第 4 款规定“中庭内不应布置可燃物”（强制性条文）。目前中庭被当作餐厅使用，如图 4－72 所示。

图 4－72　案例 1 中庭被当作餐厅使用

8）依据 JGJ 36—2016 第 5.2.1 条规定“除与敞开式外廊直接相连的楼梯间外，宿舍建筑应采用封闭楼梯间”；第 5.2.2 条规定“宿舍建筑内的宿舍功能区与其他非宿舍功能部分合建时，安全出口和疏散楼梯宜各自独立设置，并应采用防火墙及耐火极限不小于 2.00h 的楼板进行防火分隔”。第 5.2.4 条规定“宿舍建筑内安全出口、疏散通道和疏散楼梯的宽度应符合下列规定：

1. 梯段净宽不应小于 1.20m；

2. 首层直通室外疏散门的净宽度不应小于 1.40m；

3. 通廊式宿舍走道的净宽度，当单面布置居室时不应小于 1.60m，当双面布置居室时不应小于 2.20m”。

9）依据 GB 50016—2014 第 6.4.11 条第 3 款规定“开向疏散楼梯或疏散楼梯间的门，当其完全开启时，不应减少楼梯平台的有效宽度”。显然这条未满足强制性条文规定。

10）依据 GB 50016—2014 第 6.2.7 条规定“附设在建筑内的消防控制室、灭火设备室、消防水泵房和通风空气调节机房、变配电室等，应采用耐火极限不低于 2.00h 的防火隔墙和 1.50h 的楼板与其他部位分隔。

通风、空气调节机房和变配电室开向建筑内的门应采用甲级防火门，消防控制室和其他设备房开向建筑内的门应采用乙级防火门”。

因此，图 4－71 中配电室的门开启方向有误，应向疏散方向开启，开向公共走道的门应采用甲级防火门。

（2）案例 1 综合楼二层平面图如图 4－73 所示。

1）依据 GB 50016—2014 第 6.4.11 条第 3 款规定“开向疏散楼梯或疏散楼梯间的门，当其完全开启时，不应减少楼梯平台的有效宽度”。显然楼梯 B 和楼梯 C 未满足强制性条文规定。

2）依据 GB 50016—2014 表 5.5.17 规定“一、二级的单、多层建筑，袋型走道不应大于 22m”；其中注 2 规定“当房间位于袋形走道两侧或尽端时，应按本表的规定减少 2m”，图 4－73 中袋型走道长度已大于 20m，不满足规范强制性条文规定。

3）依据 JGJ 36—2016 第 5.2.1 条规定“除与敞开式外廊直接相连的楼梯间外，宿舍建筑应采用封闭楼梯间”。

5.2.2 条“宿舍建筑内的宿舍功能区与其他非宿舍功能部分合建时，安全出口和疏散楼梯宜各自独立设置，并应采用防火墙及耐火极限不小于 2.00h 的楼板进行防火分隔”。图 4－73 中宿舍区与非宿舍区未作防火分隔。

5.2.4 条第 3 款规定“宿舍建筑内安全出口、疏散通道和疏散楼梯的宽度应符合下列规定：

通廊式宿舍走道的净宽度，当单面布置居室时不应小于 1.60m，当双面布置居室时不应小于 2.20m”。图 4－73 中双面布置值休室的内走道不满足 2.2m 要求。

4）依据 GB 50016—2014 第 6.2.3 条第 4 款规定“民用建筑内的附属库房，剧场后台的辅助用房应采用耐火极限不低于 2.00h 的防火隔墙与其他部位分隔，墙上的门、窗应采用乙级防火门、窗”。

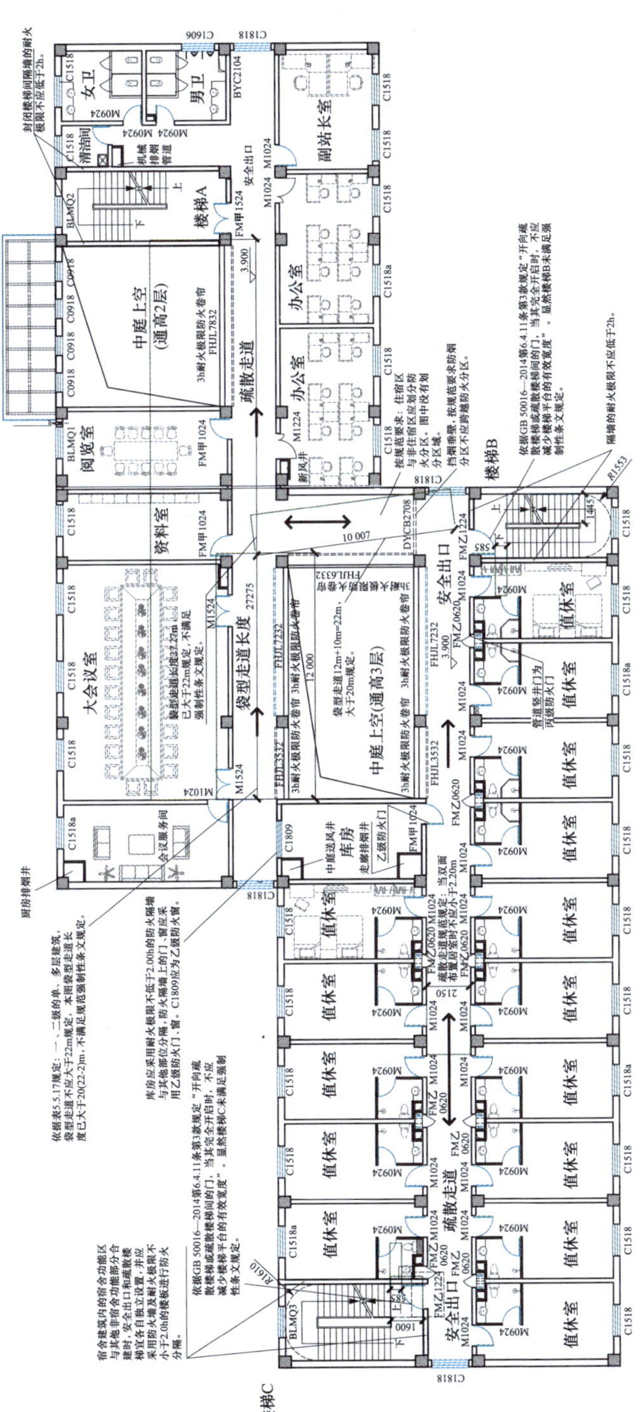

图 4-73　案例 1 综合楼二层平面图

因此，库房应采用耐火极限不低于 2.00h 的防火隔墙与其他部位分隔，墙上的门、窗应采用乙级防火门、窗。图 4－73 中 C1809 是断桥铝合金中空窗，不满足乙级窗的规定。

（3）案例 1 综合楼三层平面图如图 4－74 所示。

1）依据 GB 50016—2014 第 6.4.11 条第 3 款规定“开向疏散楼梯或疏散楼梯间的门，当其完全开启时，不应减少楼梯平台的有效宽度”。显然楼梯 B 和楼梯 C 未满足强制性条文规定。

2）封闭楼梯间隔墙两侧开窗的间距应大于 2m。

（二）案例 1 的改造方案

对原案例 1 方案改造的设计进行分析。综合楼对原方案的改造设计主要是体现优先自然采光与通风、优先自然排烟以及防火安全性的设计原则。

（1）建筑排烟系统优先采用自然排烟系统。依据 GB 51251—2017 第 4.1.1 条规定“建筑排烟系统的设计应根据建筑的使用性质、平面布局等因素，优先采用自然排烟系统”。建筑方案的设计应尽量采用自然排烟方式，应以安全、合理、经济、美观为设计原则。

（2）建筑设计应优先采用自然通风、采光、排烟方式。原设计一座建筑物设置 2 个中庭且防火分区不明确，还设置了电动开窗排烟、防火卷帘等措施，既不经济还有隐患。改造方案结合室外庭院解决自然通风、采光、排烟、防火分区明确、疏散通道便捷等问题，达到经济、安全、也不失美观，庭院式布置安全、经济。案例 1 综合楼一层平面改造方案图见图 4－75，案例 1 综合楼二层平面改造方案见图 4－76，案例 1 综合楼三层平面改造方案见图 4－77。

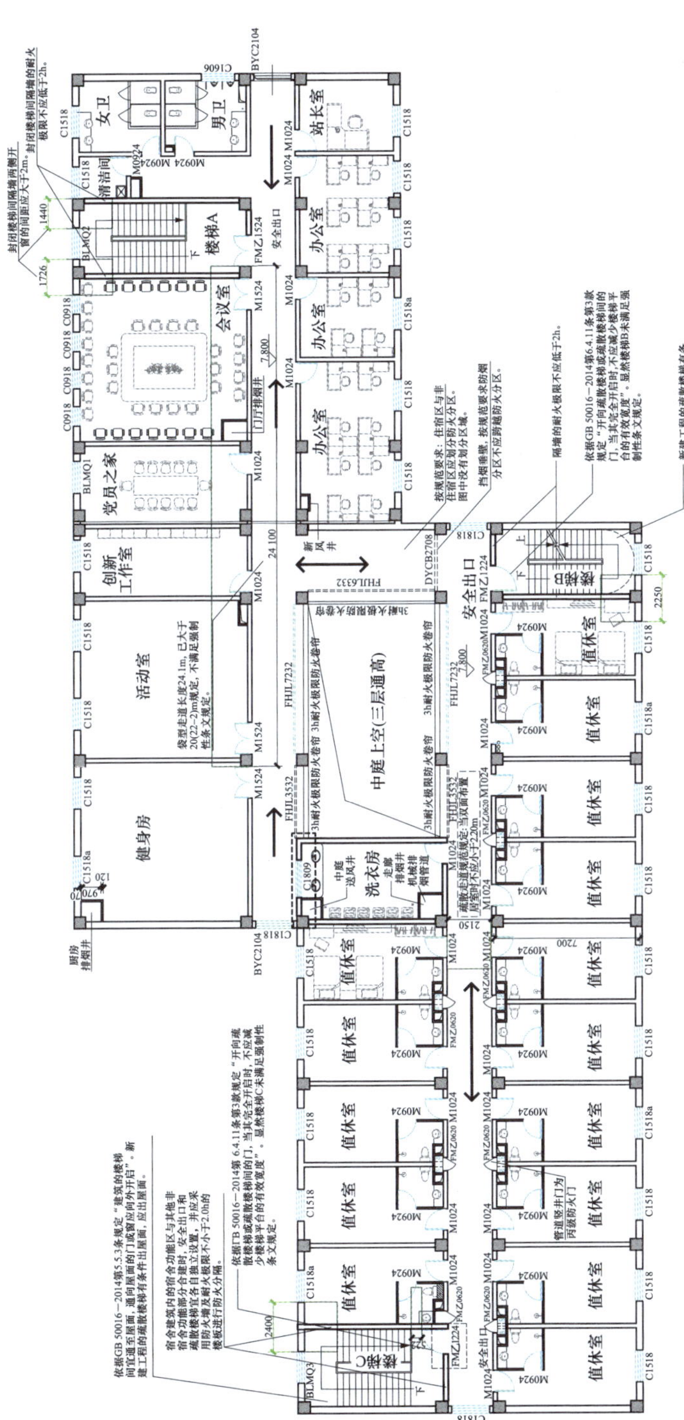

图 4-74 案例 1 综合楼三层平面图

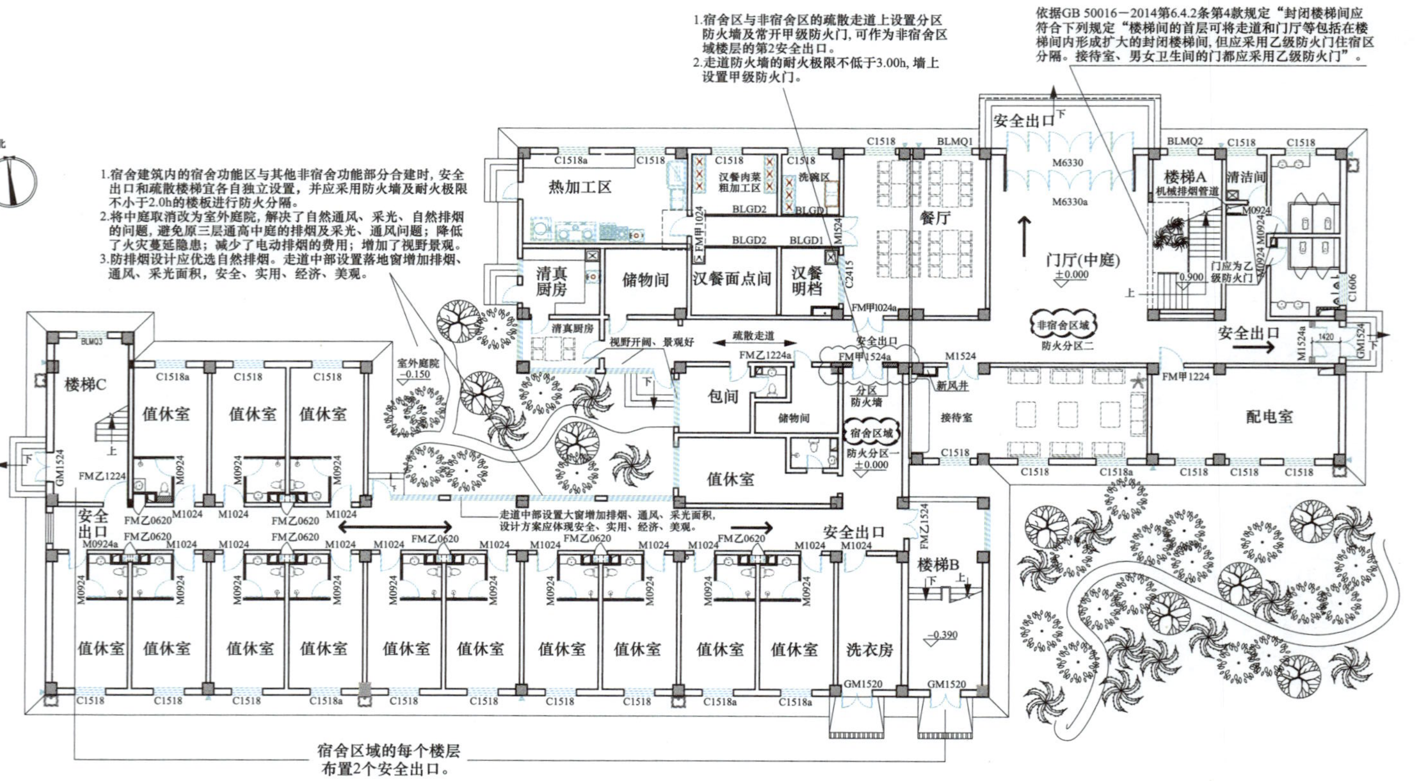

图 4－75　案例 1 综合楼一层改造方案

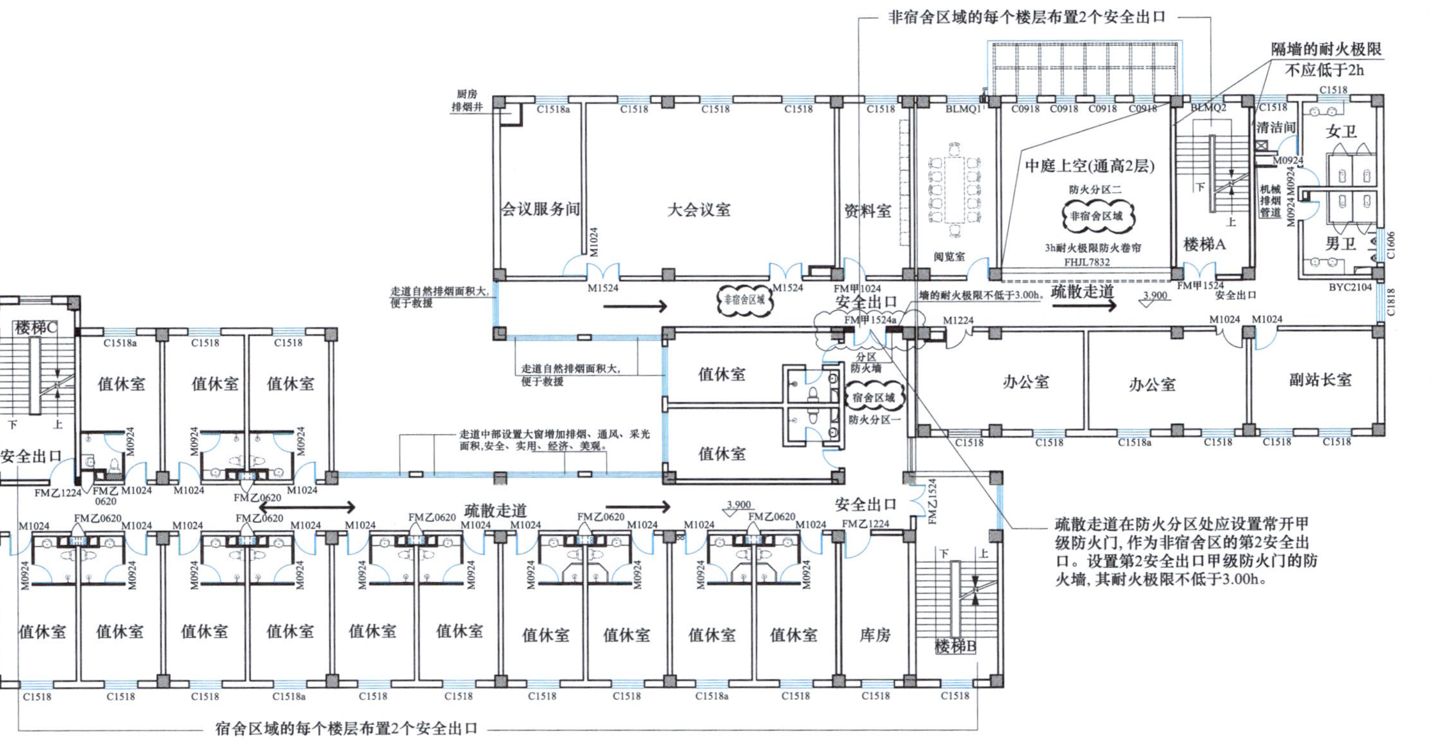

图4-76　案例1综合楼二层改造方案

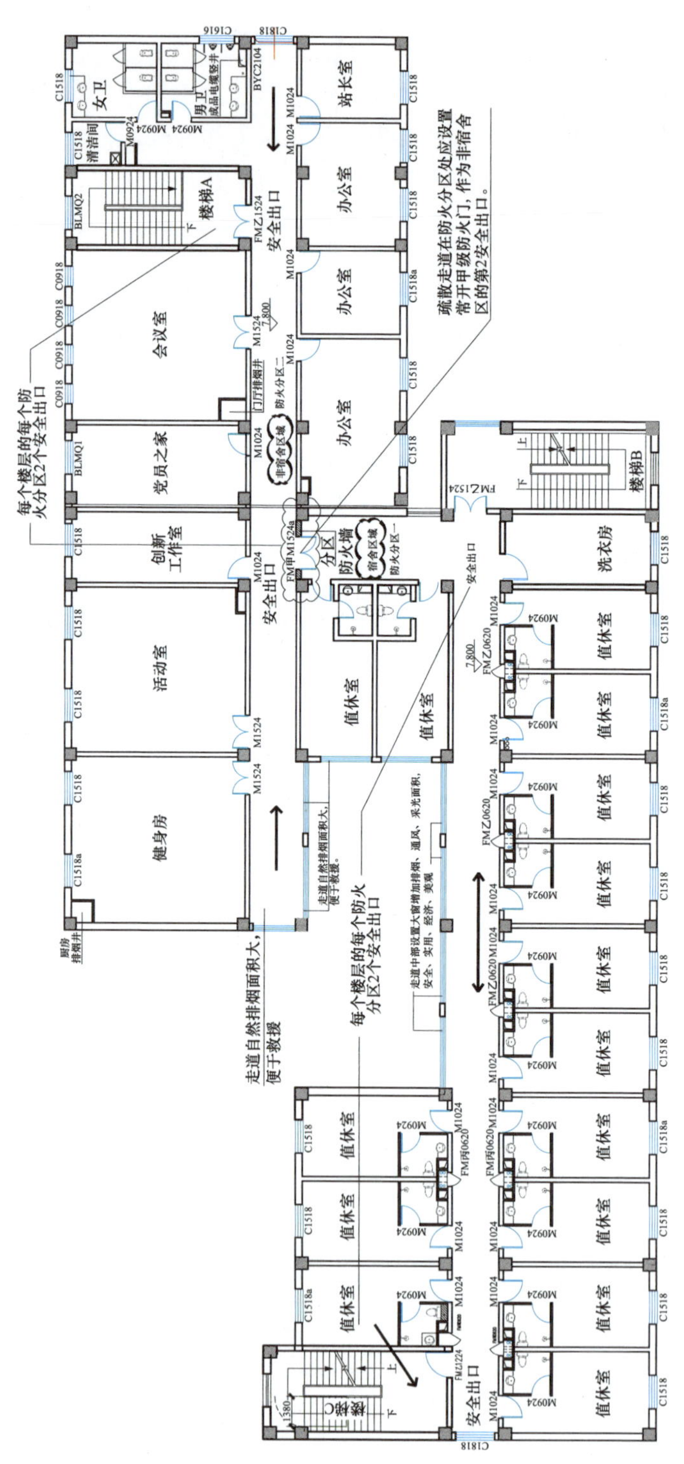

图 4-77 案例 1 综合楼三层改造方案

（三）案例分析 2

某工程综合楼总建筑面积约 2400m^2，三层钢筋混凝土框架结构。

（1）案例 2 综合楼一层平面图如图 4－78 所示。

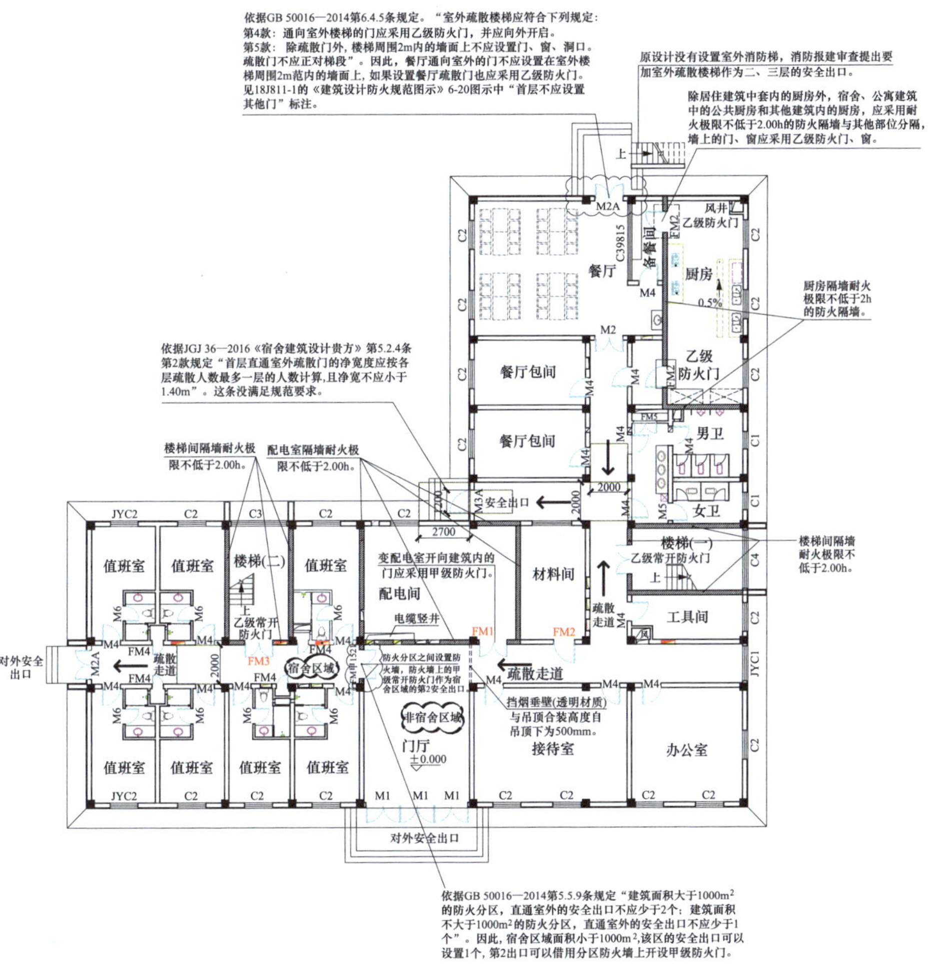

图 4－78　案例 2 综合楼一层平面图

1） 依据 GB 50016—2014 第 6.4.5 条规定“室外疏散楼梯应符合下列规定：

……

4. 通向室外楼梯的门应采用乙级防火门，并应向外开启。

5. 除疏散门外，楼梯周围 2m 内的墙面上不应设置门、窗、洞口。疏散门不应正对梯段”。

因此，餐厅通向室外的门不应设置在室外楼梯周围 2m 范围内的墙面上，如果设置餐厅疏散门也应采用乙级防火门。图 4－79 为 18J811－1《建筑设计防火规范图示》的 6－20 图示中“首层不应设置其他门”标注。

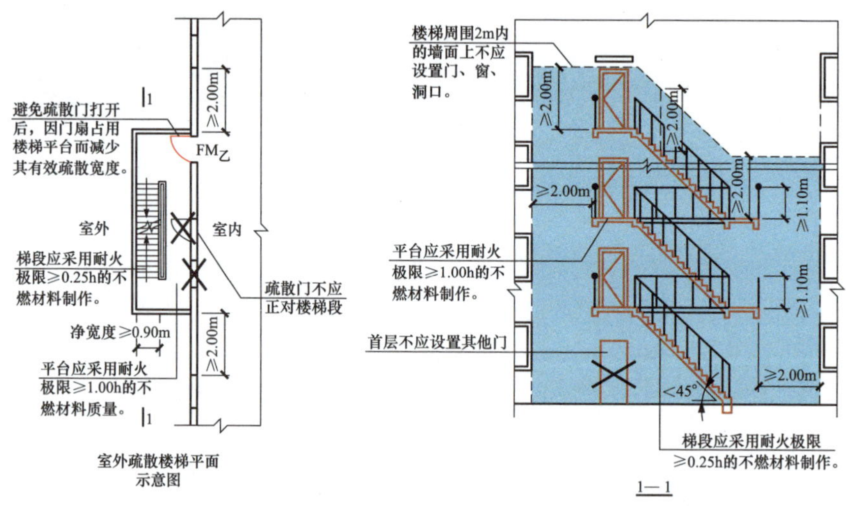
室外疏散楼梯应符合下列规定：
1.栏杆扶手的高度不应小于1.10m，楼梯的净宽度不应小于0.90m。
2.倾斜角度不应大于45°。
3.梯段和平台均应采用不燃材料制作。平台的耐火极限不应低于1.00h,梯段的耐火极限不应低于0.25h。
4.通向室外楼梯的门应采用乙级防火门，并应向外开启。
5.除疏散门外，楼梯周围2m内的墙面上不应设置门、窗、洞口。疏散门不应正对梯段。
避免疏散门打开后，因门扇占用楼梯平台而减少其有效疏散宽度。
FM乙
≥2.00m
室外
室内
梯段应采用耐火极限≥0.25h的不燃材料制作。
疏散门不应正对楼梯段
净宽度≥0.90m
平台应采用耐火极限≥1.00h的不燃材料质量。
室外疏散楼梯平面示意图
楼梯周围2m内的墙面上不应设置门、窗、洞口。
≥2.00m
≥1.10m
平台应采用耐火极限≥1.00h的不燃材料制作。
首层不应设置其他门
<45°
梯段应采用耐火极限≥0.25h的不燃材料制作。
1—1

图 4－79　18J811—1《建筑设计防火规范图示》的 6－20 图示

2）综合楼消防审查中专家提出换流站的综合楼应属于公共建筑，是供运行人员休息、生活、行政办公及会议的场所，除应符合现行国家标准 GB 50016—2014 和 GB 50222—2017 等有关公共建筑的规定外，还应执行 JGJ 36—2016 的相关规定。

3）依据 JGJ 36—2016 相关规定。

“2.0.1 条：宿舍是有集中管理且供单身人士使用的居住建筑。因此，综合楼属于宿舍建筑范畴。

2.0.2 条：居室是供居住者睡眠、学习和休息的空间。因此，值班室或值休室无论名称是什么，其性质都是居住、休息、学习的功能”。

4）依据 JGJ 36—2016 第 5.1.4 条规定“宿舍内的公用厨房有明火加热装置时，应靠外墙设置，并应采用耐火极限不小于 2.00h 的墙体和乙级防火门与其他部分分隔”。因此，厨房与相邻区域进行防火分隔。

5）依据 JGJ 36—2016 第 5.1.2 条规定“变配电室不应布置在宿舍居室、疏散楼梯间及出人口门厅等部位的上一层、下一层或贴邻，并应采用防火墙与相邻区域进行分隔”。

配电室与相邻区域的隔墙采用耐火极限不低于 2.00h 的防火分隔，配电室开向走道的门应为甲级防火门。

6）依据 JGJ 36—2016 第 5.2.1 条规定“除与敞开式外廊直接相连的楼梯间外，宿舍建筑应采用封闭楼梯间”。因此，综合楼楼梯间采用封闭楼梯间。

7）依据 JGJ 36—2016 第 5.2.2 条规定“宿舍建筑内的宿舍功能区与其他非宿舍功能部分合建时，安全出口和疏散楼梯宜各自独立设置，并应采用防火墙及耐火极限不小于 2.00h 的楼板进行防火分隔”。

8）依据 GB 50016—2014 第 5.5.9 条规定“一、二级耐火等级公共建筑内的安全出口全部直通室外确有困难的防火分区，可利用通向相邻防火分区的甲级防火门作为安全出口，但应符合下列要求：

1. 利用通向相邻防火分区的甲级防火门作为安全出口时，应采用防火墙与相邻防火分区进行分隔；

2. 建筑面积大于 1000m^2 的防火分区，直通室外的安全出口不应少于 2 个；建筑面积不大于 1000m^2 的防火分区，直通室外的安全出口不应少于 1 个”。因此，宿舍区域面积小于 1000m^2，该区的安全出口可以设置 1 个。

9）依据 JGJ 36—2016 第 5.2.4 条规定“宿舍建筑内安全出口、疏散通道和疏散楼梯的宽度应符合下列规定：

第 2 款：首层直通室外疏散门的净宽度应按各层疏散人数最多一层的人数计算，且净宽不应小于 1.40m，这条没满足规范要求。

第 3 款：通廊式宿舍走道的净宽度，当单面布置居室时不应小于 1.60m，当双面布置居室时不应小于 2.20m，这条没满足规范要求。

（2）案例 2 综合楼二层平面图如图 4–80 所示。

1）依据 JGJ 36—2016 第 5.2.2 条规定“宿舍建筑内的宿舍功能区与其他非宿舍功能部分合建时，安全出口和疏散楼梯宜各自独立设置，并应采用防火墙及耐火极限不小于 2.00h 的楼板进行防火分隔”及 GB 50016—2014 第 6.4.10 条规定“疏散走道在防火分区处应设置常开甲级防火门”。在宿舍区域与非宿舍区域之间设置宿舍区域的第 2 安全出口，走道分区墙体耐火极限不低于 3.00h，甲级防火门向非宿舍区域方向开启。

2）依据 GB 50016—2014 第 6.4.11 条第 3 款规定“开向疏散楼梯或疏散楼梯间的门，当其完全开启时，不应减少楼梯平台的有效宽度”。显然楼梯（二）未满足强制性条文规定。

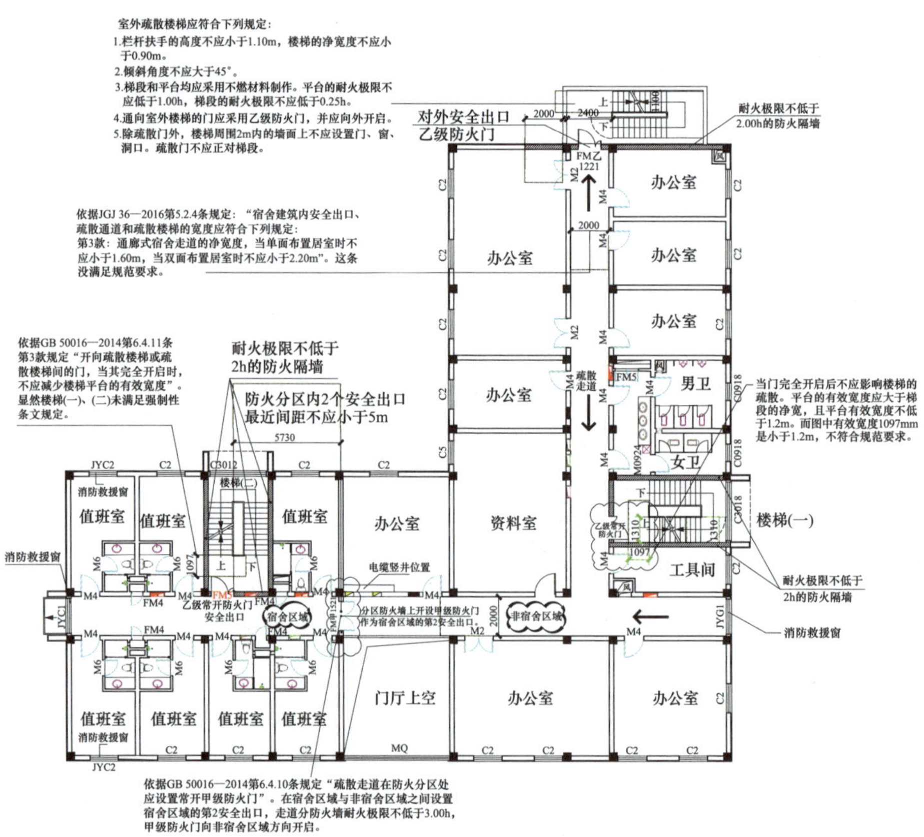

图 4–80　案例 2 综合楼二层平面图

3）依据 GB 50016—2014 第 5.5.2 条：“建筑内的安全出口和疏散门应分散布置，且建筑内每个防火分区或一个防火分区的每个楼层相邻两个安全出口以及每个房间相邻两个疏散门最近边缘之间的水平距离不应小于 5m。这条满足要求。

4）依据 GB 50016—2014 第 6.4.5 条规定“室外疏散楼梯应符合下列规定：

1. 栏杆扶手的高度不应小于 1.10m，楼梯的净宽度不应小于 0.90m。

2. 倾斜角度不应大于 45°。

3. 梯段和平台均应采用不燃材料制作。平台的耐火极限不应低于 1.00h，梯段的耐火极限不应低于 0.25h。

4. 通向室外楼梯的门应采用乙级防火门，并应向外开启。

5. 除疏散门外，楼梯周围 2m 内的墙面上不应设置门、窗、洞口。疏散门不应正对梯段”。

因此，室外楼梯的外墙在楼梯周围 2m 内的墙面上不应设置门、窗、洞口。

5）依据 JGJ 6—2016 的第 5.2.4 条第 3 款规定：“通廊式宿舍走道的净宽度，当单面布置居室时不应小于 1.60m，当双面布置居室时不应小于 2.20m”，这条没满足规范要求。

（3）案例 2 综合楼三层平面图如图 4－81 所示。

1）依据 GB 50016—2014 第 6.4.10 条规定“疏散走道在防火分区处应设置常开甲级防火门”。在宿舍区域与非宿舍区域之间设置宿舍区域的第 2 安全出口，走道分区墙体耐火极限不低于 3.00h，甲级防火门向非宿舍区域方向开启。

2）依据 GB 50016—2014 第 6.4.11 条第 3 款规定“开向疏散楼梯或疏散楼梯间的门，当其完全开启时，不应减少楼梯平台的有效宽度”。显然楼梯（一）、（二）未满足强制性条文规定。

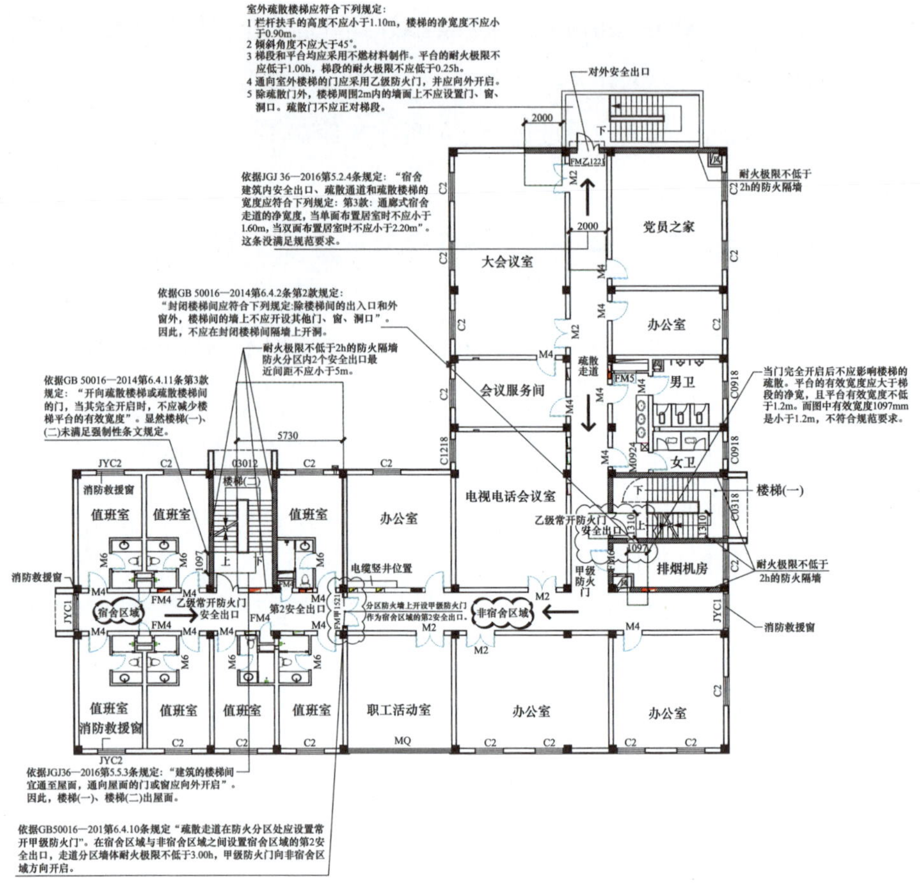

图 4－81　案例 2 综合楼三层平面图

3）依据 GB 50016—2014 第 5.5.2 条规定“建筑内的安全出口和疏散门应分散布置，且建筑内每个防火分区或一个防火分区的每个楼层相邻两个安全出口以及每个房间相邻两个疏散门最近边缘之间的水平距离不应小于 5m”。这条满足要求。

4）依据 GB 50016—2014 第 6.4.2 条第 2 款规定“封闭楼梯间应符合下列规定：除楼梯间的出入口和外窗外，楼梯间的墙上不应开设其他门、窗、洞口”。因此，不应在封闭楼梯间隔墙上开洞。

5）依据 GB 50016—2014 第 5.5.3 条规定“建筑的楼梯间宜通至屋面，通向屋面的门或窗应向外开启”。因此，楼梯（一）、（二）出屋面。

（4）案例 2 综合楼立面图如图 4－82 所示。

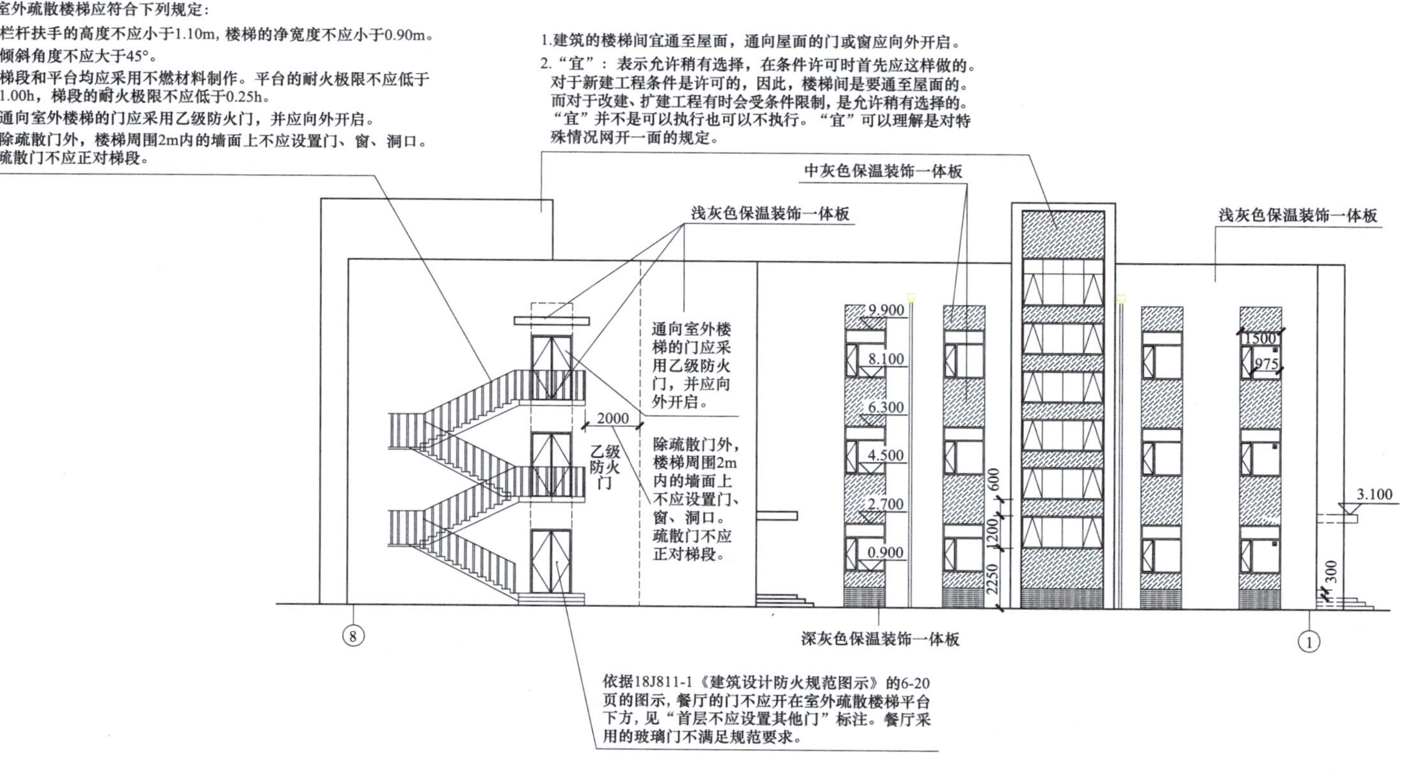

室外疏散楼梯应符合下列规定：
1.栏杆扶手的高度不应小于1.10m，楼梯的净宽度不应小于0.90m。
2.倾斜角度不应大于45°。
3.梯段和平台均应采用不燃材料制作。平台的耐火极限不应低于1.00h，梯段的耐火极限不应低于0.25h。
4.通向室外楼梯的门应采用乙级防火门，并应向外开启。
5.除疏散门外，楼梯周围2m内的墙面上不应设置门、窗、洞口。疏散门不应正对梯段。
1.建筑的楼梯间宜通至屋面，通向屋面的门或窗应向外开启。
2.“宜”：表示允许稍有选择，在条件许可时首先应这样做的。对于新建工程条件是许可的，因此，楼梯间是要通至屋面的。而对于改建、扩建工程有时会受条件限制，是允许稍有选择的。“宜”并不是可以执行也可以不执行。“宜”可以理解是对特殊情况网开一面的规定。
中灰色保温装饰一体板
浅灰色保温装饰一体板
浅灰色保温装饰一体板
通向室外楼梯的门应采用乙级防火门，并应向外开启。
2000
乙级防火门
除疏散门外，楼梯周围2m内的墙面上不应设置门、窗、洞口。疏散门不应正对梯段。
9.900
8.100
6.300
4.500
2.700
0.900
600
1200
2250
1500
975
3.100
300
8
1
深灰色保温装饰一体板
依据18J811-1《建筑设计防火规范图示》的6-20页的图示，餐厅的门不应开在室外疏散楼梯平台下方，见“首层不应设置其他门”标注。餐厅采用的玻璃门不满足规范要求。

图4－82　案例2综合楼立面图

第八节　车库及消防人员值休楼防火设计案例分析

某换流站车库及消防人员值休楼为局部两层的建筑物。车库包含5辆车存放：1辆大货车、2辆小货车、2辆消防车。

消防人员值休楼包括：

（1）车库及消防人员值休楼一层平面如图4－83所示。

1）依据GB 50067—2014第1.0.2条规定“本规范适用于新建、扩建和改建的汽车库、修车库、停车场的防火设计，不适用于消防站的汽车库、修车库、停车场的防火设计”。因此，消防站的消防车库可不执行GB 50067—2014的内容。

2）依据GB 50067—2014第5.1.6条第2款规定“汽车库、修车库与其他建筑合建时，应符合下列规定：设在建筑物内的汽车库（包括屋顶停车场）、修车库与其他部位之间，应采用防火墙和耐火极限不低于2.00h的不燃性楼板分隔”。大货车、小货车库属于换流站的车库，与消防站建筑之间应采用防火墙分隔，防火墙耐火极限不低于3.00h。

3）依据GB 50016—2014第6.4.11条第1款规定“民用建筑和厂房的疏散门，应采用向疏散方向开启的平开门，不应采用推拉门、卷帘门、吊门、转门和折叠门……”，大货车库应增加疏散门。

4）依据GB 50016—2014第6.1.3条规定“防火墙两侧的外墙均应为宽度不小于2.0m的不燃性墙体，其耐火极限不应低于外墙的耐火极限。建筑外墙为不燃性墙体时，防火墙可不凸出墙的外表面，紧靠防火墙两侧的门、窗、洞口之间最近边缘的水平距离不应小于2.0m；采取设置乙级防火窗等防止火灾水平蔓延的措施时，该距离不限”。图4－83中的餐厅与厨房防火隔墙之间两侧的外窗间距不满足规范要求。

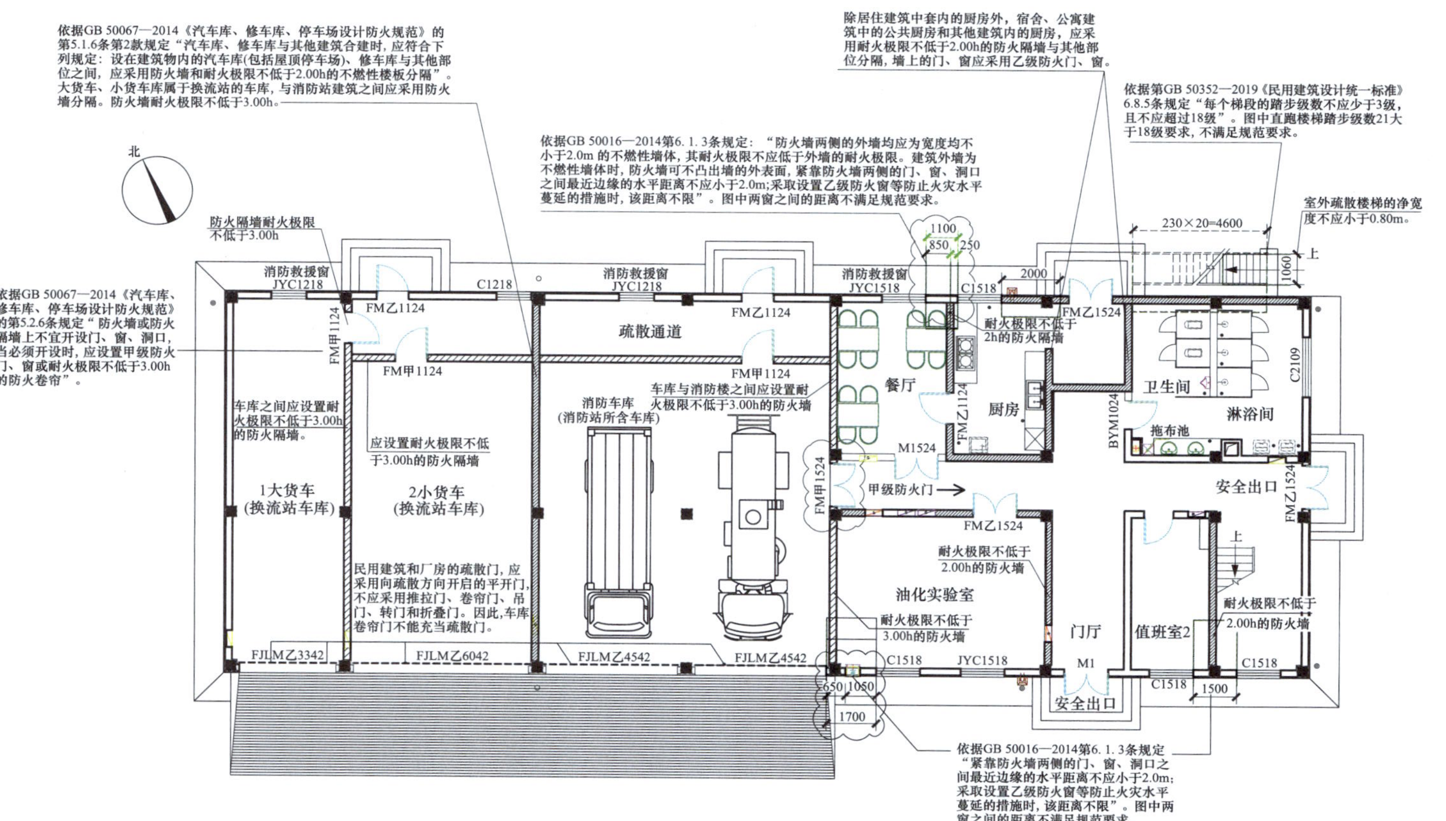

依据GB 50067—2014《汽车库、修车库、停车场设计防火规范》的第5.1.6条第2款规定“汽车库、修车库与其他建筑合建时，应符合下列规定：设在建筑物内的汽车库(包括屋顶停车场)、修车库与其他部位之间，应采用防火墙和耐火极限不低于2.00h的不燃性楼板分隔”。大货车、小货车库属于换流站的车库，与消防站建筑之间应采用防火墙分隔。防火墙耐火极限不低于3.00h。
除居住建筑中套内的厨房外，宿舍、公寓建筑中的公共厨房和其他建筑内的厨房，应采用耐火极限不低于2.00h的防火隔墙与其他部位分隔，墙上的门、窗应采用乙级防火门、窗。
依据第GB 50352—2019《民用建筑设计统一标准》6.8.5条规定“每个梯段的踏步级数不应少于3级，且不应超过18级”。图中直跑楼梯踏步级数21大于18级要求，不满足规范要求。
依据GB 50016—2014第6.1.3条规定：“防火墙两侧的外墙均应为宽度均不小于2.0m的不燃性墙体，其耐火极限不应低于外墙的耐火极限。建筑外墙为不燃性墙体时，防火墙可不凸出墙的外表面，紧靠防火墙两侧的门、窗、洞口之间最近边缘的水平距离不应小于2.0m;采取设置乙级防火窗等防止火灾水平蔓延的措施时，该距离不限”。图中两窗之间的距离不满足规范要求。
室外疏散楼梯的净宽度不应小于0.80m。
北
防火隔墙耐火极限不低于3.00h
依据GB 50067—2014《汽车库、修车库、停车场设计防火规范》的第5.2.6条规定“防火墙或防火隔墙上不宜开设门、窗、洞口，当必须开设时，应设置甲级防火门、窗或耐火极限不低于3.00h的防火卷帘”。
230×20=4600
1100
850
250
2000
1060
上
消防救援窗
JYC1218
C1218
消防救援窗
JYC1218
消防救援窗
JYC1518
C1518
FM乙1124
FM甲1124
FM甲1124
疏散通道
FM乙1124
FM甲1124
车库与消防楼之间应设置耐火极限不低于3.00h的防火墙
FM乙1524
耐火极限不低于2h的防火隔墙
C2109
卫生间
淋浴间
拖布池
BYM1024
餐厅
厨房
FM乙1124
M1524
车库之间应设置耐火极限不低于3.00h的防火隔墙。
应设置耐火极限不低于3.00h的防火隔墙
消防车库
(消防站所含车库)
1大货车
(换流站车库)
2小货车
(换流站车库)
FM甲1524
甲级防火门
FM乙1524
安全出口
FM乙1524
耐火极限不低于2.00h的防火墙
上
民用建筑和厂房的疏散门，应采用向疏散方向开启的平开门，不应采用推拉门、卷帘门、吊门、转门和折叠门。因此，车库卷帘门不能充当疏散门。
油化实验室
耐火极限不低于3.00h的防火墙
门厅
值班室2
耐火极限不低于2.00h的防火墙
FJLM乙3342
FJLM乙6042
FJLM乙4542
FJLM乙4542
C1518
JYC1518
M1
C1518
C1518
安全出口
650
1050
1700
1500
依据GB 50016—2014第6.1.3条规定“紧靠防火墙两侧的门、窗、洞口之间最近边缘的水平距离不应小于2.0m;采取设置乙级防火窗等防止火灾水平蔓延的措施时，该距离不限”。图中两窗之间的距离不满足规范要求。

图4-83 车库及消防人员值休楼一层平面

5）汽车库、修车库构件的燃烧性能和耐火极限见表 4–4。

表 4–4　　汽车库、修车库构件的燃烧性能和耐火极限（h）

建筑构件名称		耐火等级		
		一级	二级	三级
墙	防火墙	不燃性 3.00	不燃性 3.00	不燃性 3.00
	承重墙	不燃性 3.00	不燃性 2.50	不燃性 2.00
	楼梯间和前室的墙、防火墙	不燃性 2.00	不燃性 2.00	不燃性 2.00
	隔墙、非承重外墙	不燃性 1.00	不燃性 1.00	不燃性 0.50

（2）车库及消防人员值休楼二层平面图如图 4–84 所示。

1）依据 GB 50352—2019 第 6.8.5 条规定“每个梯段的踏步级数不应少于 3 级，且不应超过 18 级”。图 4–84 中单跑楼梯的踏步级数为 21 级，已超出规定的 18 级要求，不满足规范要求。

2）依据 GB 50067—2014 第 5.1.6 条第 3 款规定“汽车库、修车库的外墙门、洞口的上方，应设置耐火极限不低于 1.00h、宽度不小于 1.0m、长度不小于开口宽度的不燃性防火挑檐”，图 4–84 满足设计要求。

3）消防审查时专家针对图 4–84 提出“休息室区域的敞开楼梯间应改为封闭楼梯间”要求，这样更利于楼梯间的安全疏散。由于楼梯间进深尺寸 5.4m，若设置封闭楼梯间，当疏散门完全开启后就不能满足楼梯平台的有效宽度。因此，在综合楼标准化设计中将值休室的进深尺寸规定为 7.2m，同时还能满足封闭楼梯间的排步要求。图 4–84 中敞开楼梯间 5.4m 进深不能满足封闭楼梯间的设置要求。

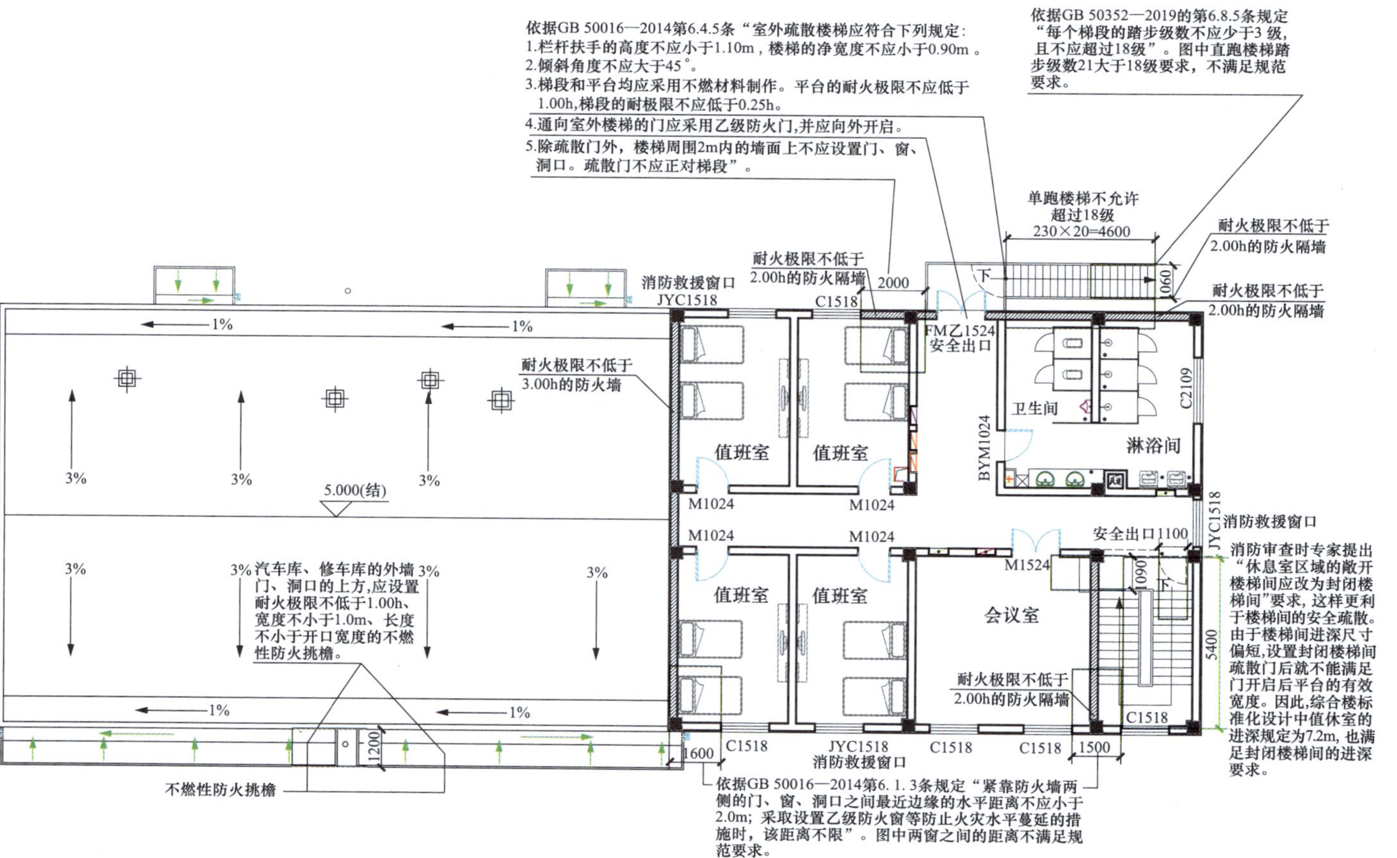

依据GB 50016—2014第6.4.5条“室外疏散楼梯应符合下列规定：
1.栏杆扶手的高度不应小于1.10m，楼梯的净宽度不应小于0.90m。
2.倾斜角度不应大于45°。
3.梯段和平台均应采用不燃材料制作。平台的耐火极限不应低于1.00h,梯段的耐极限不应低于0.25h。
4.通向室外楼梯的门应采用乙级防火门,并应向外开启。
5.除疏散门外，楼梯周围2m内的墙面上不应设置门、窗、洞口。疏散门不应正对梯段”。
依据GB 50352—2019的第6.8.5条规定“每个梯段的踏步级数不应少于3级，且不应超过18级”。图中直跑楼梯踏步级数21大于18级要求，不满足规范要求。
单跑楼梯不允许超过18级
230×20=4600
耐火极限不低于2.00h的防火隔墙
耐火极限不低于2.00h的防火隔墙
耐火极限不低于2.00h的防火隔墙
2000
090
下
消防救援窗口
JYC1518
C1518
FM乙1524
安全出口
耐火极限不低于3.00h的防火墙
1%
1%
3%
3%
3%
5.000(结)
值班室
值班室
值班室
值班室
卫生间
淋浴间
C2109
BYM1024
M1024
M1024
M1024
M1024
JYC1518
消防救援窗口
安全出口1100
M1524
090
下
会议室
5400
消防审查时专家提出“休息室区域的敞开楼梯间应改为封闭楼梯间”要求，这样更利于楼梯间的安全疏散。由于楼梯间进深尺寸偏短，设置封闭楼梯间疏散门后就不能满足门开启后平台的有效宽度。因此，综合楼标准化设计中值休室的进深规定为7.2m，也满足封闭楼梯间的进深要求。
3%
3%汽车库、修车库的外墙门、洞口的上方，应设置耐火极限不低于1.00h、宽度不小于1.0m、长度不小于开口宽度的不燃性防火挑檐。
3%
3%
耐火极限不低于2.00h的防火隔墙
C1518
1%
1%
1200
不燃性防火挑檐
1600
C1518
JYC1518
消防救援窗口
C1518
C1518
1500
依据GB 50016—2014第6.1.3条规定“紧靠防火墙两侧的门、窗、洞口之间最近边缘的水平距离不应小于2.0m；采取设置乙级防火窗等防止火灾水平蔓延的措施时，该距离不限”。图中两窗之间的距离不满足规范要求。

图4-84　车库及消防人员值休楼二层平面图

第五章

变电站建筑防火设计案例分析

第一节 变电站发展概况

一、概述

变电站是指电力系统中对电压和电流进行变换，接受电能及分配电能的场所。在发电厂内的变电站是升压变电站，其作用是将发电机发出的电能升压后馈送到高压电网中。作为电力系统不可或缺的部分，变电站与电力系统共同发展了 100 多年。在发展历程中，变电站在建造场地、电压等级、设备情况等方面都发生了巨大的变化，特别是近 20 年来我国特高压、超高压、户内变电站、地下变电站、智能变电站的发展达到前所未有的盛况，在世界达到领先地位。

在变电站的建造场地上，由原来的全部敞开式户外变电站，逐步出现了户内变电站和一些地下变电站，变电站的占地面积与原来的敞开式户外变电站相比缩小了很多，特别适用于用地紧张的城市变电站建设。变电站的发展由敞开式户外变电站发展到户内变电站，再到智能变电站，占地越来越少。

在电压等级上，随着电力技术的发展，由原来以少量 110kV 和 220kV 变电站为枢纽变电站，35kV 为终端变电站的小电网输送模式，逐步发展成以特高压 1000kV 变电站、超高压 750kV 变电站和 500kV 变电站为枢纽变电站，220kV 和 110kV 变电站为终端变电站的大电网输送模式。

二、智能变电站

智能变电站是智能电网的重要内容，变电领域的发展重点是智能变电站，智能变电站对智能电网的建设将起到先驱作用。我国的智能电网是以特高压电网为骨干网架、各级电网协调发展的坚强电网为基础，利用先进的通信、信息和控制技术，构建以信息化、自动化、数字化、互动化为特征的统一坚强智能化电网。智能变电站可采用先进、可靠、集成、低碳、环保的智能设备，以全站信息数字化、通信平台网络化、信息共享标准化为基本要求，自动完成信息采集、测量、控制、保护、计量和监测等基本功能，并可根据需要支持电网实时自动控制、智能调节、在线分析决策、协同互动等高级功能，实现与相邻变电站、电网调度等互动的变电站。

相比传统变电站，智能变电站具有以下优势：

（1）智能变电站能实现很好的低碳环保效果。在智能变电站中，传统的电缆接线不再被工程所应用，取而代之的是光纤电缆，在各类电子设备中大量使用了高集成度且功耗低的电子元件。此外传统的充油式互感器也将被淘汰，电子式互感器将其取而代之。

（2）智能变电站具有良好的交互性。智能变电站必须具有良好的交互性来确保电网的安全、稳定运行。智能变电站负责的电网运行的数据统计工作，具有向电网回馈安全可靠、准确细致的信息功能。智能变电站在实现信息的采集和分析功能之后，不但可以将这些信息在内部共享，还可以将其和网内更复杂、高级的系统之间进行良好的互动。

（3）智能变电站具有高度的可靠性。智能变电站具有高度的可靠性，在满足了用户需求的同时，也实现了电网的高质量运行。因为变电站是一个系统的存在，容易出现牵一发动全身的现象，所以变电站自身和内部的所有设施都具有高度的可靠性，这样的特性也就要求变电站需要具有检测、管理故障的功能，只有具备该功能才可以有效地预防变电站故障的出现，并在故障出现之后能够快速地对其进行处理，使变电站中的工作状况始终保持在最佳状态。

智能电网作为未来电网的发展方向，渗透到发电、输电、变电、配电、用电、调度、通信信息各个环节。在上述这些环节中，智能变电站无疑是最核心的一环。

（4）智能变电站与传统变电站最大差别：一次设备智能化、设备检修状态化，以及二次设备网络化。

三、城市户内变电站

通常户内变电站一般是指主变压器或高压侧电气设备装设于建筑物内的变电站，因此整座户内变电站的火灾危险性高，一般为丙类、一级或二级建筑。

户内变电站其建筑物可独立建设，也可与其他建（构）筑物结合建设。户内变电站要求占用土地资源少，对环境影响小。随着社会的进步，人们对生存环境及生活质量有了更高的要求，户外变压器的噪声及户外设备对城市景观的影响成为突出的待解决问题，因此近年来城市户内变电站逐渐被采用。

目前城市户内变电站，多采用综合自动化无人值班形式。城市户内变电站相对民用建筑、普通工业建筑而言对防火设计、消防安全有更高的要求，也不同于常规变电站。城市户内变电站由于工艺布置与常规变电站不同，对全户内配电装置楼在防火设计、消防设置的要求也越来越高，特别是大城市的市中心由于用地紧张，全户内变电站、全户内柔性直流换流站已发展为高层建筑，其防火设计的难度增加且功能复杂，对建筑外观及景观环境要求也更高。建筑屋面及立面的光伏应用也对建筑防火设计提出了更高的要求。

四、地下变电站

地下变电站包括全地下变电站和半地下变电站两种不同的建设形式。由于地下变电站不仅土建工程投资大大高于地上户内变电站，且设计及施工难度较大，施工质量要求较严格，运行维护、设备检修条件不如地上变电站方便，故目前国情条件下不宜大量建设地下变电站。地下变电站只是在城市中由于城市规划及占地等原因使地上变电站无法建设时才采用的特殊变电站建设形式。除在城市绿地或运动场、停车场等地面设施下独立建造外，地下变电站通常与大型城市综合体联合建设，故变电站必须与综合建筑联合设计、同期施工。地下变电站对于防火、通风、排烟、疏散等要求很高，地下变压器室还应解决防爆、设备吊装等问题，合理布置防火分区及安全出口。因此，地下变电站是特殊形式的变电站。

第二节　案　例　分　析

一、案例分析 1

某充油设备检修厂房平面图如图 5-1 所示。

（1）依据 GB 50229—2019《火力发电厂与变电站设计防火标准》的表 11.1.1 建（构）筑物的火灾危险性分类及其耐火等级规定“有含油设备的检修间其火灾危险性类别应为丁类、耐火等级二级；无含油设备的检修库其火灾危险性类

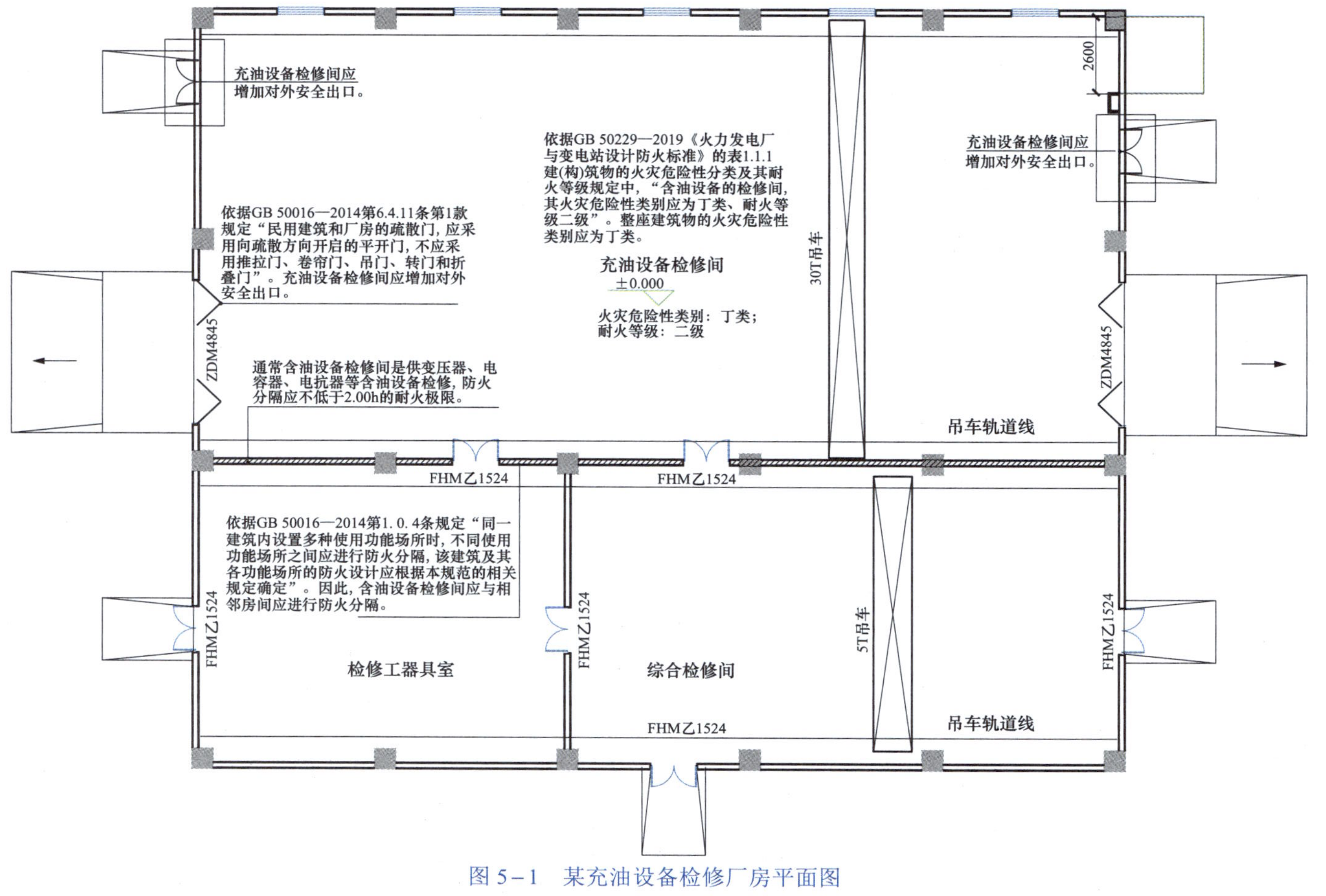

图 5－1　某充油设备检修厂房平面图

别应为戊类、耐火等级二级”。因此，综合检修间、检修工器具室火灾危险性类别应为戊类、耐火等级二级。

（2）依据 GB 50016—2014 表 3.3.1 厂房的层数和每个防火分区的最大允许建筑面积规定“丁类、二级单层厂房每个防火分区的最大允许建筑面积不限”。因此，图 5-1 某充油设备检修厂房为一个防火分区。

（3）依据 GB 50229—2019 第 11.1.2 条规定“同一建筑物或建筑物的任一防火分区布置有不同火灾危险性的房间时，建筑物或防火分区内的火灾危险性类别应按火灾危险性较大的部分确定”。同样依据 GB 50016—2014 第 3.1.2 条规定“同一座厂房或厂房的任一防火分区内有不同的火灾危险性生产时，厂房或防火分区的生产火灾危险性类别应按火灾危险性较大的部分确定”。因此，整座建筑物的火灾危险性类别为丁类，耐火等级为二级。

（4）依据 GB 50016—2014 第 6.4.11 条第 1 款规定“民用建筑和厂房的疏散门，应采用向疏散方向开启的平开门，不应采用推拉门、卷帘门、吊门、转门和折叠门……”。因此，含油设备检修间的折叠门不能充当疏散门，只能是设备检修的运输口，含油设备检修间应增设安全出口。

（5）依据 GB 50016—2014 第 3.7.2 条规定“厂房内每个防火分区或一个防火分区内的每个楼层，其安全出口的数量应经计算确定，且不应少于 2 个”。因此，含油设备检修间应增设 2 个安全出口。

（6）依据 GB 50016—2014 第 1.0.4 条规定“同一建筑内设置多种使用功能场所时，不同使用功能场所之间应进行防火分隔，该建筑及其各功能场所的防火设计应根据本规范的相关规定确定”。因此，含油设备检修间应与相邻房间应进行防火分隔。通常含油设备检修间是供变压器、电容器、电抗器等含油设备检修，防火分隔应不低于 2.50h 的耐火极限。门为乙级防火门。

二、案例分析 2

案例 2 是城市 220kV 户内变电站，建筑物内设置了含可燃介质的电容器室，依据 GB 50229—2019《火力发电厂与变电站设计防火标准》表 11.1.1 建（构）筑物的火灾危险性分类及其耐火等级的规定“含可燃介质的电容器室的火灾危险性类别为丙类、耐火等级为二级”。依据 GB 50229—2019《火力发电厂与变电站设计防火标准》的第 11.1.2 条规定“建筑物或建筑物的任一防火分区布置有不同火灾危险性的房间时，建筑物或防火分区内的火灾危险性别应按火灾危险性较大的部分确定，当火灾危险性较大的房间占本层或本防火分区建筑面积的比例小于 5%，且发生火灾事故时不足以蔓延至其他部位或火灾危险性较大的部分采取了有效的防火措施时，可按火灾危险性较大的部分确定”。因此案例二建筑物火灾危险性等级为丙类、耐火等级为二级。本建筑物包含地下一层、地上二层（局部三层），建筑物结构型式为钢筋混凝土框架结构。

（一）案例 2　220kV 户内变电站地下电缆层平面

案例 2 220kV 户内变电站地下电缆层如图 5–2 所示。

（1）建筑物火灾危险性类别为丙类，耐火等级为二级。

（2）防火分区。依据 GB 50016—2014 表 3.3.1 条规定“丙类火灾危险性类别的地下或半地下厂房（包括地下或半地下室）每个防火分区最大允许建筑面积 500m^2，而丁类火灾危险性类别的地下或半地下厂房每个防火分区最大允许建筑面积 1000m^2”（强制性条文）。GB 50016—2014 区别了不同火灾危险性等级的设置标准。

因此，这座户内变电站的地下电缆层应按两个防火分区设置，即防火分区一、防火分区二。

另外，依据现行的 GB 50229—2019 第 11.2.6 条规定“地下变电站、地上变电站的地下室每个防火分区的建筑面积不应大于 1000m^2”。这条规定没有考虑火灾危险性的差别，没有 GB 50016—2014 的规定严格细致。此案例建筑物设计年为 2019 年之前，当时 GB 50229—2019 还未发行实施，所以还是按 500m^2 的规定进行防火分区设计。

（3）防火墙。

1）依据 GB 50016—2014 的表 3.3.1 的注 1 规定“防火分区之间应采用防火墙分隔”（强制性条文）。

2）依据 GB 50016—2014 第 2.1.12 条规定“防火墙：防止火灾蔓延至相邻建筑或相邻水平防火分区且耐火极限不低于 3.00h 的不燃性墙体”。因此，防火分区之间应设置耐火极限不低于 3.00h 的不燃性实体墙，门应采用甲级（耐火极限 1.5h）防火门。

（4）安全出口。依据 GB 50016—2014 第 3.7.3 条规定“地下室或半地下室，当有多个防火分区相邻布置，并采用防火墙分隔时，每个防火分区可利用防火墙上通向相邻防火分区的甲级防火门作为第二安全出口，但每个防火分区必须至少有 1 个直通室外的独立安全出口”（强制性条文）。

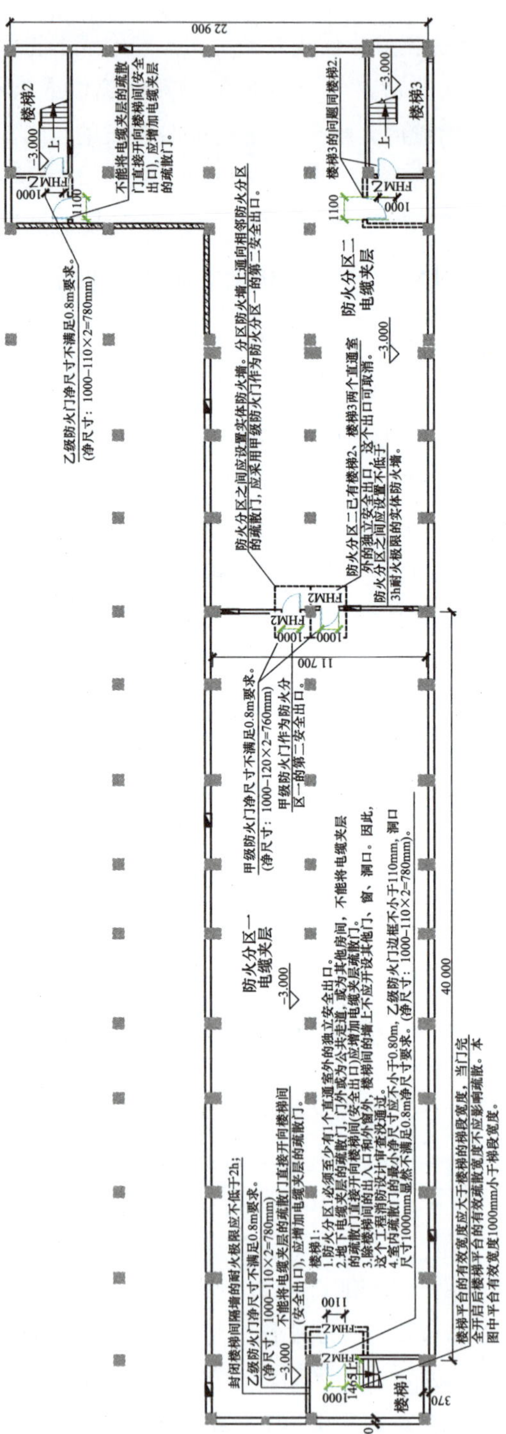

图 5–2　案例 2 220kV 户内变电站地下电缆层

防火分区 1 有 1 个直通室外的独立安全出口，还有 1 个开向相邻区域防火分区 2 的第二安全出口。而右侧的防火分区二已有 2 个直通室外的独立安全出口，还有 1 个开向相邻防火分区一的第 3 安全出口，显然防火分区二多设置了 1 个出口，这个出口可以取消。

（5）依据 GB 50229—2019 第 11.2.4 条规定“蓄电池室、电缆夹层、继电器室、通信机房、配电装置室的门应向疏散方向开启，当门外为公共走道或其他房间时，该门应采用乙级防火门”。

电缆夹层的疏散门，只能开向公共走道或其他房间，不能开向楼梯间。因此，这个工程的消防报建没通过。建议增加电缆夹层与封闭楼梯间之间的过道来设置电缆夹层的疏散门。

（6）依据 GB 50016—2014 第 6.4.2 条第 2 款规定“疏散楼梯间应符合下列规定：除楼梯间的出入口和外窗外，楼梯间的墙上不应开设其他门、窗、洞口”（强制性条文）。因此，电缆夹层的疏散门不应开向封闭楼梯间。

（7）依据 GB 50016—2014 第 3.7.6 条规定“高层厂房和甲、乙、丙类多层厂房的疏散楼梯应采用封闭楼梯间或室外楼梯”（强制性条文）。因此，这座 220kV 户内变电站地下层楼梯间应采用封闭楼梯间。

（8）依据 GB 50016—2014 第 6.4.4 条规定“地下或半地下建筑（室）的疏散楼梯间，应符合下列规定：

1 室内地面与室外出入口地坪高差大于 10m 或三层及以上的地下、半地下建筑（室），其疏散楼梯应采用防烟楼梯间；其他地下或半地下建筑（室），其疏散楼梯应采用封闭楼梯间。

……”（强制性条文）。

因此，本座 220kV 户内变电站地下层楼梯间应采用封闭楼梯间。

（二）案例 2 220kV 户内变电站一层平面图

案例 2 220kV 户内变电站一层平面图如图 5–3 所示。

（1）依据 GB 50229—2019 第 11.2.8 条规定“地下变电站、地上变电站的地下室、半地下室安全出口数量不应少于 2 个。地下室与地上层不应共用楼梯间，当必须共用楼梯间时，应在地上首层采用耐火极限不低于 2.00h 的不燃烧体隔墙和乙级防火门将地下或半地下部分与地上部分的连通部分完全隔开，并应有明显标志”。

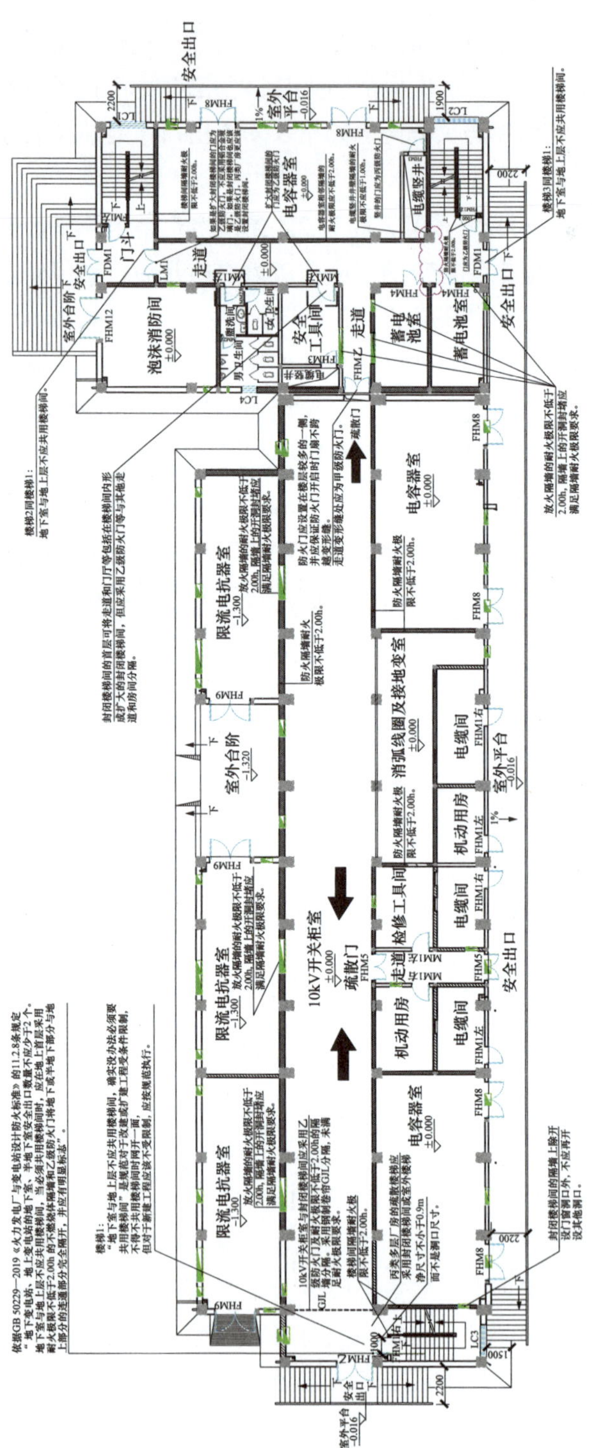

图 5-3 案例 2 220kV 户内变电站一层平面图

（2）依据 GB 50016—2014 第 6.4.4 条规定“建筑的地下或半地下部分与地上部分不应共用楼梯间，确需共用楼梯间时，应在首层采用耐火极限不低于 2.00h 的防火隔墙和乙级防火门将地下或半地下部分与地上部分的连通部位完全分隔，并应设置明显的标志”（强制性条文）。

地下室与地上层不应共用楼梯间，确实没办法必须要共用楼梯间，这是规范对于改建或扩建工程受条件限制，不得不共用楼梯间时网开一面，但对于新建工程应该不受限制，应按本条规范执行。

（3）依据 GB 50016—2014 第 3.7.6 条规定“高层厂房和甲、乙、丙类多层厂房的疏散楼梯应采用封闭楼梯间或室外楼梯”（强制性条文）。

因此，本座 220kV 户内变电站楼梯间应采用封闭楼梯间。

（4）依据 GB 50016—2014 第 6.4.2 条第 4 款规定“封闭楼梯间除应符合本规范第 6.4.1 条的规定外，尚应符合下列规定：

楼梯间的首层可将走道和门厅等包括在楼梯间内形成扩大的封闭楼梯间，但应采用乙级防火门等与其他走道和房间分隔”（强制性条文）。

（5）依据 GB 50016—2014 第 6.2.7 条规定“附设在建筑内的消防控制室、灭火设备室、消防水泵房和通风空气调节机房、变配电室等，应采用耐火极限不低于 2.00h 的防火隔墙和 1.50h 的楼板与其他部位分隔”（强制性条文）。

由于泡沫消防间属于灭火设备间，因此泡沫消防间也应采用耐火极限不低于 2.00h 的防火隔墙和 1.50h 的楼板与其他部位分隔。

（6）依据 GB 50016—2014 的表 3.2.1 不同耐火等级厂房和仓库建筑构件的燃烧性能和耐火极限规定“二级耐火等级的疏散走道两侧的隔墙应采用耐火极限不低于 1.00h 的防火隔墙和 1.00h 的楼板与其他部位分隔；楼梯间的隔墙应采用耐火极限不低于 2.00h 的防火隔墙和 1.00h 的楼板与其他部位分隔”。

（7）依据 GB 50016—2014 第 6.2.9 条规定“建筑内的电梯井等竖井应符合下列规定：

……

2. 电缆井、管道井、排烟道、排气道、垃圾道等竖向井道，应分别独立设置。井壁的耐火极限不应低于 1.00h，井壁上的检查门应采用丙级防火门；

3. 建筑内的电缆井、管道井应在每层楼板处采用不低于楼板耐火极限的不燃材料或防火封墙材料封墙。建筑内的电缆井、管道井与房间、走道等相连通的孔隙应采用防火封堵材料封堵。

……”（强制性条文）。

（8）依据 GB 50016—2014 第 6.5.1 条第 5 款规定“防火门的设置应符合下列规定：设置在建筑变形缝附近时，防火门应设置在楼层较多的一侧，并应保证防火门开启时门扇不跨越变形缝”。

（9）依据 GB 50016—2014 第 6.4.2 条第 2 款规定“疏散楼梯间应符合下列规定：除楼梯间的出入口和外窗外，楼梯间的墙上不应开设其他门、窗、洞口”（强制性条文）。电容器室与楼梯 1 的隔墙上不应开设洞口。

（10）依据 DL/T 5457—2012《变电站建筑结构设计规程》第 3.1.9 条第 5 款规定“屋内配电装置室内的油断路器、油浸电流互感器和电压互感器、高压电抗器，应安装在有防火隔墙的间隔内”；第 7 款规定“屋内配电装置室、电容器室、蓄电池室、电缆夹层及其他电器设备房间，应采用向外开启的钢门。当门外为公共走道或其他房间时，应采用向外开启的乙级防火门”。

因此，图 5–3 中的限流电抗器室、10kV 开关柜室、电容器室、蓄电池室等设备房间开向走道的门为乙级防火门。限流电抗器室、10kV 开关柜室、电容器室、蓄电池室等设备房间的隔墙采用耐火极限不低于 2.00h 的防火隔墙分隔。

（三）案例 2 220kV 户内变电站二层平面

案例 2 220kV 户内变电站二层平面图如图 5–4 所示。

（1）依据 GB 50016—2014 第 6.4.11 条第 3 款规定“开向疏散楼梯或疏散楼梯间的门，当其完全开启时，不应减少楼梯平台的有效宽度”。楼梯 1 未满足强制性条文规定。

（2）依据 GB 50229—2019 第 11.2.4 条规定“蓄电池室、电缆夹层、继电器室、通信机房、配电装置室的门应向疏散方向开启，当门外为公共走道或其他房间时，该门应采用乙级防火门”。配电装置室（110kV GIS 室）、二次设备室的疏散门，只能开向公共走道或其他房间，不能开向楼梯间。

（3）依据 GB 50016—2014 第 6.4.2 条第 2 款规定“疏散楼梯间应符合下列规定：除楼梯间的出入口和外窗外，楼梯间的墙上不应开设其他门、窗、洞口”（强制性条文）。因此，二次设备间、110kV GIS 室的疏散门，不能开向封闭楼梯间。建议加设过道隔墙和门，并应在隔墙上开设向走道方向开启的门，见图 5–4 中的楼梯 1、楼梯 2、楼梯 3。

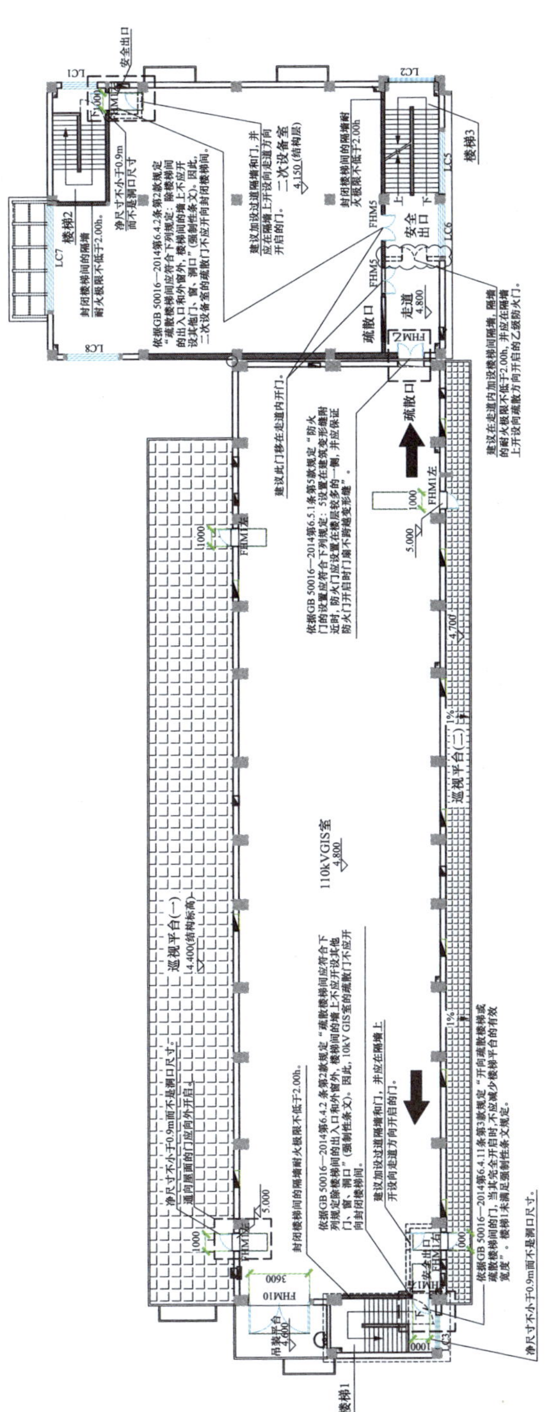

图 5-4　案例 2 220kV 户内变电站二层平面图

（4）依据 GB 50016—2014 第 6.5.1 条第 5 款规定“防火门的设置应符合下列规定：设置在建筑变形缝附近时，防火门应设置在楼层较多的一侧，并应保证防火门开启时门扇不跨越变形缝”。

（5）依据 GB 50016—2014 第 5.5.3 条规定“建筑的楼梯间宜通至屋面，通向屋面的门或窗应向外开启”，这条在规范中是针对民用建筑而言的，工业建筑设置上屋面的楼梯间主要是便于屋面设备的检修维护。

三、案例分析 3

案例 3 是一座城市型 220kV 户内变电站，建筑物包含地下一层、地上四层，建筑物结构型式为钢筋混凝土框架结构。

（1）依据 GB 50229—2019 的表 11.1.1 规定“油浸变压器室火灾危险性类别为丙类，耐火等级为一级”。

（2）依据 GB 50229—2019 的第 11.1.2 条规定“同一建筑物或建筑物的任一防火分区布置有不同火灾危险性的房间时，建筑物或防火分区内的火灾危险性类别应按火灾危险性较大的部分确定”。

因此，这座建筑物火灾危险性类别应按油浸变压器室来确定，其火灾危险性类别为丙类，耐火等级为一级。

（一）案例 3 220kV 户内变电站地下电缆层平面

案例 3 220kV 户内变电站地下电缆层平面如图 5–5 所示。

（1）防火分区。地下电缆层共划分了 5 个防火分区，其中含 4 个电缆层的防火分区和 1 个公共进风通道防火分区，其中公共进风通道的地下 1 层与一层通高。分区防火墙耐火极限不低于 3.00h。封闭楼梯间隔墙耐火极限不低于 2.00h。

（2）安全出口。

1）每个防火分区安全出口的设置要求，依据 GB 50016—2014 第 3.7.3 条规定“地下室或半地下室，当有多个防火分区相邻布置，并采用防火墙分隔时，每个防火分区可利用防火分区之间的防火墙上通向相邻防火分区的甲级防火门作为第二安全出口，但每个防火分区必须至少有 1 个直通室外的独立安全出口”。

图 5–5 中防火分区 2 与防火分区 3 这两个防火分区共用 1 个直通室外的安全出口，不满足“每个防火分区必须至少有 1 个直通室外的独立安全出口”的

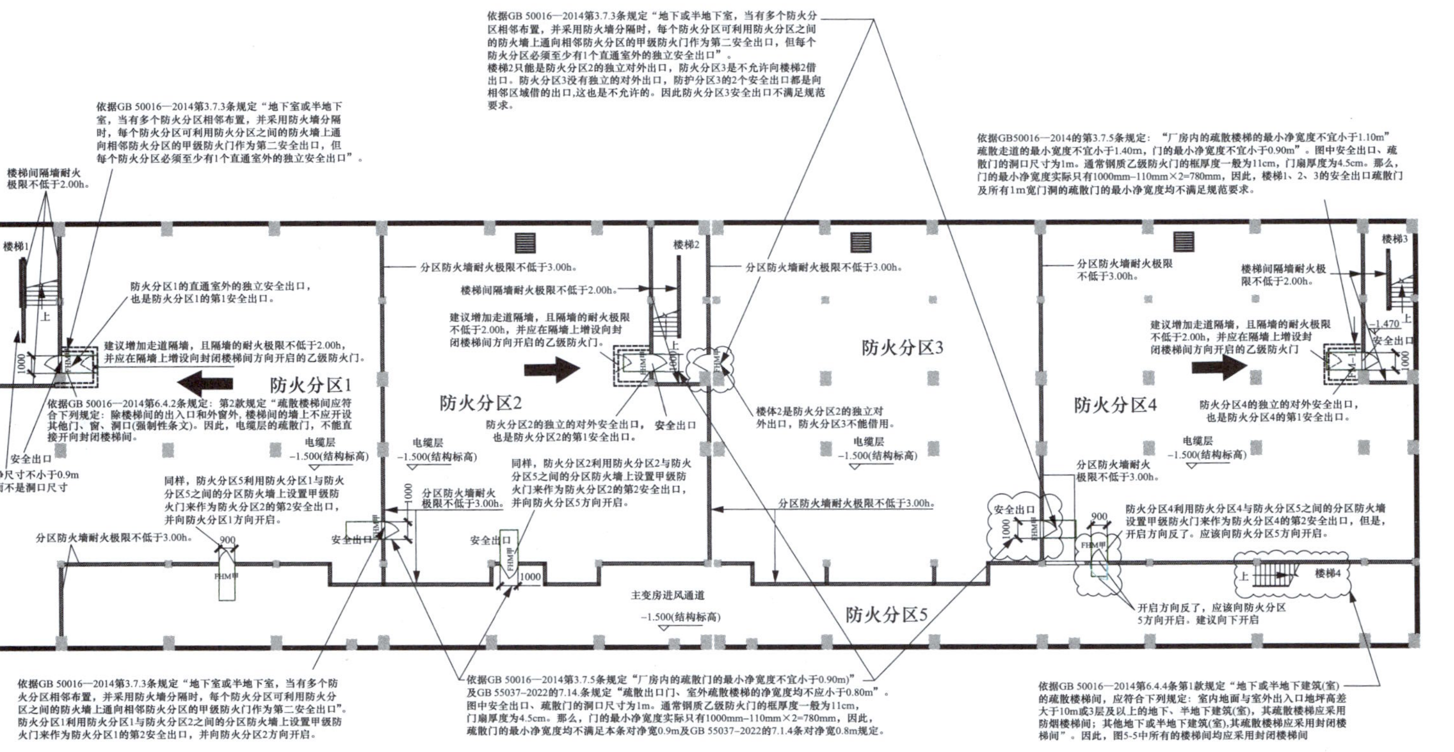

图 5－5　案例 3 220kV 户内变电站地下电缆层

规定，楼梯 2 是防火分区 2 的独立对外出口，防火分区 3 不能借用，更不能将电缆夹层的疏散门开向楼梯间。图中的设计违反规范强制性条文规定。

2）依据 GB 50016—2014 第 3.7.5 条规定“厂房内的疏散楼梯的最小净宽度不宜小于 1.10m，疏散走道的最小净宽度不宜小于 1.40m，门的最小净宽度不宜小于 0.90m”及 GB 5503—2022 第 7.1.4 条规定“疏散出口门、室外疏散楼梯的净宽度均不应小于 0.80m”。图 5-5 中安全出口、疏散门的洞口尺寸为 1m。通常钢质乙级防火门的门框厚度一般为 11cm，门扇厚度为 4.5cm。那么，门的最小净宽度实际只有 1000mm－110mm × 2 = 780mm。因此，楼梯 1、2、3 的安全出口疏散门及所有 1m 宽门洞的疏散门的最小净宽度均不满足规范要求。

（3）封闭楼梯间。

1）依据 GB 50016—2014 第 3.7.6 条规定“高层厂房和甲、乙、丙类多层厂房的疏散楼梯应采用封闭楼梯间或室外楼梯”（强制性条文）。因此，整座 220kV 户内变电站的所有室内楼梯间应采用封闭楼梯间。

2）依据 GB 50016—2014 第 6.4.4 条第 1 款规定“地下或半地下建筑（室）的疏散楼梯间，应符合下列规定：室内地面与室外出入口地坪高差大于 10m 或 3 层及以上的地下、半地下建筑（室），其疏散楼梯应采用防烟楼梯间：其他地下或半地下建筑（室），其疏散楼梯应采用封闭楼梯间”（强制性条文）。

3）依据 GB 50016—2014 第 6.4.2 条第 2 款规定“疏散楼梯间应符合下列规定：除楼梯间的出入口和外窗外，楼梯间的墙上不应开设其他门、窗、洞口”（强制性条文）。因此，电缆层每个防火分区的封闭楼梯间内除楼梯间的疏散门外，是不能有其他房间的门直接开在封闭楼梯间隔墙上。建议在封闭楼梯间疏散门外增加走道隔墙，且隔墙的耐火极限不低于 2.00h，并应在隔墙上增设向封闭楼梯间方向开启的乙级防火门，如图 5-5 所示。

（4）电缆夹层。依据 GB 50229—2019 第 11.2.4 条规定“蓄电池室、电缆夹层、继电器室、通信机房、配电装置室的门应向疏散方向开启，当门外为公共走道或其他房间时，该门应采用乙级防火门”。

地下电缆夹层的疏散门，只能开向公共走道或其他房间，不能开在封闭楼梯间隔墙上。因此，这个工程的消防设计审查没有通过。

（二）案例 3 220kV 户内变电站一层平面

案例 3 220kV 户内变电站一层平面图如图 5-6 所示。

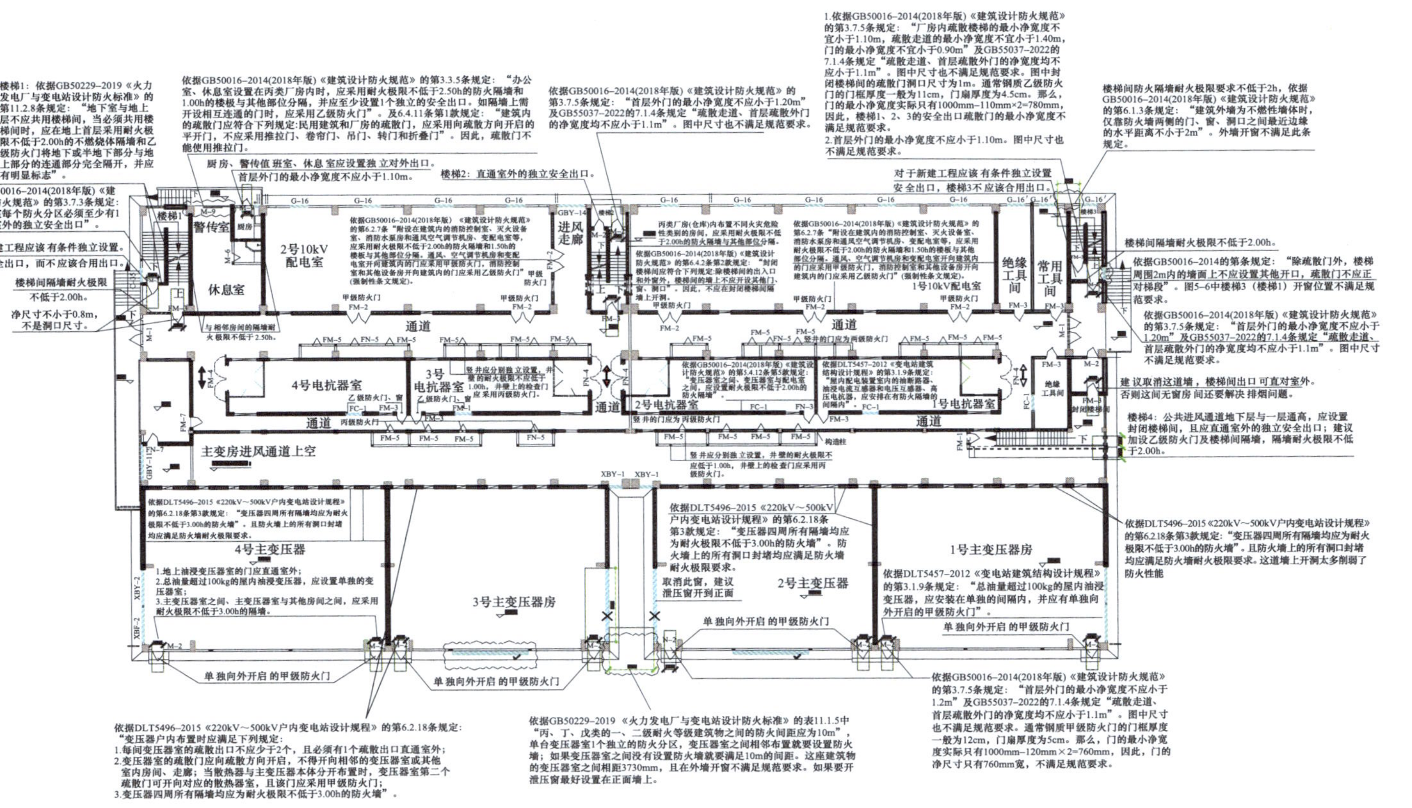

图 5－6　案例 3 220kV 户内变电站一层平面图

（1）安全出口。

1）依据 GB 50016—2014 第 3.7.3 条规定“地下室每个防火分区必须至少有 1 个直通室外的独立安全出口”。规范这条要求说明不允许使用合用楼梯间。

2）依据 GB 50229—2019 第 11.2.8 条规定“地下室与地上层不应共用楼梯间，当必须共用楼梯间时，应在地上首层采用耐火极限不低于 2.00h 的不燃烧体隔墙和乙级防火门将地下或半地下部分与地上部分的连通部分完全隔开，并应有明显标志”。该条文说明不得不合用的前提下至少要将地下室与地上部分的连通处完全隔开的措施。对于改扩建工程可能受条件的限制规范允许合用。但是，对于新建工程应该有条件设置独立的安全出口，因此地下与地面合用楼梯间是不得已的做法。规范编制出于对特殊情况下不得不共用楼梯间的情况网开一面，共用楼梯间是不推荐采用的。因此，楼梯 1 地下与地面层的出口处，应分开设置独立的安全出口。

依据 GB 50016—2014 第 3.7.5 条规定“首层外门的最小净宽度不应小于 1.20m”及 GB 55037—2022 第 7.1.4 条规定“疏散走道、首层疏散外门的净宽度均不应小于 1.1m”。图中洞口尺寸 1000mm 不满足规范对乙级门的净尺寸 1.1m 的规定要求。

3）依据 GB 50016—2014 第 3.3.5 条规定“办公室、休息室设置在丙类厂房内时，应采用耐火极限不低于 2.50h 的防火隔墙和 1.00h 的楼板与其他部位分隔，并应至少设置 1 个独立的安全出口。如隔墙上需开设相互连通的门时，应采用乙级防火门”，及第 6.4.11 条第 1 款规定“建筑内的疏散门应符合下列规定：民用建筑和厂房的疏散门，应采用向疏散方向开启的平开门，不应采用推拉门、卷帘门、吊门、转门和折叠门”。因此，警传室疏散门不能使用推拉门。

4）依据 GB 50229—2019 第 11.2.4 条规定“地上油浸变压器室的门应直通室外；地下油浸变压器室门应向公共走道方向开启，该门应采用甲级防火门；干式变压器室、电容器室门应向公共走道方向开启，该门应采用乙级防火门；蓄电池室、电缆夹层、继电器室、通信机房、配电装置室的门应向疏散方向开启，当门外为公共走道或其他房间时，该门应采用乙级防火门”。油浸变压器室应设置开向室外的甲级防火门。

（2）封闭楼梯间。

1）依据 GB 50016—2014 第 6.4.2 条第 1 款规定“封闭楼梯间除应符合本

规范第 6.4.1 条的规定外，尚应符合下列规定：不能自然通风或自然通风不能满足要求时，应设置机械加压送风系统或采用防烟楼梯间”。也就是说，自然通风不能满足要求时设防烟楼梯间。如果自然通风达到要求就可设置封闭楼梯间。图 5-6 中地下室防火分区 5 与一层通高，楼梯 4 不应采用敞开楼梯间，应采用封闭楼梯间或防烟楼梯间。

2）依据 GB 50016—2014 第 3.7.6 条规定“高层厂房和甲、乙、丙类多层厂房的疏散楼梯应采用封闭楼梯间或室外楼梯”（强制性条文）。因此，这座建筑物中的室内楼梯均为封闭楼梯间。公共进风通道地下层与一层通高，应设置封闭楼梯间，且应满足直通室外的独立安全出口要求。建议楼梯 4 加设乙级防火门及楼梯间隔墙，隔墙耐火极限不低于 2.00h，如图 5-6 所示。

（3）防火隔墙的设置。

1）依据 GB 50016—2014 第 6.2.3 条规定“建筑内的下列部位应采用耐火极限不低于 2.00h 的防火隔墙与其他部位分隔，墙上的门、窗应采用乙级防火门、窗，确有困难时，可采用防火卷帘，但应符合本规范第 6.5.3 条第 3 款规定：“甲、乙、丙类厂房（仓库）内布置有不同火灾危险性类别的房间”；和第 5 款：“除居住建筑中套内的厨房外，宿舍、公寓建筑中的公共厨房和其他建筑内的厨房”的规定。因此，本座建筑中的厨房与相邻房间隔墙应采用耐火极限不低于 2.00h 的防火隔墙与其他部位分隔。

2）依据 GB 50016—2014 第 6.2.4 条规定“建筑内的防火隔墙应从楼地面基层隔断至梁、楼板或屋面板的底面基层”。

3）依据 GB 50016—2014 中表 3.2.1 规定“楼梯间的隔墙耐火极限不应低于 2.00h。疏散走道两侧的隔墙耐火极限不应低于 1.00h”。楼梯间防火隔墙耐火极限要求不低于 2h，依据 GB 50016—2014 第 6.1.3 条规定：“建筑外墙为不燃性墙体时，仅靠防火墙两侧的门、窗、洞口之间最近边缘的水平距离不小于 2m”。外墙开窗不满足此条规定。

4）依据 GB 50229—2019 第 11.3.1 条规定“35kV 及以下屋内配电装置当未采用金属封闭开关设备时，其油断路器、油浸电流互感器和电压互感器，应设置在两侧有不燃烧实体墙的间隔内；35kV 以上屋内配电装置应安装在有不燃烧实体墙的间隔内，不燃烧实体墙的高度不应低于配电装置中带油设备的高度”。

5）依据 GB 50229—2019 第 11.3.2 条规定“总油量超过 100kg 的屋内油浸

变压器，应设置单独的变压器室”。

6)依据 DL/T 5496—2015《220kV～500kV 户内变电站设计规程》的第 6.2.18 条第 3 款规定“变压器四周所有隔墙均应为耐火极限不低于 3.00h 的防火墙”。防火墙上的所有洞口封堵均应满足防火墙耐火极限要求。

7）依据 GB 50229—2019《火力发电厂与变电站设计防火标准》的表 11.1.5 中“丙、丁、戊类的一、二级耐火等级建筑物之间的防火间距应为 10m”，单台变压器室为 1 个独立的防火分区，变压器室之间相邻布置就要设置防火墙；如果变压器室之间没有设置防火墙就要满足 10m 的间距。这座建筑物的变压器室之间相距 3730mm，且在外墙开窗不满足规范要求。如果要开泄压窗最好设置在正面墙上。

8）依据 DL/T 5457—2012《变电站建筑结构设计规程》第 3.1.9 条规定“屋内配电装置室内的油断路器、油浸电流互感器和电压互感器、高压电抗器，应安排在有防火隔墙的间隔内。总油量超过 100kg 的屋内油浸变压器，应安装在单独的间隔内，并应有单独向外开启的甲级防火门”。因此，变压器室应设置在首层的靠外墙部位，变压器室等与其他部位之间应采用耐火极限不低于 2.00h 的防火隔墙和 1.50h 的不燃性楼板分隔。在隔墙和楼板上不应开设洞口，确需在隔墙上设置门、窗时，应采用甲级防火门、窗。

9）竖井封堵：依据 GB 50016—2014 的第 6.2.9 条规定“建筑内的电梯井等竖井应符合下列规定：

……

2. 电缆井、管道井、排烟道、排气道、垃圾道等竖向井道，应分别独立设置。井壁的耐火极限不应低于 1.00h，井壁上的检查门应采用丙级防火门。

3. 建筑内的电缆井、管道井应在每层楼板处采用不低于楼板耐火极限的不燃材料或防火封堵材料封墙。建筑内的电缆井、管道井与房间、走道等相连通的孔隙应采用防火封堵材料封墙。

……”（强制性条文）。

（4）装修材料 A 级规定。依据 GB 50222—2017《建筑内部装修设计防火规范》第 4.0.8 条规定“无窗房间其内部装修材料墙面、地面、顶棚均采用 A 级装修材料”；第 4.0.9 条规定“变压器室、配电室，其内部装修材料均采用 A 级装修材料”；第 4.0.11 条规定“建筑内的厨房，其内部装修材料墙面、地面、顶棚均采用 A 级装修材料”；丙类厂房的地下部分其内部装修材料墙面、地面、顶棚均采用 A 级装修材料。

（5）依据 GB 50016—2014 规定：“除疏散门外，楼梯周围 2m 内的墙面上不应设置其他开口，疏散门不应正对梯段”。图 5-6 中楼梯 1、楼梯 3 的开窗位置不满足规范对室外疏散梯的设置要求。

（三）案例 3 220kV 户内变电站二层平面

案例 3 220kV 户内变电站二层平面图如图 5-7 所示。

（1）安全出口。

1）依据 GB 50016—2014 第 3.7.2 条规定“厂房内每个防火分区或一个防火分区内的每个楼层，其安全出口的数量应经计算确定，且不应少于 2 个”。图 5-7 设置了 3 个安全出口，满足每个楼层不少于 2 个安全出口要求。

2）依据 GB 50016—2014 第 3.7.5 条规定“厂房内疏散楼梯的最小净宽度不宜小于 1.10m，疏散走道的最小净宽度不宜小于 1.40m，门的最小净宽度不宜小于 0.90m”及 GB 55037—2022 第 7.1.4 条规定“疏散出口门的净宽度均不应小于 0.8m”。图 5-7 中封闭楼梯间的疏散门洞口尺寸为 1m。通常钢质乙级防火门的门框厚度一般为 11cm，门扇厚度为 4.5cm。那么，门的最小净宽度实际只有 1000mm－110mm×2＝780mm，因此，门的最小净宽度不满足规范要求。

（2）封闭楼梯间。依据 GB 50016—2014 第 3.7.6 条规定“高层厂房和甲、乙、丙类多层厂房的疏散楼梯应采用封闭楼梯间或室外楼梯”（强制性条文）。因此，这座建筑物中楼梯均为封闭楼梯间。

（3）防火分隔。楼梯间、消防器材间、电容器室、二次蓄电池室、110kV GIS 室、主变压器房等隔墙应满足 2.00h 耐火极限。

1）依据 GB 50016—2014 表 3.2.1 规定“楼梯间的隔墙耐火极限不应低于 2.00h。疏散走道两侧的隔墙耐火极限不应低于 1.00h”。

2）依据 DL/T 5496—2015《220kV～500kV 户内变电站设计规程》第 6.2.18 条第 3 款规定“变压器四周所有隔墙均应为耐火极限不低于 3.00h 的防火墙”。防火墙上的洞口不应敞开，应采用甲级防火门封闭或洞口封堵且应满足 3.00h 耐火极限。主变压器房与 10kV GIS 室之间防火隔墙上的不应开洞，更不应敞开。

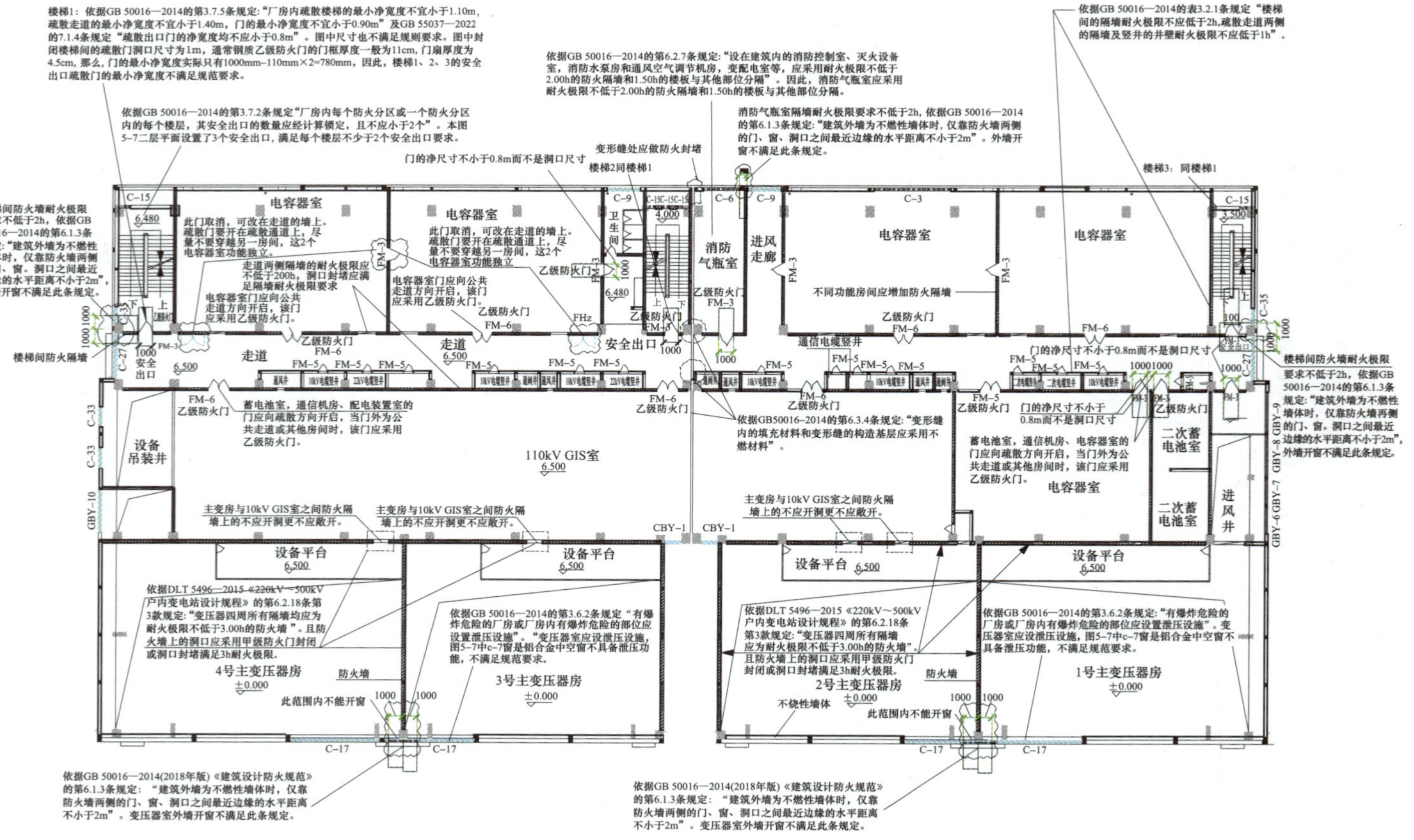

图 5-7 案例 3 220kV 户内变电站二层平面图

3）依据 GB 50229—2019 第 11.3.2 条规定“总油量超过 100kg 的屋内油浸变压器，应设置单独的变压器室”。

4）依据 GB 50016—2014 第 6.2.7 条规定“附设在建筑内的消防控制室、灭火设备室、消防水泵房和通风空气调节机房、变配电室等，应采用耐火极限不低于 2.00h 的防火隔墙和 1.50h 的楼板与其他部位分隔”。因此，消防气瓶室属于灭火设备室，应采用耐火极限不低于 2.00h 的防火隔墙和 1.50h 的楼板与其他部位分隔。

5）依据 GB 50016—2014 第 6.1.3 条规定“建筑外墙为不燃性墙体时，仅靠防火墙两侧的门、窗、洞口之间最近边缘的水平距离不小于 2m”。变压器室外墙开窗不满足此条规定。

6）依据 GB 50016—2014 第 3.6.2 条规定“有爆炸危险的厂房或厂房内有爆炸危险的部位应设置泄压设施”。变压器室应设泄压设施，图 5-7 中 C-7 窗是铝合金中空窗不具备泄压功能，不满足规范要求。

（4）电缆竖井洞口封堵。

1）依据 GB 50229—2019 第 11.4.2 条“电缆从室外进入室内的入口处、电缆竖井的出入口处，建（构）筑物中电缆引至电气柜、盘或控制屏、台的开孔部位，电缆贯穿隔墙、楼板的空洞应采用电缆防火封堵材料进行封堵，其防火封堵组件的耐火极限不应低于被贯穿物的耐火极限，且不低于 1.00h”。第 11.4.3 条规定“在电缆竖井中，宜每间隔不大于 7m 采用耐火极限不低于 3.00h 的不燃烧体或防火封堵材料封堵”。在图上应注明这些防火构造的处理措施。

2）依据 GB 50016—2014 第 6.2.9 条规定“建筑内的电梯井等竖井应符合下列规定：

……

2. 电缆井、管道井、排烟道、排气道、垃圾道等竖向井道，应分别独立设置。井壁的耐火极限不应低于 1.00h，井壁上的检查门应采用丙级防火门。

3. 建筑内的电缆井、管道井应在每层楼板处采用不低于楼板耐火极限的不燃材料或防火封墙材料封墙。建筑内的电缆井、管道井与房间、走道等相连通的孔隙应采用防火封堵材料封墙。

……”（强制性条文）。

3）变形缝封堵：依据 GB 50016—2014 第 6.3.4 条规定“变形缝内的填充材料和变形缝的构造基层应采用不燃材料”。

（5）依据 GB 50229—2019 第 11.2.4 条规定“干式变压器室、电容器室门应向公共走道方向开启，该门应采用乙级防火门；蓄电池室、电缆夹层、继电器室、通信机房、配电装置室的门应向疏散方向开启，当门外为公共走道或其他房间时，该门应采用乙级防火门”。

（四）案例 3 220kV 户内变电站三层平面

案例 3 220kV 户内变电站三层平面图如图 5－8 所示。

（1）安全出口。

1）依据 GB 50016—2014 第 3.7.2 条规定“厂房内每个防火分区或一个防火分区内的每个楼层，其安全出口的数量应经计算确定，且不应少于 2 个”。

2）依据 GB 50016—2014 第 3.3.5 条规定“员工宿舍严禁设置在厂房内。办公室、休息室设置在丙类厂房内时，应采用耐火极限不低于 2.50h 的防火隔墙和 1.00h 的楼板与其他部位分隔，并应至少设置 1 个独立的安全出口。如隔墙上需开设相互连通的门时，应采用乙级防火门”（强制性条文）。图 5－8 中设有“值班休息室、资料室、会议室”，按规定应增设 1 个独立的安全出口。建议增设供值班休息室、资料室、会议室区域的独立外廊和楼梯，如图 5－8 所示。

3）依据 GB 50016—2014 第 3.7.5 条规定“厂房内疏散楼梯的最小净宽度不宜小于 1.10m，疏散走道的最小净宽度不宜小于 1.40m，门的最小净宽度不宜小于 0.90m”及 GB 55037—2022 第 7.1.4 条规定“疏散出口门的净宽度均不应小于 0.8m”。图 5－8 中封闭楼梯间的疏散门洞口尺寸为 1m。通常钢质乙级防火门的门框厚度一般为 11cm，门扇厚度为 4.5cm。那么，门的最小净宽度实际只有 1000mm－110mm × 2 = 780mm，因此，楼梯 1、2、3 的安全出口疏散门的最小净宽度不满足规范要求。

（2）封闭楼梯间。依据 GB 50016—2014 第 3.7.6 条规定“高层厂房和甲、乙、丙类多层厂房的疏散楼梯应采用封闭楼梯间或室外楼梯”（强制性条文）。因此，这座建筑物中楼梯均为封闭楼梯间。

（3）防火分隔。依据 GB 50016—2014 表 3.2.1 中规定“二级耐火等级的楼梯间的隔墙耐火极限不应低于 2.00h；二级耐火等级的疏散走道两侧的隔墙耐火极限不应低于 1.00h”。

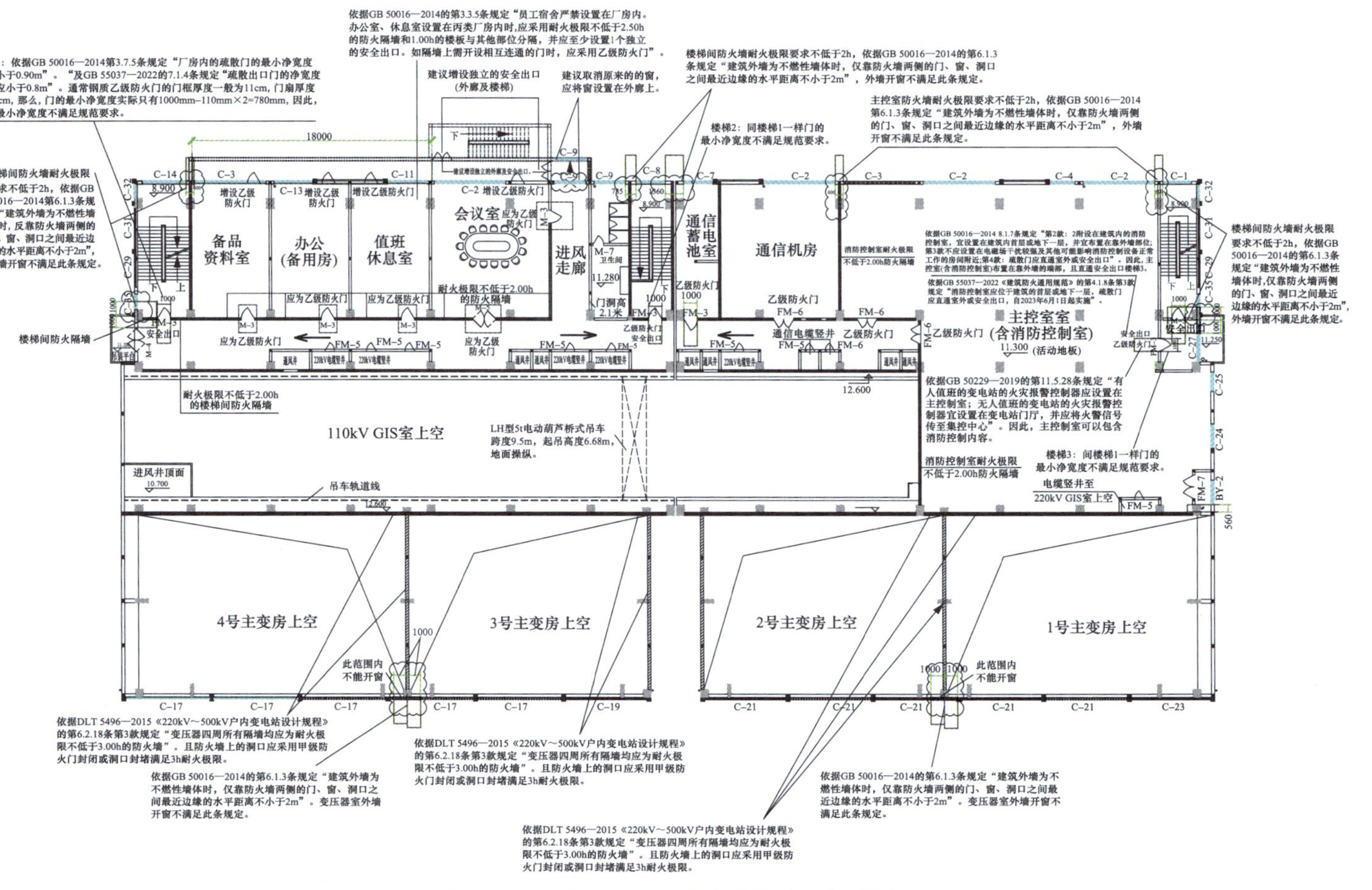

图 5-8　案例 3 220kV 户内变电站三层平面

（4）电缆竖井洞口封堵。

1）依据 GB 50229—2019 第 11.4.2 条规定“电缆从室外进入室内的入口处、电缆竖井的出入口处，建（构）筑物中电缆引至电气柜、盘或控制屏、台的开孔部位，电缆贯穿隔墙、楼板的空洞应采用电缆防火封堵材料进行封堵，其防火封堵组件的耐火极限不应低于被贯穿物的耐火极限，且不低于 1.00h”。

2）竖井封堵同图 5-7。

3）变形缝封堵：依据 GB 50016—2014 第 6.3.4 条规定“变形缝内的填充材料和变形缝的构造基层应采用不燃材料”。

（5）依据 GB 50229—2019 第 11.2.4 条规定“干式变压器室、电容器室门应向公共走道方向开启，该门应采用乙级防火门；蓄电池室、电缆夹层、继电器室、通信机房、配电装置室的门应向疏散方向开启，当门外为公共走道或其他房间时，该门应采用乙级防火门”。因此，蓄电池室、通信机房的门应向疏散方向开启，当门外为公共走道或其他房间时，该门应采用乙级防火门。

（6）依据 GB 50016—2014 第 8.1.7 条第 2 款规定：“附设在建筑内的消防控制室，宜设置在建筑内首层或地下一层，并宜布置在靠外墙部位”；第 3 款规定：“不应设置在电磁场干扰较强及其他可能影响消防控制设备正常工作的房间附近”；第 4 款规定：“疏散门应直通室外或安全出口”。

因此，主控室（含消防控制室）布置在靠外墙的端部，且直通安全出口楼梯 3。

（7）依据 GB 50229—2019 第 11.5.28 条规定“有人值班的变电站的火灾报警控制器应设置在主控制室：无人值班的变电站的火灾报警控制器宜设置在变电站门厅，并应将火警信号传至集控中心”。因此，主控制室可以包含消防控制内容。但是依据 GB 55037—2022 第 4.1.8 条第 3 款规定“消防控制室应位于建筑的首层或地下一层，疏散门应直通室外或安全出口”，在本规范的前言部分关于规范的实施要求为“在满足强制性工程建设规范规定的项目功能、性能要求和关键技术措施的前提下，可合理选用相关团体标准、企业标准，使项目功能、性能更加优化或达到更高水平。”“强制性工程建设规范实施后，现行相关工程建设国家标准、行业标准中的强制性条文同时废止”，因此自 2023 年 6 月 1 日起，消防控制室的设计应位于建筑的首层或地下一层，疏散门应直通室外或安全出口。

（8）依据 GB 50016—2014 第 6.2.7 条规定“附设在建筑内的消防控制室、灭火设备室、消防水泵房和通风空气调节机房、变配电室等，应采用耐火极限不低于 2.00h 的防火隔墙和 1.50h 的楼板与其他部位分隔。通风、空气调节机房和变配电室开向建筑内的门应采用甲级防火门，消防控制室和其他设备房开向建筑内的门应采用乙级防火门”（强制性条文）。

（9）依据 GB 50016—2014 第 6.1.3 条规定“建筑外墙为不燃性墙体时，仅靠防火墙两侧的门、窗、洞口之间最近边缘的水平距离不小于 2m”。主变压器房、楼梯间等外墙开窗不满足此条规定。

（五）案例 3 220kV 户内变电站四层平面

案例 3 220kV 户内变电站四层平面图如图 5-9 所示。

（1）安全出口。依据 GB 50016—2014 第 3.7.6 条规定“高层厂房和甲、乙、丙类多层厂房的疏散楼梯应采用封闭楼梯间或室外楼梯”，楼梯 1、楼梯 3 为封闭楼梯间。

（2）依据 GB 50016—2014 第 6.4.13 条规定“防火隔间的设置应符合下列规定：

1. 防火隔间的建筑面积不应小于 6.0m^2；

2. 防火隔间的门应采用甲级防火门；

3. 不同防火分区通向防火隔间的门不应计入安全出口，门的最小间距不应小于 4m；

4. 防火隔间内部装修材料的燃烧性能应为 A 级；

5. 不应用于除人员通行外的其他用途。”

图 5-9 中主变压器房上空设备平台开向 220kV GIS 室的门应为甲级防火门，墙上的洞口应采用封堵措施且满足不低于 3h 耐火极限要求。通向 220kV GIS 室的门不应计入安全出口，仅是供人员通行检修而已。

（3）图 5-9 中疏散门的洞口尺寸 1000mm 不满足疏散门的最小净宽 0.8m 规定。

（4）依据 GB 50016—2014 第 6.4.4 条规定“除通向避难层错位的疏散楼梯外，建筑内的疏散楼梯间在各层的平面位置不应改变”。图中屋面检修楼梯，不是用来疏散，是可以改变位置的。

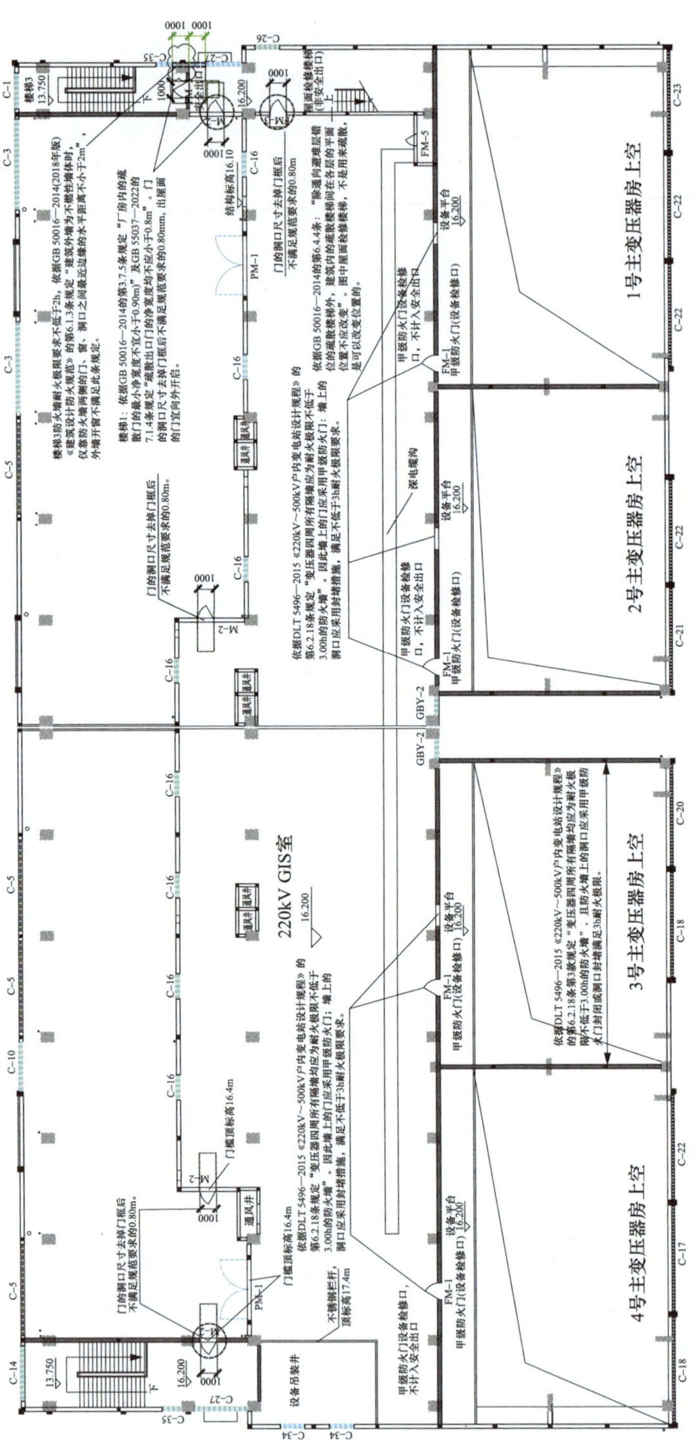

图 5-9　案例 3 220kV 户内变电站四层平面图

（5）依据 GB 50016—2014 第 5.5.3 条规定“建筑的楼梯间宜通至屋面，通向屋面的门或窗应向外开启”。楼梯 1、楼梯 3 通向屋面设备室外运输通道的门应向外开启。

（6）楼梯 3 防火隔墙耐火极限要求不低于 2h，依据 GB 50016—2014《建筑设计防火规范》第 6.1.3 条规定“建筑外墙为不燃性墙体时，仅靠防火墙两侧的门、窗、洞口之间最近边缘的水平距离不小于 2m。楼梯 3 外墙开窗不满足此条规定。

四、案例分析 4

案例 4 这是座 330kV 的户内变电站，地下 1 层，地上 2 层。结构型式为钢筋混凝土框架结构。

（1）依据 GB 50229—2019 中的表 11.1.1 规定“油浸变压器室火灾危险性类别为丙类，耐火等级为一级”。

（2）依据 GB 50229—2019 第 11.1.2 条规定“同一建筑物或建筑物的任一防火分区布置有不同火灾危险性的房间时，建筑物或防火分区内的火灾危险性类别应按火灾危险性较大的部分确定”。

因此，这座建筑物火灾危险性类别应按油浸变压器室来确定，其火灾危险性类别为丙类，耐火等级为一级。

（一）案例 4 330kV 户内变电站地下层平面

案例 4 330kV 户内变电站地下层平面图如图 5-10 所示。

（1）防火分区。这座户内变电站的地下电缆层按 4 个防火分区设置。

1）依据 GB 50016—2014 中的表 3.3.1 条规定“丙类火灾危险性类别的地下或半地下厂房（包括地下或半地下室）每个防火分区最大允许建筑面积 $500m^2$”（强制性条文）。

2）依据 GB 50229—2019《火力发电厂与变电站设计防火标准》的第 11.2.6 条规定“地下变电站、地上变电站的地下室每个防火分区的建筑面积不应大于 $1000m^2$”。但是该规范没有针对建筑火灾危险性类别来区别划分地下层防火分区的面积，而是统一按 $1000m^2$ 划分。

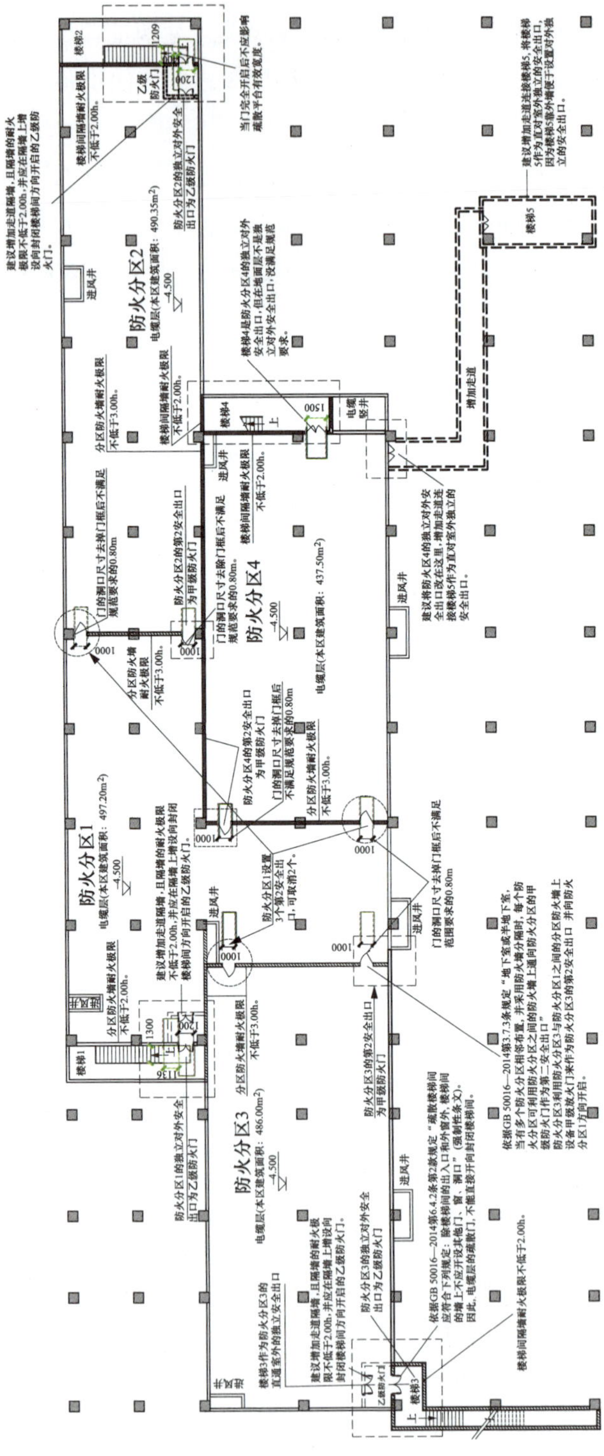

图 5-10 案例 4 330kV 户内变电站地下层平面图

（2）防火墙：分区防火墙应满足防火墙的规定。

1）依据 GB 50016—2014 中的表 3.3.1 的注 1“防火分区之间应采用防火墙分隔”（强制性条文）。

2）依据 GB 50016—2014《建筑设计防火规范》第 2.1.12 条规定“防火墙：防止火灾蔓延至相邻建筑或相邻水平防火分区且耐火极限不低于 3.00h 的不燃性墙体”（强制性条文）。

因此，防火分区之间设置耐火极限不低于 3.00h 的不燃性墙体，防火墙上开门采用甲级（耐火极限 1.50h）防火门。

（3）安全出口。

1）依据 GB 50016—2014 第 3.7.3 条规定“地下室或半地下室，当有多个防火分区相邻布置，并采用防火墙分隔时，每个防火分区可利用防火墙上通向相邻防火分区的甲级防火门作为第二安全出口，但每个防火分区必须至少有 1 个直通室外的独立安全出口”（强制性条文）。

a. 由于楼梯 4 在地面层无独立的对外安全出口，因此楼梯 4 不符合规范强制性条文要求。由于楼梯 5 靠外墙便于设置对外独立的安全出口，建议增加走道连接楼梯 5，将楼梯 5 作为直对室外独立的安全出口，如图 5-10 所示。

b. 由于防火分区 1 的第二安全出口分别向 2、3、4 区各开了一个安全出口，因此防火分区 1 的第二安全出口设置 3 个太多，可取消 2 个。

2）依据 GB 50016—2014 第 6.4.2 条第 2 款规定“疏散楼梯间应符合下列规定：除楼梯间的出入口和外窗外，楼梯间的墙上不应开设其他门、窗、洞口”（强制性条文）。因此，电缆层的疏散门，不能直接开向封闭楼梯间。

3）依据 GB 50016—2014 第 6.4.4 条规定“……地下或半地下建筑（室）的疏散楼梯间，应符合下列规定：

1 室内地面与室外出入口地坪高差大于 10m 或 3 层及以上的地下、半地下建筑（室），其疏散楼梯应采用防烟楼梯间：其他地下或半地下建筑（室），其疏散楼梯应采用封闭楼梯间。

……

3 建筑的地下或半地下部分与地上部分不应共用楼梯间，确需共用楼梯间时，应在首层采用耐火极限不低于 2.00h 的防火隔墙和乙级防火门将地下或半地下部分与地上部分的连通部位完全分隔，并应设置明显的标志”（强制性条文）。

因此，地下或半地下建筑（室）疏散楼梯应采用封闭楼梯间。

（4）疏散门。依据 GB 50016—2014 第 16.4.11 条第 3 款规定“建筑内的疏散门应符合下列规定：开向疏散楼梯或疏散楼梯间的门，当其完全开启时，不应减少楼梯平台的有效宽度”（强制性条文）。见图 5-10 楼梯 2 疏散门。

1）依据 GB 50229—2019《火力发电厂与变电站设计防火标准》的 11.2.4 条规定“蓄电池室、电缆夹层、继电器室、通信机房、配电装置室的门应向疏散方向开启，当门外为公共走道或其他房间时，该门应采用乙级防火门”。

电缆夹层的疏散门，只能开向公共走道或其他房间，不能将楼梯间安全出口当作电缆夹层的疏散门。因此，一些工程因为此问题导致消防设计审查不能顺利通过。建议在楼梯间疏散门的外侧增加走道隔墙，且隔墙的耐火极限不低于 2.00h，并应在隔墙上增设向封闭楼梯间方向开启的乙级防火门，如图 5–10 所示。

2）图 5-10 中门的洞口尺寸 1000mm 去掉门框后不满足规范要求疏散门的最小净尺寸 0.80m 规定。图中门洞宽度不满足规范要求。

（二）案例 4 330kV 户内变电站一层平面

案例 4 330kV 户内变电站一层平面图如图 5–11 所示。

（1）由于楼梯 4 在地面层没有直接对外的独立安全出口，不满足规范强制性条文规定。建议取消楼梯 4，将楼梯 5 作为地下层防火分区 4 的直通室外的独立的安全出口。

（2）依据 GB 50016—2014 的第 3.3.5 条规定：“办公室、休息室设置在丙类厂房内时，应采用耐火极限不低于 2.50h 的防火隔墙和 1.00h 的楼极与其他部位分隔，并应至少设置 1 个独立的安全出口。如隔墙上需开设相互连通的门时，应采用乙级防火门”。条文说明中的描述是“在丙类厂房内设置用于管理、控制或调度生产的办公房间以及工人的中间临时休息室，要采用规定的耐火构件与生产部分隔开，并设置不经过生产区域的疏散楼梯、疏散门等直通厂房外，为方便沟通而设置的、与生产区域相通的门要采用乙级防火门”。可见，图 5–11 中的消防控制室、值班室、资料室、男、女卫生间、机动用房等，应采用耐火极限不低于 2.50h 的防火隔墙和 1.00h 的楼极与其他部位分隔。这些房间应不经过生产区域的疏散楼梯或疏散门可直通厂房外。应采用耐火极限不低于 2.50h 的防火隔墙和 1.00h 的楼极与其他部位分隔，如图 5–11 所示。

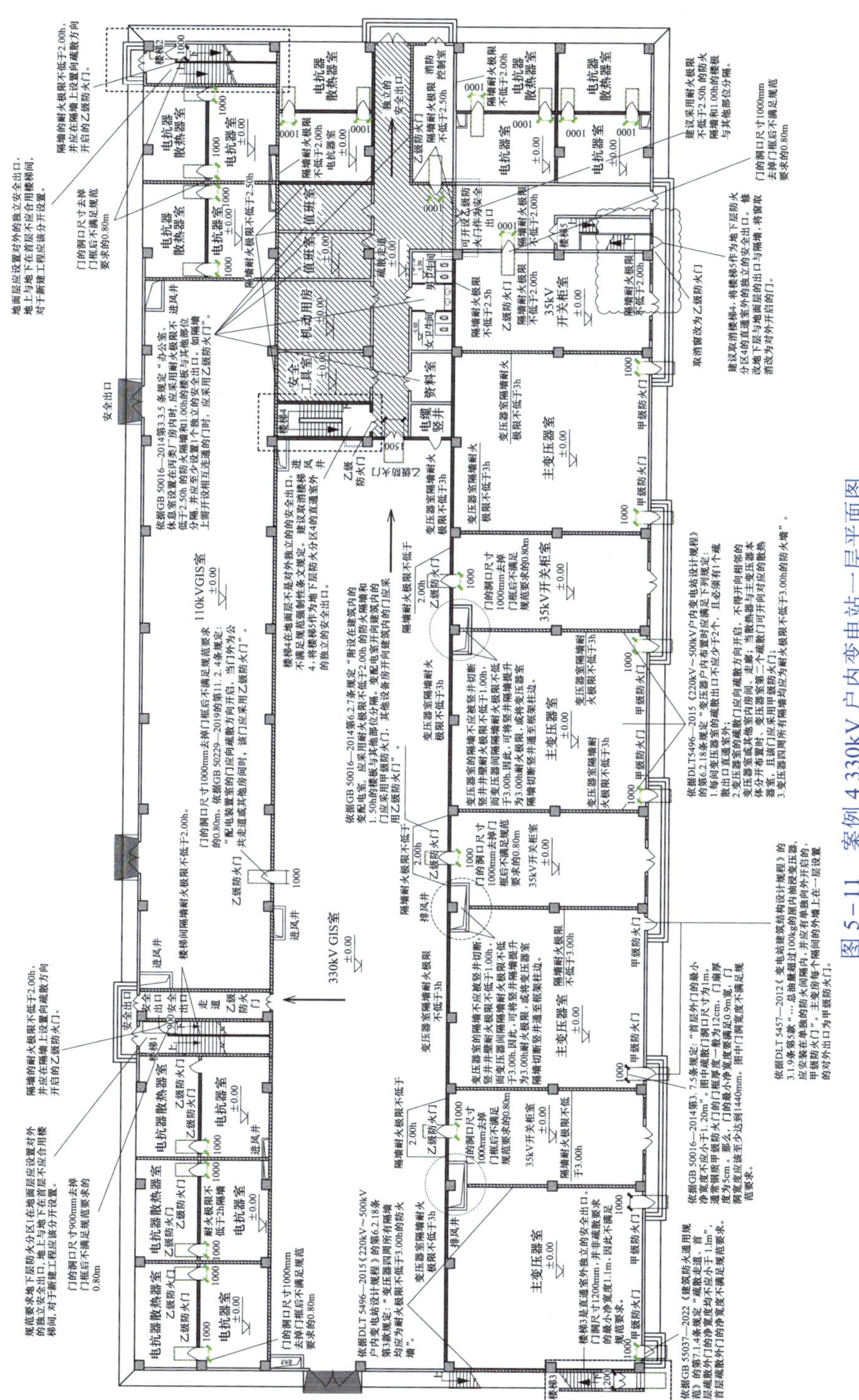

图5-11　案例4 330kV户内变电站一层平面图

（3）变压器室的隔墙不应被竖井切断，竖井井壁耐火极限不低于 1.00h，而变压器间隔隔墙耐火极限不低于 3.00h。因此，采用将竖井隔墙提升为 3.00h 耐火极限，或将变压器室隔墙切断竖井通至框架柱边的措施来满足规范要求。

（4）依据 GB 55037—2022《建筑防火通用规范》第 7.1.4 条规定“疏散走道、首层疏散外门的净宽度均不应小于 1.1m”，首层疏散外门的净宽度不满足规范要求。图 5-11 中楼梯 1、楼梯 2、楼梯 3、楼梯 5，以及变压器室的首层疏散外门的净宽均不满足规范要求。

（5）依据 GB 50016—2014 第 6.4.4 条第 3 款规定“建筑的地下或半地下部分与地上部分不应共用楼梯间，确需共用楼梯间时，应在首层采用耐火极限不低于 2.00h 的防火隔墙和乙级防火门将地下或半地下部分与地上部分的连通部位完全分隔，并应设置明显的标志”。图 5-11 中楼梯 1、楼梯 2、楼梯 5 均不满足本条规范规定。

（三）案例 4 330kV 户内变电站二层平面

案例 4 330kV 户内变电站二层平面图如图 5－12 所示。

（1）依据 GB 50229—2019 第 11.2.4 条规定“电容器室门应向公共走道方向开启，该门应采用乙级防火门”。

（2）总油量超过 100kg 的屋内油浸变压器，应设置单独的变压器室，隔墙耐火极限不低于 2.00h。变压器室的隔墙不应被竖井切断，竖井井壁耐火极限不低于 1.00h，而变压器间隔隔墙耐火极限不低于 2.00h。

（3）依据 GB 50229—2019 第 11.2.4 条规定“蓄电池室、电缆夹层、继电器室、通信机房、配电装置室的门应向疏散方向开启，当门外为公共走道或其他房间时，该门应采用乙级防火门。配电装置室的中间隔墙上的门可采用分别向不同方向开启且宜相邻的 2 个乙级防火门”。

（4）依据 GB 50016—2014 第 6.4.5 条第 4 款规定“通向室外楼梯的门应采用乙级防火门，并应向外开启”；第 5 款规定“除疏散门外，楼梯周围 2m 内的墙面上不应设置门、窗、洞口。疏散门不应正对梯段”。

因此，建议梯段移到不开窗的位置。

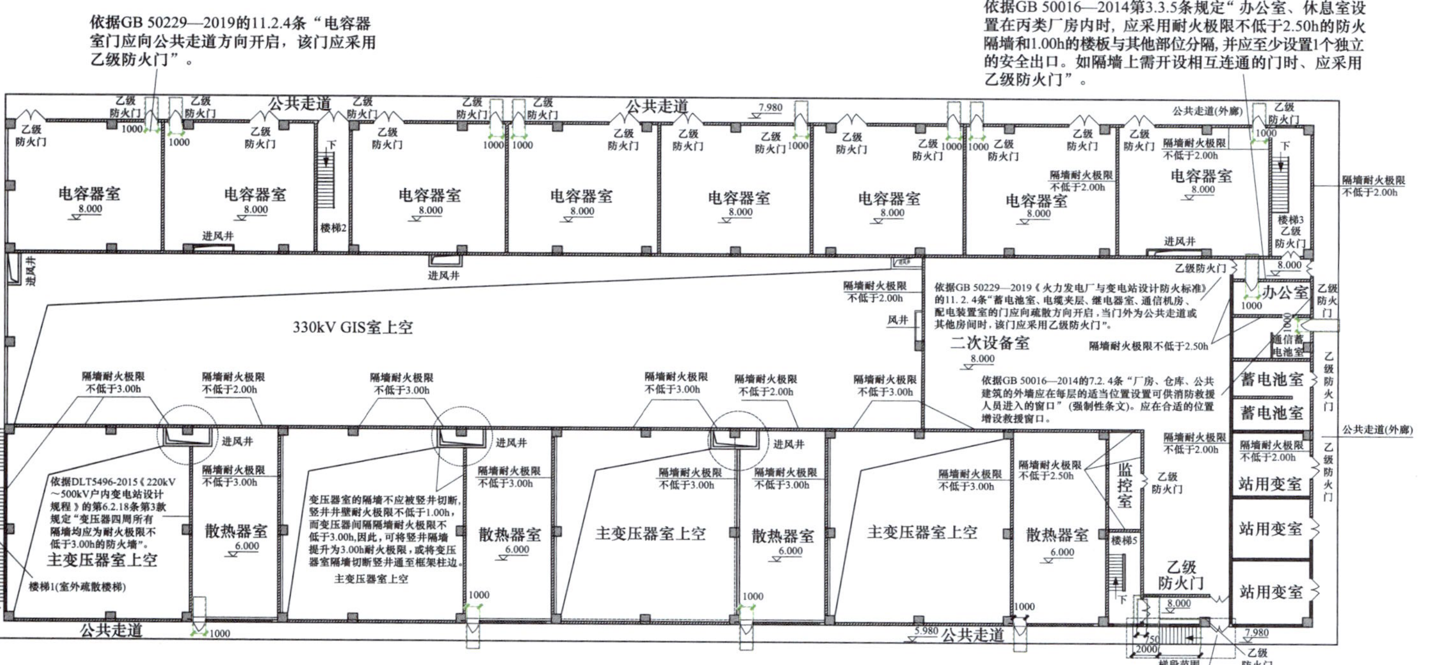
依据GB 50229—2019的11.2.4条“电容器室门应向公共走道方向开启，该门应采用乙级防火门”。
依据GB 50016—2014第3.3.5条规定“办公室、休息室设置在丙类厂房内时，应采用耐火极限不低于2.50h的防火隔墙和1.00h的楼板与其他部位分隔，并应至少设置1个独立的安全出口。如隔墙上需开设相互连通的门时、应采用乙级防火门”。
公共走道
公共走道(外廊)
电容器室
8.000
乙级防火门
1000
7.980
楼梯2
楼梯3
进风井
隔墙耐火极限不低于2.00h
330kV GIS室上空
风井
依据GB 50229—2019《火力发电厂与变电站设计防火标准》的11.2.4条“蓄电池室、电缆夹层、继电器室、通信机房、配电装置室的门应向疏散方向开启，当门外为公共走道或其他房间时，该门应采用乙级防火门”。
二次设备室
隔墙耐火极限不低于2.50h
依据GB 50016—2014的7.2.4条“厂房、仓库、公共建筑的外墙应在每层的适当位置设置可供消防救援人员进入的窗口”(强制性条文)。应在合适的位置增设救援窗口。
办公室
通信蓄电池室
蓄电池室
站用变室
监控室
楼梯5
隔墙耐火极限不低于3.00h
依据DLT5496-2015《220kV～500kV户内变电站设计规程》的第6.2.18条第3款规定“变压器四周所有隔墙均应为耐火极限不低于3.00h的防火墙”。
主变压器室上空
散热器室
6.000
楼梯1(室外疏散楼梯)
变压器室的隔墙不应被竖井切断，竖井井壁耐火极限不低于1.00h，而变压器间隔隔墙耐火极限不低于3.00h,因此，可将竖井隔墙提升为3.00h耐火极限，或将变压器室隔墙切断竖井通至框架柱边。
5.980
梯段范围
2000
依据GB 50016—2014第6.4.5条规定“第4款：通向室外楼梯的门应采用乙级防火门，并应向外开启。第5款：除疏散门外，楼梯周围2m内的墙面上不应设置门、窗、洞口。疏散门不应正对梯段”。因此，建议梯段移到不开窗的位置。

图 5-12 案例 4 330kV 户内变电站二层平面图

五、案例分析 5

案例 5 是一座 500kV 的坡地户内变电站，位于公园景区内，结构型式为钢筋混凝土框架结构。

（1）依据 GB 50229—2019 的表 11.1.1 规定“油浸变压器室火灾危险性类别为丙类，耐火等级为一级”。

（2）依据 GB 50229—2019 第 11.1.2 条规定“同一建筑物或建筑物的任一防火分区布置有不同火灾危险性的房间时，建筑物或防火分区内的火灾危险性类别应按火灾危险性较大的部分确定”。

因此，这座建筑物火灾危险性类别应按油浸变压器室来确定，其火灾危险性类别为丙类，耐火等级为一级。

（一）案例 5 500kV 坡地户内变电站−8.40m 层平面

案例 5 500kV 坡地户内变电站−8.40m 层平面如图 5−13 所示。

（1）依据 GB 50229—2019 第 11.2.6 规定“地下变电站、地上变电站的地下室每个防火分区的建筑面积不应大于 $1000m^2$”，地下−8.40m 层平面共划分为 3 个防火分区。其中，防火分区 1 建筑面积为 $920m^2$；防火分区 2 建筑面积为 $961.6m^2$；防火分区 3 建筑面积为 $765.5m^2$。

对于火灾危险性等级为丙类、耐火等级为一级的厂房，依据 GB 50016—2014 的相关规定，地下室每个防火分区的建筑面积不应大于 $500m^2$。建筑防火设计对于不同规范的执行应选择从严执行。

（2）依据 GB 50016—2014 第 3.7.2 条规定“厂房内每个防火分区或一个防火分区内的每个楼层，其安全出口的数量应经计算确定，且不应少于 2 个”。因此，3 个防火分区的安全出口分别满足规范要求。

（3）依据 GB 50016—2014 第 3.7.3 条规定“地下室或半地下室，当有多个防火分区相邻布置，并采用防火墙分隔时，每个防火分区可利用防火分区之间的防火墙上通向相邻防火分区的甲级防火门作为第二安全出口，但每个防火分区必须至少有 1 个直通室外的独立安全出口”。因此，3 个防火分区之间分别利用分区防火墙上通向相邻防火分区的甲级防火门作为第二安全出口。

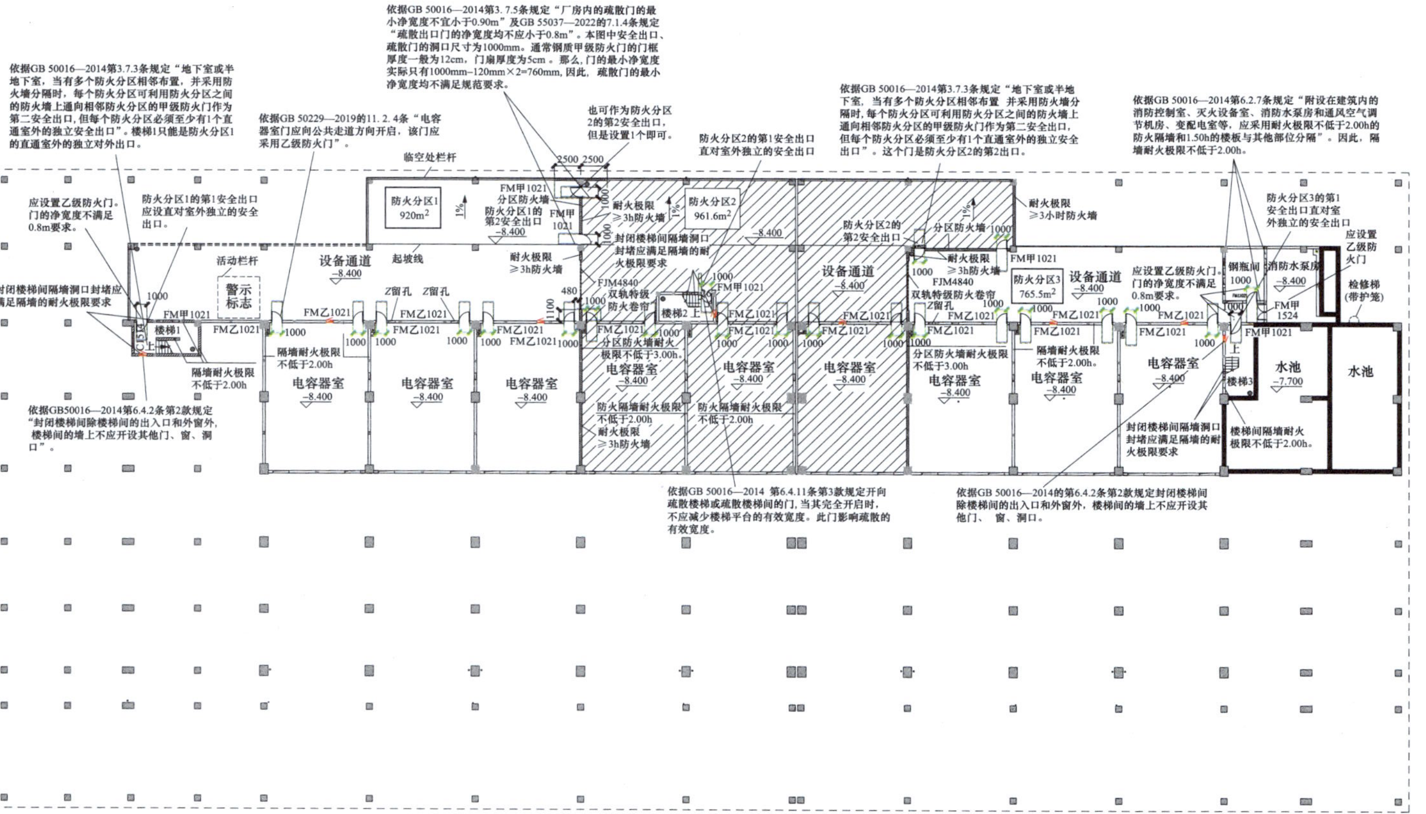

图 5－13　案例 5 500kV 坡地户内变电站－8.40m 层平面如图

（4）依据 GB 50016—2014 第 3.7.5 条规定“厂房内的疏散门的最小净宽度不宜小于 0.90m”及 GB 55037—2022 的 7.1.4 条规定“疏散出口门的净宽度均不应小于 0.8m”。图 5－13 中安全出口、疏散门的洞口尺寸为 1m。通常钢质甲级防火门的门框厚度一般为 12cm，门扇厚度为 5cm。那么，门的最小净宽度实际只有 1000mm－120mm×2＝760mm；而钢质乙级防火门的门框厚度一般为 11cm，门扇厚度为 4.5cm，那么，门的最小净宽度实际只有 1000mm－110mm×2＝780mm。因此，疏散门的最小净宽度均不满足规范要求。不应将门洞的宽度当作门的净宽度。

（5）依据 GB 50016—2014 第 6.4.2 条第 2 款规定“封闭楼梯间除楼梯间的出入口和外窗外，楼梯间的墙上不应开设其他门、窗、洞口”。楼梯间防火隔墙上开洞削弱防火性能，尽量不要在楼梯间防火隔墙上开洞。

（6）依据 GB 50016—2014 第 6.4.11 条第 3 款规定“开向疏散楼梯或疏散楼梯间的门，当其完全开启时，不应减少楼梯平台的有效宽度”。楼梯 2 不满足规范要求。

（7）依据 GB 50229—2019 第 11.2.8 条规定“地下变电站、地上变电站的地下室、半地下室安全出口数量不应少于 2 个。地下室与地上层不应共用楼梯间，当必须共用楼梯间时，应在地上首层采用耐火极限不低于 2.00h 的不燃烧体隔墙和乙级防火门将地下或半地下部分与地上部分的连通部分完全隔开，并应有明显标志”。楼梯 1 在地上层共用楼梯间，地下层的隔墙应满足耐火极限不低于 2.00h 要求。图 5－13 中楼梯 1～3 均设置了甲级防火门，规范要求乙级防火门即可。

（8）依据 GB 50016—2014 第 6.2.7 条规定“附设在建筑内的消防控制室、灭火设备室、消防水泵房和通风空气调节机房、变配电室等，应采用耐火极限不低于 2.00h 的防火隔墙和 1.50h 的楼板与其他部位分隔”（强制性条文）。钢瓶间、消防水泵房防火隔墙上开洞太多，应对洞口加强防火封堵措施，以保证防火、隔火性能。消防水泵房、钢瓶室的隔墙应采用耐火极限不低于 2.00h 的防火隔墙分隔。

（二）案例 5 500kV 坡地户内变电站地下－4.80m 层平面

案例 5 500kV 坡地户内变电站地下－4.80m 层平面如图 5－14 所示。

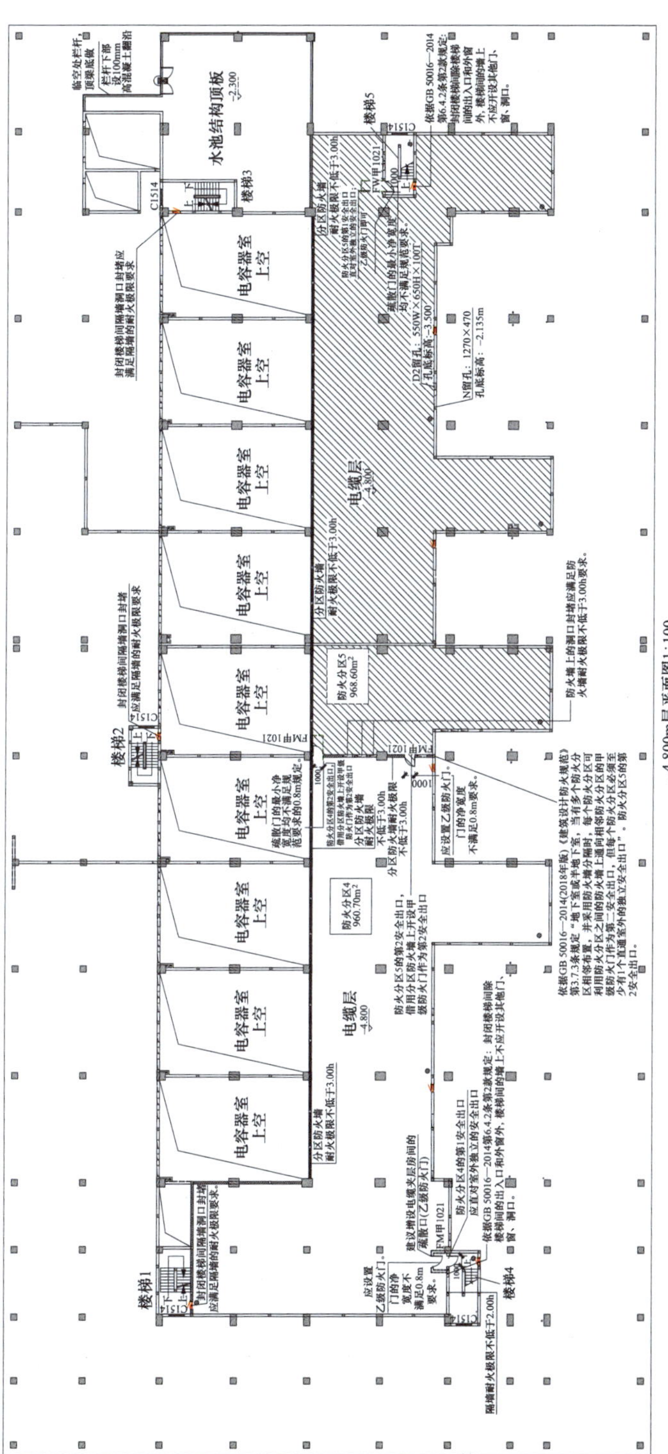

图 5-14 案例 5 500kV 坡地户内变电站地下-4.80m 层平面图

（1）依据 GB 50229—2019 第 11.2.6 规定“地下变电站、地上变电站的地下室每个防火分区的建筑面积不应大于 1000m^2”，地下 –4.80m 层平面共划分为 2 个防火分区。其中，防火分区 4 建筑面积为 960.70m^2；防火分区 5 建筑面积为 968.60m^2。

（2）依据 GB 50016—2014 第 3.7.2 条规定“厂房内每个防火分区或一个防火分区内的每个楼层，其安全出口的数量应经计算确定，且不应少于 2 个”。因此，电缆层 2 个防火分区的安全出口分别满足规范要求。

（3）依据 GB 50016—2014 第 3.7.3 条规定“地下室或半地下室，当有多个防火分区相邻布置，并采用防火墙分隔时，每个防火分区可利用防火分区之间的防火墙上通向相邻防火分区的甲级防火门作为第二安全出口，但每个防火分区必须至少有 1 个直通室外的独立安全出口”。因此，防火分区 4 与防火分区 5 之间分别利用分区防火墙上通向相邻防火分区的甲级防火门作为第二安全出口。分区防火墙耐火极限不低于 3.00h。

（4）依据 GB 55037—2022 第 7.1.4 条规定“疏散出口门的净宽度均不应小于 0.8m”图 5–14 中安全出口、疏散门的洞口尺寸为 1m。不满足规范最小净宽度 0.8m 要求。

（5）防火墙上的洞口封堵应满足防火墙耐火极限不低于 3.00h 要求。

（三）案例 5 500kV 坡地户内变电站地面 ±0.00m 层平面

案例 5 500kV 坡地户内变电站地面 ±0.00m 层平面如图 5–15 所示。

（1）案例 5 500kV 坡地户内变电站 ±0.00m 层平面共划分为 2 大防火分区。其中，防火分区 6 建筑面积为 2160.60m^2；变压器区域由每台变压器隔间组成。

（2）依据 DL/T 5496—2015《220kV～500kV 户内变电站设计规程》第 6.2.18 条规定“变压器户内布置时应满足下列规定：

1. 每间变压器室的疏散出口不应少于 2 个，且必须有 1 个疏散出口直通室外；

2. 变压器室的疏散门应向疏散方向开启，不得开向相邻的变压器室或其他室内房间、走廊；当散热器与主变压器本体分开布置时，变压器室第二个疏散门可开向对应的散热器室，且该门应采用甲级防火门；

3. 变压器四周所有隔墙均应为耐火极限不低于 3.00h 的防火墙”。

显然，图 5-15 中设计不满足“每间变压器室的疏散出口不应少于 2 个，且必须有 1 个疏散出口直通室外”的规定。

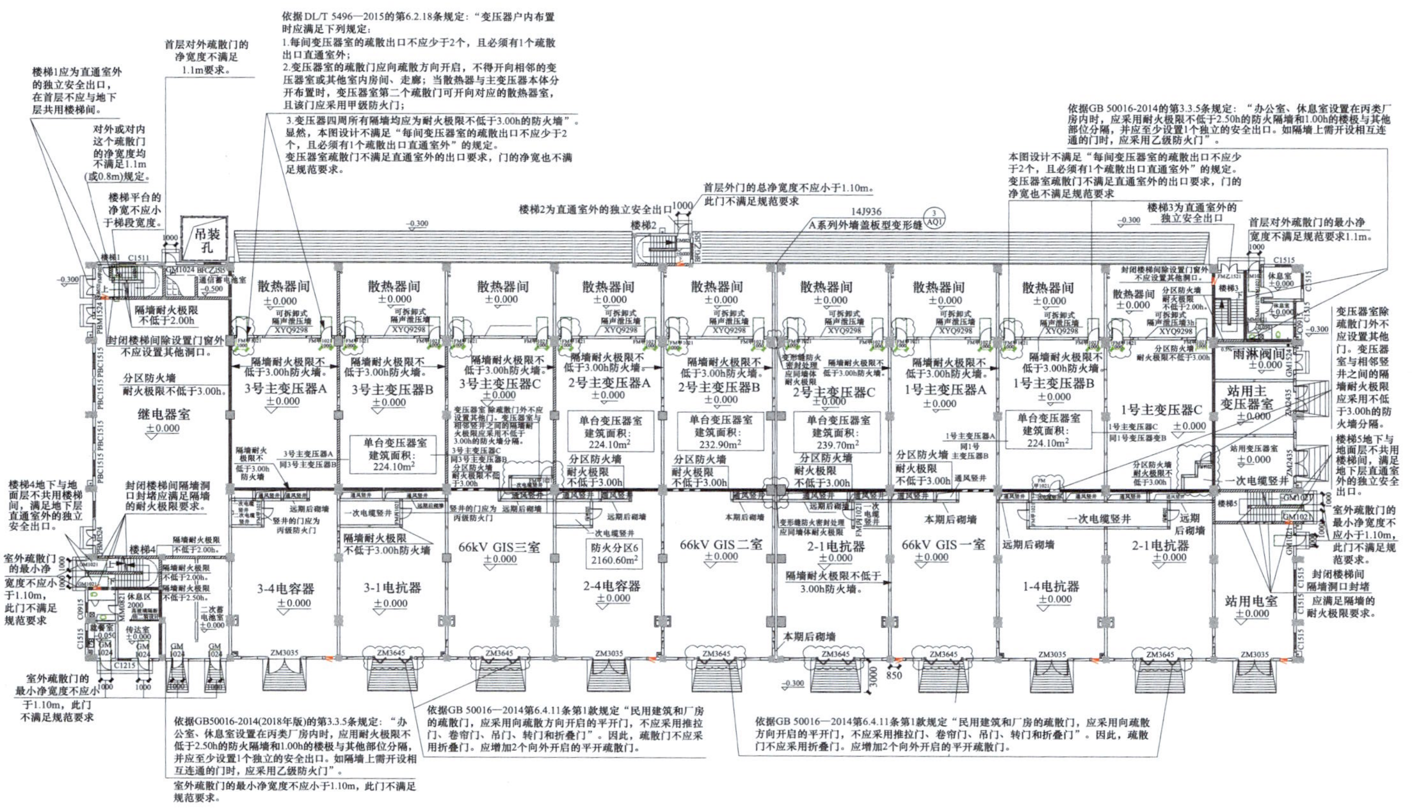

图 5-15　案例 5 500kV 坡地户内变电站±0.00m 层平面图

变压器室疏散门不满足直通室外的出口要求，门的净宽也不满足规范要求的 1.1m 规定。

（3）楼梯 1 地下室地面出口平台的净宽小于梯段宽度，不满足规范要求。

（4）所有首层疏散出口门的净宽度均不应小于 1.1m。图 5－15 中许多外门没有满足规范要求。

（5）依据 GB 50016—2014 第 3.3.5 条规定“办公室、休息室设置在丙类厂房内时，应采用耐火极限不低于 2.50h 的防火隔墙和 1.00h 的楼极与其他部位分隔，并应至少设置 1 个独立的安全出口。如隔墙上需开设相互连通的门时，应采用乙级防火门”。因此，图 5－15 中的休息室、传达室、就餐室与相邻区域采用不低于 2.50h 的防火隔墙分隔，并设置单独的对外出口。

（6）依据 GB 50016—2014 第 6.2.9 条第 2 款规定“电缆井、管道井、排烟道、排气道、垃坡道等竖向井道，应分别独立设置。井壁的耐火极限不应低于 1.00h，井壁上的检查门应采用丙级防火门”。图 5－15 中变压器室除疏散门外不应设置其他门。变压器室与相邻竖井之间的隔墙耐火极限应采用不低于 3.00h 的防火墙分隔。

（7）依据 GB 50016—2014 第 6.4.11 条第 1 款规定“民用建筑和厂房的疏散门，应采用向疏散方向开启的平开门，不应采用推拉门、卷帘门、吊门、转门和折叠门”。因此，图 5－15 中的 3－1 电抗器、2－1 电抗器、66kV GIS 室等疏散门不应采用折叠门。应增加平开的疏散门向疏散方向开启。

（8）依据 GB 50016—2014 第 3.7.6 条规定“高层厂房和甲、乙、丙类多层厂房的疏散楼梯应采用封闭楼梯间或室外楼梯”（强制性条文）。因此，这座 500kV 户内变电站所有楼梯间应采用封闭楼梯间。

（四）案例 5 500kV 坡地户内变电站 7.00m 层平面

案例 5 500kV 坡地户内变电站 7.00m 层平面如图 5－16 所示。

（1）7.00m 层平面为 1 大防火分区，即防火分区 7，建筑面积为 1709.80m^2。防火分区 7 与每个变压器隔间之间的防火分区墙采用 3.00h 耐火极限防火墙分隔。

（2）配电装置室长度大于 60m 时应至少设置 3 个疏散门。图 5－16 中 220kV GIS 室疏散门的数量不满足规范要求。

（3）疏散门应为平开门，不能采用折叠门。

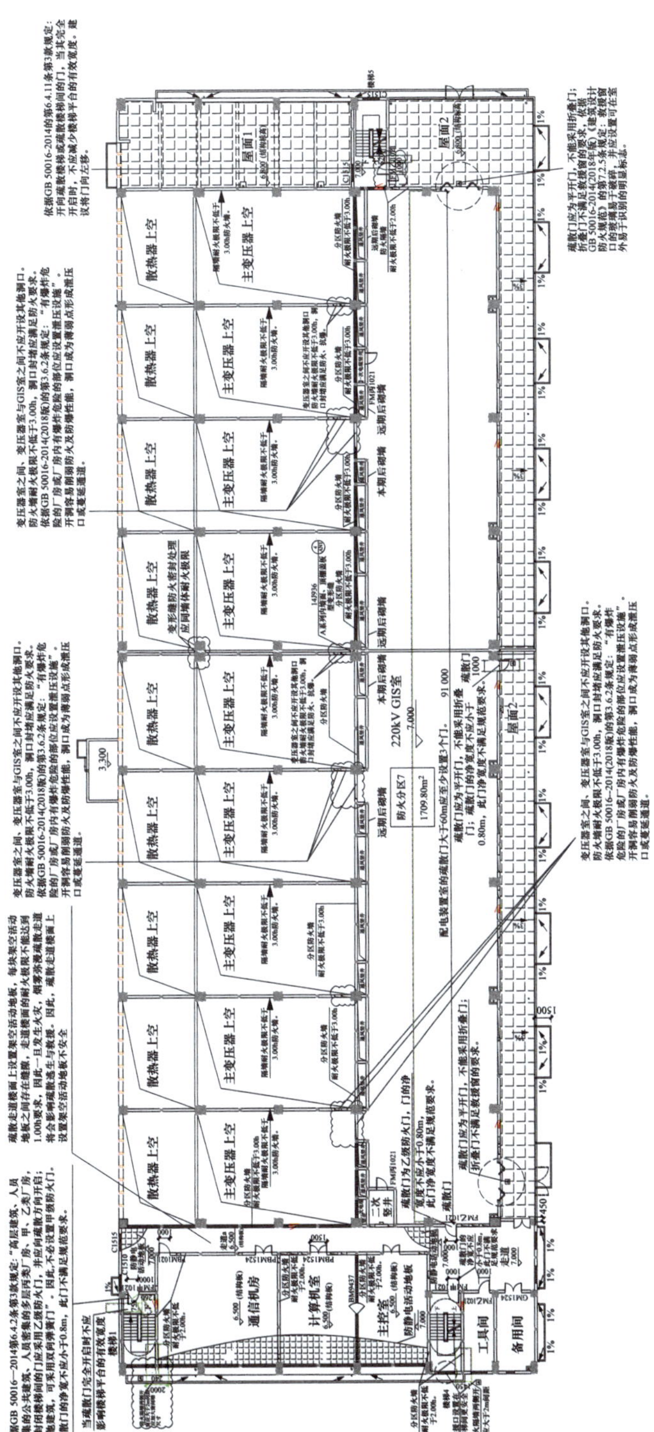

图 5－16　案例 5 500kV 坡地户内变电站 7.00m 层平面图

（4）折叠门不满足救援窗的要求。

（5）疏散走道楼面上设置架空活动地板，每块架空活动地板之间存在缝隙，走道楼面的耐火极限不能达到 1.00h 要求，一旦发生失火，烟雾弥漫疏散走道影响疏散逃生与救援。因此，疏散走道楼面上设置架空活动地板不安全。

（6）依据 GB 50016—2014 第 6.4.11 条第 3 款规定“开向疏散楼梯或疏散楼梯间的门，当其完全开启时，不应减少楼梯平台的有效宽度”。楼梯 5 平台的有效宽度不满足规范要求，建议将疏散门向左移动来满足有效平台宽度。楼梯 1 平台有效宽度也不满足规范要求。

（7）变压器室之间、变压器室与 GIS 室之间不应开设洞口。变压器室四周的防火墙其耐火极限不应低于 3.00h，洞口封堵应满足防火要求。依据 GB 50016—2014 的第 3.6.2 条规定：“有爆炸危险的厂房或厂房内有爆炸危险的部位应设置泄压设施”。开洞容易削弱防火及防爆性能，洞口作为薄弱点形成泄压口或蔓延通道。

（8）楼梯 1、楼梯 4 的防火隔墙两侧窗间墙尺寸小于 2m，不满足规范大于 2m 的要求。

（五）案例 5 500kV 坡地户内变电站 11.00m 层平面

案例 5 500kV 坡地户内变电站 11.00m 层平面如图 5-17 所示。

（1）11.00m 层平面为 1 大防火分区，即防火分区 8，建筑面积为 1494.20m^2。防火分区 8 与 220kV GIS 室上空之间的防火分区墙采用 3.00h 耐火极限防火墙分隔。

（2）疏散门的净宽不应小于 0.8m，净尺寸不是门洞的尺寸。图 5-17 中 1000mm 宽的疏散门不满足规范要求。

（3）依据 GB 50016—2014 第 7.2.5 条规定“救援窗口的玻璃应易于破碎，并应设置可在室外易于识别的明显标志”。钢制折叠门难破碎，无法满足救援要求。因此，折叠门不能满足救援窗的要求。

（4）疏散门应为平开门，不能采用折叠门。

（六）案例 5 500kV 坡地户内变电站立面图 1

案例 5 500kV 坡地户内变电站立面图 1 如图 5-18 所示。

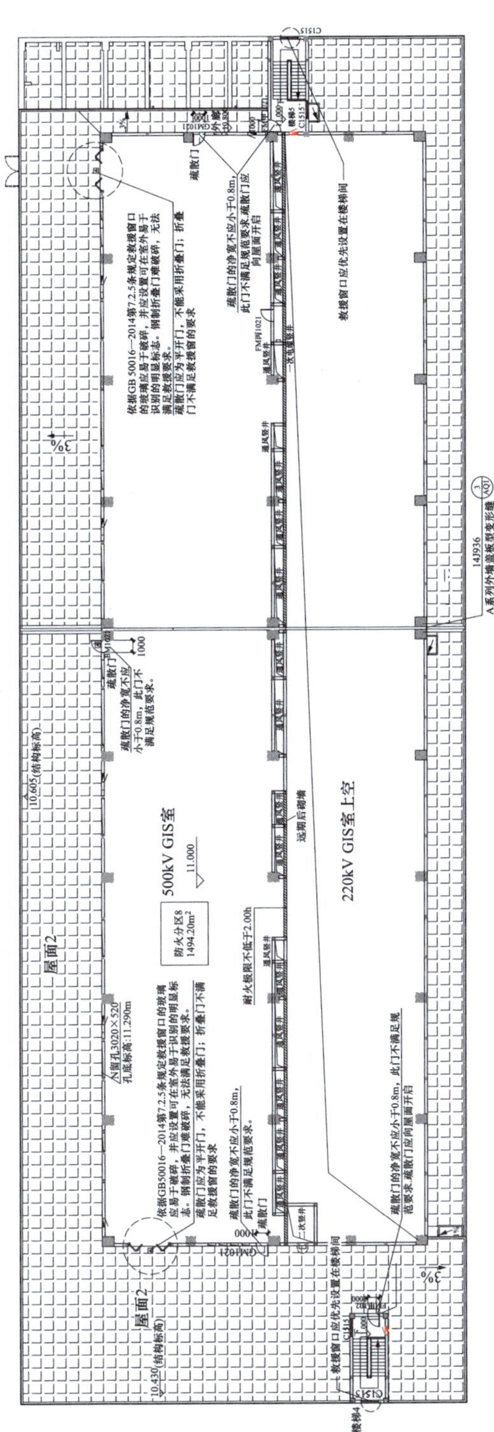

图 5－17　案例 5 500kV 坡地户内变电站 11.00m 层平面图

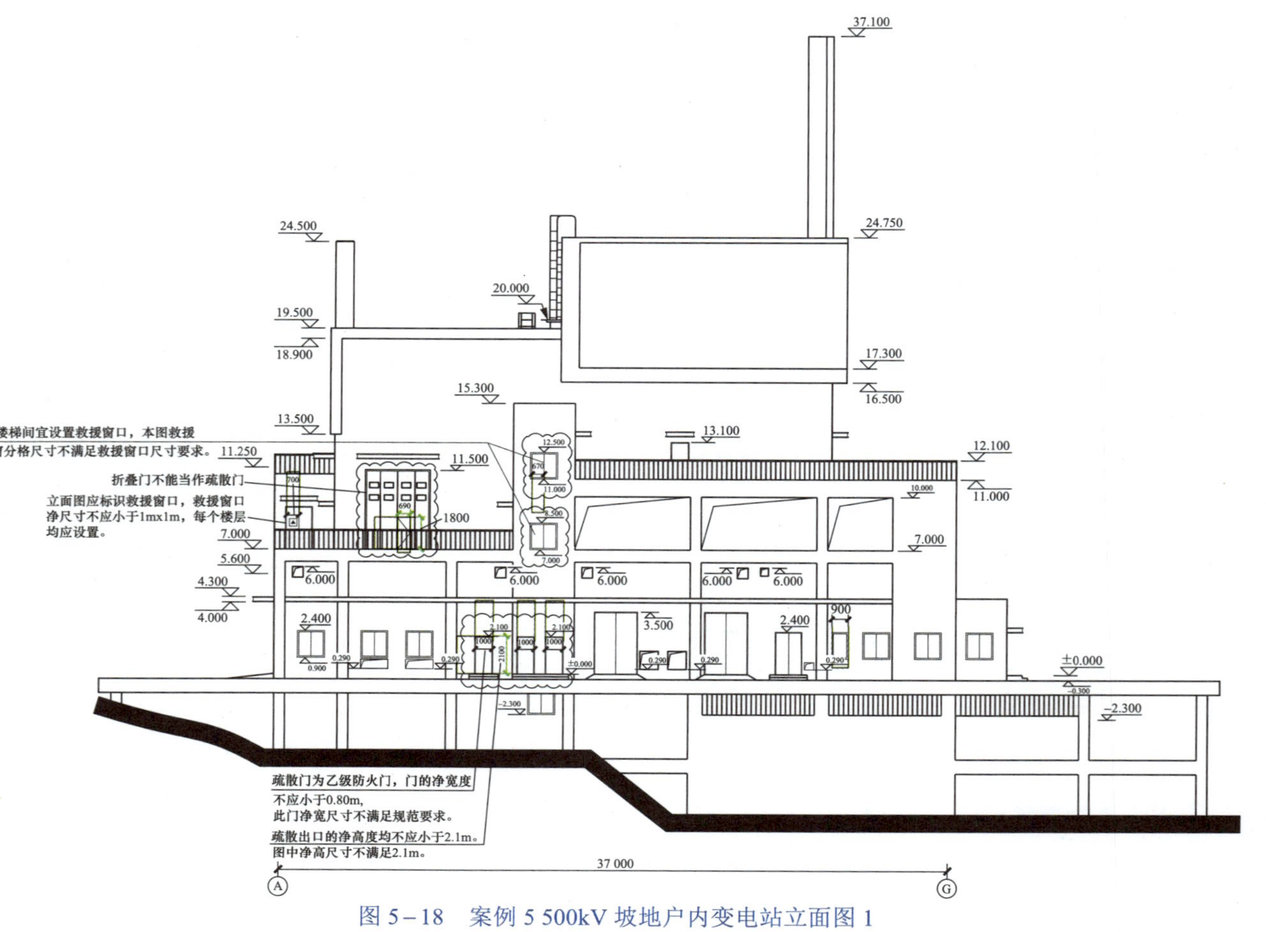

图 5-18 案例 5 500kV 坡地户内变电站立面图 1

（1）楼梯间宜设置救援窗口，图 5－18 中楼梯 5 救援窗分格尺寸不满足救援窗口尺寸要求。

（2）疏散门的净宽度不应小于 0.80m，图 5－18 中疏散门净宽尺寸 1000mm 不满足规范要求。

（3）疏散出口的净高度均不应小于 2.1m。图 5－18 中疏散门净高尺寸 2100mm 不满足规范要求。

（七）案例 5 500kV 坡地户内变电站立面图 2

案例 5 500kV 坡地户内变电站立面图 2 见图 5－19。

（1）楼梯间宜设置救援窗口，图 5－19 中楼梯 1、楼梯 4 的救援窗分格尺寸不满足救援窗口尺寸要求。

（2）疏散门的净宽度不应小于 0.80m，图 5－19 中疏散门净宽尺寸 1000mm 不满足规范要求。

（3）疏散出口的净高度均不应小于 2.1m。图 5－19 中疏散门净高尺寸 2100mm 不满足规范要求。

（八）案例 5 500kV 坡地户内变电站剖面

案例 5 500kV 坡地户内变电站剖面如图 5－20 所示。

（1）疏散门的净宽不应小于 0.80m，图 5－20 中疏散门洞口宽度尺寸 1000mm，不满足规范净宽尺寸要求。疏散出口的净高度不应小于 2.1m。图 5－20 中洞口高度尺寸 2100mm 不满足规范净高要求。

（2）疏散走道架空活动地板下的电缆一旦发生火灾，走道将充满烟雾影响疏散和救援。

（3）依据 DL/T 5496—2015《220kV～500kV 户内变电站设计规程》的第 6.2.18 条规定“变压器户内布置时应满足下列规定：

1. 每间变压器室的疏散出口不应少于 2 个，且必须有 1 个疏散出口直通室外；

2. 变压器室的疏散门应向疏散方向开启，不得开向相邻的变压器室或其他

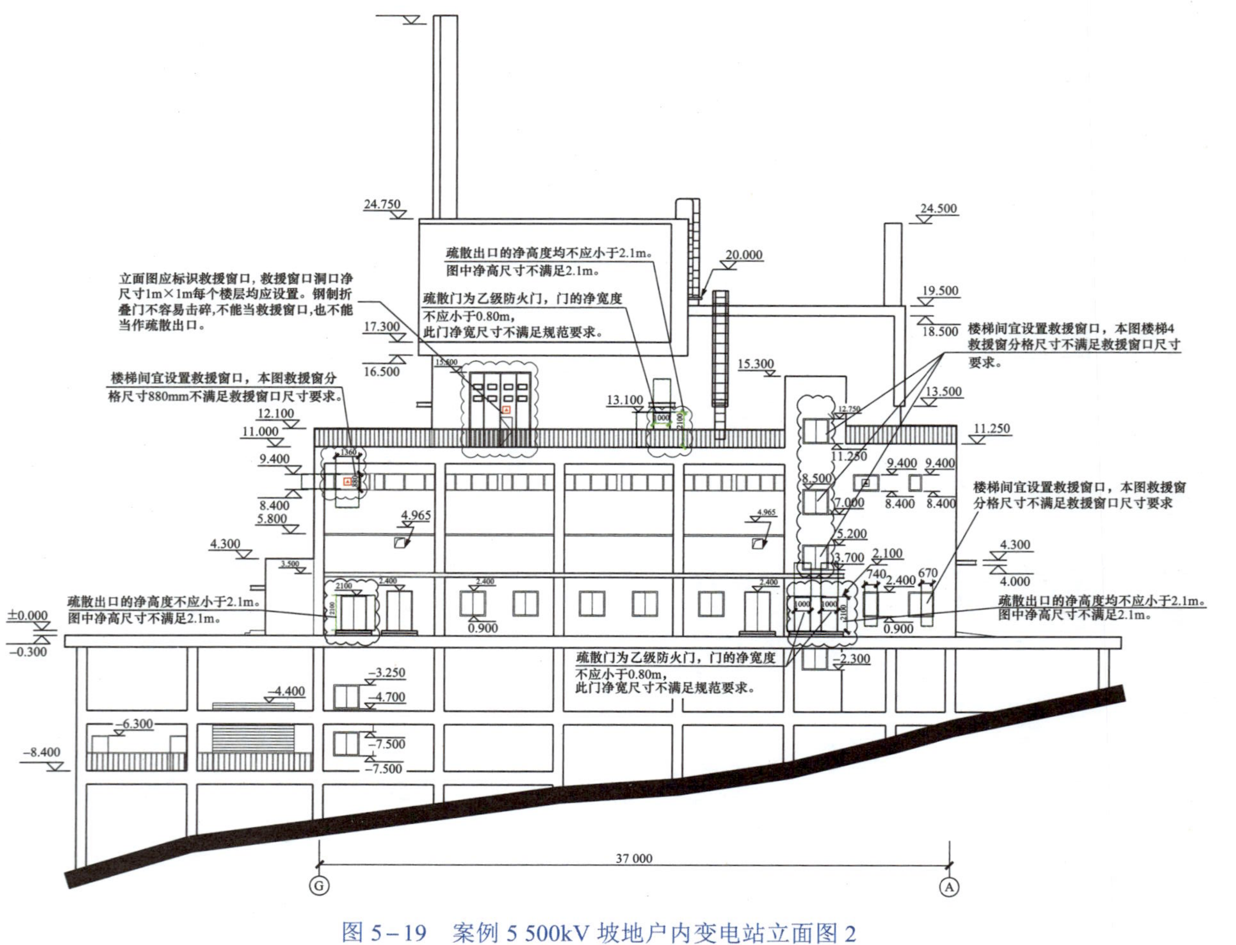

图 5－19　案例 5 500kV 坡地户内变电站立面图 2

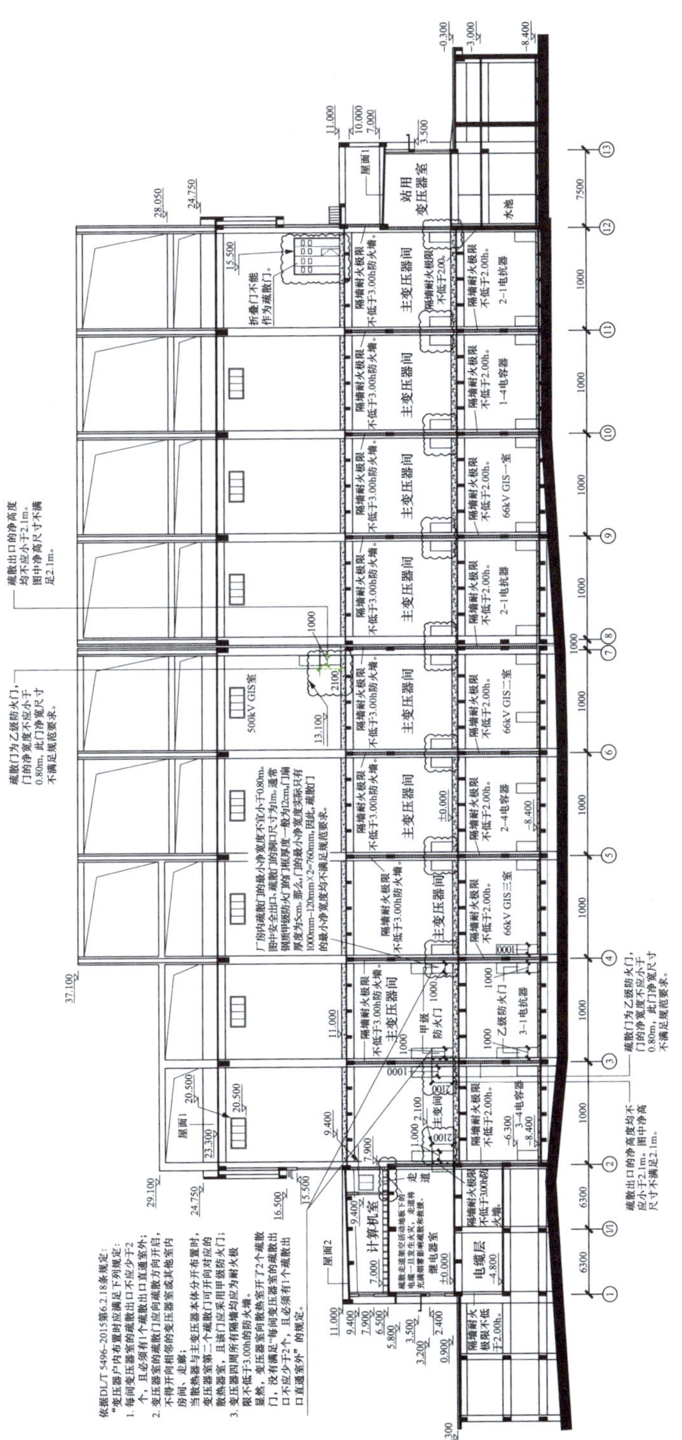

图5－20　案例5 500kV坡地户内变电站剖面

室内房间、走廊；当散热器与主变压器本体分开布置时，变压器室第二个疏散门可开向对应的散热器室，且该门应采用甲级防火门；

3. 变压器四周所有隔墙均应为耐火极限不低于 3.00h 的防火墙”。

显然，变压器室向散热器室开了 2 个疏散门，没有满足“每间变压器室的疏散出口不应少于 2 个，且必须有 1 个疏散出口直通室外”的规定。

第六章

换流变压器阀侧套管洞口封堵系统研究

第一节 封堵系统研发历程

自 2018 年天山“4·7”火灾事故之后，国家电网有限公司联合应急管理部四川消防研究所及各大设计院展开了换流变压器洞口防火封堵相关技术研究，里程碑如下：

（1）2018 年 8 月 22 日开始，由国家电网有限公司特高压事业部成立项目组，全球能源互联网研究院（现中国电力科学研究院）牵头，组织国网经济技术研究院、应急管理部四川消防研究所、中国电力工程顾问集团西北电力设计院院有限公司、中南电力设计院院有限公司等单位，共同展开对封堵系统防火性能的研究及评价工作。

（2）2018 年 11 月 1 日，国家电网科技部设立重大专项《特高压换流站大型换流变压器重大消防器材关键技术研究与应用》作为研发支撑，下达任务书。于 2018 年 12 月 14 日，《特高压换流站大型换流变压器重大消防器材关键技术研究与应用》新型封堵系统研发工作正式启动。

（3）2019 年 4 月 12 日，《特高压直流换流站消防提升协商会议纪要》中第 7 条明确阀厅设立抗爆门，为封堵系统抗爆、防火功能分离提供支撑。2019 年 4 月 16 日，于应急管理部四川消防研究所鱼嘴试验中心组织见证了 ALC 板（换流变压器侧）耐火极限试验，试件尺寸 1.4m×1.8m，烃类火耐火极限达到 4.00h，耐火隔热性和完整性满足设防要求。

（4）2019 年 4 月 18 日，于中国建筑科学研究院防火研究所组织见证了双层结构岩棉板（含龙骨），试件尺寸 3m×3m，烃类火耐火极限达到 3.00h 55min，耐火隔热性和完整性满足设防要求。

（5）2019 年 8 月 6 日，应急管理部四川消防研究所鱼嘴试验中心组织见证了蛭石板（换流变压器侧）耐火极限试验，试件尺寸 1.4m×1.8m，烃类火耐火极限达到 4.00h，耐火隔热性和完整性满足设防要求。

（6）2019 年 10 月 12 日，应急管理部四川消防研究所鱼嘴试验中心组织见证了双层结构岩棉板（无龙骨），试件尺寸 4.6m×4.8m，烃类火耐火极限达到 36min 后试验失败。

（7）2019 年 12 月 16 日，应急管理部四川消防研究所鱼嘴试验中心进行了蛭石板（换流变压器侧）耐火极限试验，试件尺寸 5m×5.2m，烃类火耐火极限达到 3.00h，耐火隔热性和完整性满足设防要求。

（8）2019 年 12 月 30 日，于应急管理部四川消防研究所鱼嘴试验中心组织见证了“硅酸铝夹芯复合板+结构岩棉板”（换流变压器侧）耐火极限试验，试件尺寸 4.6m×4.8m，烃类火耐火极限达到 3.00h，耐火隔热性和完整性满足设防要求。

（9）2020 年 7 月 24 日，山东章丘试验中心组织见证了“漂珠板+防火板”（换流变压器侧）耐火极限试验，试件尺寸 5m×5m，烃类火耐火极限达到 4.00h，耐火隔热性和完整性满足设防要求。

（10）2020 年 9 月 28 日，山东章丘试验中心组织见证了“漂珠板+防火板”（阀厅侧）耐火极限试验，试件尺寸 5m×5m，烃类火耐火极限达到 3.00h，耐火隔热性和完整性满足设防要求。

（11）2020 年 10 月 9 日，山东章丘试验中心组织见证了蛭石板（换流变压器侧）耐火极限试验，试件尺寸 5m×5m，烃类火耐火极限达到 3.00h，耐火隔热性和完整性满足设防要求。

（12）2020 年 10 月 15 日，山东章丘试验中心组织见证了双层硅酸铝夹芯复合板（阀厅侧）耐火极限试验，试件尺寸 5m×5m，烃类火耐火极限达到 3.00h，耐火隔热性和完整性满足设防要求。

（13）2020 年 11 月 9 日，山东章丘试验中心组织见证了蛭石板（阀厅侧）耐火极限试验，试件尺寸 5m×5m，烃类火耐火极限达到 3.00h，耐火隔热性和完整性满足设防要求。

（14）2021 年 3 月 15 日，山东章丘试验中心组织见证了“漂珠板+防火板”（换流变压器侧）耐火极限试验，试件尺寸 5m×5m，烃类火耐火极限达到 4.00h，耐火隔热性和完整性满足设防要求。

（15）2021 年 4 月 13 日完成《换流站阀厅套管封堵材料和封堵系统技术要求》报批稿评审。

（16）2021 年 6 月 21 日完成《特高压换流变阀厅封堵标准化设计》。

第二节 封堵系统设防标准和评价方法

一、封堵系统设防标准

（一）防火、抗爆分离设计要求

2018 年天山“4·7”火灾事故之后，国家电网有限公司特高压事业部组织相关单位对几次火灾案例的分析，得出换流变压器爆炸起火是换流站火灾事故的主要诱因，阀厅换流变压器穿墙套管洞口封堵技术是防火、抗爆的薄弱环节。因此，着重研究洞口封堵系统的防火及抗爆措施。为确保封堵系统的可靠性，研究决定采用防火与抗爆性能分离的方案。封堵系统仅承担与防火有关联的技术性研究，而在封堵系统防火墙洞口外侧，增加抗爆冲击板加强措施。并通过对在运换流站的消防提升，分批进行各换流站的防火封堵、抗爆加强等措施。

封堵系统防火、抗爆分离措施如图 6-1 所示。

（二）升温曲线

封堵系统研究明确了换流变压器火灾中绝缘油是主要可燃物，而评价液态碳氢化合物火灾条件下的耐火性能使用的升温曲线，称为烃类火灾升温曲线[碳氢（HC）升温曲线]。因此封堵系统的阀厅外侧为换流变压器一侧，其耐火性能试验方法按碳氢（HC）升温曲线进行试验。碳氢（HC）火灾与标准建筑火灾升温曲线对比如图 6-2 所示。

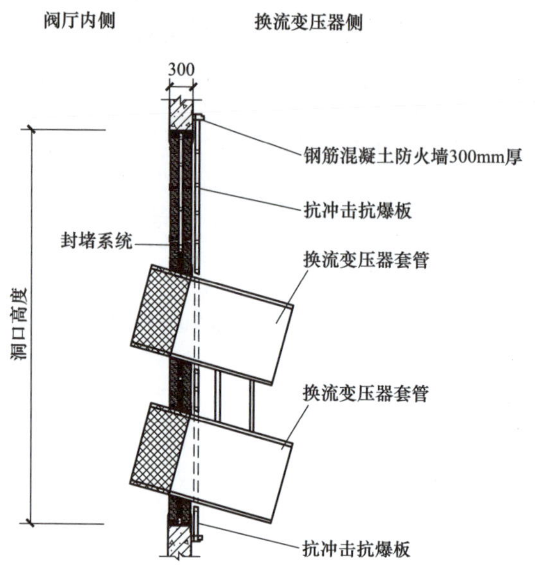

图 6-1　封堵系统防火、抗爆分离措施

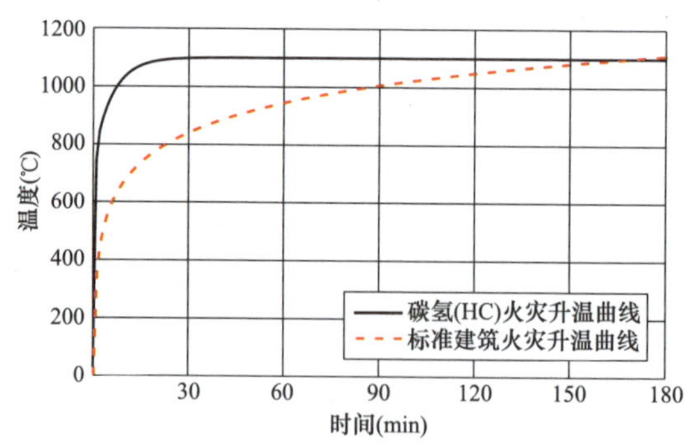

图 6-2　碳氢（HC）火灾与标准建筑火灾升温曲线对比图

（三）耐火极限

封堵系统是针对阀厅防火墙上换流变压器阀侧套管的洞口封堵，封堵系统的本质仍为防火墙，因此封堵系统的耐火极限应不低于 3.00h。

（四）双向设防

封堵系统阀厅内侧的耐火试验方法依照不同方向的可燃物情况执行。由于阀厅内的材料很多，可燃介质具体是何物不能准确确定，因此，目前按碳氢(HC)火灾升温曲线进行耐火极限试验。

二、封堵系统耐火性能评价方法

阀厅封堵系统的耐火性能主要从耐火完整性和耐火隔热性两个方面进行耐火极限的判定。

（一）耐火完整性

试件发生以下任一限定情况均认为试件丧失完整性：棉垫被点燃；ϕ6mm的缝隙探棒可以穿过试件进入炉内，沿裂缝方向移动 150mm 的长度；ϕ25mm的缝隙探棒可以穿过试件进入炉内；背火面出现火焰并持续时间超过 10s。

（二）耐火隔热性

试件背火面温升发生超过以下任一限定的情况均认为试件丧失隔热性：平均温升超过初始平均温度 140℃；任一点位置的温升超过初始温度 180℃。

第三节　结构岩棉板封堵技术分析

三峡直流输电工程通过技术引进的方式成为国内首个直流输电工程，该工程中，阀厅换流变压器穿墙套管洞口封堵系统采用了 PAROC 结构岩棉板的封堵技术。随后国家提出设备国产化，大规模发展高压直流技术，并建设了大批的特高压±800kV 以及±1100kV 直流输电工程。在这期间，无论是国家电网有限公司还是中国南方电网有限责任公司，阀厅换流变压器穿墙套管洞口封堵系统一直是惯性采用国外 PAROC 结构岩棉板的封堵技术。

一、PAROC 结构岩棉板封堵技术

（1）PAROC 结构岩棉板的封堵构造。

封堵构造及安装详图如图 6-3～图 6-9 所示。

（2）PAROC 防火板封堵安装技术要求。为确保换流变压器穿墙处高质量的封堵，必须按照图纸及说明进行操作，同时遵从现场技术监理的指导。当第一个穿孔完成后，须经现场技术监理检查、验收，同意后才能进行下一个穿孔工作。为满足阀厅内设备安装洁净度的要求，换流变压器洞口在 PAROC 防火板封堵前需临时用彩钢板封堵。

1）安装时，防火板上套管开洞的精确定位及尺寸需经现场核对后再进行操作。

2）从最下面的一块防火板开始安装，水平缝的位置定在穿孔的中心线处。工作位置时在板上圈出开口的大小，开口与换流变压器之间要有 30～50mm 的空隙。

3）开孔上方防火板的安装同上述步骤 1。

4）当所有防火板安装完毕，渗耐防水卷材包封好后，就可进行其他防火板以及盖缝板的安装、防火墙的包边密封处理。

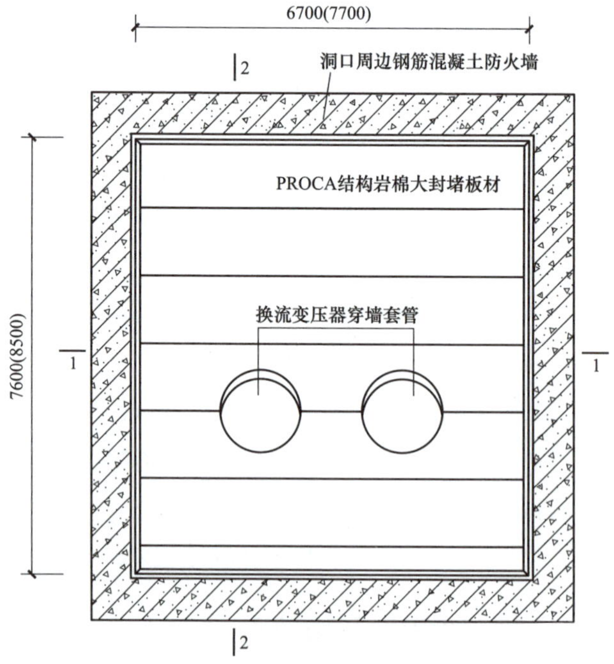

图 6-3　换流变压器穿墙套管洞口封堵立面

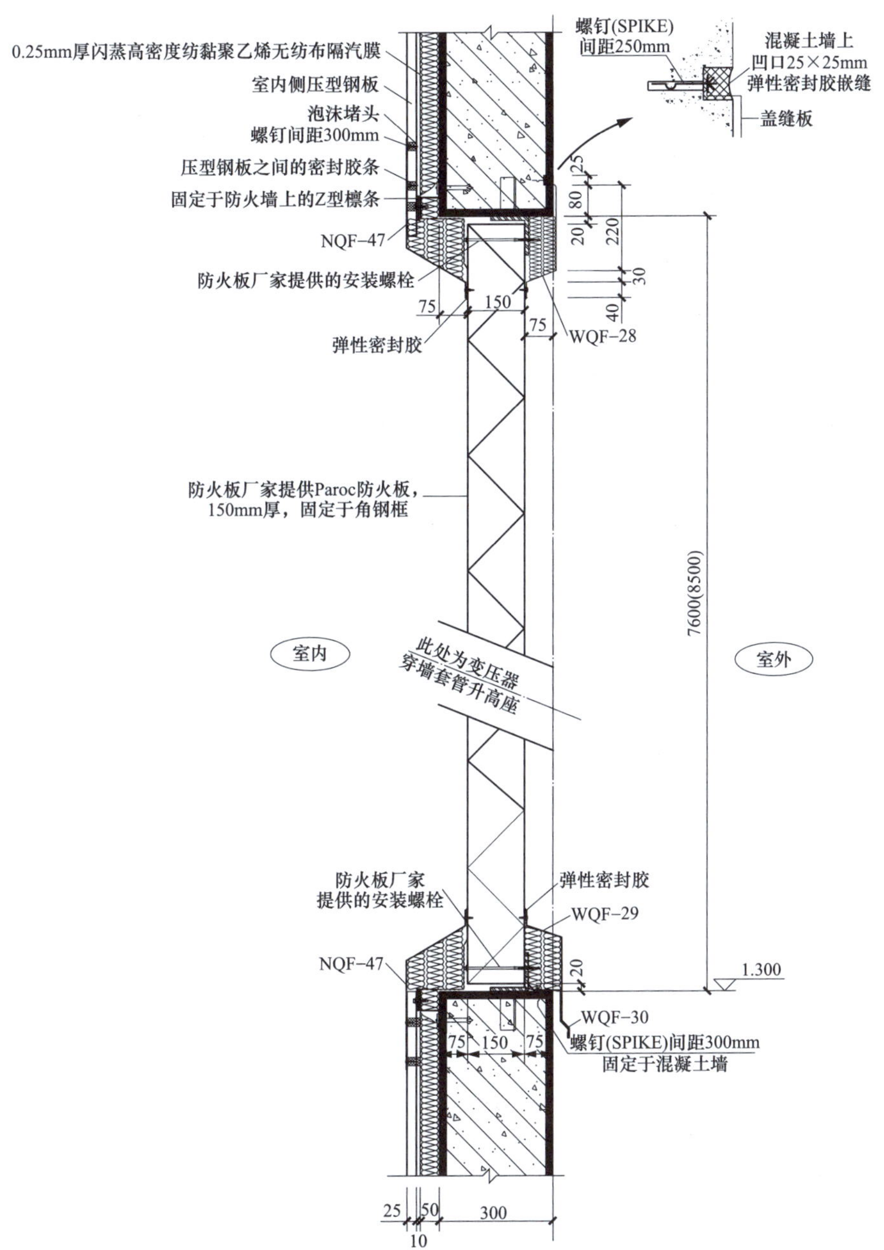

图 6-4　洞口封堵剖面图（单位：mm）

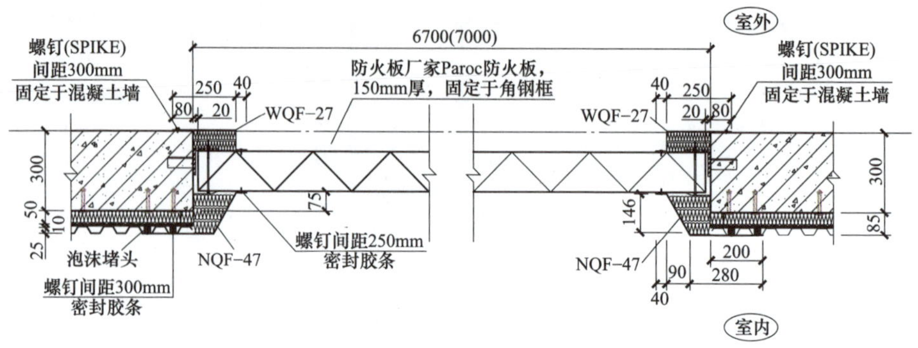

图 6-5　洞口封堵平面图

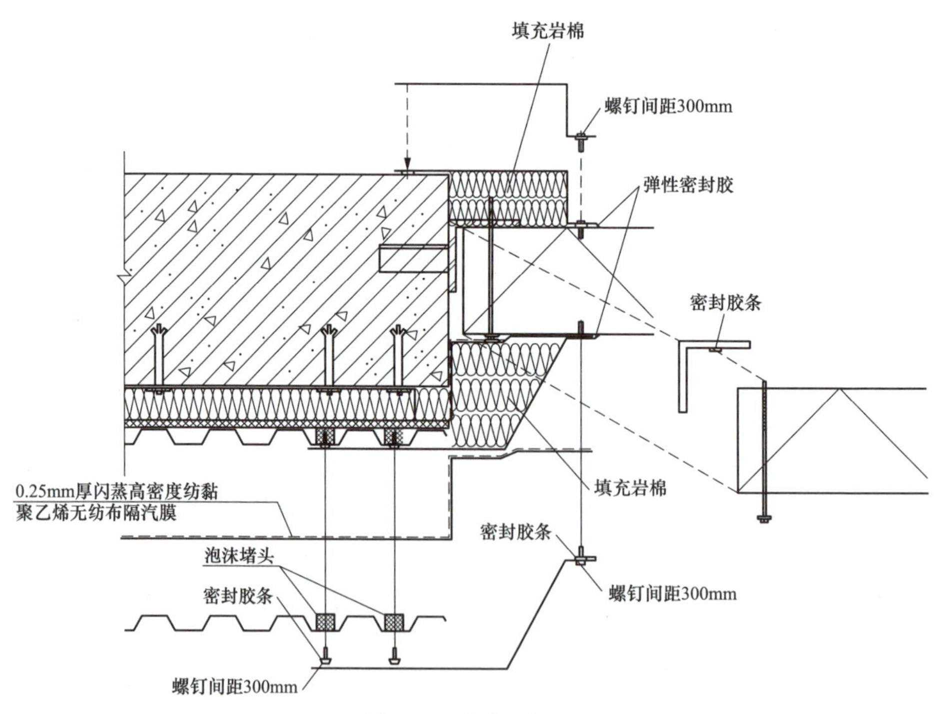

图 6-6　安装详图 1

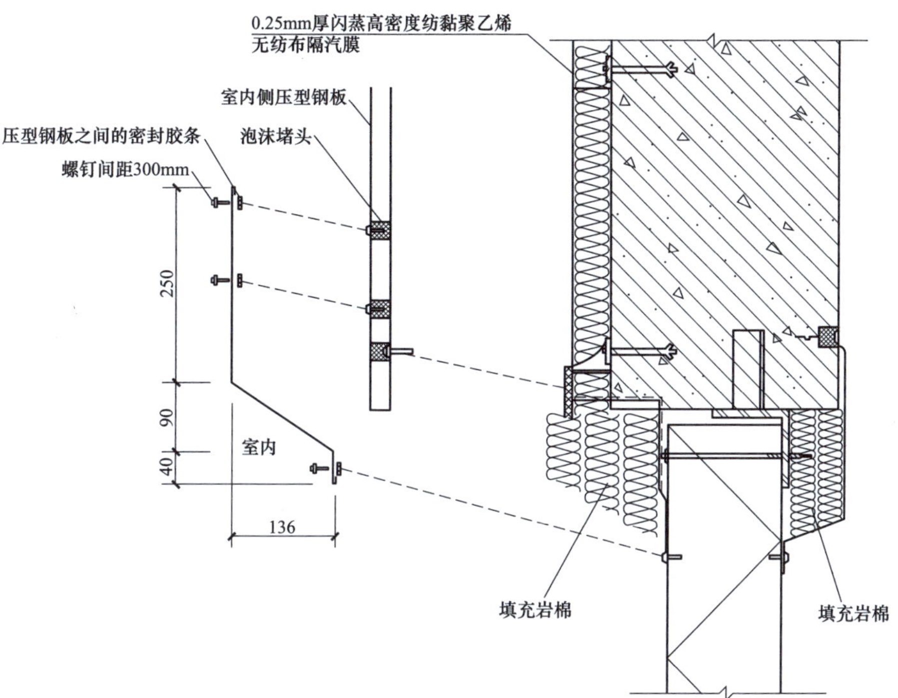
0.25mm厚闪蒸高密度纺黏聚乙烯
无纺布隔汽膜
室内侧压型钢板
压型钢板之间的密封胶条
泡沫堵头
螺钉间距300mm
250
90
40
室内
136
填充岩棉
填充岩棉

图 6-7　安装详图 2

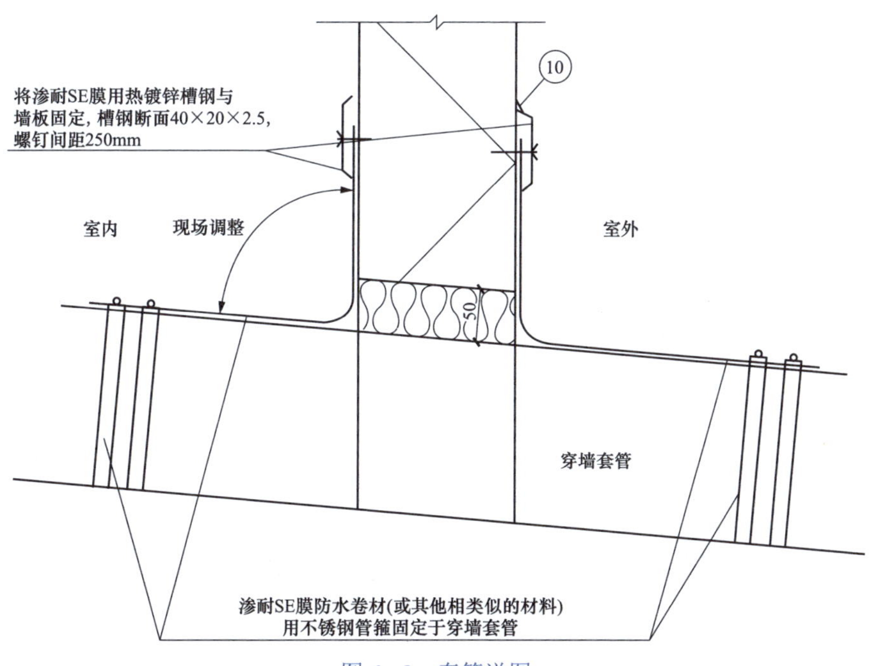
10
将渗耐SE膜用热镀锌槽钢与
墙板固定，槽钢断面40×20×2.5，
螺钉间距250mm
室内
现场调整
室外
50
穿墙套管
渗耐SE膜防水卷材(或其他相类似的材料)
用不锈钢管箍固定于穿墙套管

图 6-8　套管详图

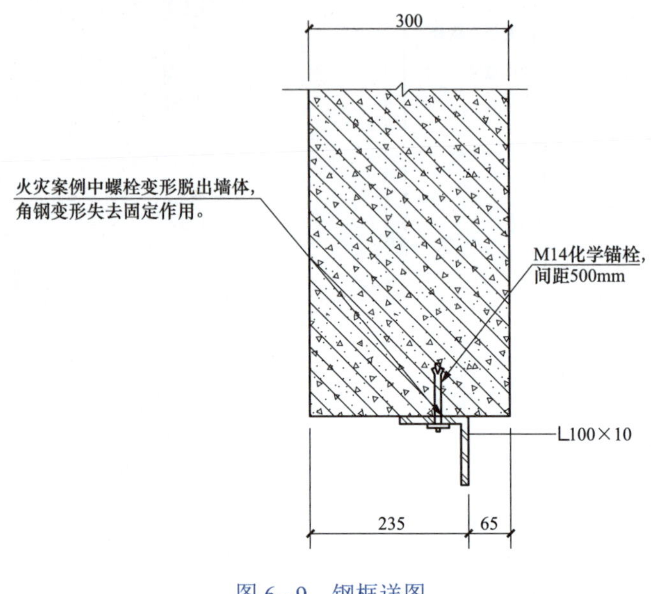

图 6–9　钢框详图

5）在现场用耐渗防水卷材进行穿孔处的密封处理，辅以不锈钢抱箍或棉条接在换流变压器上。首先密封内侧，见套管详图 6–8。密封前须确认防水卷材与防火板之间已经填满矿棉。安装内侧渗耐防水膜的主要目的是为了使套管穿墙时保证密封性。

6）耐渗防水膜可以切割折叠并在重叠处用热熔枪焊接在一起，渗耐 SE 膜的熔接须遵照厂家要求。

7）室外侧的密封与室内侧近似，室外安装渗耐膜的主要目的是为了避免气候条件对穿墙部位的影响。

（3）结构岩棉板受火后粉化。天山“4 • 7”火灾案例已经充分证明 PAROC 结构岩棉板的封堵技术不能再作为阀厅换流变压器穿墙套管洞口封堵系统继续使用。岩棉的导热系数在常温下仅为 0.04W/（m • K），同时材料本身耐高温性能不足，最高温度仅为 650℃左右，如果岩棉中的黏结剂超标，那么岩棉耐受的最高温度就会更低。而烃类火灾通常温度高达 1100℃，岩棉经烃类火灾后就会出现粉化现象，见图 6–10。

(a) 岩棉板燃烧后粉化

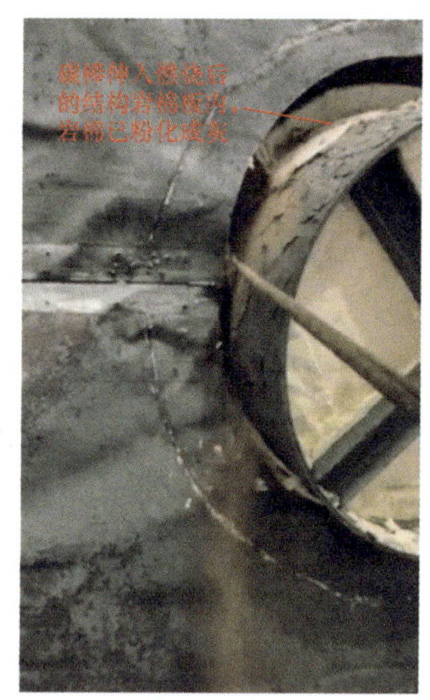

(b) 岩棉已粉化成灰

图 6-10　受火后结构岩棉板粉化

二、双岩棉无龙骨封堵系统构造

图 6-11 是双岩棉无龙骨封堵系统的耐火试验现场图，双岩棉无龙骨封堵系统的结构特征是由两层 100mm 厚结构岩棉板组成，中间无龙骨。其小封堵是由硅酸铝针刺毯密实填充，表面覆盖硫化硅橡胶层。当试验进行 36min 时，

(a) 双层结构岩棉板

(b) 封堵蹿火

图 6-11　双岩棉无龙骨封堵系统耐火试验

封堵系统的大小封堵及包边严重蹿火，双岩棉无龙骨封堵方案试验失败。试验表明：针对变压器产生的烃类火灾来说，双层岩棉的封堵系统依旧无法满足耐火性能要求。

第四节　新型特高压换流站防火封堵系统设计研究

一、基本要求

（1）换流站阀厅侧洞口防火封堵系统应由大封堵、小封堵、洞口包边三部分组成。

（2）换流站阀厅侧洞口防火封堵系统采用防火功能与抗冲击功能分离的设计原则，防火功能由封堵系统承担。在阀厅防火封堵系统的洞口外侧，即换流变压器一侧，增加抗爆冲击板加强措施。

（3）防火封堵系统应满足双向防火的功能。换流变压器侧封堵系统耐火极限不应低于烃类火 3.00h，阀厅内侧封堵系统耐火极限不应低于标准火 3.00h。

封堵系统研究明确了换流变压器火灾中绝缘油是主要可燃物，而评价在液态碳氢化合物火灾条件下的耐火性能时使用的升温曲线。为碳氢 HC 升温曲线，因此封堵系统的阀厅外侧为换流变压器一侧，其耐火试验方法应按碳氢 HC 升温曲线进行试验。

二、封堵系统设计方案比选

碳氢火相较于标准火具有升温速度快、热冲击大、热应力集中等特点，这对封堵系统的大封堵板材、小封堵要求更为严格。因此，项目研究从小尺度试件开始，逐步验证有效的安装方式以及小封堵构造等措施，随后放大试件尺度；增加拼缝数量和龙骨跨度，逐步放大到 5m×5m 尺度。限于国内试验条件，虽不是进行真实阀厅洞口（7m×8m）的 1:1 试验，但已经最大限度还原阀厅封堵系统的服役条件，具有较高的等效性和真实性，从而对工程建设具有指导意义。国家电网有限公司经过多轮试验见证与修订完善，最终确定了封堵系统的设防目标和评价方法，以满足换流站新建及在运站消防提升需求。

目前根据确定阀厅封堵系统设防标准和评价方法；针对 1.4m×1.8m、3m×3m、5m×5m 不同尺度的双层结构岩棉方案、“结构岩棉+硅酸铝”方案、双层硅酸铝方案、ALC 板方案、蛭石板方案、“漂珠板+防火板”方案等多种封堵系统设计方案进行试验及比选，确定了双层硅酸铝复合板方案、蛭石板方案和“漂珠板+防火板”方案作为新建及在运站阀厅封堵系统推荐方案，并开展了特高压换流站阀厅封堵标准化设计工作。在后续换流站工程应用中，还将继续跟踪三套新型封堵系统的材料构造设计、安装工艺及服役可靠性等关键性问题，并结合工程应用及持续科研的投入进一步完善封堵方案的优化，最终形成性能稳定、运行可靠、施工便利的标准化新建换流站封堵方案。

三、封堵系统设计标准化

通过多次防火试验见证分析，目前已有双层硅酸铝复合板、蛭石板、“漂珠板+防火板”三种方案通过 5m×5m 真型试验，耐火极限可达 3.00～4.00h，其防火性能远高于 PAROC 结构岩棉板封堵。目前，中电联团体标准 T/CEC 561《换流站阀厅套管封堵用材料和封堵系统构造技术条件》对封堵方案相关设计作出规定，但缺乏相关验收标准。因此这些方案还有待在工程实践中加以验证。

目前基于相关研究结果，总结了防火封堵系统共性技术条件：

（1）大封堵的龙骨结构和防火板排板方式应与洞口类型匹配，且总厚度控制在 300mm 以内，如图 6-12 所示。

（2）硅酸铝复合板封堵系统、“漂珠+防火板”封堵系统以及蛭石板封堵系统均能达到碳氢火耐火极限 3.00h 标准，耐火隔热性和完整性均满足设防要求。三套封堵系统方案的板材为密封拼接，拼缝采用企口、错缝等方式，封堵系统内外封堵板采用对称式布置，龙骨间空腔采用硅酸铝针刺毯填实。

（3）试验证明小封堵采用的防火泥+硅酸铝针刺毯交替组合，可实现耐火性和隔烟性的最佳效果。因此，三套封堵系统小封堵统一采用防火填充材料（防火泥+硅酸铝针刺毯）和挡火圈的构造，如图 6-13 所示。

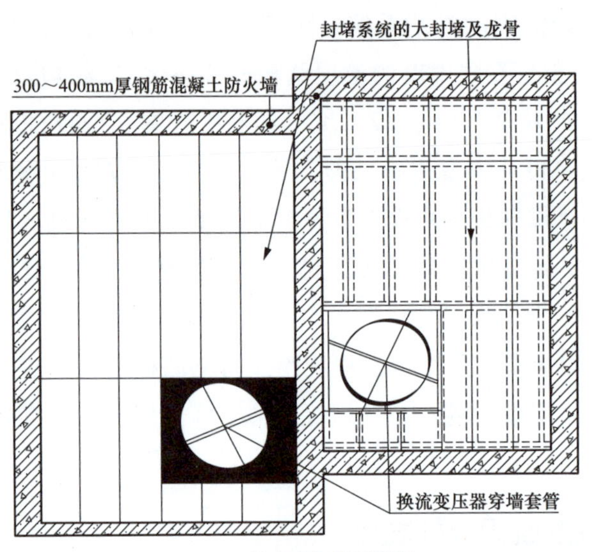

(a) 左右非对称型洞口

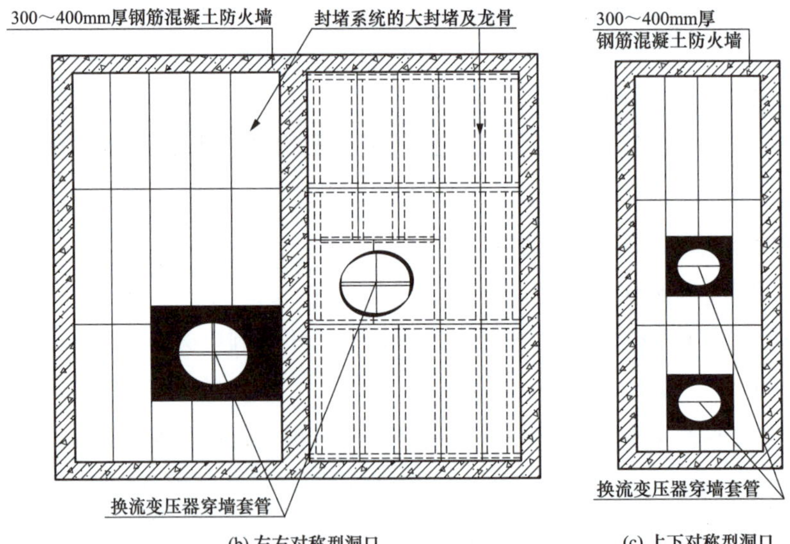

(b) 左右对称型洞口　　(c) 上下对称型洞口

图 6–12　洞口类型

挡火圈应对小封堵的填充材料进行完全覆盖，挡火圈的燃烧性能分级应符合 GB 8624—2012《建筑材料及制品燃烧性能分级》规定的 A 级不燃要求，小封堵挡火圈构造如图 6–14 所示。

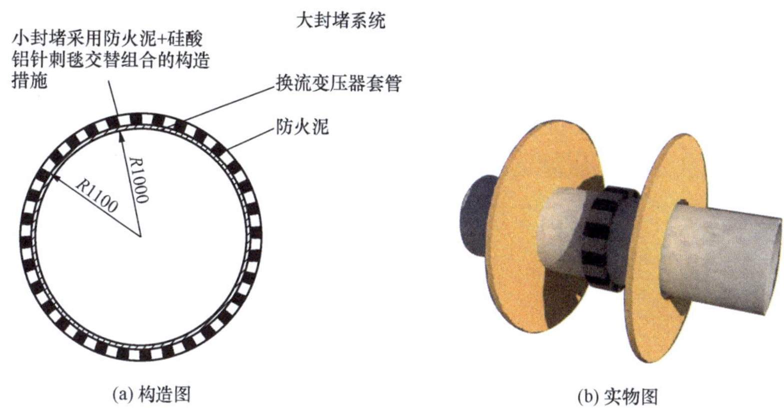

图 6-13　小封堵构造和实物图

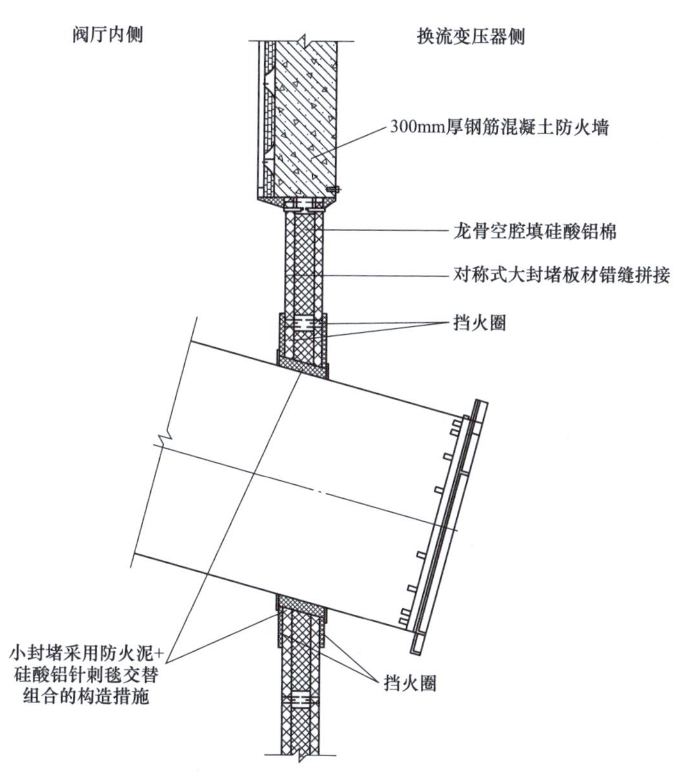

图 6-14　小封堵挡火圈构造图

（4）阀厅侧洞口包边应由防火板+硅酸铝针刺毯+无磁不锈钢板组成，包边系统应具有密封、防火、防水、耐老化等性能。大封堵与阀厅侧洞口边缘连接处采用硅酸铝针刺毯密实填充。

阀厅内侧压型钢板与大封堵的凹凸型防火包边应加装无磁不锈钢方管贴合适配安装，且方管与压型钢板表面的缝隙施加防火密封胶，以防止洞口包边的缝隙窜烟，洞口包边构造如图 6–15 所示。

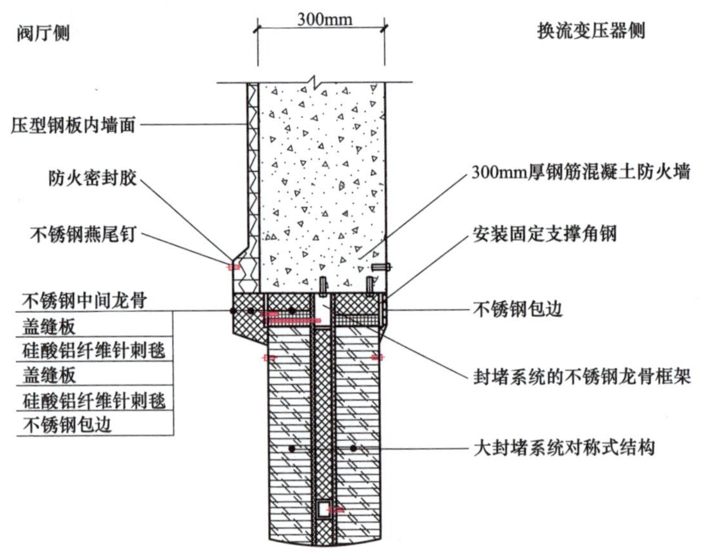

图 6–15　洞口包边构造图

四、关键材料的性能要求

（一）大封堵选材

可以耐受 1100℃及以上的高温是大封堵材料的关键性能要求。材料的含水率和高温老化等指标均会影响材料的高温性能。材料如果含水率过高或受热后软化变形都会导致大封堵结构的破坏。在经历高温后，材料如果出现酥碎、粉化等老化现象会导致强度失效，同样会严重影响封堵系统的结构完整性。图 6–16 为某封堵系统试验燃烧过程大封堵破坏。

图 6－16　某封堵系统试验燃烧过程大封堵破坏

（二）小封堵选材

试验证明硅酸铝针刺毯和膨胀堵料交替填充组成的小封堵结构的耐火性和隔烟性效果最佳，因此膨胀堵料的性能很关键。图 6－17 为小封堵采用硅酸铝针刺毯和膨胀堵料交替填充。

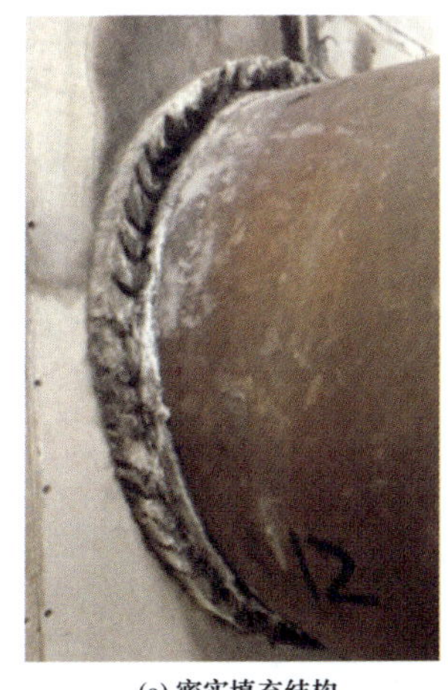

(a) 密实填充结构

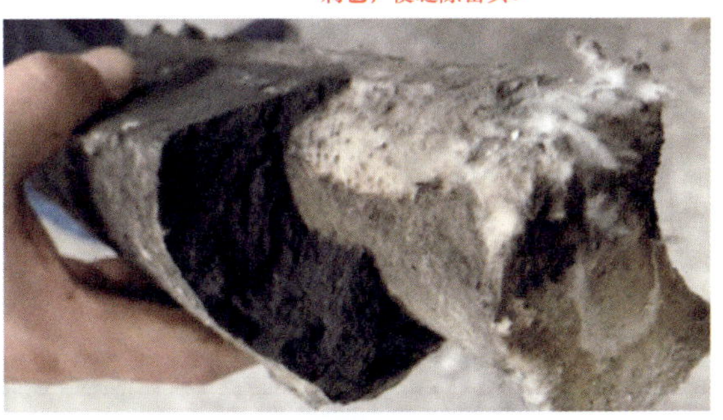

(b) 有机堵料拆解图

图 6－17　硅酸铝针刺毯和膨胀堵料交替填充的小封堵

（三）防火封堵原材料的技术性能及参数

防火封堵原材料的技术性能及参数见表6-1～表6-3。

表6-1　　封堵主龙骨技术要求

序号	项目	指标	检测标准
1	材质	奥氏体304不锈钢	GB/T 12770《机械结构用不锈钢焊接钢管》
2	抗拉强度σ_b（MPa）	515～1035	
3	条件屈服强度$\sigma_{0.2}$（MPa）	≥205	
4	伸长率δ_5（%）	≥40	
5	密度（20℃，g/cm^3）	7.93	
6	熔点（℃）	1398～1454	
7	比热容（0～100℃，KJ·kg^{-1}K^{-1}）	0.50	
8	热导率［W/（m·K）］	（100℃）16.3，（500℃）21.5	
9	线胀系数（10^{-6}·K^{-1}）	（0～100℃）17.2，（0～500℃）18.4	
10	电阻率（20℃，10^{-6}Ω·m^2/m）	0.73	
11	纵向弹性模量（20℃，kN/mm^2）	193	

表6-2　　硅酸铝针刺毯

序号	项目	指标	测试标准
1	最高推荐使用温度（℃）	≥1250	GB/T 16400《绝热用硅酸铝棉及其制品》
2	不燃性	符合GB 8624 A1级不燃材料	
3	体积密度（kg/m^3）	128±20	
4	导热系数［25℃，W/（m·K）］	≤0.035	
5	渣球含量（%）	≤20	
6	加热永久线变化（1000℃，8h，%）	≤4.5	

表 6-3　　防火密封胶

序号	指标项目	标准条款号	技术指标要求
1	燃烧性能	5.1.3/6.15	不低于 GB/T 2408—2008 规定的 HB 级
2	外观	5.3.2/6.1	液体或膏状材料
3	腐蚀性/d	5.3.2/6.7	≥7，不应出现锈蚀、腐蚀现象
4	耐水性/d	5.3.2/6.8	≥3，不溶胀、不开裂
5	耐碱性/d	5.3.2/6.13	≥3，不溶胀、不开裂
6	耐酸性/d	5.3.2/6.12	≥3，不溶胀、不开裂
7	耐湿热性/h	5.3.2/6.10	≥360，不开裂，不粉化
8	耐冻融循环/次	5.3.2/6.11	≥15，不开裂，不粉化

第五节　新型防火封堵系统技术分析

一、硅酸铝复合板封堵系统

（一）硅酸铝复合板材组成

硅酸铝复合板为 100mm 厚硅酸铝针刺毯、10mm 厚玻镁板、硅酸铝板及不锈钢板饰面板复合而成的大封堵板料。

（二）硅酸铝复合板封堵系统构造及施工方式

（1）硅酸铝复合板大封堵构造及施工。

1）硅酸铝复合板封堵系统大封堵采用“100mm 厚不锈钢面硅酸铝复合板+40mm×40mm 龙骨+100mm 硅酸铝复合板”的对称式构造。将耐火最薄弱的龙骨置于两层不锈钢硅酸铝复合板之间，既可以起到支撑结构的作用，又可以增强耐火能力。

大封堵全程在阀厅内侧施工，不仅避免外侧施工对变压器的影响，也降低了施工难度。同时，也为变压器检修时抗爆门与防火封堵的同时施工提供便利，大幅节约检修作业时间，减少停电损失。

阀厅外侧到内侧的安装顺序依次是迎火面角钢、不锈钢硅酸铝复合板、中间龙骨、不锈钢硅酸铝复合板。硅酸铝复合板大封堵构造安装断面如图 6–18 所示。

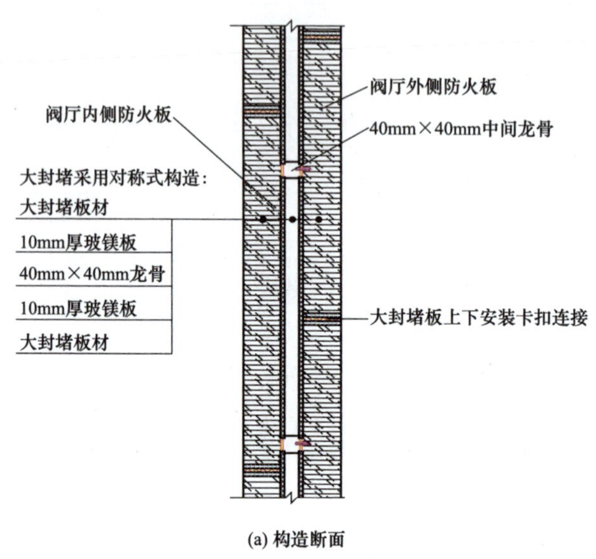

(a) 构造断面

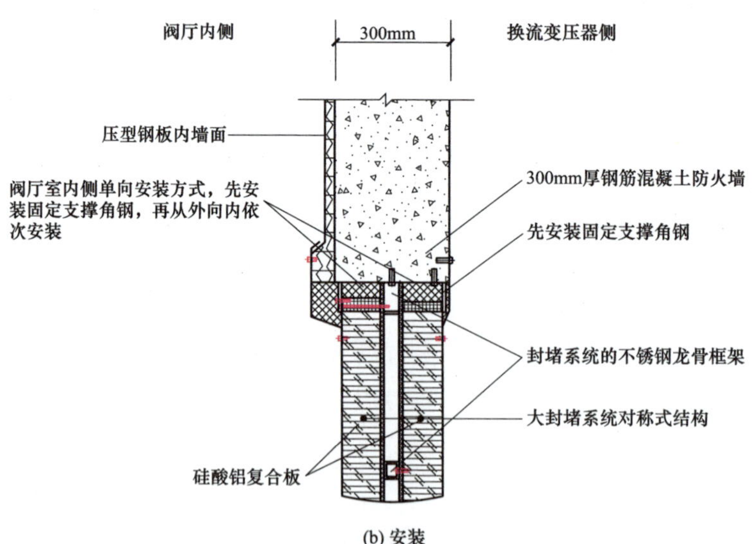

(b) 安装

图 6–18　硅酸铝复合板大封堵安装构造图

2）大封堵采用的硅酸铝复合板，厚度 100mm，宽度 1100mm，长度同洞口宽度。硅酸铝复合板材断面如图 6-19 所示。

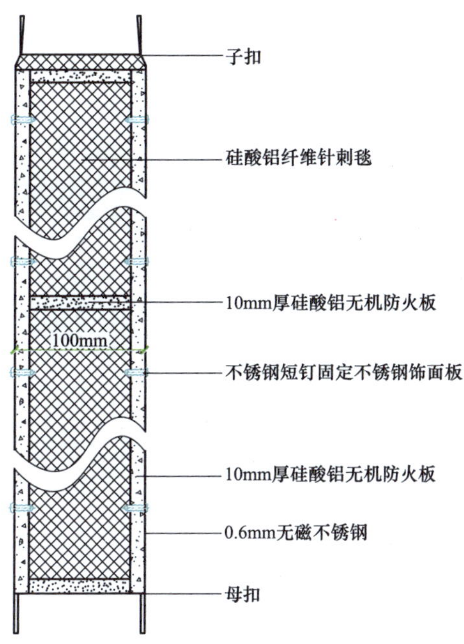

图 6-19　硅酸铝复合板材断面图

3）硅酸铝复合板子母卡扣式结构：硅酸铝复合板上下边沿拼接处采用子母卡扣式结构，可解决金属面防火板材拼缝部位耐火薄弱的问题。硅酸铝复合板采用车间预制，现场组装子母卡扣式拼接位置不打胶，拆卸方便。硅酸铝复合板子母卡扣断面如图 6-20 所示。

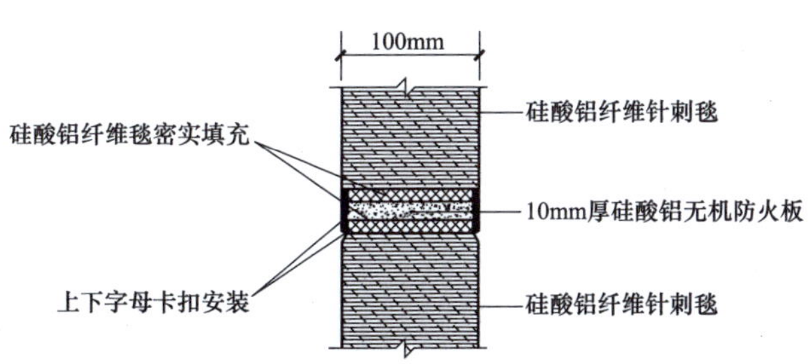

图 6-20　硅酸铝复合板子母卡扣断面图

（2）硅酸铝复合板封堵系统小封堵构造如图 6–21 所示。

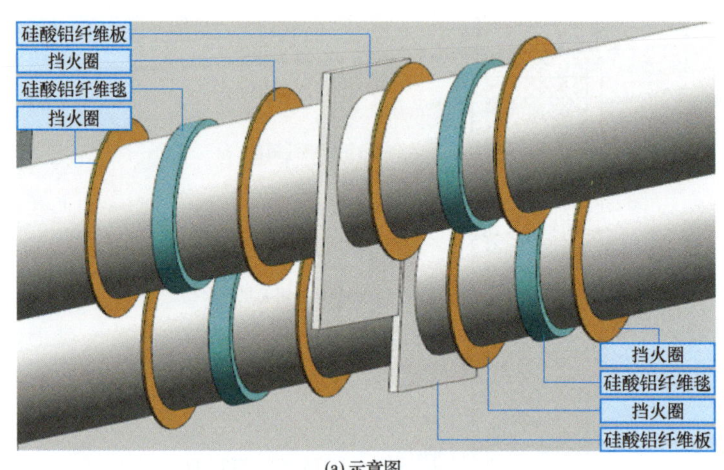

(a) 示意图

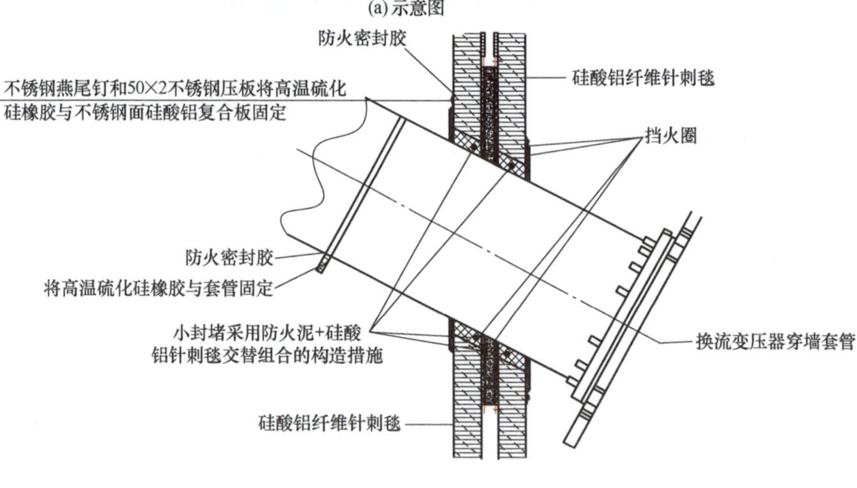

(b) 构造图

图 6–21 硅酸铝复合板封堵系统小封堵图

（3）硅酸铝复合板封堵系统剖面如图 6–22 所示。

（4）硅酸铝复合板封堵系统立面如图 6–23 所示。

（5）硅酸铝复合板封堵系统龙骨布置及连接方式如图 6–24 所示。

（6）硅酸铝复合板封堵系统接地布置如图 6–25 所示。

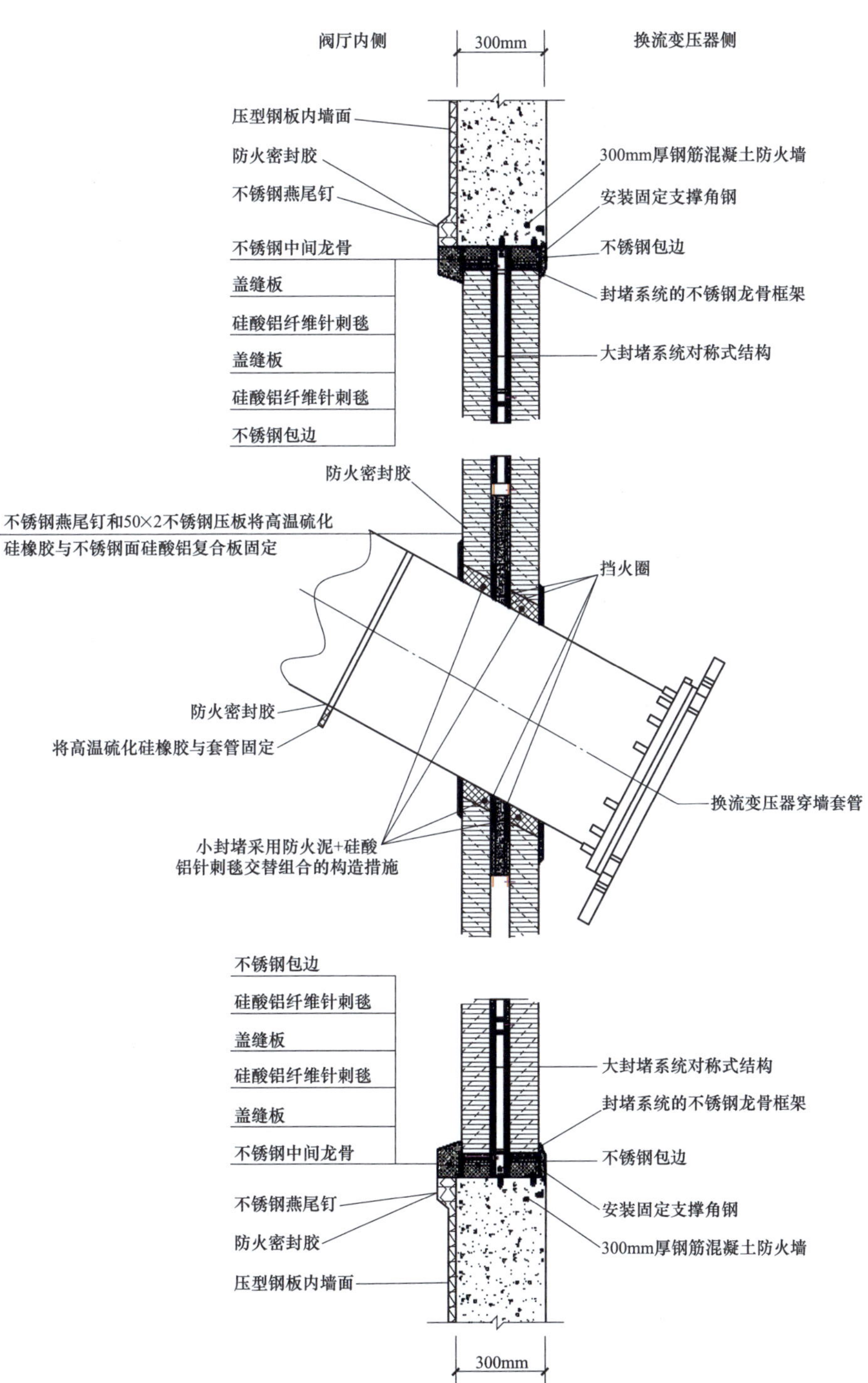

图 6-22　硅酸铝复合板封堵系统剖面图

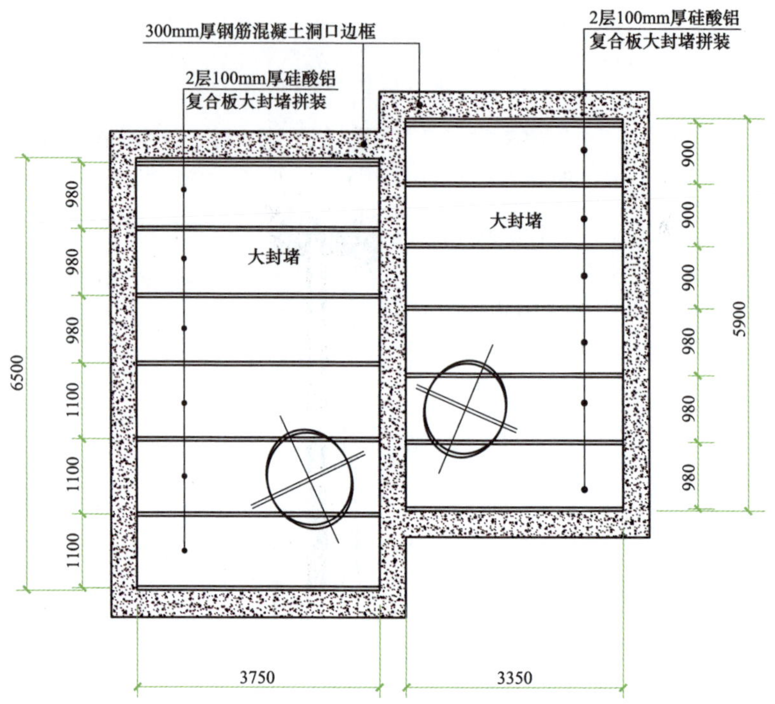

图 6-23　硅酸铝复合板封堵系统立面图

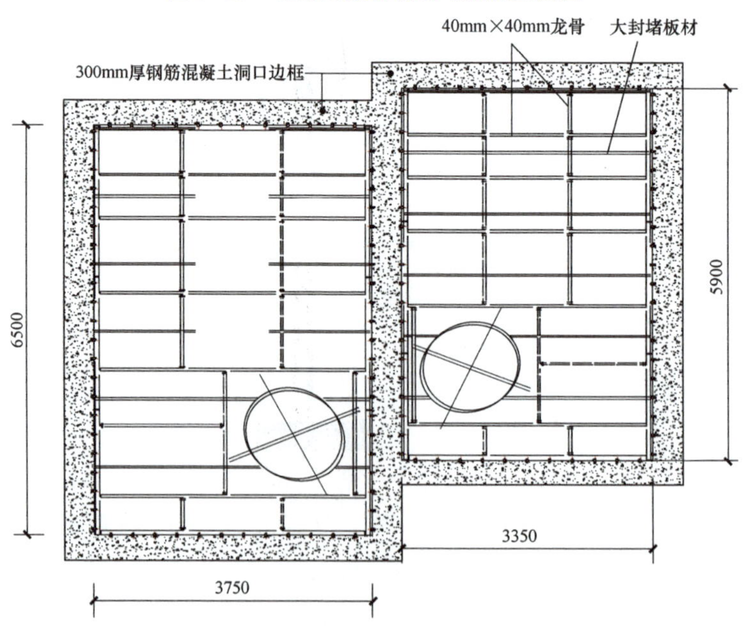

(a) 硅酸铝复合板龙骨结构及排板方式

图 6-24　龙骨布置及连接方式（一）

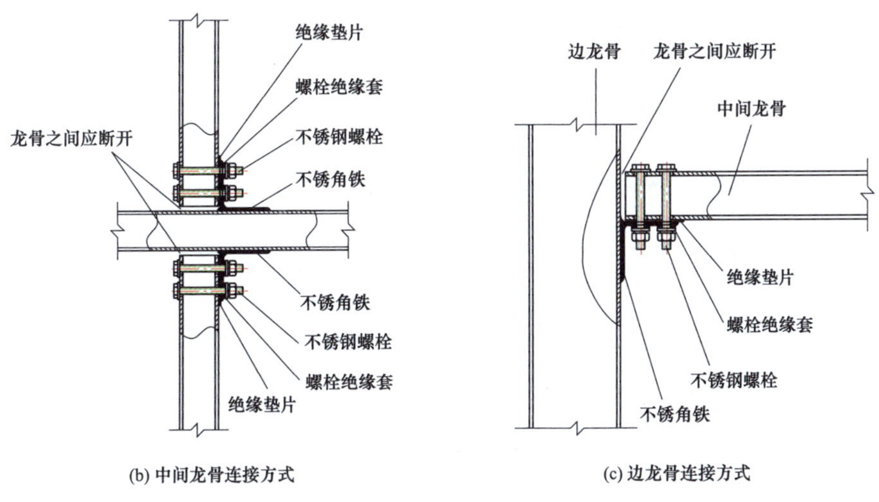

图 6-24　龙骨布置及连接方式（二）

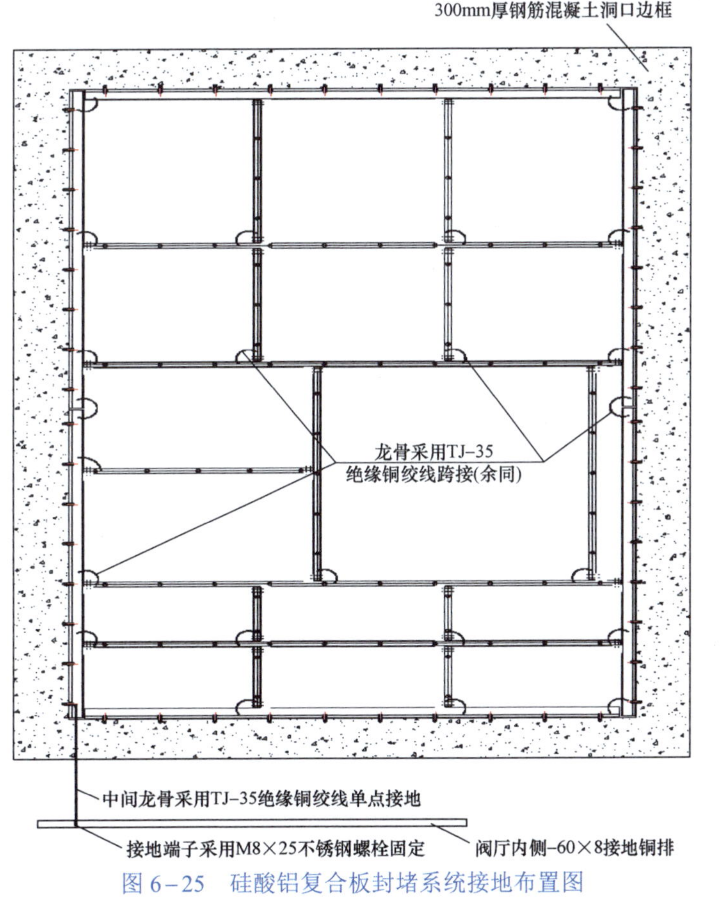

图 6-25　硅酸铝复合板封堵系统接地布置图

（三）硅酸铝复合板封堵系统试验见证

硅酸铝复合板封堵系统试验见证见图 6-26 所示。

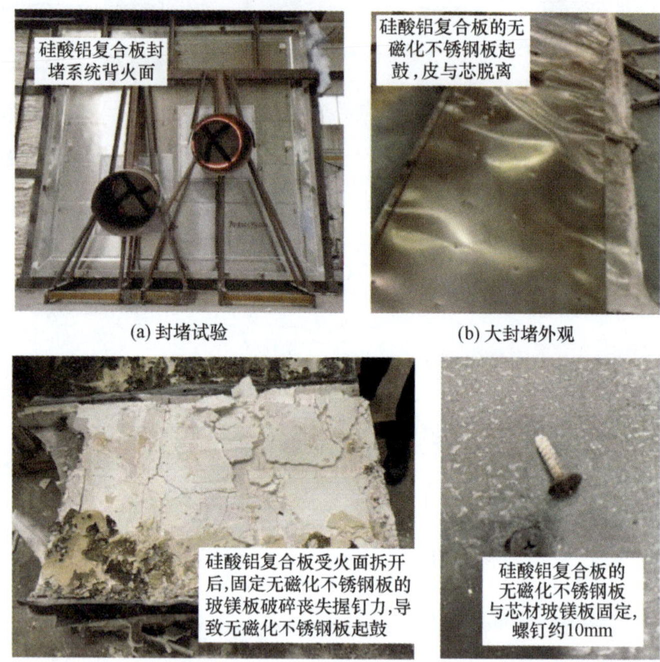

(a) 封堵试验　(b) 大封堵外观

(c) 大封堵内部拆解　(d) 螺钉

图 6-26　硅酸铝复合板封堵系统耐火试验见证

二、“漂珠板+防火板”封堵系统方案

（一）漂珠板材料

漂珠板是由耐火骨料（漂珠）、耐火黏接剂构成的一种非纤维多孔材料。漂珠具有较高的耐火度及较低的导热系数，是优良的保温耐火材料。黏接体系为磷酸盐基的无机黏接体系，耐火性能极佳。漂珠板材料如图 6-27 所示。

（二）“漂珠板+防火板”封堵系统构造及施工方式

（1）漂珠板封堵系统剖面图如图 6-28 所示。

(a) 漂珠颗粒

(b) 成型漂珠板

图 6–27　漂珠板材料

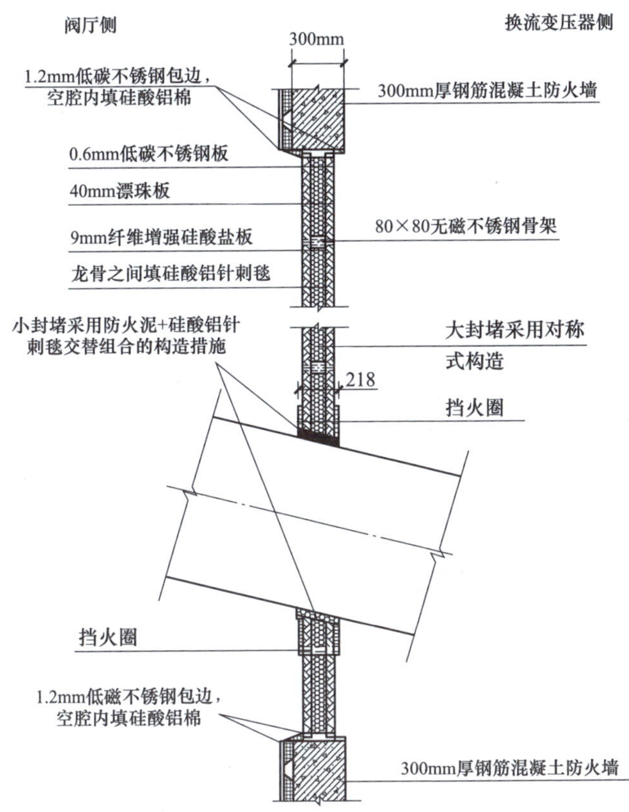

图 6–28　漂珠板封堵系统剖面图

（2）漂珠板封堵系统的大封堵材料的规格：漂珠板宽 600mm、长 1200mm、厚 40mm；纤维增强硅酸盐板宽 1220mm、长 2440mm、厚 9mm。其中漂珠板应与纤维增强硅酸盐板错缝安装。漂珠板封堵系统大封堵构造如图 6–29 所示。

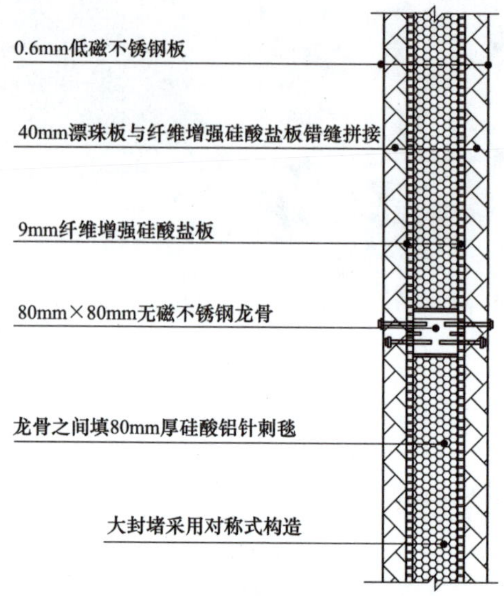

图 6–29　漂珠板封堵系统大封堵构造图

（3）漂珠复合防火板小封堵设计为阀厅内侧到外侧共五层结构。由内向外依次为 3m 防火泥、漂珠板、硅酸铝针刺毯与防火堵料交替填充条带、漂珠板、3m 防火泥。其中，硅酸铝针刺毯与防火堵料交替填充条带需要两种材料按一定压缩比进行压缩封堵密实。漂珠板封堵系统小封堵构造如图 6–30 所示。

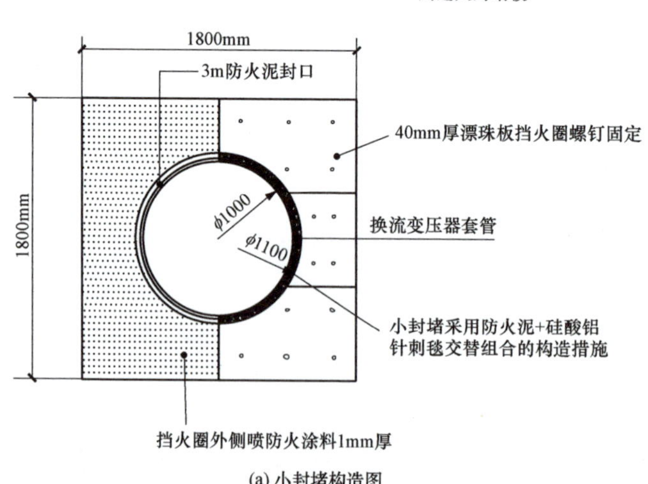

(a) 小封堵构造图

图 6–30　漂珠板封堵系统小封堵示意图（一）

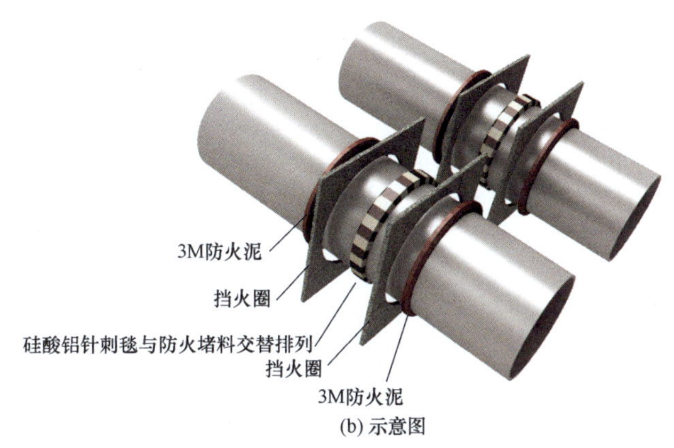

(b) 示意图

图 6-30　漂珠板封堵系统小封堵示意图（二）

（4）漂珠板封堵系统大封堵包边构造如图 6-31 所示。

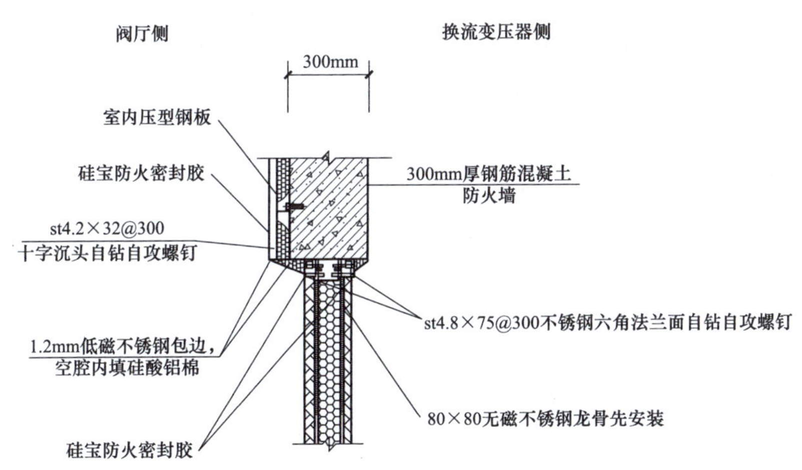

图 6-31　漂珠板封堵系统大封堵包边构造图

（5）漂珠板封堵系统龙骨布置如图 6-32 所示。

（6）漂珠板封堵系统洞口四周边框角部，均应断开布置，避免形成闭环。所有龙骨之间用铜绞线连接，铜绞线的截面积为 35mm^2。收边件在四个角部区域，均断开布置，避免形成闭环。阀厅侧单点接入接地铜排。漂珠板封堵系统防涡流、防雷接地如图 6-33 所示。

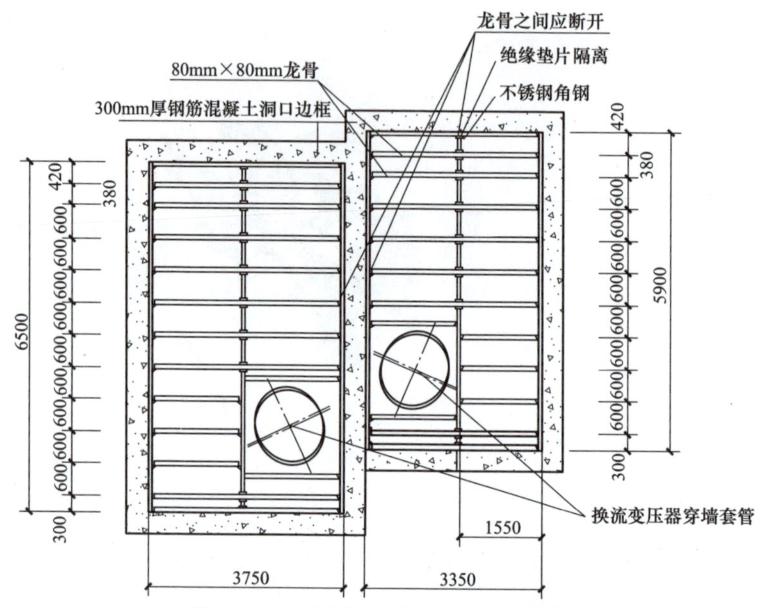

图 6-32 漂珠板封堵系统龙骨布置图

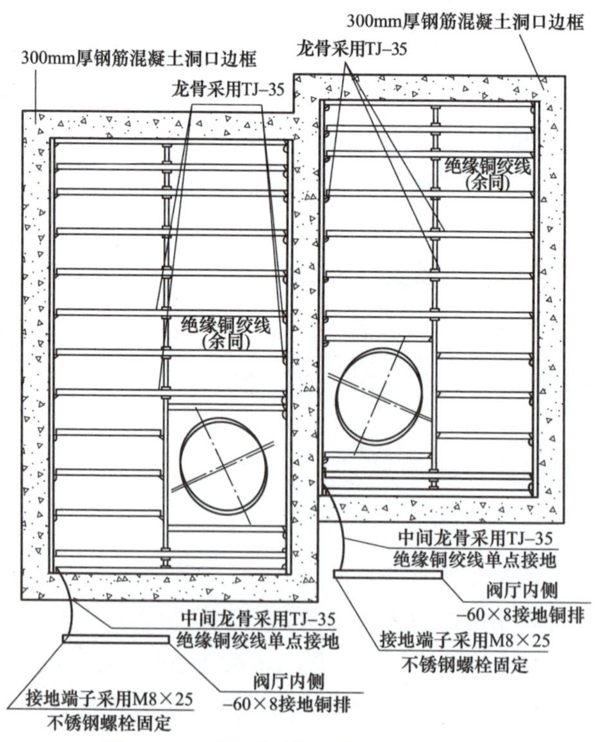

图 6-33 漂珠板封堵系统接地布置图

（三）“漂珠板+防火板”封堵系统试验见证

漂珠板封堵系统耐火见证试验如图 6–34 所示。

漂珠板封堵系统耐火见证试验研究结果表明，燃烧后背火面（阀厅侧），经碳烃类火 4.5h 燃烧后结构完整、平整。框架及龙骨热变形导致漂珠板轻微裂纹，但未出现贯穿，无窜烟窜火。

(a) 试验样品图

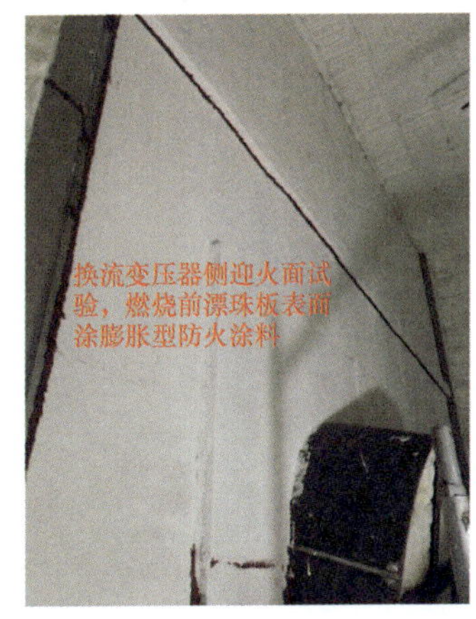

(b) 套管局部

(c) 板材表明涂料膨胀

(d) 拆卸板材完好

图 6–34　漂珠板封堵系统耐火见证试验（一）

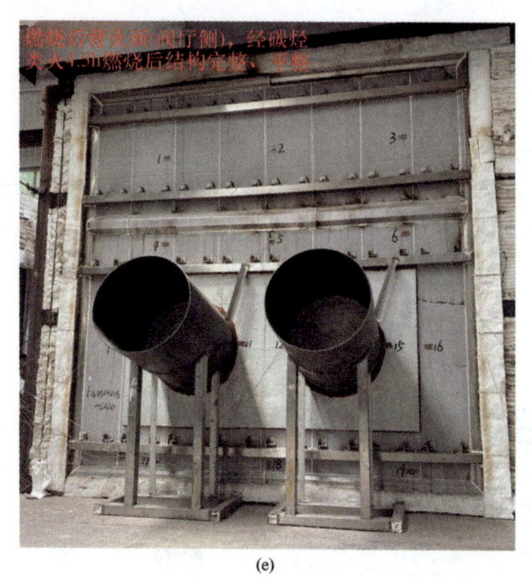

(e)

图 6-34　漂珠板封堵系统耐火见证试验（二）

三、蛭石板封堵系统方案

（一）蛭石板材料

蛭石板是一种高科技无机矿物板材，通过国内外权威机构多项严格测试，防火、节能、环保等多项性能都达到国家最高标准，性能如下：

（1）防火：1200℃高温下不燃烧、无烟、无毒；

（2）隔热保温：导热系数不大于 0.0664W/（m·K）；

（3）防潮耐腐：质量轻，化学性质稳定，防水防腐；

（4）环保节能：环保 E0 级，绿色建材；

（5）隔音：空气隔声量不大于 43dB；

（6）吸音：降噪系数不大于 0.8。

蛭石板外观如图 6-35 所示。

（二）蛭石板封堵系统构造

（1）蛭石板材料各构造层次。蛭石板封堵系统构造示意如图 6-36 所示，图中 1-10 的层次顺序是由换流变压器侧到阀厅侧。材料各构造层次如下：

图 6－35　蛭石板外观

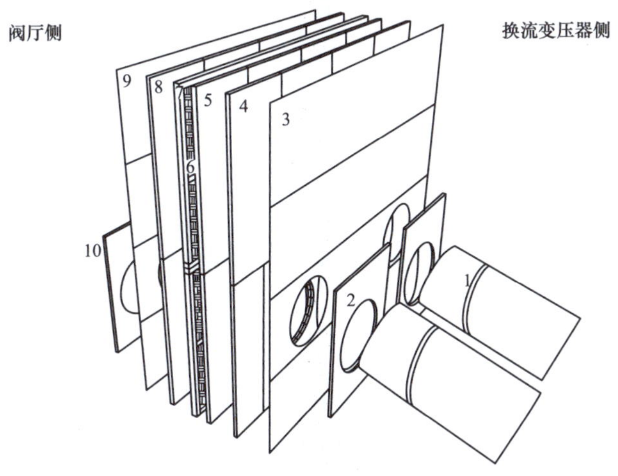

图 6－36　蛭石板封堵系统构造示意图

1）贯穿物；

2）25mm 小封堵加强板；

3）1.0mm 不锈钢消磁屏蔽板；

4）50mm 蛭石防火板；

5）50mm 蛭石防火板；

6）硅酸铝棉板（128 kg/m³）；

7）80mm×80mm×3mm 方钢（304 不锈钢）；

8）50mm 蛭石防火板；

9）1.0mm 不锈钢消磁屏蔽板；

10）25mm 小封堵加强板。

（2）蛭石板封堵系统剖面如图 6-37 所示。

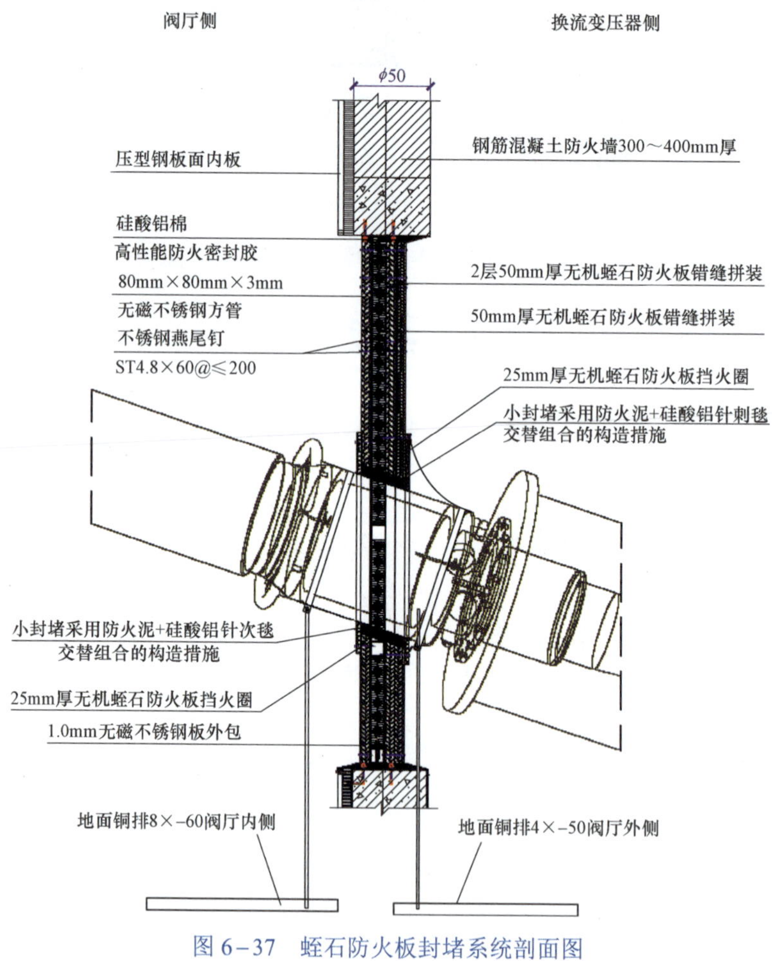

图 6-37　蛭石防火板封堵系统剖面图

（3）蛭石板封堵系统立面及龙骨布置如图 6-38 所示。

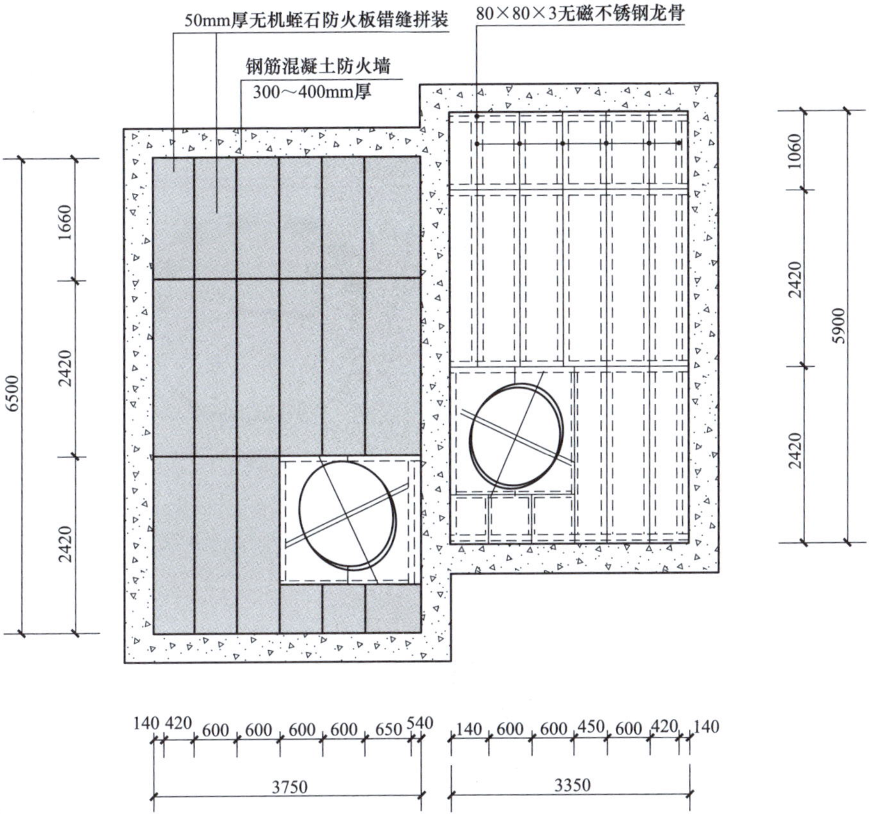

50mm厚无机蛭石防火板错缝拼装
80×80×3无磁不锈钢龙骨
钢筋混凝土防火墙
300～400mm厚
1660
2420
2420
6500
1060
2420
2420
5900
140
420
600
600
600
600
650
540
140
600
600
450
600
420
140
3750
3350

图 6-38　蛭石防火板封堵系统立面及龙骨布置图

（4）蛭石板封堵系统大封堵构造如图 6-39 所示。

1.0mm无磁不锈钢板
2mm厚防火密封胶
80mm×80mm×3mm无磁不锈钢方管
50mm无机蛭石防火板
2层50mm无机蛭石防火板
自攻钉距板边最小距离不低于20mm
2mm厚防火密封胶
一层板与中层板错缝40mm
40
80
120
120

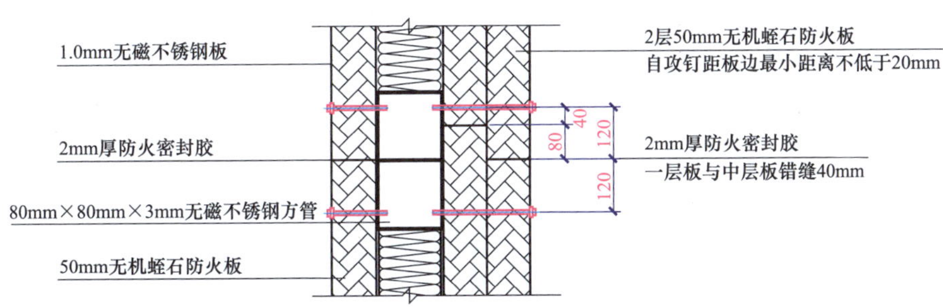

图 6-39　蛭石板封堵系统大封堵构造图

（5）蛭石板封堵系统小封堵构造如图 6–40 所示。

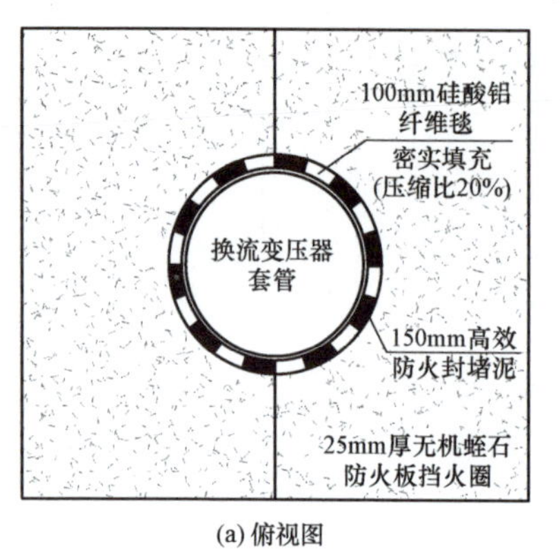

(a) 俯视图

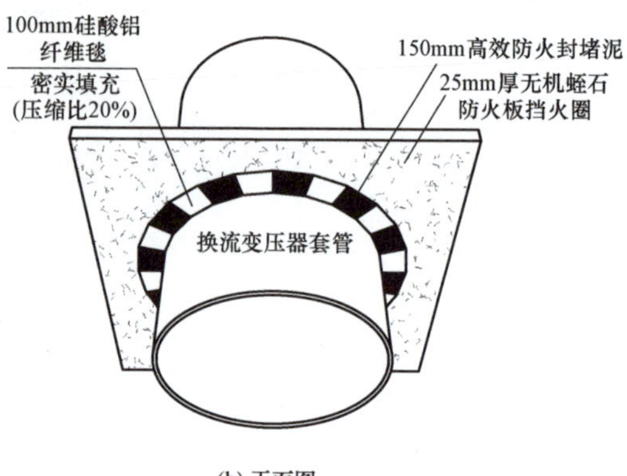

(b) 正面图

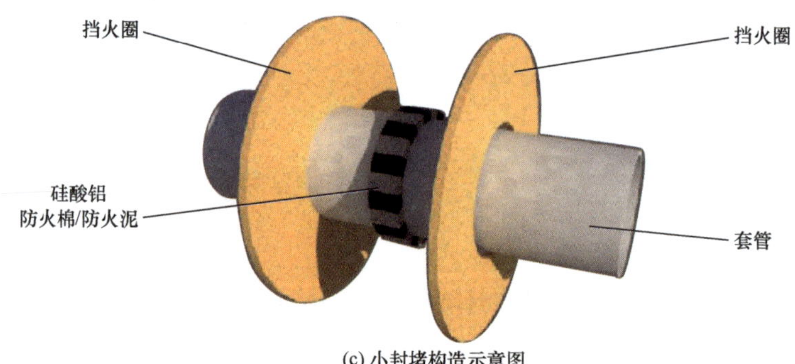

(c) 小封堵构造示意图

图 6–40　蛭石板封堵系统小封堵构造图

（6）蛭石板封堵系统龙骨布置如图 6–41 所示。

（7）蛭石板封堵系统接地布置如图 6–42 所示。

（三）蛭石板封堵系统试验见证

蛭石板封堵系统耐火试验如图 6–43 所示。

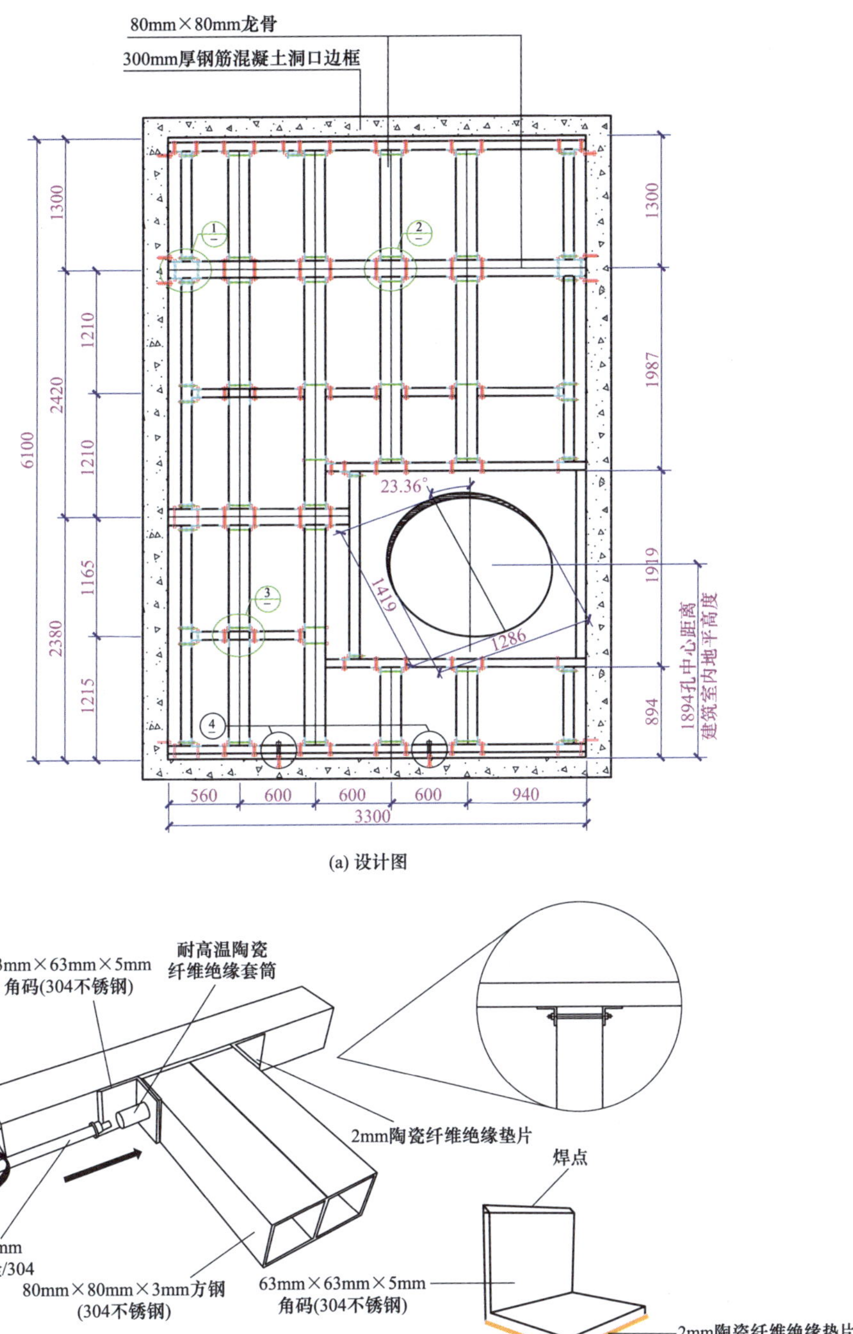

(a) 设计图

(b) 中间龙骨连接示意图

图 6-41　蛭石板封堵系统龙骨布置图（一）

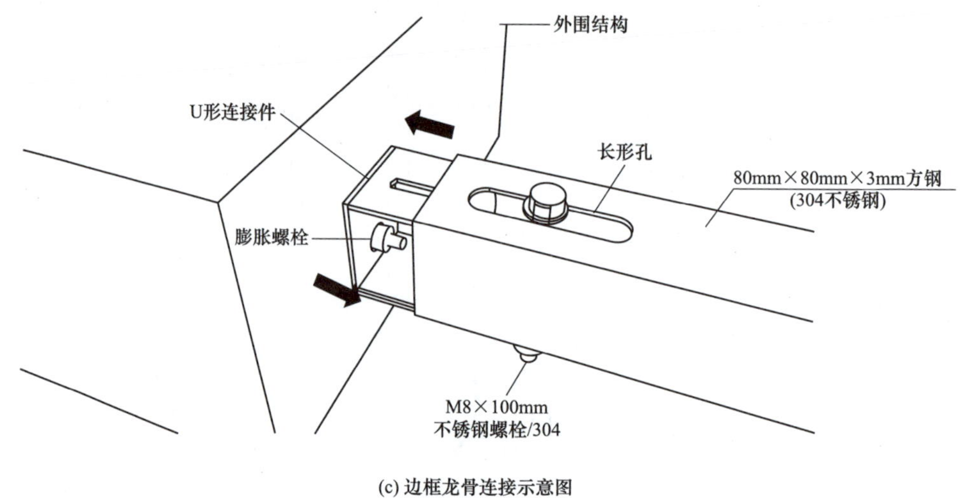

(c) 边框龙骨连接示意图

图 6-41　蛭石板封堵系统龙骨布置图（二）

四、现有封堵方案短板及解决措施

（1）通过试验分析及工程应用，以上 3 套方案还存在一定的不足，各方案的主要技术短板和建议解决措施如表 6-4 所示。

（2）封堵共性问题的深化研究。目前，已验证的三套封堵方案，除具体细节短板外，在横向对比多批次试验数据及特征分析的基础上，总结了当前封堵系统的共性问题，具体包括：材料体系、构造设计、现场施工、后续试验等。针对共性问题基于现有科研能力、试验条件、团队组成、施工方基础等，形成了具体的解决措施和工作计划。将通过共性问题的持续研究及投入和解决，完善和优化封堵技术方案，最终形成性能稳定、运行可靠、施工便利的标准化、系统性新建换流站封堵方案。

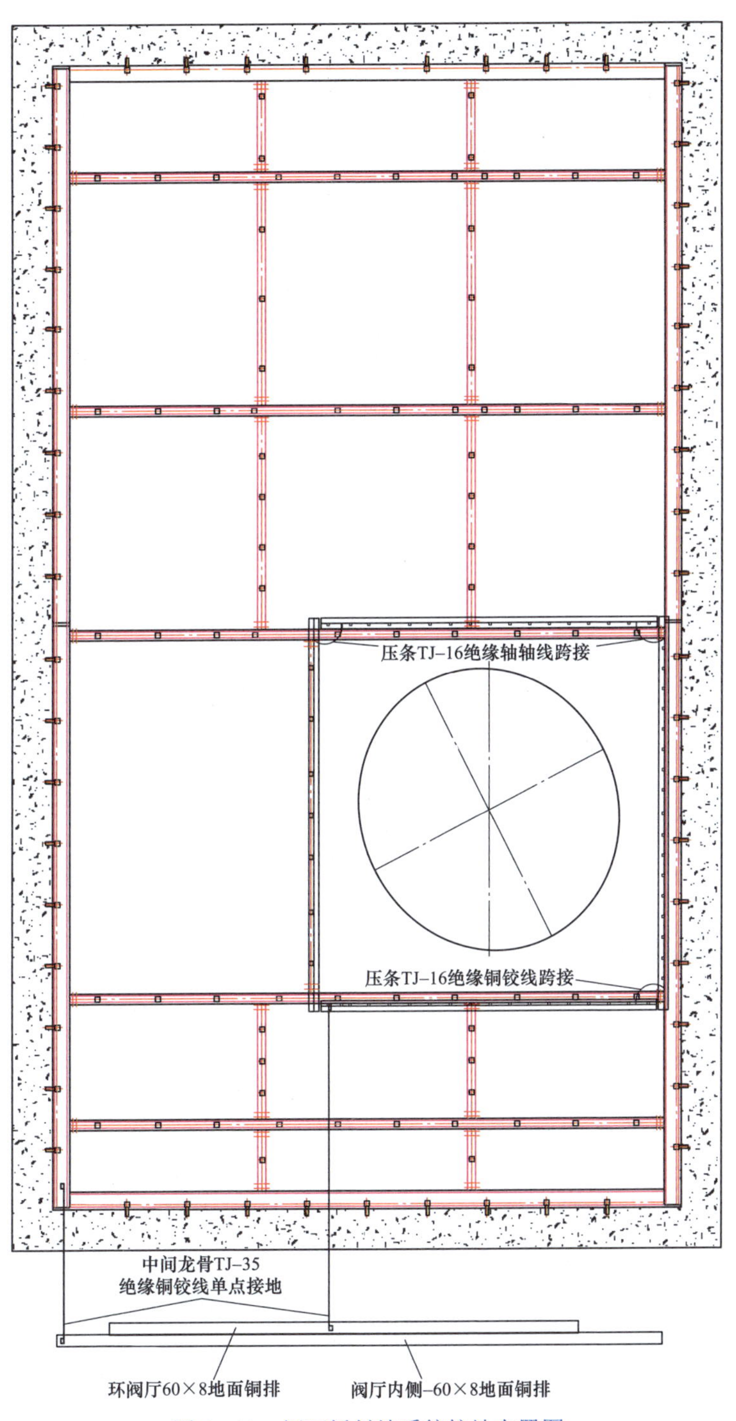

图 6-42　蛭石板封堵系统接地布置图

(a) 封堵背火面

(b) 封堵迎火棉

(c) 封堵龙骨

(d) 套管处龙骨

(e) 小封堵

(f) 加强板

图 6-43　蛭石板封堵系统耐火试验（一）

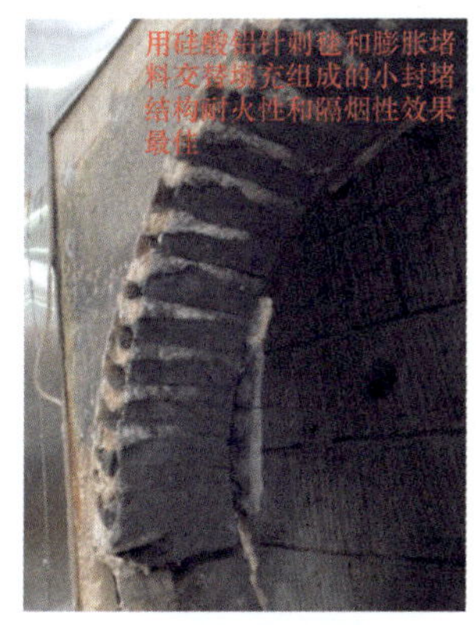

(g) 交替填充结构内部

(h) 交替填充表面

(i) 加强板表面

(j) 大封堵表面

(k) 拆卸的封堵板

(l) 拆卸过程

图 6－43　蛭石板封堵系统耐火试验（二）

表 6－4　　封堵系统各方案的短板及解决措施

封堵类型	技术短板	建议解决措施
硅酸铝复合板封堵系统	（1）仍有多点位出现水汽或烟尘泄漏； （2）硅酸铝含水率较高，多位置出现持续的水滴、水流； （3）硅酸铝夹心复合板中的组成部分玻镁板，在烃类火作用下发生酥化，强度降低，导致握钉力下降	（1）进一步改进企口和拼缝结构，改进密封胶、减少漏烟点； （2）增加硅酸铝材料的含水率检验程序，严格控制硅酸铝的含水率指标； （3）继续优选刚性支撑防火板材，如蛭石板、漂珠板等，已保证支撑板的握钉力和结构强度
“漂珠板＋防火板”封堵系统	（1）仍有多点位出现水汽或烟尘泄漏； （2）大封堵及小封堵前漂珠板与龙骨的热变形不匹配，均出现明显非贯穿裂纹（横向＋纵向）； （3）包边牢固度不够，握钉力不足，内部填充不够密实，试验后期出现明显的变形和翘曲	（1）进一步改进企口和拼缝结构，改进密封胶，减少漏烟点； （2）继续改进板材与龙骨受热之后的变形协调问题；优化龙骨的结构，增加膨胀空间裕度，控制板材裂纹； （3）调整螺栓数量、规格增加握钉力；调整密封胶打胶工艺，包边内硅酸铝棉填充，以此改善变形和翘曲问题

续表

封堵类型	技术短板	建议解决措施
蛭石板封堵系统	（1）仍有多点位出现水汽或烟尘泄漏； （2）龙骨填充的硅酸铝有水汽产生，持续至试验结束； （3）小封堵选用的密封膨胀胶泥产烟较多，为试验后期主要产烟原因； （4）龙骨、蛭石板材的热膨胀不匹配，导致螺栓固定孔位置出现较多的裂纹扩展	（1）横缝结构进一步优化，采取增加错缝的宽度、改进密封胶等方式减少漏烟点； （2）增加硅酸铝材料的含水率检验程序，严格控制硅酸铝的含水率指标； （3）继续优选小封堵用密封膨胀胶泥，改善其膨胀初期产烟较多现象； （4）优化龙骨设计，保证其膨胀空间裕度，加强龙骨和蛭石的热变形协调

材料体系共性问题及解决措施见表 6–5。

表 6–5　材料体系共性问题及解决措施

分类	共性问题	解决措施
材料体系共性问题	小封堵仍然是封堵的薄弱点，多次试验中小封堵存在普遍漏烟现象，且小封堵使用的膨胀堵料自身产烟严重	借鉴蛭石板的小封堵成功经验，采用交替布置“硅酸铝＋膨胀密封胶泥”的方式提高小封堵沿套管周向、径向的密封效果；优选材料体系，进一步降低堵料产烟、并提高耐火极限
	高耐火极限的膨胀型堵料仍为“3M”或“喜利得”产品，属于典型卡脖子技术	研发具有自主知识产权的高耐火极限有机膨胀堵料，解决具体材料体系的卡脖子问题
	有机堵料或防火涂料的服役老化性能不详，长时间服役后封堵性能有待进一步验证	针对现有的“膨胀堵料、防火涂料”等开展老化性能、界面结合性等试验，验证其长周期服役后的防火性能

封堵构造设计共性问题及解决措施见表 6–6。

表 6–6　封堵构造设计共性问题及解决措施

分类	共性问题	解决措施
构造设计共性问题	大封堵材料无论采用“刚性材料”还是“矿物纤维类材料”，在大尺寸耐火极限试验中均出现显著的拼缝多点漏烟问题	错缝安装已被证明是防止漏烟有效的安装方式，其对于多层刚性板材效果明显，但在大尺度封堵中，仍不可避免板材拼接，建议通过“改进企口、优化密封胶、膨胀条、增加压边条”等方式减少漏烟点
	两类刚性材料在试验中均出现了龙骨与板材热变形不协调问题，导致板材在热应力下开裂	针对板材与龙骨的热变形不协调问题，将改进优化螺栓（自攻钉）与龙骨连接构造，设计可调节膨胀、留有裕度的结构，使龙骨热变形与板材热变形相协调

现场施工共性问题及解决措施见表 6–7。

表 6-7　　现场施工共性问题及解决措施

分类	共性问题	解决措施
施工建议	材料包装及完整性无法保障	（1）通过确定验收规程，明确材料的包装工艺，运输要求等，以确保材料进场的完整率；材料进场应离地架空堆放且应进行覆盖保护，在多雨潮湿地区的防潮性、吸水性；在高海拔地区的耐老化性。 （2）并能够提供“蛭石板、漂珠板、硅酸铝夹芯复合板”应提供产品合格性的检验支撑材料
	部分封堵方案不便在有限空间进行双向施工	通过确定施工规程，明确三套封堵系统的双向施工方案，确保封堵系统在有限空间内阀厅侧、换流变侧施工的可行性
	多洞口施工质量保证	确定施工规程，从施工规程、过程控制等多角度保障多个洞口同时开展施工的质量
	多次拆装的质量保证（2 年期间或至少拆卸 5 次及以上的要求）或运行期间、质保年限内可通过多次重复拆装试验	确定施工规程，运行期间、质保年限内可通过多次重复拆装试验，验证封堵构造经多次拆装后的完好率，并形成规程保证多次拆装后材料的质量控制，（如具备条件）并最终通过多次拆装后的耐火极限验证

后续有待研究问题见表 6-8。

表 6-8　　后续有待研究问题

分类	验证内容	具体情况
后续有待研究问题	冲击后耐火极限试验	如条件允许，在后续试验中补充研究：封堵系统进行抗爆试验后的耐火极限性能测试
	3 套封堵方案的拼缝改良试验	针对上述章节中拼缝的改良计划进行验证，验证“改进企口、优化密封胶、增加膨胀条、增加压边条”等拼缝密封方式
	两套刚性封堵方案的热膨胀协调改进试验	针对“蛭石板方案”“漂珠板+防火板”方案，优化螺栓（自攻钉）与龙骨连接，设计可调节膨胀裕度的结构，使龙骨热变形与板材热变形相协调，并在后续试验中进行验证
	多次安装后的耐火极限影响试验	对 3 套封堵方案，进行安装后拆解，二次安装后进行耐火极限试验，验证拆装对于封堵材料及构造影响

第七章

建筑材料性能的合理应用

第一节　建筑材料燃烧等级的判定与应用

一、建筑材料的燃烧性能

装修材料燃烧性能等级的划分，依据 GB 50222—2017《建筑内部装修设计防火规范》的第 3.0.2 条规定：“装修材料按其燃烧性能应划分为四级，并应符合本规范表 3.0.2 的规定”，装修材料燃烧性能等级见表 7－1。

表 7－1　装修材料燃烧性能等级

等级	装修材料燃烧性能
A	不燃性
B1	难燃性
B2	可燃性
B3	易燃性

依据 GB 50222—2017 的第 1.0.3 条规定：“建筑内部装修设计应积极采用不燃性材料和难燃性材料，避免采用燃烧时产生大量浓烟或有毒气体的材料，做到安全适用，技术先进，经济合理”。

A 级不燃性材料常用的有：花岗岩、大理石、水磨石、水泥制品、混凝土制品、石膏板、石灰制品、黏土制品、玻璃、瓷砖、钢铁、铝、铜合金、天然石材、金属复合板、纤维石膏板、玻镁板、硅酸钙板等。

B1 级难燃烧体：用难燃烧的材料做成的建筑构件，或用燃烧材料做成而用不燃烧材料做保护层的建筑构件。如沥青混凝土构件、纸面石膏板、难燃仿花岗岩装饰板、多彩涂料、难燃墙纸、难燃墙布、氯丁橡胶地板、阻燃模压木制复合板材。

B2 级可燃材料：各类天然木材、竹材、纸质装饰板、胶合板、墙布、复合壁纸、PVC 卷材地板、聚乙烯、聚氨酯等。

金属龙骨上安装 B1 级的纸面石膏板、矿棉吸声板的燃烧性能为 A 级不燃性材料。依据 GB 50222—2017《建筑内部装修设计防火规范》的第 3.0.4 条规定“安装在在金属龙骨上燃烧性能达到 B1 级的纸面石膏板、矿棉吸声板，可作为 A 级材料使用”。

条文解释 3.0.4 条是：“对于大量使用的纸面石膏板、矿棉吸声板按我国现行建材防火检测方法检测，大部分不能列入 A 级材料。但是如果认定纸面石膏板、矿棉吸声板只能作为 B1 级材料，则又有些不尽合理，尚且目前还没有更好的材料可以替代他们。考虑用量大的这一客观实际，以及 GB 50016—2014 中，认定贴在金属龙骨上的纸面石膏板为不燃材料的事实，因此这条规定如纸面石膏板、矿棉吸声板安装在金属龙骨上，可将其作为 A 级材料使用。然而，矿棉装饰吸声板的燃烧性能与所含的粘接剂有关，只有达到 B1 级时才可执行本条”。

因此，设计师在使用矿棉装饰吸声板时，应在图中注明纸面石膏板、矿棉吸声板的燃烧性能为 B1 级。材料进场应提供合格证及检验报告。

对于采用型式检验还是抽样检验，市场上存在很多型式检验的送检样品是优于工程实际供货应用的材料，造成工程现场应用材料质量不合格的现象，因此尽量还是抽样检验而不是型式检验。

建筑材料及制品的燃烧性能等级划分，依据 GB 8624—2012《建筑材料及制品燃烧性能分级》的第 4 条燃烧性能等级见表 7－2。

表 7－2　　建筑材料及制品的燃烧性能等级

燃烧性能等级	名称
A	不燃材料（制品）
B1	难燃材料（制品）
B2	可燃材料（制品）
B3	易燃材料（制品）

可见表 7－1 与表 7－2 基本相同，其内涵是一致的，都是反映材料或制品的燃烧性能。

依据 GB 8624—2012 的第 5.1.1 条规定“平板状建筑材料及制品的燃烧性能等级和分级判断见表 7－3。表中满足 A1、A2 级即为 A 级；满足 B 级、C 级即为 B1 级；满足 D 级、E 级即为 B2 级。对于墙面保温泡沫塑料，除符合表 2 规定外，应同时满足以下要求：B1 级氧指数值 OI≥30%；B2 级氧指数值 OI≥26%；试验依据标准为 GB/T 2406.2—2009《塑料 用氧指数法测定燃烧行为 第 2 部分：室温试验》”。

工程选材时，切勿认为 A 级高于 A1 级、A1 级高于 A2 级，目前的标准应该是 A＝A1＝A2。

表 7－3　　平板状建筑材料及制品的燃烧性能等级和分级判断

燃烧性能等级		试验方法		分级判断
A	A1	GB/T 5464[a] 且		炉内温升ΔT≤30℃ 质量损失率Δm≤50% 持续燃烧时间 t_f＝0
		GB/T 14402		总热值 PCS≤2.0MJ/kg[a,b,c,e]； 总热值 PCS≤1.4MJ/m^2 [d]
	A2	GB/T 5464[a] 或	且	炉内温升 ΔT≤50℃； 质量损失率 Δm≤50%； 持续燃烧时间 t_f≤20s
		GB/T 14402		总热值 PCS≤3.0MJ/kg[a,e]； 总热值 PCS≤4.0MJ/m^2 [b,d]
		GB/T 20284		燃烧增长速度指数 $FIGRA_{0.2MJ}$≤120W/s； 火焰横向蔓延未达到试样长翼边缘； 前 600s 总放热量 THR_{600s}≤7.5MJ
B1	B	GB/T 20284 且		燃烧增长速度指数 $FIGRA_{0.2MJ}$≤120W/s； 火焰横向蔓延未达到试样长翼边缘； 前 600s 总放热量 THR_{600s}≤7.5MJ
		GB/T 8626 点火时间 30s		60s 内焰尖高度 F_s≤150mm 60s 内无燃烧滴落物引燃滤纸现象
	C	GB/T 20284 且		燃烧增长速度指数 $FIGRA_{0.4MJ}$≤250W/s； 火焰横向蔓延未达到试样长翼边缘； 600s 总放热量 THR_{600s}≤15MJ
		GB/T 8626 点火时间 30s		60s 内焰尖高度 F_s≤150mm 60s 内无燃烧滴落物引燃滤纸现象

续表

燃烧性能等级		试验方法	分级判断
B2	D	GB/T 20284 且	燃烧增长速度指数 $FIGRA_{0.4MJ}$≤750W/s
		GB/T 8626 点火时间 30s	60s 内焰尖高度 F_s≤150mm 60s 内无燃烧滴落物引燃滤纸现象
	E	GB/T 8626 点火时间 15s	20s 内焰尖高度 F_s≤150mm 20s 内无燃烧滴落物引燃滤纸现象
B3	F	无性能要求	

注 1. 匀质制品或非匀质制品的主要组分。
2. 非匀质制品的外部次要组分。
3. 当外部次要组分的 PCS 小于等于 2.0MJ/m^2 时，若整体制品的 $FIGRA_{0.2MJ}$≤20W/s、LFS＜试样边缘、THR_{600s}≤4.0MJ 并达到 S1 和 d0 级，则达到 A1 级。
4. 非匀质制品的任一内部次要组分。
5. 整体制品。

依据 GB 8624—2012 的第 5.1.2 条规定，铺地材料的燃烧性能等级和分级判断见表 7－4。

表 7－4 铺地材料的燃烧性能等级和分级判断

燃烧性能等级		试验方法		分级判断
A	A1	GB/T 5464 且		炉内温升 ΔT≤30℃； 质量损失率 Δm≤50% 持续燃烧时间 t_f=0
		GB/T 14402		总热值 PCS≤2.0MJ/kg[a,b,c,e]； 总热值 PCS≤1.4MJ/m^2[d]
	A2	GB/T 5464[a] 或	且	炉内温升 ΔT≤50℃； 质量损失率 Δm≤50%； 持续燃烧时间 t_f≤20s
		GB/T 14402		总热值 PCS≤3.0MJ/kg[a,e]； 总热值 PCS≤4.0MJ/m^2[b,d]
		GB/T 11785[e]		临界热辐射通量 CHF≥8.0kW/m^2
B1	B	GB/T 11785[e] 且		临界热辐射通量 CHF≥8.0kW/ m^2
		GB/T 8626 点火时间 15s		20s 内焰尖高度 F_s≤150mm
	C	GB/T 11785[e]		临界热辐射通量 CHF≥8.0kW/m^2
		GB/T 8626 点火时间 15s		20s 内焰尖高度 F_s≤150mm

续表

燃烧性能等级		试验方法	分级判断
B2	D	GB/T 11785[e] 且	临界热辐射通量 CHF≥3.0kW/m^2
		GB/T 8626 点火时间 15s	20s 内焰尖高度 F_s≤150mm
	E	GB/T 11785[e] 且	临界热辐射通量 CHF≥2.2kW/m^2
		GB/T 8626 点火时间 15s	20s 内焰尖高度 F_s≤150mm
B3	F	无性能要求	

注 1. 匀质制品或非匀质制品的主要成分。
2. 非匀质制品的外部次要组分。
3. 非匀质制品的任一内部次要组分。
4. 整体制品。
5. 试验最长时间 30min。

依据 GB 8624—2012 的第 5.2.2 条规定，窗帘幕布、家具制品装饰用织物等的燃烧性能等级和分级判断见表 7－5。

表 7－5　窗帘幕布、家具制品装饰用织物等的燃烧性能等级和分级判断

燃烧性能等级	试验方法	分级判据
B1	GB/T 5454 GB/T 5455	氧指数 OI≥32.0%； 损毁长度≤150mm，燃烧时间≤5s，阴燃时间≤15s； 燃烧滴落物未引起脱脂棉燃烧或阴燃
B2	GB/T 5454 GB/T 5455	氧指数 OI≥26.0%； 损毁长度≤200mm，燃烧时间≤15s，阴燃时间≤30s； 燃烧滴落物未引起脱脂棉燃烧或阴燃
B3	无性能要求	

依据 GB 8624—2012 的第 5.2.3 条规定，电线电缆套管、电器设备外壳及附件等的燃烧性能等级和分级判断见表 7－6。

表 7－6　电线电缆套管、电器设备外壳及附件等的燃烧性能等级和分级判断

燃烧性能等级	制品	试验方法	分级判据
B1	电线电缆套管	GB/T 2406.2 GB/T 2408 GB/T 8627	氧指数 OI≥32.0%； 垂直燃烧性能 V－0 级； 烟密度等级 SDR≤75
	电器设备外壳及附件	GB/T 5169.16	垂直燃烧性能 V－0 级

续表

燃烧性能等级	制品	试验方法	分级判据
B2	电线电缆套管	GB/T 2406.2 GB/T 2408	氧指数 OI≥26.0%; 垂直燃烧性能 V－1 级
	电器设备外壳及附件	GB/T 5169.16	垂直燃烧性能 V－1 级
B3	无性能要求		

二、装修材料的规范应用

依据 GB 50222—201《建筑内部装修设计防火规范》的相关条文选择符合规范要求的顶棚、墙面、地面、外墙保温材料等装饰材料。

（1）依据 GB 50222—2017《建筑内部装修设计防火规范》第 3.0.6 条规定“施涂于 A 级基材上的无机装饰涂料，可作为 A 级装饰材料使用；施涂于 A 级基材上，湿涂覆比小于 1.5kg/m^2，且涂层干膜厚度不大于 1.0mm 的有机装饰涂料，可作为 B1 级装饰材料使用”。

这条说明在 A 级基材上、有 A 级要求的装饰施涂部位，应选择 A 级无机涂料。常用的乳胶漆类属于 B1 级有机装饰涂料，并不是 A 级无机涂料。设计选材中应注意 A 级无机涂料与 B1 级有机材料的应用部位要求，施工图设计审查及现场施工中，常发现把墙面乳胶漆当 A 级无机涂料使用的现象。

（2）依据 GB 50222—2017 的第 3.0.7 条规定“当使用多层装修材料时，各层装修材料的燃烧性能等级均应符合本规范的规定。复合型装修材料的燃烧性能等级应进行整体检测确定”。

第 3.0.7 条的条文解释是“当使用不同装修材料分几层装修同一部位时，各层的装修材料只有贴在等于或高于其耐燃等级的材料上，这些装修材料燃烧性能等级的确认才是有效的。但有时会出现一些特殊的情况，如一些隔音、保温材料与其他不燃、难燃材料复合，形成一个整体的复合材料时，对此不宜简单地认定这种组合做法的耐燃等级，应进行整体试验，合理验证”。

例如，岩棉保温一体化外墙板，是由保温层、水泥基保护层、有机涂料面层，共同复合成一个整体复合材料，即便一体化外墙板的保温层采用岩棉，而岩棉的黏接剂、复合层之间黏接剂的用量是否达标，作为保温一体化外墙板，这种整体组合的板材，应进行整体试验，合理验证。而对于挤塑板保温一体化外墙板，就更应该提供耐燃等级的整体实验报告。

（3）依据 GB 50222—2017，对特别场所应按规范要求选择装修材料。从火灾的发展过程看，通常顶棚的火灾危险性要大于墙面和地面，一般来说，对顶棚的防火性能要求最高，其次是墙面，地面要求最低。

1）地上建筑的水平疏散走道、安全出口的门厅其顶棚应采用 A 级装修材料；其他部位应采用不低于 B1 级的装修材料。

2）疏散楼梯间和前室的顶棚、墙面、地面应采用 A 级装修材料。

3）建筑内设有上下层相连通的中庭、走马廊、开敞楼梯等，其连通部位的顶棚、墙面应采用 A 级装修材料；其他部位应采用不低于 B1 级的装修材料。

4）变形缝两侧基层的表面装修应采用不低于 B1 级的装修材料。

5）无窗房间内部装修均应采用 A 级装修材料。

6）消防水泵房、机械加压送风排烟机房、固定灭火系统钢瓶间、配电室、变压器室、发电机房、储油间、通风及空调机房等，其内部所有装修均应采用 A 级装修材料。

7）消防控制室（常与主控室合并）等重要房间，其顶棚、墙面应采用 A 级装修材料。地面及其他装修应采用不低于 B1 级的装修材料。

8）建筑物内的厨房，顶棚、墙面、地面应采用 A 级装修材料。

（4）依据 GB 50229—2019 的第 11.2.3 条规定："控制室顶棚和墙面应采用 A 级装修材料，控制室其他部位应采用不低于 B1 级的装修材料"。

第二节　建筑构件的耐火极限与建筑物耐火等级

一、建筑构件耐火极限的概念

（1）依据 GB 50016—2014 的第 2.1.10 条规定"耐火极限：在标准耐火试验条件下，建筑构件、配件或结构从受到火的作用时起，至失去承载能力、完整性或隔热性时止所用时间，用小时表示"。

建筑构件的耐火极限具体判定条件如图 7－1 所示。

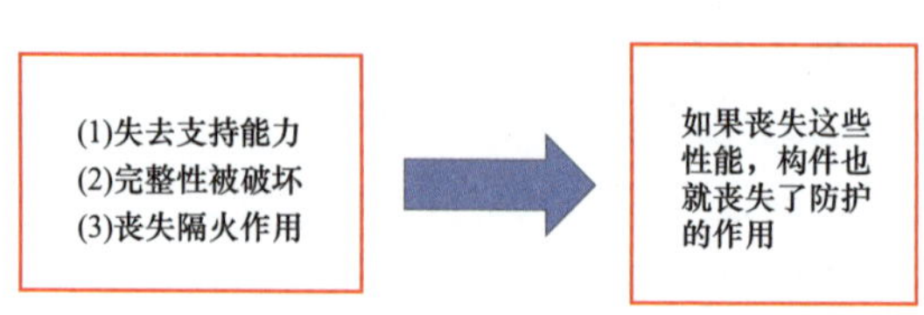

图 7－1　建筑构件的耐火极限具体判定条件

例如，防火墙的燃烧性能等级为A级不燃性材料，对于建筑物耐火等级的一级至四级，其防火墙的耐火极限都不应低于3.00h。并不是仅满足3.00h耐火极限就能满足防火墙性能要求，这是错误和片面的理解。

不同耐火等级厂房和仓库防火墙的燃烧性能和耐火极限见表7－7。

表7－7　不同耐火等级厂房和仓库防火墙的燃烧性能和耐火极限　h

构件名称	耐火等级			
	一级	二级	三级	四级
防火墙	不燃性 3.00h	不燃性 3.00h	不燃性 3.00h	不燃性 3.00h

（2）轻质防火墙受火后结构完整性被破坏失去支持能力。轻质防火墙受火后结构完整性被破坏而失去支持能力，换流站及变电站工程中广泛应用的分区防火墙或防火隔墙采用的是现场复合压型钢板轻质防火构造墙，没有任何一个工程安装方提供过这种复合墙体的防火试验报告，应根据现场提供的各材料，进行真型试验并提供试验报告。根据火灾案例的验证，这种轻质墙体在火灾中倒塌而丧失隔火能力、丧失完整性能，不能满足规范对防火墙的设置要求。

二、建筑物的耐火等级

（1）建筑物的耐火等级是由建筑构件（梁、柱、楼板、墙、屋架等）的燃烧性能和耐火极限决定的。通常用耐火等级来表示建筑物所具有的耐火性能。一座建筑物的耐火等级并不是由一两个构件的耐火性决定的，而是由组成建筑物的所有构件的耐火性决定的，即是由组成建筑物的墙、柱、梁、楼板、屋架等主要构件的燃烧性能和耐火极限来决定。

不同耐火等级建筑物的构件其耐火极限也不同，耐火等级高的建筑物其构件耐火极限时间就长。为了保证建筑物的安全，必须采取必要的防火措施，使之具有一定的耐火性，即使发生了火灾也不至于造成太大的损失。

例如，一级耐火等级建筑物的承重墙其耐火极限3.00h，二级耐火等级建筑的承重墙其耐火极限2.50h；对于一级耐火等级的非承重墙外墙其耐火极限0.75h，二级耐火等级的非承重墙外墙其耐火极限0.50h。

（2）耐火等级分级。建筑物的耐火等级分为一、二、三、四级，一级最高，四级最低。

1）一级耐火等级建筑是钢筋混凝土结构或砖墙与钢筋混凝土结构组成的混合结构。

2）二级耐火等级建筑是钢结构屋架、钢筋混凝土柱或砖墙组成的混合结构。

3）三级耐火等级建筑物是木屋顶和砖墙组成的砖木结构。

4）四级耐火等级是木屋顶、难燃烧体墙壁组成的可燃结构。

（3）确定建筑物的耐火等级主要因素：

1）建筑物的重要性。

2）建筑物的火灾危险性。

3）建筑物的高度。

4）建筑物的火灾荷载。

（4）火灾危险性分类。生产的火灾危险性是按照生产过程中使用或者加工的物品的火灾危险性进行分类的。GB 50016—2014 将生产的火灾危险性分为五类：甲、乙、丙、丁、戊类。换流站、变电站建筑物的火灾危险性类别通常为丙、丁、戊类。

第三节　材料性能及施工工艺对防火设计的影响

一、阀厅围护结构的选材与防火设计

天山“4·7”火灾事故调查中，调查组专家提出了一些与阀厅围护结构所用建筑材料防火性能相关的问题。例如屋面外板、屋面天沟为何会着火；屋面外板材料的燃烧性能等级是否可燃；围护结构内采用的复合建筑材料是否有可燃物；所用的岩棉制品及岩棉板是否为 A 级不燃性材料，岩棉板的黏结剂是否超标；隔气膜、透气膜的燃烧性能对围护结构防火设计有无影响，隔气膜、透气膜对围护结构是否有助燃作用；换流变压器阀侧套管洞口封堵系统的包边预埋件的牢固性，螺钉选用的品牌、型号、握钉力的验算、封堵系统的安装顺序与封堵系统的试验结论是否一致等问题，这些问题都需要设计师在工程设计中，掌握建筑材料的性能，在建筑构造设计中细致、准确的应用建筑材料。

二、阀厅防火墙的形式与围护结构的构造

（一）阀厅防火墙主要型式

（1）钢筋混凝土防火墙：阀厅换流变压器侧的防火墙为钢筋混凝土。

（2）钢筋混凝土框架结构防火墙：两极低端阀厅之间的钢筋混凝土框架结构防火墙。

（3）现场复合压型钢板防火构造防火墙：主控楼与相邻的两极低端阀厅山墙之间的分区防火墙；辅控楼与高端阀厅之间的分区防火墙；阀厅与户内直流场之间的分区防火墙、户内直流场与户内直流场的空调设备间之间的分区防火墙等。

（二）钢结构压型钢板围护系统的墙体、屋面构造

（1）钢结构压型钢板围护墙非防火构造典型图如图 7－2 所示。

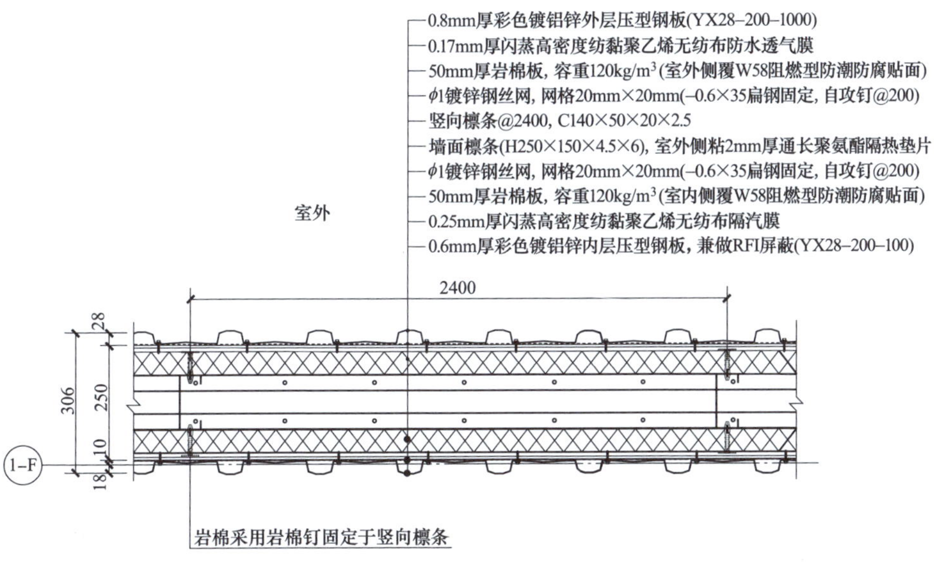

图 7－2 钢结构压型钢板围护墙非防火构造典型图

（2）钢结构压型钢板围护墙防火构造典型图如图 7－3 所示。

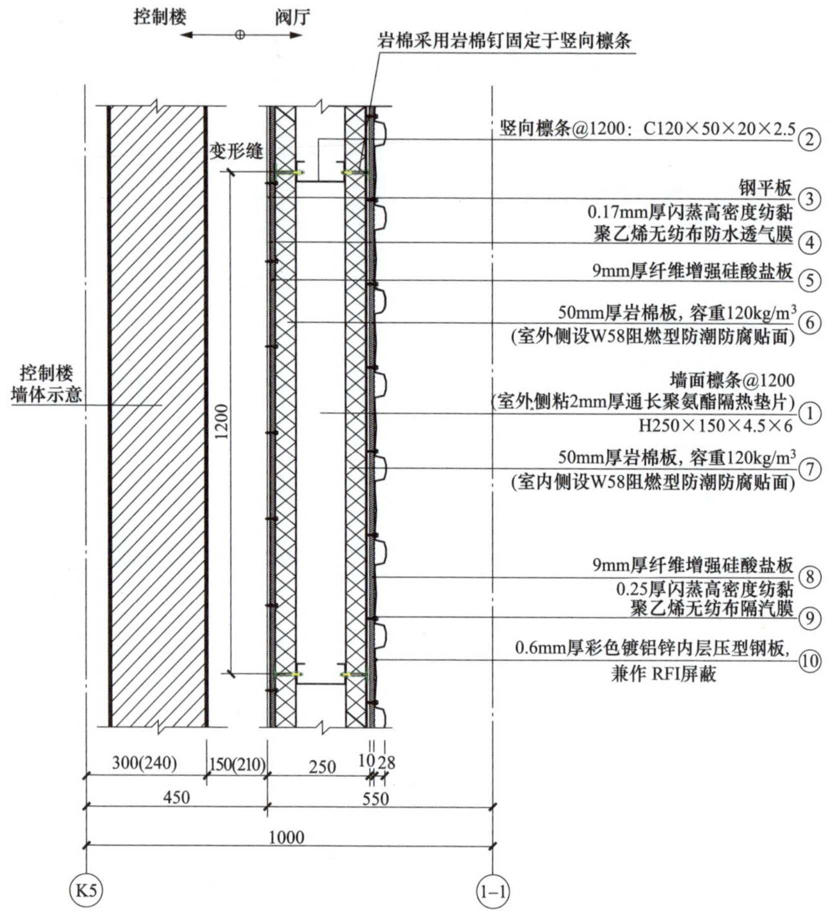

图 7－3　钢结构压型钢板围护墙防火构造典型图

（3）钢结构压型钢板屋面防火构造典型图。2018 年之后建设的换流站工程，国家电网有限公司特高压事业部对消防、防火进行提升设计，钢结构压型钢板防火型屋面示意如图 7－4 所示，钢结构压型钢板防火型屋面构造如图 7－5 所示。

三、围护结构选材的技术性能

（一）钢板

围护结构采用的压型钢板为 A 级不燃性材料，钢板基材为镀铝锌钢材，代号 AZ150；或镀铝锌镁，代号 AZM150。压型钢板技术性能见表 7－8。

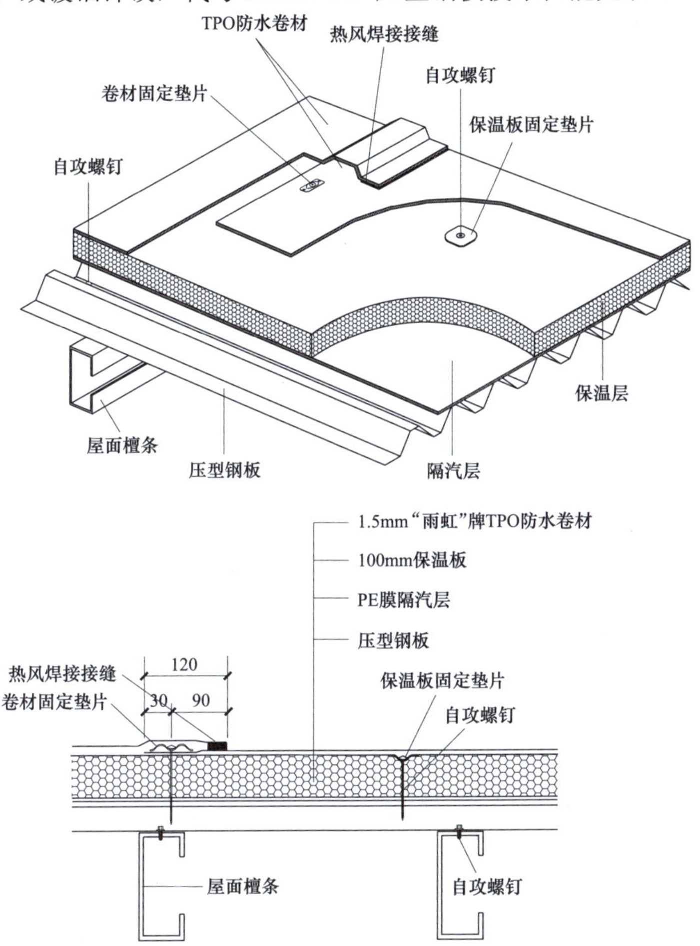

图 7－4　钢结构压型钢板防火型屋面示意图

表 7－8　　压型钢板技术性能表

序号	屋面外板	屋面内板	墙面外板	墙面内板
每层镀铝锌量	90g/m^2	75g/m^2	90g/m^2	75g/m^2
漆面图层	氟碳涂层	聚酯涂层	氟碳涂层	聚酯涂层
图层厚度（μm）	上面≥25	上面≥20	外面≥25	外面≥20
	下面≥15	下面≥5	内面≥15	内面≥5
板材屈服强度	≥300MPa	≥550MPa	≥550MPa	≥550MPa
挠度与跨度比	≤1/250	≤1/250	≤1/250	≤1/250

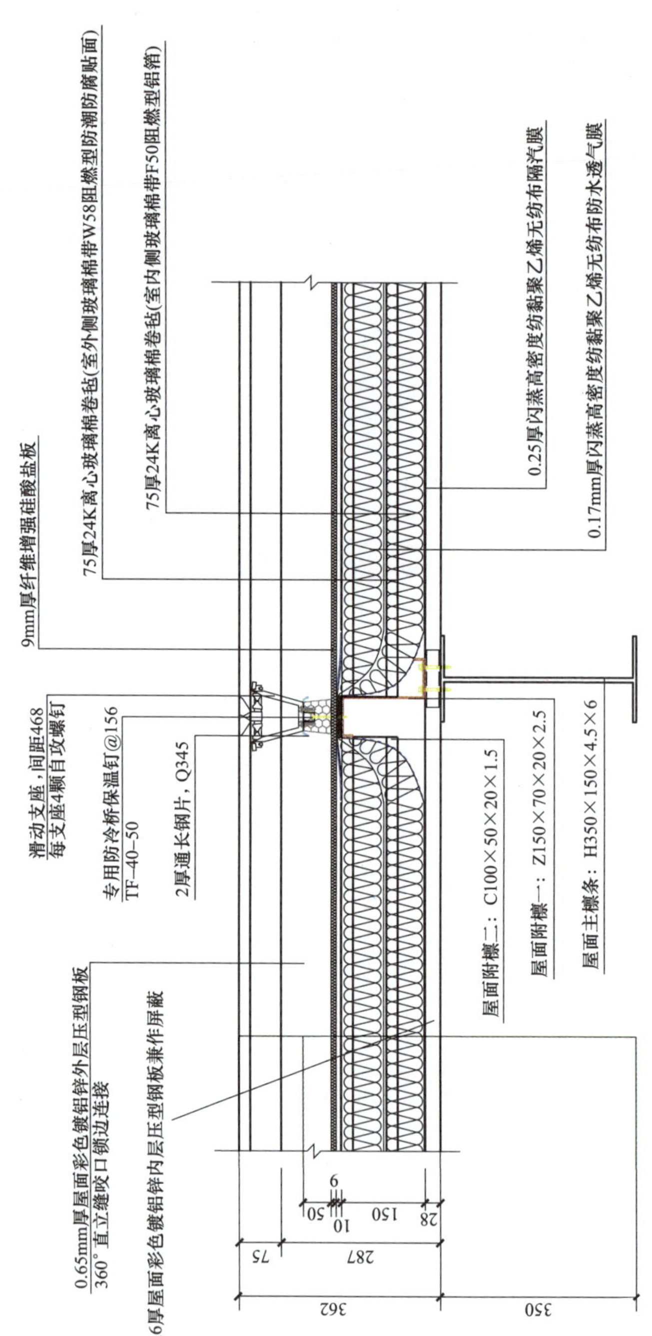

图 7－5　钢结构压型钢板防火型屋面构造图

（二）岩棉

岩棉是否达到A级不燃性能，这与岩棉制品的黏接剂含量有很大的关系。GB/T 1835—2016《绝热用岩棉、矿渣棉及其制品》规定："岩棉有机物含量≤4%，球渣含量（粒径大于0.25mm）≤7%，加热线收速率≤4%，收缩温度≥650℃，酸度系数≥1.6"。岩棉具有隔热、保温作用，属于绝热材料，不是防火材料，燃烧性能等级为A级。当温度≥650℃岩棉会粉化。岩棉板应满足GB/T 25975—2018《建筑外墙外保温用岩棉制品》及GB 8624—2012《建筑材料及制品燃烧性能分级》中A级材料的要求。岩棉技术性能见表7–9。

表7–9　　岩棉技术性能

项目	指标
容重	120kg/m^3
纤维平均直径	≤10.0μm
渣球含量	≤7%
酸度系数	≥1.8
甲醛释放量	mg/（kg·h）
热收缩率（655℃）	≤2%
热荷重收缩温度	≥500℃
导热系数（平均温度25℃）	≤0.040W/（m·K）
吸潮率（重量）	≤1%
湿阻因子	10
憎水率	≥99.0%
燃烧性能	A级，不燃性材料
抗拉强度（水平kPa）	>80
短期吸水率（24h）	≤0.2kg/m^2
长期吸水率（24d）	≤0.5kg/m^2
认证	FM认证；UL认证

（三）玻璃棉

玻璃棉技术性能见表7–10。

表 7－10　　玻璃棉技术性能

项目	指标
容重	24kg/m³
纤维平均直径	≤7.0μm
抗霉菌性	不生霉
导热系数（平均温度 25℃）	≤0.037W/（m·K）
热阻	75mm 厚，2.06（R）
吸湿率（重量）	≤5%
含水率	≤1%
憎水率	≥98%
热荷重收缩温度	250～400℃
燃烧性能 （满足 GB 8624—2012 规范要求）	A 级，不燃，无有毒烟气
甲醛	不含
丙烯酸	不含
可挥发性有机物 TVOC	无
认证	十环认证

（四）防水透气膜、隔气膜

（1）防水透气膜技术性能：防水透气层采用 100%可回收利用的环保材料，利用闪蒸法技术制成的高密度纺黏聚乙烯无纺布，厚度 0.17mm。防水透气膜技术性能见表 7－11。

表 7－11　　防水透气膜技术性能

项目		标准型	检测方法
厚度（mm），不小于		0.17	—
面密度（g/m²），±10%		61	—
透水蒸汽性［g/（m²·24h）］，不小于		1000	GB/T 1037—2021《塑料薄膜与薄片水蒸气透过性能测定 杯式增重与减重法》
不透水性（mm，2h），不小于		1000	GB/T 328.10—2007《建筑防水卷材试验方法 第 10 部分：沥青和高分子防水卷材 不透水性》
热老化（80±2）℃，168h，不透水性保持率，不小于		80%	
拉伸强（N/50mm）≥	纵向	260	GB/T 328.9—2007《建筑防水卷材试验方法 第 9 部分：高分子防水卷材 拉伸性能》
	横向	270	

续表

项目		标准型	检测方法
断裂伸长率（%）≥	纵向	12	GB/T 328.18—2007《建筑防水卷材试验方法 第18部分：沥青防水卷材 撕裂性能（钉杆法）》
	横向	12	
撕裂强度（N）≥	纵向	40	
	横向	40	

（2）隔汽膜技术性能：隔汽层采用100%可回收利用的环保材料，利用闪蒸法技术制成的高密度纺黏聚乙烯无纺布，厚度0.30mm。隔汽膜技术性能见表7-12。

表7-12　　隔汽膜技术性能

项目		标准型	检测方法
厚度（mm），不小于		0.30	—
面密度（g/m²），±10%		108	—
透水蒸气性［g/（m²·24h）］，不小于		15	GB/T 1037—1988
不透水性（mm，2h），不小于		500	GB/T 328.10—2007
拉伸强（N/50mm），不小于	纵向	150	GB/T 328.9—2007
	横向	110	
断裂伸长率（%），不小于	纵向	31	GB/T 328.18—2007
	横向	30	
撕裂强度（N），不小于	纵向	200	GB/T 328.18—2007
	横向	200	

（3）由于岩棉及玻璃棉易吸潮，应采取防潮、防火覆膜措施，F50（阻燃性铝箔）纸质夹筋铝箔贴面技术性能见表7-13。

表7-13　　F50（阻燃性铝箔）纸质夹筋铝箔贴面技术性能

项目	指标
面密度	≥103g/m²
水汽渗透率	≤1.15ng/（N·s）
耐破强度	≥5.3kg/cm²
纵向抗拉强度	≥7.0kN/m
横向抗拉强度	≥4.0kN/m

（4）W58 特强防潮防腐蚀贴面技术性能见表 7－14。

表 7－14　　W58 特强防潮防腐蚀贴面技术性能

物理结构	贴面性能	指示
白色聚丙烯膜	贴面宽度	1.37m
阻燃黏接剂	克重（天平）	≥137g/m^3
三向玻纤/聚酯加强筋纵向 20/100mm 玻璃纤维/聚酯横向 20/100mm 玻璃纤维	厚度（千分尺）	254μm
牛皮纸	水汽渗透率（ASTM E96）	≤1.15ng/（N·s）
聚合物黏接剂	顶破强度（ASTM D774）	≥5.6kg/cm^2
金属化聚酯膜	抗拉强度（ASTM DC1136）	≥10.5kN/m（MD）≥9.6kN/m（XD）

（五）纤维增强硅酸盐防火板

纤维增强硅酸盐防火板是匀质的 A 级防火材料，作为 A 级材料用于非承重墙体应用广泛，但作为重要的承重墙体、防火关键部位不建议采用。纤维增强硅酸盐防火板技术性能见表 7－15。

表 7－15　　纤维增强硅酸盐防火板技术性能

项目	指标
材料成分	不含石棉及其他有害物的高温蒸压成型的纤维增强硅酸盐板材
燃烧性能	A1 级不燃材
尺寸规格（mm）	2440×1220×9/12
密度（kg/m^3）	950
强碱性（pH）	9
导热系数［W/（m·K）］	0.21
含水率（%）	4～10
湿涨率（%）	0.13
热收缩率（%）	0.45
防霉防蛀功能	在正常使用情况下具有防霉防蛀功能
表面状况	正面光滑，背面打磨

（六）轻钢龙骨

围护结构内采用的轻钢龙骨是以优质冷轧连续热镀锌钢带为加工原料，经冷弯轧制成的薄壁型钢。轻钢龙骨技术性能见表7－16。

表7－16　　轻钢龙骨技术性能

<table>
<tr><th colspan="3">项目</th><th>优等品</th></tr>
<tr><td colspan="3">双面镀锌量（g/m²）</td><td>≥120</td></tr>
<tr><td colspan="3">角度偏差（°）</td><td>2</td></tr>
<tr><td colspan="3">长度误差（mm）</td><td>+30、－10</td></tr>
<tr><td rowspan="3">平直度（mm/m）</td><td rowspan="2">水平龙骨、竖龙骨</td><td>侧面</td><td>0.5</td></tr>
<tr><td>底面</td><td>1.0</td></tr>
<tr><td>贯通龙骨</td><td>侧面和底面</td><td>1.0</td></tr>
</table>

（七）钢结构防火设计

钢结构建筑依据GB 51249—2017《建筑钢结构防火技术规范》进行防火设计。无防火保护的钢结构的耐火时间通常仅为15～20min，故在火灾作用下易被破坏。因此，为了防止和减少建筑钢结构的火灾危害，保护人身和财产安全，必须对钢结构进行科学的防火设计，采取安全可靠、经济合理的防火保护措施。除钢结构主要构件的防火保护外，防火隔墙内钢柱上的檩托以及钢结构檩条梁等都应当进行防火保护，并应满足防火墙不低于3.00h的耐火极限。

（1）钢结构构件的设计耐火极限应根据建筑的耐火等级，按现行GB 50016—2014的规定确定。柱间支撑的设计耐火极限应与柱相同；楼盖支撑的设计耐火极限应与梁相同；屋盖支撑和系杆的设计耐火极限应与屋顶承重构件相同。

（2）钢结构构件的耐火极限经验计算低于设计耐火极限时，应采取防火保护措施。

（3）钢结构节点的防火保护应与被连接构件中防火保护要求最高者相同。

钢结构构件的设计耐火极限见表7－17。

（4）室内隐蔽构件，宜选用非膨胀型防火涂料。

（5）设计耐火极限大于1.50h的构件，不宜选用膨胀型防火涂料。

（6）非膨胀型防火涂料涂层的厚度不应小于10mm。

（7）防火涂料与防腐涂料应相容、匹配。

（8）防火涂料的分类见表 7－18。

表 7－17　　钢构件的设计耐火极限　　h

<table>
<tr><th rowspan="2">构件类型</th><th colspan="6">建筑耐火等级</th></tr>
<tr><th>一级</th><th>二级</th><th colspan="2">三级</th><th colspan="2">四级</th></tr>
<tr><td>柱、柱间支撑</td><td>3.00</td><td>2.50</td><td colspan="2">2.00</td><td colspan="2">0.50</td></tr>
<tr><td>楼面梁、楼面桁架、屋盖支撑</td><td>2.00</td><td>1.50</td><td colspan="2">1.00</td><td colspan="2">0.50</td></tr>
<tr><td rowspan="2">楼板</td><td rowspan="2">1.50</td><td rowspan="2">1.00</td><td>厂房、仓库</td><td>民用建筑</td><td>厂房、仓库</td><td>民用建筑</td></tr>
<tr><td>0.75</td><td>0.50</td><td>0.50</td><td>不要求</td></tr>
<tr><td>屋顶承重构件、屋盖支撑、系杆</td><td>1.50</td><td>1.00</td><td>0.50</td><td>不要求</td><td colspan="2">不要求</td></tr>
<tr><td>上人平屋面板</td><td>1.50</td><td>1.00</td><td colspan="2">不要求</td><td colspan="2">不要求</td></tr>
<tr><td rowspan="2">疏散楼梯</td><td rowspan="2">1.50</td><td rowspan="2">1.00</td><td>厂房、仓库</td><td>民用建筑</td><td colspan="2" rowspan="2">不要求</td></tr>
<tr><td>0.75</td><td>0.50</td></tr>
</table>

表 7－18　　防火涂料的分类

类型	代号	涂层特性	主要成分	说明
膨胀型	B	遇火膨胀，形成多孔炭化层，涂层厚度一般小于 7mm	有机树脂为基料，还有发泡剂、阻燃剂、成碳剂等	又称超薄型、薄型防火涂料
非膨胀型	H	遇火不膨胀，自身有良好的隔热性，涂层厚度 7～50mm	无机绝热材料（如膨胀蛭石、漂珠、矿物纤维）为主，还有无极黏结剂等	又称厚型防火涂料

四、围护结构材料防火问题

（1）岩棉黏结剂超标，岩棉就不具有 A 级不燃性能。依据 GB/T 1835—2016 规定“岩棉有机物含量≤4%”。也就是岩棉的黏结剂含量≤4%，即可满足 A 级不燃性要求。

（2）围护结构构件的组合材料中，隔汽膜、防水透气膜是可燃性材料，但不助燃。

1）次要组分：依据 GB 8624—2012 的 3.7 条中次要组分的概念是“非均质制品的非主要构成物质，如单层面密度（单位面积质量）$<1kg/m^2$，且单层厚度$<1mm$ 的材料”。

隔汽膜、防水透气膜一般厚度在 0.3mm 左右，每平方米质量不大于 100 克，成分为高强度聚乙烯（HDPE）经过闪蒸工艺无纺喷射高温高压制成，材料本身不具备助燃性能，它符合规范的次要组分要求，在建筑使用中，该材料的使用不影响建筑原本的防火设计等级。

2）匀质制品：依据 GB 8624—2012 的 3.4 条匀质制品的概念“由单一材料组成的，或其内部具有均匀密度和组分的制品”。显然，阀厅等钢结构围护结构的组成不属于匀质制品。

3）非匀质制品：依据 GB 8624—2012 的 3.5 条规定非匀质制品的概念是“不满足匀质制品的定义的制品。有一种或多种主要或次要组分组成的制品”。因此，围护结构的组成属于非匀质制品。

4）在 GB 50016—2014 中，对防水透气膜和隔汽膜是没有防火要求。

虽然隔气膜、防水透气膜是可燃材料，是围护结构构件的次要组分，其厚度 0.25～0.30mm，满足单层厚度小于 1mm 的规定，且单层面密度（单位面积质量）小于 1kg/m^2。因此，隔气膜、防水透气膜在满足规定的前提下，对围护结构构件的整体燃烧性能并无影响。

（3）阀厅外部的换流变压器发生火灾，应防止阀厅屋面外板及檐口天沟蔓延起火。

依据 GB 50016—2006 第 3.1.3 条的条文解释“生产中可燃物质的粉尘、纤维、雾滴悬浮在空气中与空气混合，当达到一定浓度时，遇火源立即引起爆炸。这些细小的可燃物质表面吸附包围了氧气，当温度升高时，便加速了它的氧化反应，反应中放出的热促使其燃烧。这些细小的可燃物质比原来块状固体或较大量的液体具有较低的自燃点，在适当的条件下，着火后以爆炸的速度燃烧。另外，铝、锌等有些金属在块状时并不燃烧，但在粉尘状态时则能够爆炸燃烧”。

天山“4·7”火灾事故，由于换流变压器爆炸起火，而换流变压器侧的阀厅外墙采用的镀铝锌压型钢板，被变压器油火燃烧后的粉尘及雾滴悬浮在空气中与空气混合，当达到一定浓度时，遇火源立即引起爆炸。因此，阀厅屋面外板及檐口天沟就可能起火燃烧。因此，目前工程中换流变压器侧的阀厅立面已取消镀铝锌压型钢板饰面板。另外，采用高压水柱灭火的救援方式也会将油火冲至屋面天沟，油浮于水面上就会在天沟部位呈现火带的状况。目前的灭火措施主要采用水喷雾灭火方式。

（4）阀厅换流变压器阀侧套管洞口封堵系统是防止阀厅火灾蔓延的关键部位，封堵系统的材料是否耐受住炭烃类火；大封堵固定方式是否牢固；大封堵板缝、包边以及小封堵都是否密封无缝，这是一项很难考核及验收的项目。封堵系统的安装步骤非常关键，每个封堵系统不可能做到完全一样，这也是非常困难的。即便是试验非常成功，可落实到具体工程、具体人员，也很难保证安装过程达到100%的成功。但是，防火设计及施工必须是100%的成功，否则就会酿成后果。源头问题就是要优化工艺、降低设备的事故率，这样，阀厅火灾的危险性就会降低很多。

（5）阀厅屋面天沟优化。经历几次火灾事故后，在阀厅消防提升设计中，国网特高压事业部统一规定，将换流变压器一侧的钢筋混凝土防火墙通高至天沟檐口，防止火灾蔓延至屋面。阀厅屋面天沟防火构造如图7－6所示。

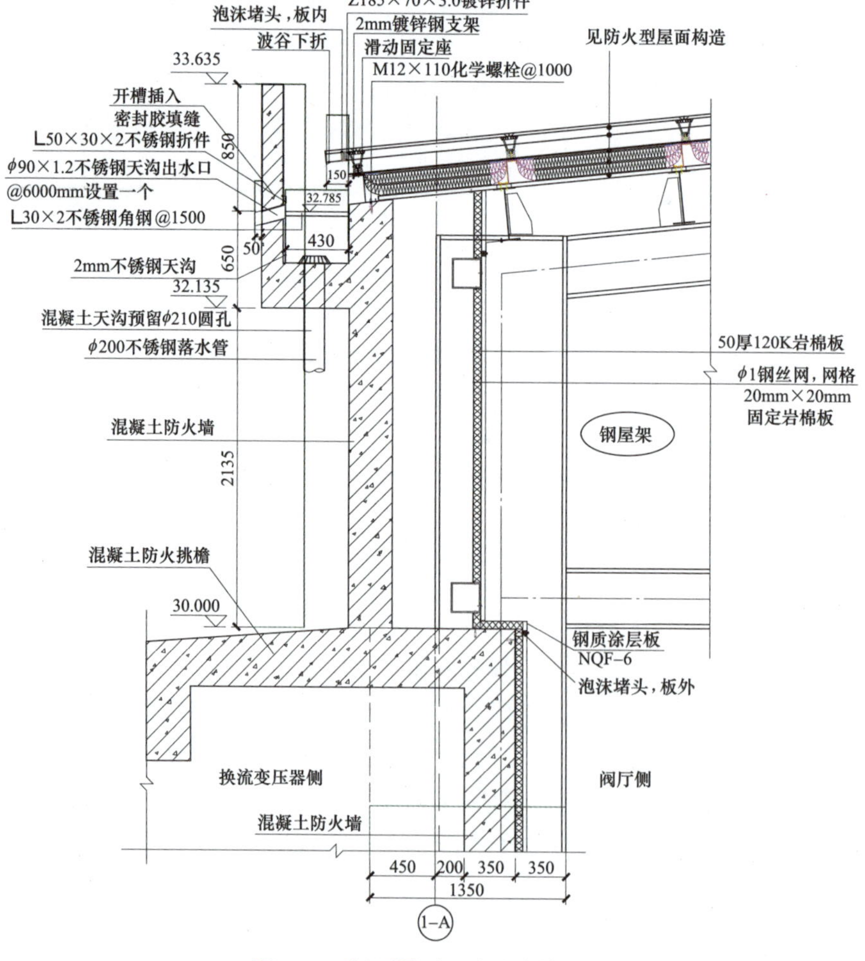

图7－6 阀厅屋面天沟防火构造图

第四节　阀厅饰面地坪选材

一、阀厅饰面地坪以往工程做法

（1）依据 GB/T 51200—2016 第 8.2.12 条规定“阀厅室内地坪应采用耐磨、抗冲击、抗静电、不起尘、防潮、光滑、易清洁的饰面材料”，这条规定长期以来并没有按规范要求去满足耐磨、抗冲击、抗静电的性能要求。阀厅饰面地坪在以往工程应用中通常采用环氧自流平地坪，并不是环氧自流平防静电地坪。所以，很多工程的阀厅地坪并不具备抗静电性能。

（2）依据 GB 50037—2013《建筑地面设计规范》第 3.4.1 条规定“生产或使用工程中有防静电要求的地面面层，应采用表层静电耗散性材料，其表面电阻率、体积电阻率等主要技术指标应满足生产和使用要求，并应设置导静电泄放设施和接地连接”及 GB 50515—2010《导（防）静电地面设计规范》第 2.1.2 条规定“防静电地面静电泄漏电阻：1.0 × 106Ω～1.0 × 1010Ω”，阀厅地面面层防静电性能应满足规范要求，防静电的目的也是为了消除静电所引起的火灾隐患。如果认为阀厅饰面地坪不需要防静电性能，那么规范修编时应进行修订，或在工程评审中明确取消，不应让设计人员出现不执行规范的问题。

1）环氧自流平地坪。环氧地坪应区别环氧漆地坪、环氧自流平地坪、环氧自流平防静电地坪。由于环氧树脂自流平地面具有不耐划痕、不防潮、不环保、不防火等诸多缺陷，而且通常待阀塔安装完成后，需再次打磨地坪涂刷面漆，这样会对阀塔进行污染。再者，由于换流变压器经历几次爆炸起火事故后，一些工程在消防设计审查时有专家提出阀厅地坪应考虑防火问题。因此，国家电网特高压事业部（当时的直流建设部）在消防提升中，将换流站阀厅地坪采用具有防火性能的水泥基自流平地坪来替换环氧自流平地坪。近两三年，一些工程采用了水泥基自流平地坪，但是效果并不理想。

2）水泥基自流平地坪。

a. 水泥基自流平地坪不具备耐磨，耐撞击性能。当重载车摩擦碾压后易起尘、易空鼓、翘壳、起皮、脱落、抗冲击性能差，若高处坠物或磕碰地坪都会出现麻面、凹坑现象。因此，水泥基自流平地坪不能满足规范所要求的耐磨、抗冲击性能要求，不能适用于有重载车通行的阀厅室内地坪。如果使用这种地坪，安装设备或修补打磨地坪都会严重影响阀厅室内的无尘要求。

b. 水泥基自流平地坪施工通病多，若出现质量问题，只能局部切割重新再做，并会留有切割缝、色差等缺陷，质量很难控制。施工完需养护 12～15 天，方可上人行走，之后 3～4 天后可上轻型机械，不适于工期紧的工程。某换流站施工的水泥基自流平地面如图 7－7 所示。

图 7－7　水泥基自流平面裂开

c. 水泥基自流平砂浆地坪又称水泥基自流平地坪，色泽单一，色差明显、易开裂，需要做分格缝处理。

依据 JGJ/T 175—2009《自流平地面工程技术规程》第 4.1.1 条规定“水泥基自流平砂浆地坪用于地面面层时，其厚度不小于 5mm”；4.1.6 条：“面层分格缝的设置应与基层混凝土垫层的伸缩缝保持一致”。分格缝使水泥基自流平地坪无法实现整体地坪，也不适于做防静电导电、泄电措施，因此水泥基自流平砂浆地坪是不能满足规范所要求的防静电性能要求。

d. 水泥基自流平地坪对于 GB 50037—2013《建筑地面设计规范》的第 3.5.1 条耐磨、耐撞击性能的要求也无法满足。

依据 JGJ/T 175—2009 的第 10.3.1 条自流平地面的验收应符合表 10.3.1“直径 50mm 的钢球，距离面层 500mm 耐冲击性测试，要求无裂纹、无剥落”的规定，从表 10.3.1 得知“环氧自流平或聚氨酯自流平地坪”可以达到验收要求，但是无论水泥基自流平砂浆还是水泥基自流平砂浆—环氧自流平或是聚氨酯薄涂地坪薄涂地面均不能满足验收要求，重载碾压后易出现破碎、空鼓现象。

3）水泥基自流平－薄涂型地坪。

依据 JGJ/T 175—2009 的 4.2.1～4.2.3 条“自流平地坪包含水泥基自流平砂

浆地坪、环氧树脂或聚氨酯自流平地坪、水泥基自流平砂浆—环氧树脂或聚氨酯薄涂地坪”三大类。自流平地坪结构示意图如图 7－8 所示。

图 7－8（a）是水泥基自流平砂浆地坪，水泥基自流平砂浆是面层。图 7－8（b）聚氨酯自流平地坪或环氧自流平地坪构造中没有水泥基自流平砂浆层。图 7－8（c）是水泥基自流平砂浆—聚氨酯（环氧）薄涂地坪，其中水泥基自流平砂浆是找平层，聚氨酯（环氧）仅是罩面层，这种地坪是两种材料的组合，不能承受重载车通行，不耐碾压、不耐冲击。

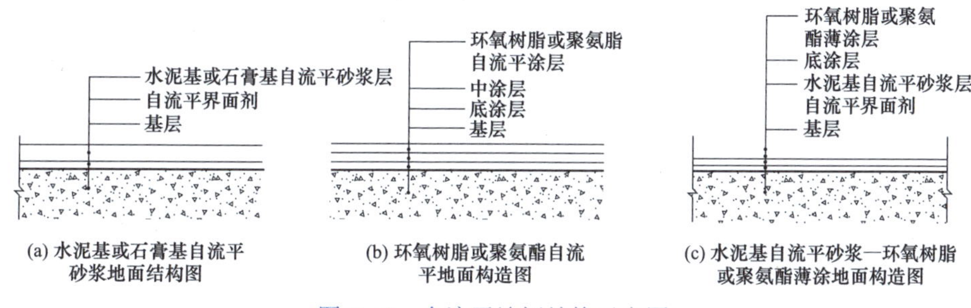

图 7－8　自流平地坪结构示意图

二、阀厅地面耐磨和耐撞击要求

通常换流阀的安装检修升降车自重在 12t 以上，安装、检修升降车需要在地坪上反复的旋转打磨，地坪要承受换流阀设备的搬运及安装，因此阀厅地坪应满足耐磨和耐撞击地面要求。

依据 GB 50037—2013 的第 3.5.1 条规定“通行电瓶车、载重汽车、叉车及从车辆上倾卸物件或地面上翻转小型物件的地段，宜采用现浇混凝土垫层兼面层、细石混凝土面层、钢纤维混凝土面层或非金属骨料耐磨面层、混凝土密封固化剂面层或聚氨酯耐磨地面涂料”。在自流平地面材料中聚氨酯地坪耐磨性能最好，特别适用于有重载车通行的场所。水泥基自流平、混凝土密封固化剂饰面地坪由于设置已不是整体地面，很难达到防静电性能要求。

三、水性聚氨酯耐磨地面

图 7－9 是已使用近 5 年的某地下车库，地面整体无缝，依然崭新如故。

图 7-9 水性聚氨酯耐磨地面效果图

（一）聚氨酯自流平地面

（1）水性聚氨酯耐磨防静电地坪性能。

1）防火，燃烧性能为 A 级，应有国家权威机构检测报告。

2）环保，不释放有害物质。

3）耐磨、耐冲击、耐划痕，无需设备安装后再做面层，可一次性施工完成后再安装设备。

4）防潮，当混凝土基层表干后就可施工，不会出现起皮、脱落现象。

5）防静电整体无缝，可做防静电功能，整体无缝。有国家权威机构检测报告。

6）施工周期短，可连续施工作业。地坪施工完成后，隔天便可上车安装设备。

（2）阀厅饰面地坪构造示意如图 7-10 所示。

（3）阀厅地坪防静电测试如图 7-11 所示。

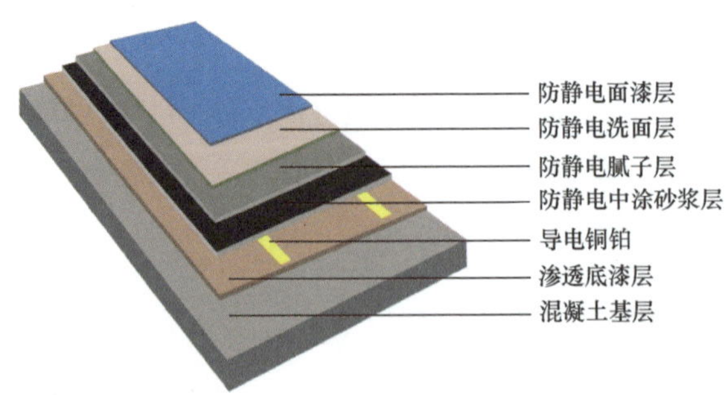

图 7-10 阀厅饰面地坪构造示意图

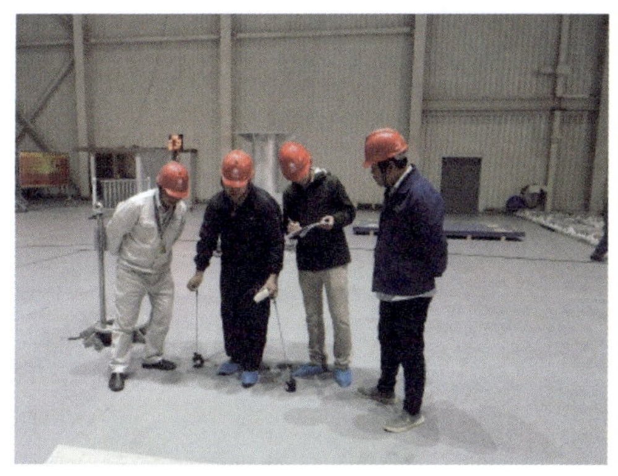

图 7－11　防静电测试

（4）聚氨酯自流平防静电地坪与环氧自流平防静电地坪构造对比，如图 7－12、图 7－13 所示。

（5）水性聚氨酯自流平防静电地坪与环氧自流平防静电地坪性能对比见表 7－19。

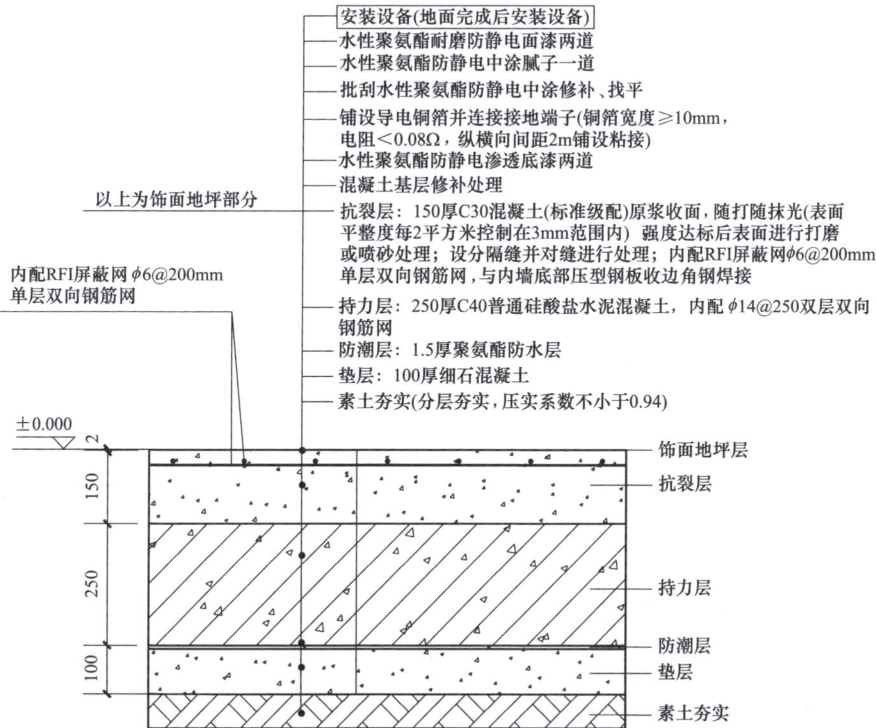

图 7－12　水性聚氨酯耐磨防静电地面

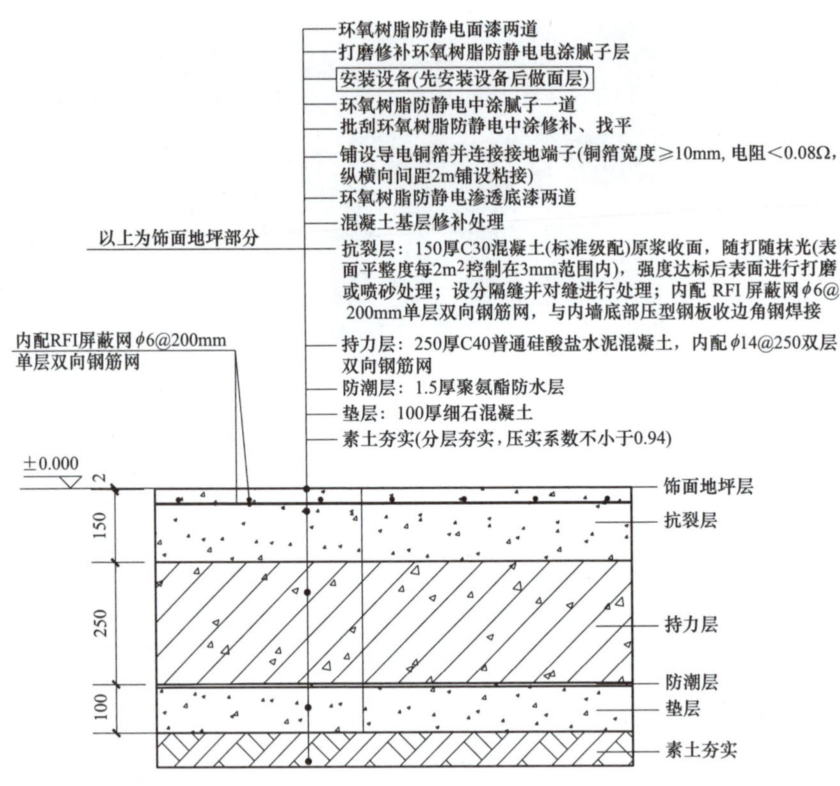

图 7－13　环氧自流平防静电地面

表 7－19　水性聚氨酯自流平防静电地面与环氧自流平防静电地面性能比较

性能	类别		
	水性聚氨酯耐磨地面		环氧自流平地面
装饰性能			

续表

性能	类别	
环保性能	绿色环保	长期挥发有害物质
防潮性能	耐水性能：96h 无异常	怕潮湿
防火性能	A2 级	B1 级
耐化学性能	耐弱酸、弱碱、霉、油等性能，涂鸦，易清洁，适合室内外场所 A 级燃烧性能的墙面、顶棚、地面、屋面	耐弱酸、弱碱、油等。 耐候性能差，不适合室外
强度及耐磨性	（1）硬度：莫氏硬度 测试标准：GB/T 22374—2018《地坪涂装材料》 测试结果：铅笔 2H～5H； （2）耐磨、耐压、耐冲击性能好，结合牢固，不起皮，不剥落； （3）混凝土在 C30 的基础上，能承载 20t 以上重型车辆正常行使	（1）硬度：莫氏硬度 测试标准：GB/T 22374—2018《地坪涂装材料》 测试结果：铅笔 2H～3H； （2）不耐磨、耐压、冲击力一般性。易划伤（如：沙粒、铁屑等各类尖锐、坚硬的物体划伤）
附着力	附着力强：可与水泥、木材、金属、树胶地材等多种材质完美结合，成型后不起皮、不剥落、超耐磨	附着力强，施工条件满足可牢固粘结在混凝土的表面
防静电性能	防静电	防静电
施工环境温度	0～35℃	5～35℃
施工周期	0℃以上完成后 24h，可交付使用。可连续施工作业，适用于工期紧的工程	施工完成后的地面需养护 8～12h 后可上人行走，3～4 天后可上轻型机械
使用寿命	混凝土在 C30 的基础上，正常使用 10～15 年以上	混凝土在 C30 的基础上，1～3 年
后期维护	不起皮、不脱落，二次上面层之前不需要重新打磨，无粉尘，可清理地面，滚涂或喷涂面漆即可	地坪易划伤、起皮剥落，地面修补色差较大。二次上面之前需要重新打磨，有粉尘污染
适用范围	可适用于地面、墙面顶棚及屋面保护层等有防火 A 级要求的部位	仅适用于室内地坪 B1 级的涂装

（二）水性聚氨酯防静电耐磨地面的应用

设计是工程建设的龙头，设计师应熟悉掌握规范，依据建筑物的使用功能去合理选择技术成熟、功能适用、性价比高且方便施工操作的建筑材料，应依规设计严格执行规范要求。对于市场出现的新材料、新工艺、新技术，杜绝不经分析研究完全听信材料厂家的介绍，盲目拿来就用的做法，要分析、调研、比较后谨慎去用。并协助业主、监理掌握新材料、新技术、新工艺，为保证工程的质量去选用更适用的材料。水性聚氨酯防静电耐磨地坪满足阀厅饰面地坪的技术要求，集防火、防潮、环保、防静电、耐磨、耐冲击、耐划痕、应用范围广、延展性好等诸多优点，是目前阀厅饰面地坪的首选材料。水性聚氨酯防静电耐磨地坪在阀厅的应用如图 7－14 所示。

(a) 阀厅地坪1

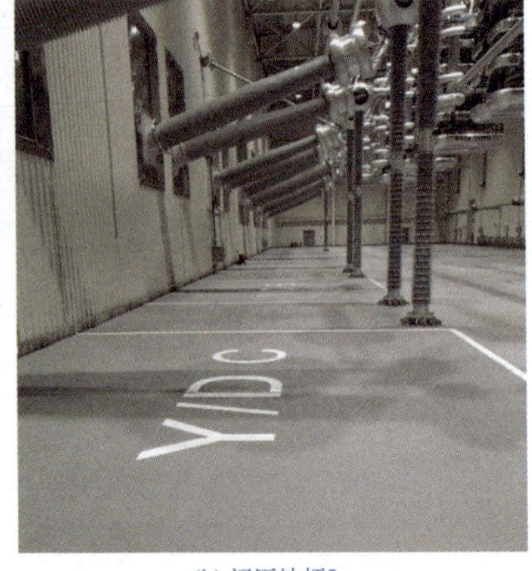

(b) 阀厅地坪2

图 7－14　阀厅地坪

附录A 换流站工程图例

换流站工程图例如附图 A-1～附图 A-9 所示。

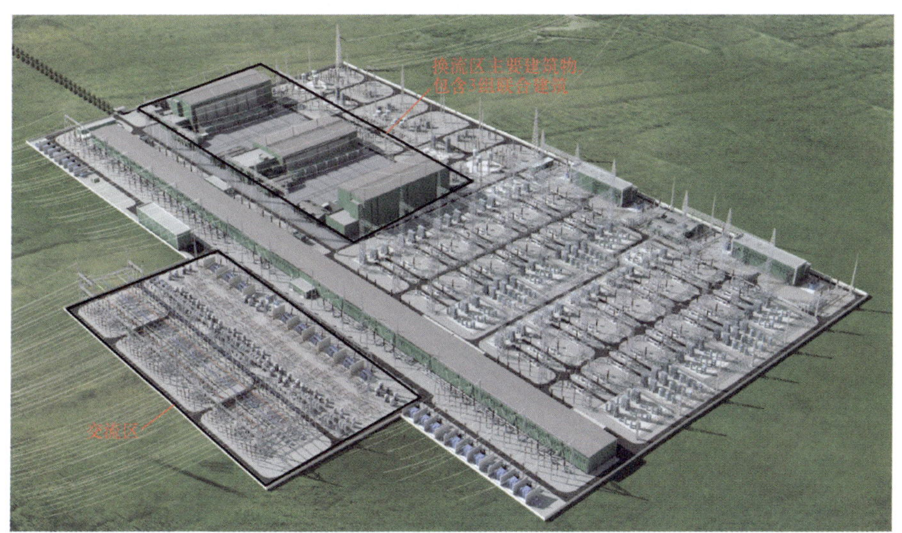

附图 A-1 常规布置±800kV 换流站与 750kV 变电站合建
（无户内直流场的换流站）

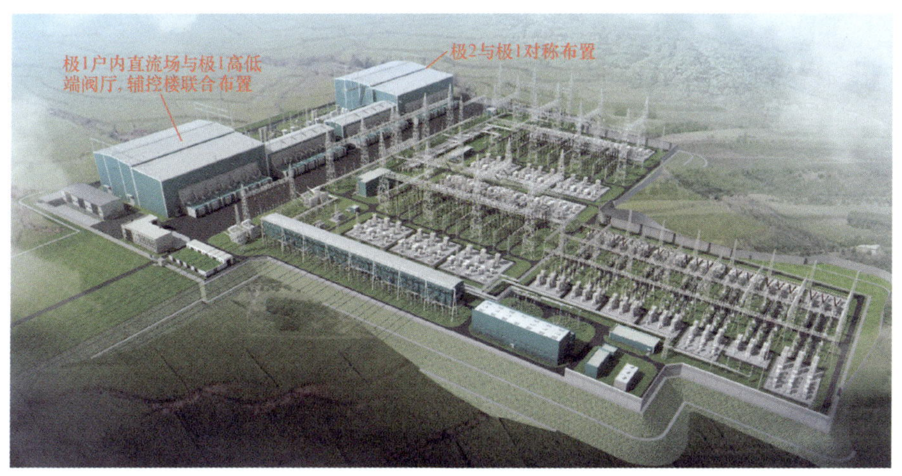

附图 A-2 “一”字形布置的±1100kV 换流站（含双极户内直流场）

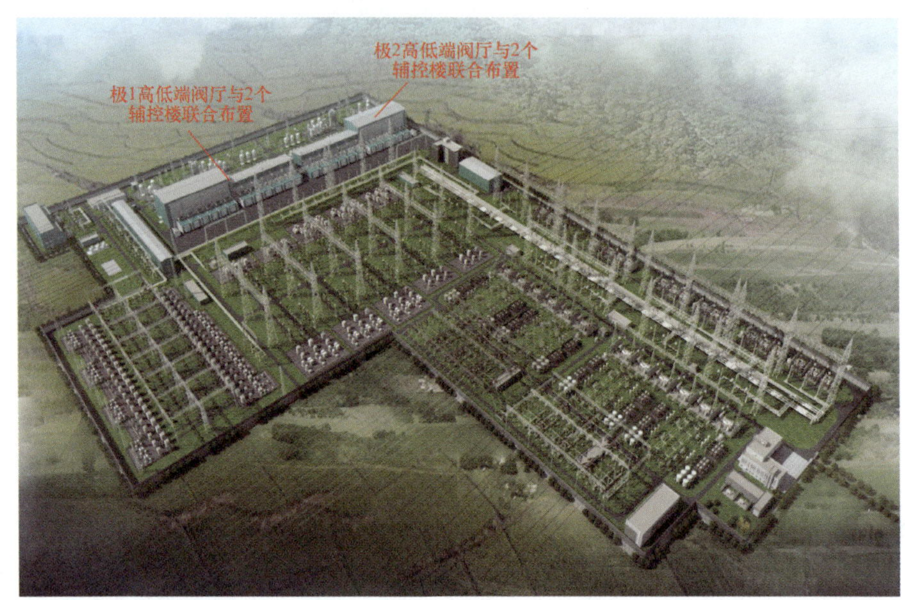

附图 A-3 “一”字形布置的±800kV 换流站（无双极户内直流场）

附图 A-4 ±500kV 柔性直流换流站（一）

附图 A－5　±500kV 柔性直流换流站（二）

附图 A－6　±500kV 柔性直流换流站（三）

附图 A－7　±800kV 多端柔性直流换流站

附图 A－8　±400kV 换流站

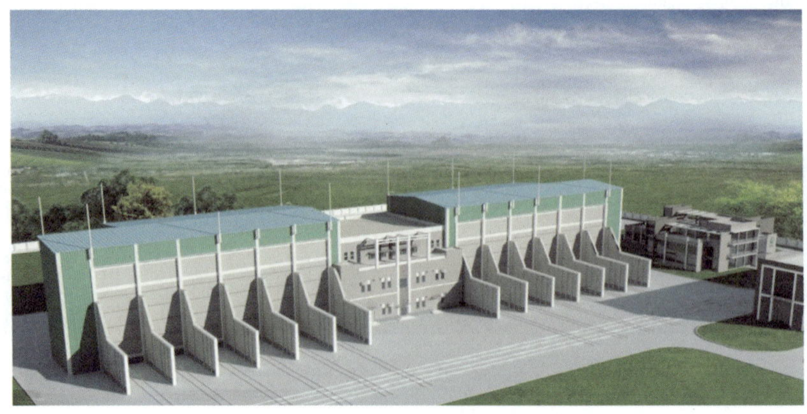

附图 A－9　±500kV 换流站

附录B 变电站工程图例

变电站工程图例如附图B-1～附图B-46所示。

附图B-1 特高压1000kV变电站鸟瞰图

附图B-2 特高压1000kV变电站主控通信楼效果图

附图 B－3　超高压 750kV 变电站主控通信楼方案效果图（一）

附图 B－4　超高压 750kV 变电站主控通信楼方案效果图（二）

附图 B－5　超高压 750kV 变电站主控通信楼方案效果图（三）

附图 B-6 超高压 750kV 变电站主控通信楼方案效果图（四）

附图 B-7 超高压 750kV 变电站主控通信楼方案效果图（五）

附图 B-8 超高压 750kV 变电站主控通信楼方案效果图（六）

附图 B-9　超高压 750kV 变电站主控通信楼方案效果图（七）

附图 B-10　超高压 750kV 变电站主控通信楼方案效果图（八）

附图 B-11　超高压 750kV 变电站主控通信楼方案效果图（九）

附图 B－12　750kV 变电站主控通信楼方案效果图（十）

附图 B－13　750kV 变电站主控通信楼方案效果图（十一）

附图 B－14　超高压 750kV 变电站主控通信楼方案效果图（十二）

附图 B－15　500kV 变电站主控通信楼方案效果图

附图 B－16　藏地 500kV 变电站效果图

附图 B－17　藏地 500kV 变电站鸟瞰实景图（一）

附图 B－18　藏地 500kV 变电站鸟瞰实景图（二）

附图 B－19　藏地 500kV 变电站鸟瞰实景图（三）

附图 B-20　220kV 户内变电站（城市户内变电站）鸟瞰图

附图 B-21　220kV 户内变电站（城市户内变电站）实景航拍图

附图 B－22　220kV 户内变电站（城市户内变电站）效果图（一）

附图 B－23　220kV 户内变电站（城市户内变电站）效果图（二）

附图 B－24　220kV 户内变电站（城市户内变电站）效果图（三）

附图 B－25　220kV 户内变电站（城市户内变电站）效果图（四）

附图 B－26　330kV 变电站（装配式智能变电站）效果图

附图 B－27　220kV 变电站（装配式智能变电站）效果图（一）

附图 B-28　220kV 变电站（装配式智能变电站）效果图（二）

附图 B-29　220kV 变电站效果图（一）

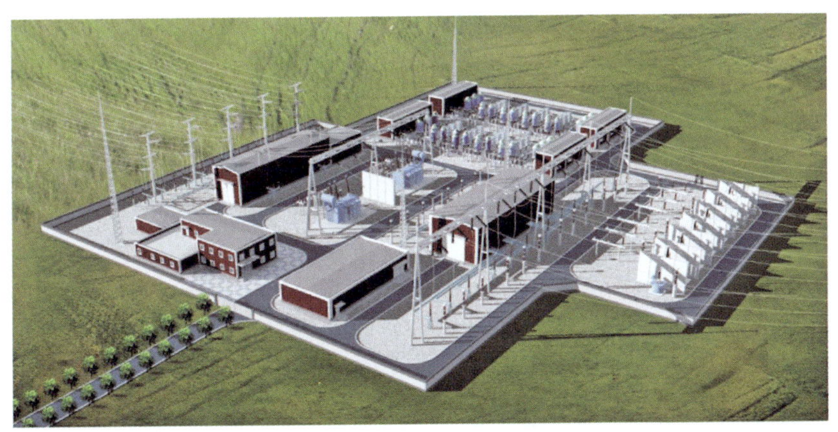

附图 B-30　220kV 变电站效果图（二）

附图 B－31　330kV 变电站效果图（一）

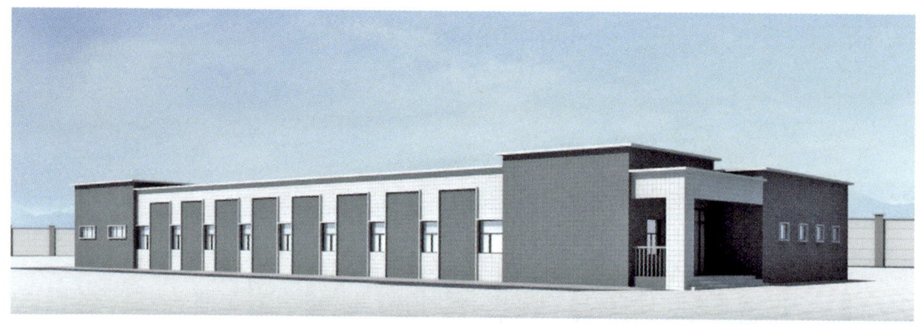

附图 B－32　330kV 变电站效果图（二）

附图 B－33　750kV 变电站效果图

附图 B-34　500kV（户内）变电站实景

附图 B-35　±800kV 换流站综合楼（碲化镉薄膜光伏应用）效果图（一）

附图 B-36　±800kV 换流站综合楼（碲化镉薄膜光伏应用）效果图（二）

附图 B-37　±800kV 换流站综合楼（碲化镉薄膜光伏应用）效果图（三）

附图 B-38 ±800kV 换流站综合楼（碲化镉薄膜光伏应用）效果图（四）

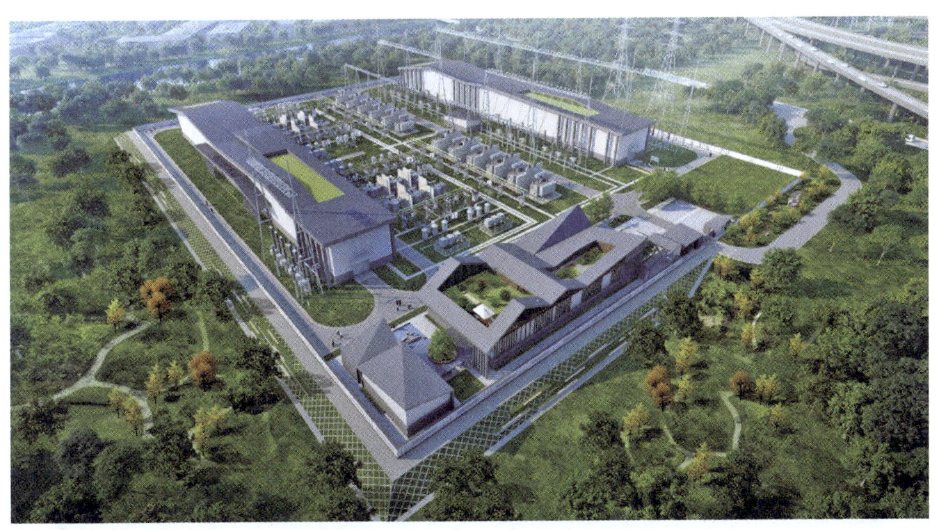

附图 B-39 500kV 生态变电站（碲化镉薄膜光伏应用）效果图（一）

附图 B－40　500kV 生态变电站（碲化镉光伏应用）效果图（二）

附图 B－41　500kV 生态变电站（碲化镉薄膜光伏应用）效果图（三）

附图 B－42　110kV 变电站（碲化镉光伏应用）效果图（一）

附图 B-43 110kV 变电站（碲化镉光伏应用）效果图（二）

附图 B-44 110kV 变电站（碲化镉光伏应用）效果图（三）

附图 B-45 110kV 变电站（碲化镉光伏应用）效果图（四）

附图 B-46　110kV 变电站（碲化镉光伏应用）效果图（五）